换流站交直流断路器
典型故障案例分析

国家电网有限公司直流技术中心　组编

中国电力出版社
CHINA ELECTRIC POWER PRESS

内 容 提 要

本书主要内容是换流站交直流断路器典型故障案例分析，其中故障设备涵盖罐式断路器、GIS 组合电器、直流断路器等，故障类型涵盖内部异物、组部件等。本书对案例逐个进行了剖析，挖掘存在的技术问题和管理问题，并提出了反措建议。

本书可供开关设备运维检修人员、设备厂家及科研院所人员阅读参考。

图书在版编目（CIP）数据

换流站交直流断路器典型故障案例分析 / 国家电网有限公司直流技术中心组编. —北京：中国电力出版社，2023.7

ISBN 978-7-5198-7943-3

Ⅰ. ①换… Ⅱ. ①国… Ⅲ. ①换流站–断路器–故障–案例 Ⅳ. ①TM561

中国国家版本馆 CIP 数据核字（2023）第 118491 号

出版发行：中国电力出版社
地　　址：北京市东城区北京站西街 19 号（邮政编码 100005）
网　　址：http://www.cepp.sgcc.com.cn
责任编辑：罗　艳（yan-luo@sgcc.com.cn）　孟花林
责任校对：黄　蓓　常燕昆　王海南
装帧设计：张俊霞
责任印制：石　雷

印　　刷：三河市万龙印装有限公司
版　　次：2023 年 7 月第一版
印　　次：2023 年 7 月北京第一次印刷
开　　本：787 毫米×1092 毫米　16 开本
印　　张：24.25
字　　数：528 千字
定　　价：160.00 元

编 委 会

前 言

交直流断路器是换流站内装用量最大的一次设备，是实现换流变压器等其他一次设备投退、执行控制和保护指令的关键元件，其运行稳定性直接关系着换流站甚至是所在直流输电系统的安全运行。交直流断路器结构复杂，其基本理论和工作原理既涉及电学，又涉及力学和热学；既有稳态和暂态过程，又有运动和静止部件的相互配合关系，在运行过程中不可避免会发生各种类型的故障，特别是换流站交流滤波器断路器，其动作频繁、工况严苛，故障率往往较常规断路器更高，是断路器运检工作中需要重点关注的对象。

为进一步掌握换流站交直流断路器运行规律，总结交直流断路器故障共性特征，防范同类设备故障重复发生，国家电网有限公司直流技术中心组织编写了本书。

本书按照交直流断路器故障类型共分为 14 章，收录了 72 例具体案例，其中交流罐式断路器内部异物放电故障 7 例、交流罐式断路器灭弧室组部件故障 11 例、交流瓷柱式断路器内部异物放电故障 4 例、交流瓷柱式断路器灭弧室组部件故障 12 例、交流断路器操动机构故障 21 例、交流滤波器断路器其他组部件故障 2 例、交流 GIS 内部异物放电故障 4 例、交流 GIS 内部组部件故障 3 例、直流转换开关传动机构故障 1 例、直流旁路开关组部件故障 1 例、柔直断路器供能变压器故障 1 例、柔直断路器其他组部件故障 2 例、柔直断路器机械断口故障 1 例、柔直断路器控制保护设备故障 2 例。按照描述故障现象、阐述分析过程、明确故障原因、提出反措建议的思路，对典型案例、易发案例逐个进行了剖析，挖掘存在的技术问题和管理问题，旨在举一反三，用电网生产一线的典型故障案例指导电网生产一线安全。

本书可供从事电力系统开关类设备运维、检修、试验等相关专业的技术人员和管理人员学习参考，还可作为设备厂家优化产品设计、提升工艺质量及监造单位细化监造内容的依据，同时也可用于科研院所开展高压开关设备的研究和教学等工作。

由于编者水平有限，书中如有疏漏之处，欢迎广大读者批评指正。

编者

2023 年 4 月

目 录

第二部分 交流 GIS 故障

第三部分 直流断路器故障

第一部分

交流滤波器断路器故障

1 交流罐式断路器内部异物放电故障

1.1 绝缘拉杆异物闪络

1.1.1 某站“2016.9.17”5644断路器C相绝缘拉杆闪络

1. 概述

（1）故障概述。2016年9月17日23时25分23秒，某换流站中方侧第二大组滤波器64母线两套母线保护（型号为RCS－915AB）差动保护动作，5644HP12/24交流滤波器组两套滤波器保护（型号为RCS－976A）差动保护及过电流Ⅲ段动作，现场检查500kV交流场5032、5033断路器跳闸，交流滤波器组5644、5645断路器跳闸。故障情况如图1－1所示。

5644交流滤波器组差动保护使用TA1，64母线差动保护使用TA2。故障发生后，5644交流滤波器组差动保护虽然跳开断路器，但故障点并未消除。故障电流流经TA1，TA1中流过故障电流、TA2中没有故障电流，导致64母线差动保护动作，至此500kV交流场5032、5033断路器，交流滤波器组5644、5645断路器均已跳闸。64母线保护和5644交流滤波器保护均正确动作，一次设备动作行为正确。

（2）设备概况。500kV 5644断路器设备型号为LW13A－550/Y（不带合闸电阻，额定电流为4000A，额定短路开断电流为63kA），2008年2月出厂，2011年12月正式投运。

2. 设备检查情况

（1）现场检查及试验情况。故障发生后，当值运行人员立即前往现场检查保护及一次设备动作情况。经检查，一次设备外观无异常，确认保护动作与后台报警信息一致，5032、5033、5644、5645断路器在分位，一次设备动作行为与保护动作相符。

9月18日14时，试验人员对500kV 5644断路器进行了相关试验，SF_6微水试验数据为：A相33.09μL/L、B相22.05μL/L、C相55.39μL/L；SF_6分接产物试验数据：A、B相均无异常，C相SO_2为11.7μL/L、H_2S为1.6μL/L、CO为4.8μL/L。根据试验数据分析，SF_6微水试验小于300μL/L的规定值，说明该次故障与本体受潮无关；5644 C相断路器本体内SO_2及H_2S均超过1μL/L的规定值，初步判断其内部发生放电故障。500kV 5644断路器内部结构如图1－2所示。

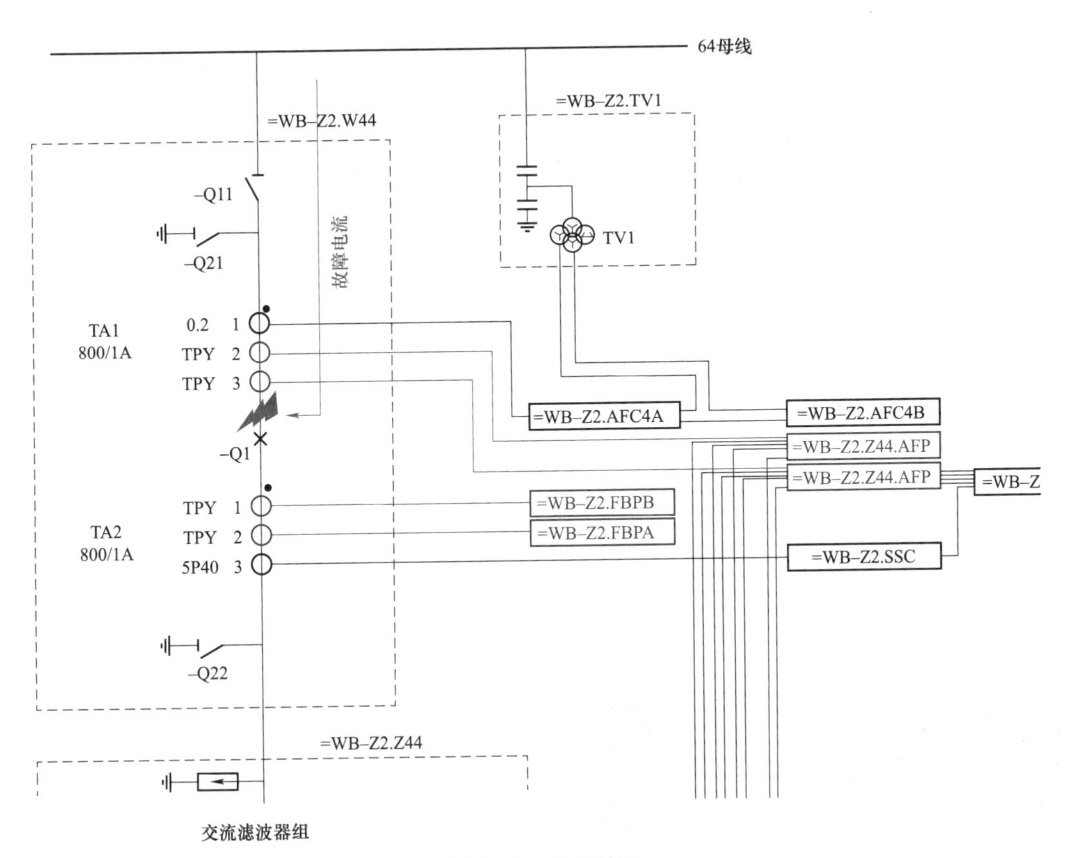

图 1–1 故障情况

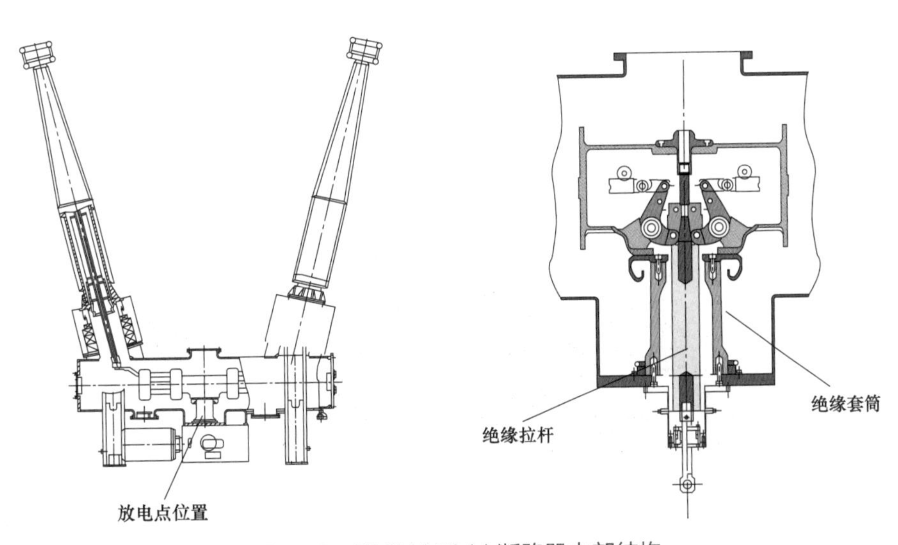

图 1–2 500kV 5644 断路器内部结构

9 月 19 日 14 时，厂家人员到达现场，对 5644 断路器 C 相进行开罐检查，经检查发现，该相断路器绝缘拉杆外侧和绝缘筒内壁有明显放电痕迹，5644 断路器 C 相开罐检查结果如图 1–3 所示。

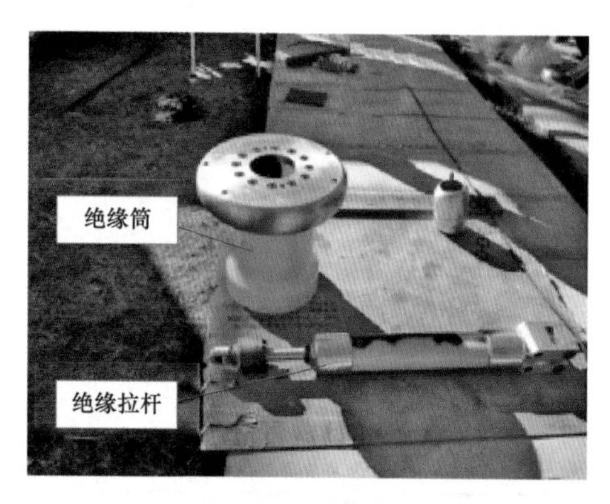

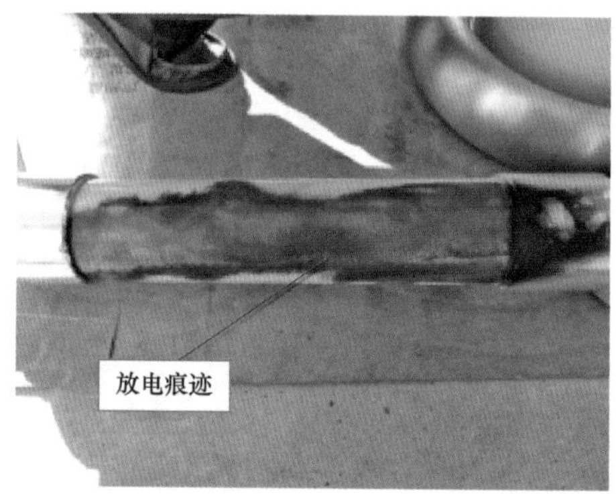

图 1-3　5644 断路器 C 相开罐检查结果

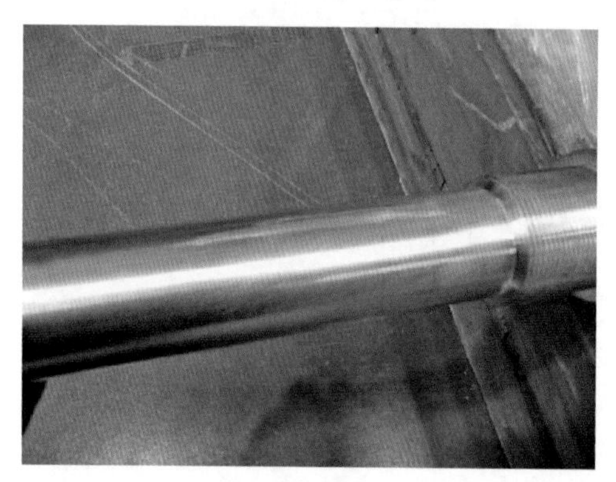

图 1-4　5644 绝缘拉杆整体部件检查结果

（2）设备解体检查情况。对断路器进行返厂解体检查。首先，在现场对断路器内部绝缘拉杆及绝缘台进行耐压试验，电压加至 740kV，未发生放电现象。随后，对绝缘拉杆整体部件详细检查。检查发现，绝缘拉杆导向杆集中在一侧区域有多处因摩擦导致的明显划痕，且划痕处与正下方绝缘拉杆的拉弧的灼伤部位处于同一垂直线上，5644 绝缘拉杆整体部件检查结果如图 1-4 所示。

对其上端的导向槽进行有针对性的详细检查（绝缘拉杆上端与导向槽之间为上下滑动摩擦），检查发现，导向套内壁接缝处有轻微凸起，且导向套内壁约 1/3 部分的内壁涂层磨损严重。随后要求厂家提供全新的导向槽内的导向套（也称轴套），发现新轴套内壁涂层均匀、光滑。新旧导向套对比如图 1-5 所示。

(a) 旧导向套

(b) 新导向套

图 1-5　新旧导向套对比

3. 故障原因分析

通过对设备解体分析，认定故障原因为设备安装工艺不良，绝缘拉杆和上方导向槽未处于同心状态，同时导向套内壁接缝处有轻微凸起，由于滤波器场断路器动作次数较多，绝缘拉杆导向杆与导向套反复摩擦后，产生细小粉末脱落，当时间较长、积聚粉末过多时，产生放电现象，造成断路器故障。

国网公司结合换流站年度检修停电机会对站内断路器进行清罐检查，经对已经解体的断路器检查发现，断路器内部绝缘拉杆动密封处均存在不同程度聚集量的黑色粉末，解体断路器检查结果如图 1－6 所示。粉末产生原因为断路器频繁操作过程中绝缘拉杆导向杆与导向套之间摩擦，粉末大量堆积后若在电场作用下黏附在绝缘拉杆表面易造成沿面闪络。

(a) 粉末堆积情况

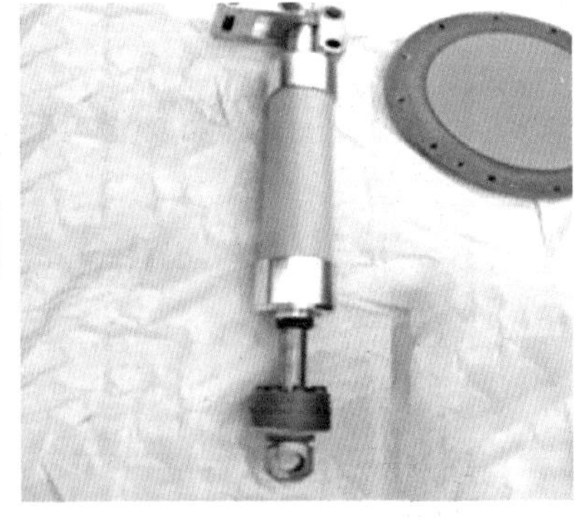
(b) 整体状况

图 1－6　解体断路器检查结果

1.1.2　某站“2022.4.5”5611 断路器 B 相绝缘拉杆闪络

1. 概述

（1）故障概述。2022 年 4 月 5 日 18 时 50 分 4 秒，某换流站 61 号交流滤波器组母线保护报变化量差动动作，61 号交流滤波器组第一小组交流滤波器保护报差动速断动作，61 号第一小组交流滤波器小组过电流Ⅲ段保护动作，61 号交流滤波器 5611、5612、5613、5614 断路器三相跳闸，61 号交流滤波器进线 5011、5012 断路器三相跳闸。61 号交流滤波器断路器为系统自动投切，在 2022 年 4 月 5 日 18 时 37 分 55 秒进行了合闸操作，约 13min 后发生了故障。

交流滤波器双套保护“启动＋动作”均出口；母线保护“启动＋动作”均出口。现场 61 号交流滤波器 5611、5612、5613、5614 断路器跳开，61 号交流滤波器组进线断路器 5011、5012 断路器跳开。

（2）设备概况。5611 断路器型号为 LW13－550，2010 年 9 月 28 日投入运行。出厂编号为 602，出厂日期为 2009 年 5 月，2010 年 9 月 28 日投入运行。

5611 断路器上一次检修时间为 2019 年 6 月，下次检修计划为 2022 年 6 月（检修周期均在三年轮试期内）。2019 年 6 月年度检修期间对该断路器进行例行检修和预试，包括气体微水、动作特性、回路电阻、分合闸时间及同期性试验。与往年试验进行对比，规程试验标准均在标准范围内。2020 年 4 月和 2021 年 4 月开展 SF_6 气体微水带电检测工作，检测数据均在标准范围内。

（3）故障前运行工况。直流系统运行方式为直流双极（全压）大地回线 3000MW 运行。

2. 设备检查情况

（1）二次设备检查情况。现场检查第一大组交流滤波器 5611、5612、5613、5614 断路器跳闸，进线断路器 5011、5012 跳闸。第一大组第一小组滤波器保护跳闸信息、第一大组滤波器保护跳闸信息分别如图 1－7 和图 1－8 所示。

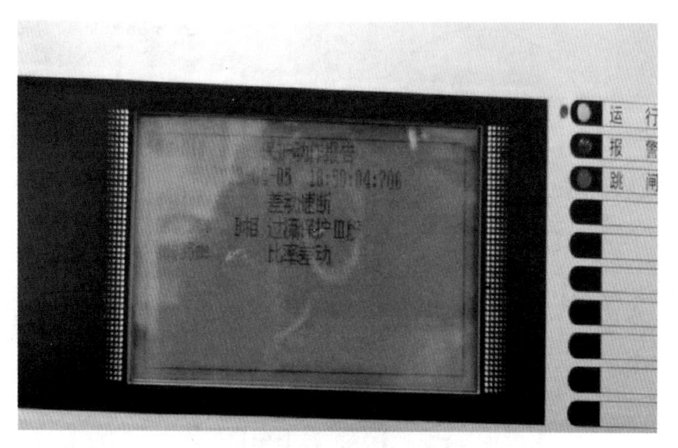

图 1－7　第一大组第一小组滤波器保护跳闸信息

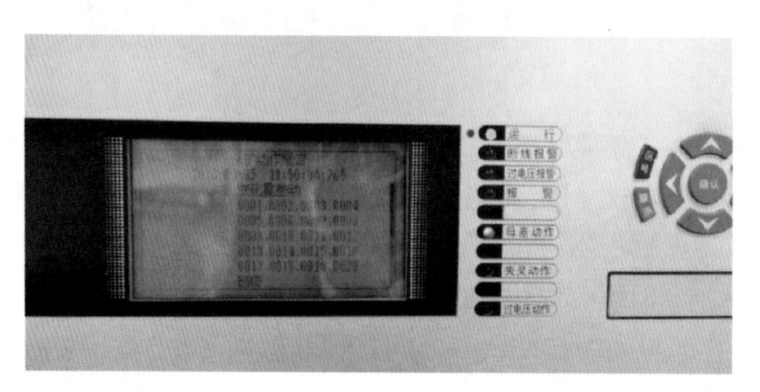

图 1－8　第一大组滤波器保护跳闸信息

故障发生时刻，5611 交流滤波器差动保护及 61 号交流滤波器组母线差动保护均动作，根据保护采样点及原理分析可知，母线差动和小组滤波器差动保护同时动作，故障应发生在两组差动保护共同范围内，保护采样图如图 1－9 所示。根据图 1－9 分析，故障点位置在差动保护重合区 5611 断路器上。

根据故障录波情况分析，故障时刻 61 号母线 B 相电压突降为 0，5611 交流滤波器（ACF）高端电流 I_b 的峰值电流达到 46.307kA，零序电流 46.316kA，判断为断路器发生内部接地故障，故障录波图如图 1－10 所示。综上分析，61 号交流滤波器 5611 断路器 B 相保护正确动作。根据保护范围初步确定故障位置为 5611 小组交流滤波器断路器 B 相。

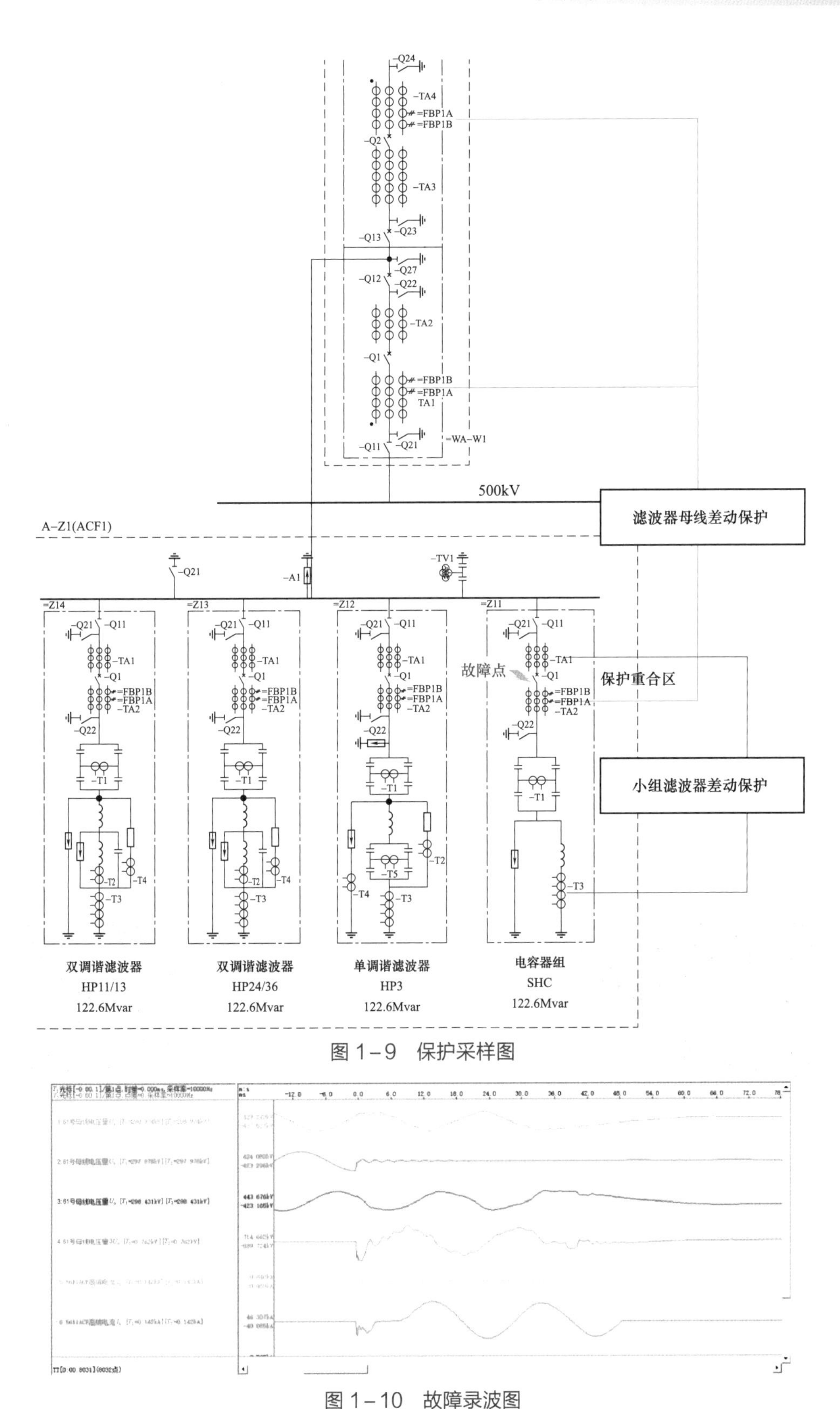

图 1－9　保护采样图

图 1－10　故障录波图

（2）现场检查及试验情况。现场对 5611 断路器 B 相进行气体试验，试验结果显示该台断路器 SO_2 为 49.2μL/L、CO 为 62.6μL/L、HF 为 31μL/L、H_2S 为 0μL/L、微水为 788.8μL/L。此外，现场对 5612、5613、5614 断路器及进线断路器 5011、5012 进行分解物试验，均合格。综上所述，经气体试验分析，初步判断故障原因为 5611 小组交流滤波器断路器 B 相发生接地故障。断路器结构如图 1－11 所示。

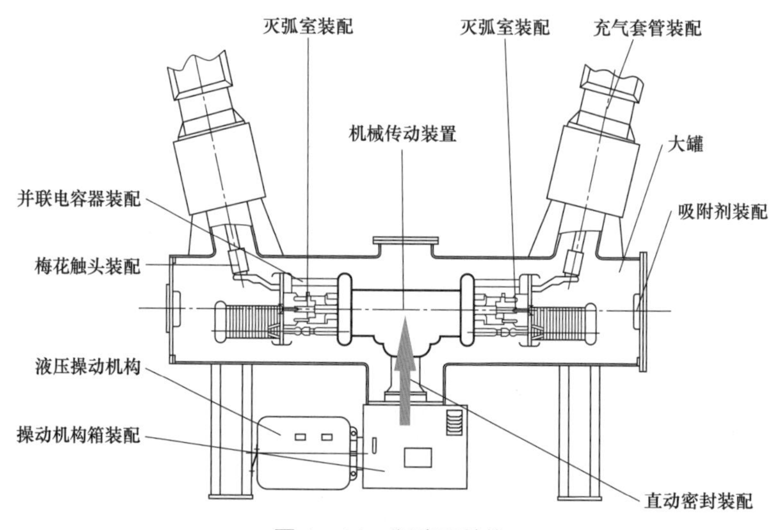

图 1－11　断路器结构

（3）设备解体检查情况。4 月 11 日 8 时 30 分，厂家技术人员对 500kV 5611 小组交流滤波器 5611 断路器 B 相开展现场解体，具体情况如下：

1）5611 断路器开盖后，发现内部存在大量白色粉尘，疑似为放电后形成的分解物，罐体未发现放电点，断路器开盖后内部情况如图 1－12 所示。

(a) 非母线侧（正对围栏）端部情况

(b) 母线侧端部情况

图 1－12　断路器开盖后内部情况

2）将断路器分合闸绝缘拉杆拆除进行检查，发现拉杆表面存在严重烧灼痕迹，断路器分合闸绝缘拉杆检查情况如图 1－13 所示。

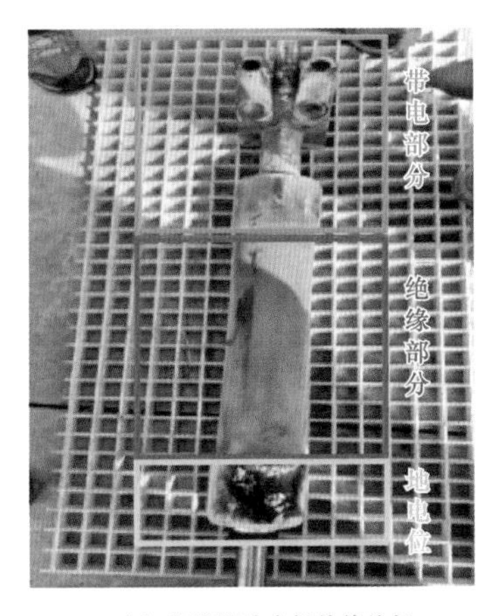

(a) 断路器分合闸绝缘拉杆

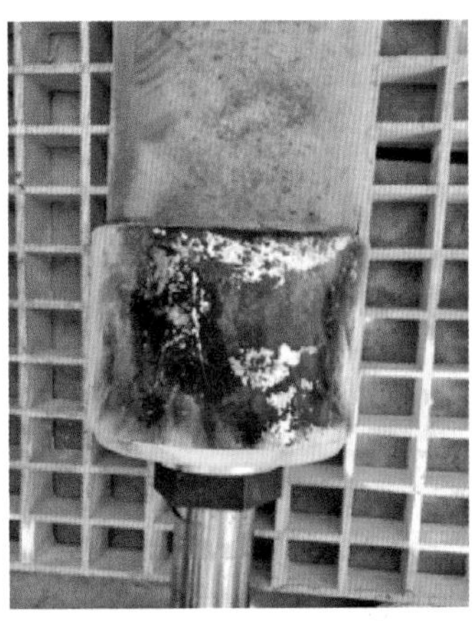

(b) 断路器分合闸绝缘拉杆

(c) 分合闸绝缘拉杆结构

(d) 分合闸绝缘拉杆上部

图 1-13 断路器分合闸绝缘拉杆检查情况

3）将断路器灭弧室拆除进行检查，灭弧室的主触头及其他部位未见烧灼痕迹，表面附着白色粉尘，灭弧室检查情况如图 1-14 所示。

(a) 断口电容和绝缘支撑

(b) 灭弧室芯体

图 1-14 灭弧室检查情况

4）将断路器套管拆除进行检查，发现套管顶部、屏蔽罩、内侧沿面均附着白色粉尘，套管导电杆、内部沿面、屏蔽罩无放电痕迹，断路器套管情况如图 1－15 所示。

(a) 套管顶部　(b) 屏蔽罩　(c) 内部沿面　(d) 导电杆

图 1－15　断路器套管情况

对罐体内的白色粉末（现场收集的和厂内收集的）、绝缘拉杆表面及绝缘支撑座内壁的黑色附着物进行成分分析。白色粉末主要元素为 F、Al，属高温下 SF_6 气体与氧化铝粉填料的环氧树脂件的反应物 AlF_3；黑色附着物除 AlF_3 外，还有铝合金颗粒、氧化硅等混合物。收集物成分与内装绝缘件、金属件成分相吻合。

3. 故障原因分析

放电示意图如图 1－16 所示，根据故障相断路器返厂解体检查、检测、试验的结果分析可知，该相断路器故障放电通道为：电弧从绝缘拉杆下端金属件开始起弧，对高压屏蔽内侧放电，导致屏蔽出现烧蚀，随后电弧扩散至拉杆另一端、绝缘筒及框架内部，造成更大范围的烧蚀。

通过解体检查，断路器传动部分未发现异常磨损，所以异物应是厂内或现场装配残留物。综合上述解体检查及相关试验分析可以看出，该次故障放电的原因为：合闸操作时，断路器本身存在的内部异物，在电场、气流扰动的共同作用下，异物传动区域漂移至绝缘拉杆中部区域，导致电场畸变，绝缘拉杆金属件和高压屏蔽经中间异物桥接发生气隙放电。

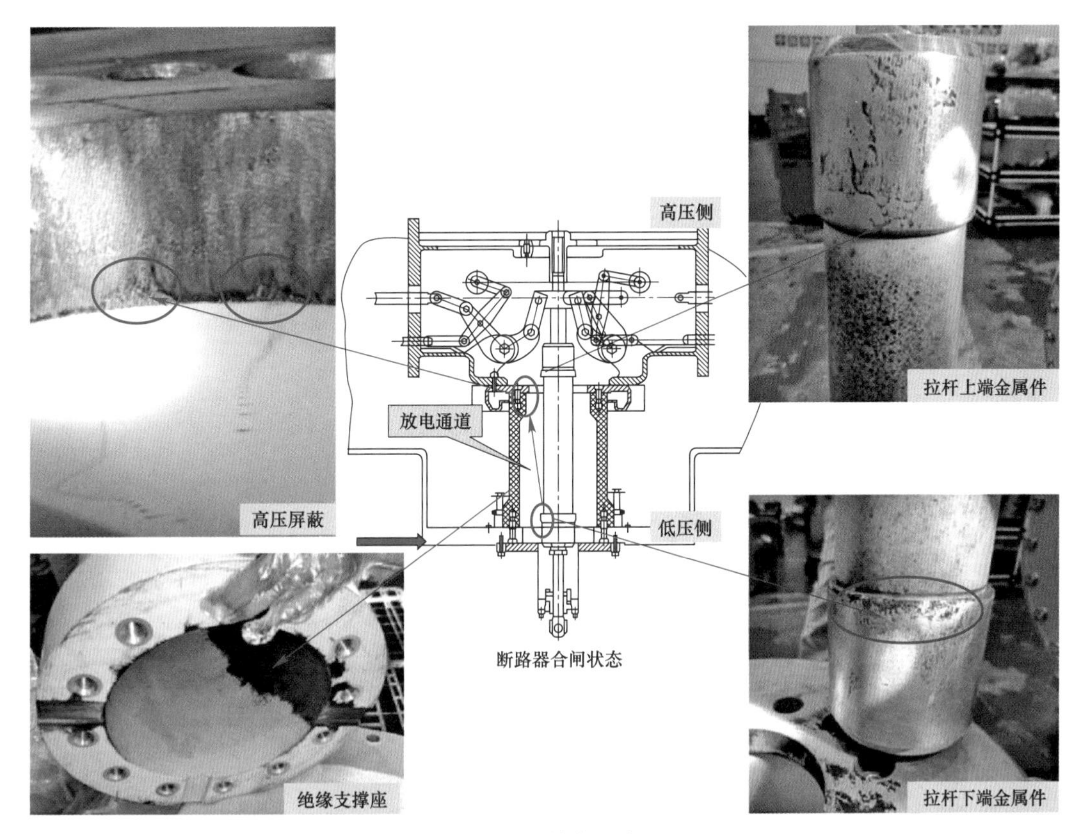

图 1-16 放电示意图

1.1.3 某站“2022.6.14”5635 断路器 A 相绝缘拉杆闪络

1. 概述

（1）故障概述。2022 年 6 月 14 日 22 时 9 分 26 秒，某换流站第一大组滤波器 63 母线两套母线保护（型号为 RCS－915AB）差动动作，5635HP12/24 交流滤波器组两套滤波器保护（型号为 RCS－976A）差动及过电流Ⅲ段动作，500kV 交流场 5021、5022 断路器跳闸，交流滤波器组 5634、5635 断路器跳闸。系统接线图如图 1－17 所示。

2022 年 6 月 14 日 15 时 1 分 8 秒，5635 断路器合闸；2022 年 6 月 14 日 22 时 9 分 26 秒，5635 断路器因滤波器保护自行跳闸，故障电流 4237A，持续时间 40ms。

6 月 15 日 2 时 8 分将 5635 交流滤波器支路转检修状态。6 月 15 日 10 时 48 分恢复 63 母线运行。经现场检查确认，保护动作与后台报警信息一致，5021、5022、5634、5635 断路器在分位，一次设备动作行为与保护动作相符。检修人员对交流场及 63 母线进行了全面排查。经故障录波分析及气体成分检测，确定 5635 断路器 A 相发生绝缘故障。

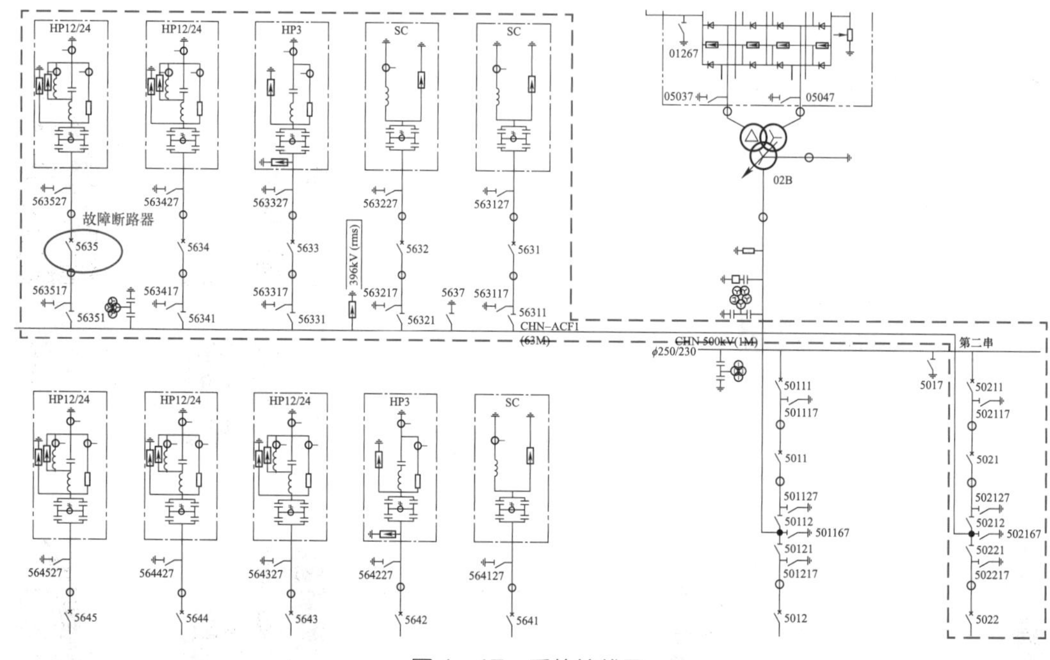

图 1–17　系统接线图

（2）设备概况。该站交流滤波器 5635A 相、5644 断路器 B 相，设备型号为 LW13A–550/Y，断路器配置自适应型选相合闸装置，操动机构为 HMB8 型弹簧操动机构。

2. 设备检查情况

（1）现场检查及试验情况。6 月 16 日，现场对 5635 断路器 A 相进行气体回收，净化处理，对断路器 A 相罐体进行开罐检查，开盖检查现场如图 1–18 所示。检查发现，罐体中部支筒底部 1 处有熏黑痕迹及烧蚀物，罐体内部及零件表面有白色粉末，罐体内部如图 1–19 所示。

图 1–18　开盖检查现场

图 1－19 罐体内部

拆除断路器顶部盖板，拆除绝缘拉杆，绝缘拉杆编号为 AX07－67578，两端铝合金接头表面有电弧灼烧及喷溅痕迹，绝缘拉杆一侧表面有熏黑迹象，绝缘拉杆表面痕迹如图 1－20 所示。

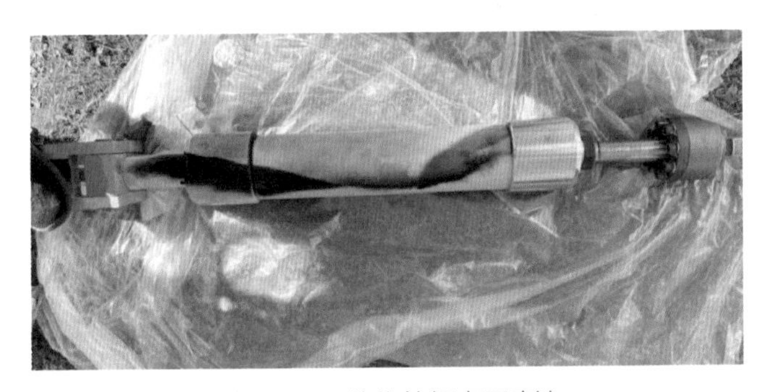

图 1－20 绝缘拉杆表面痕迹

灭弧室退出后，大罐中筒内部绝缘支撑座根部有黑色熏黑物喷出痕迹；绝缘支撑座内腔有贯穿熏黑痕迹；绝缘支撑座下部屏蔽环表面和上部屏蔽罩内沿有烧蚀、熏黑痕迹。绝缘支撑座情况如图 1－21～图 1－23 所示。

(a) 绝缘支撑座外部

(b) 绝缘支撑座内腔

图 1－21 绝缘支撑座情况

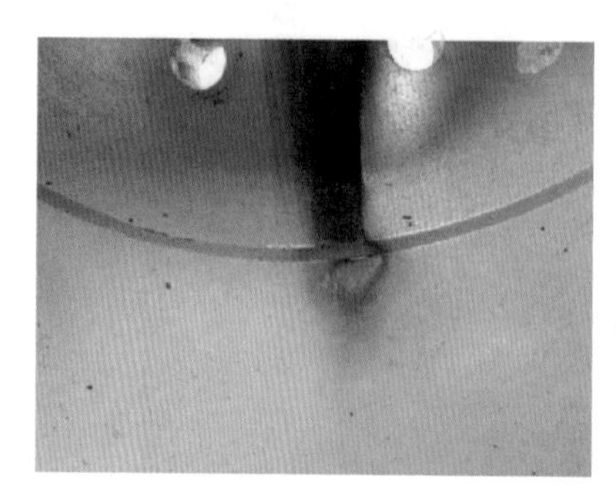

(a) 内腔靠外侧

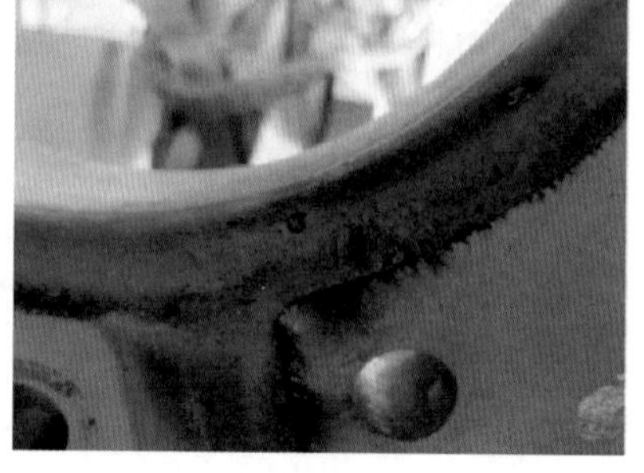

(b) 内腔靠内侧

图 1－22　大罐中筒内部绝缘支撑座烧熏痕迹

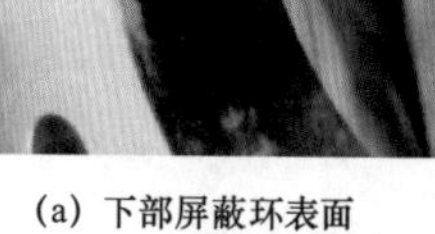

(a) 下部屏蔽环表面

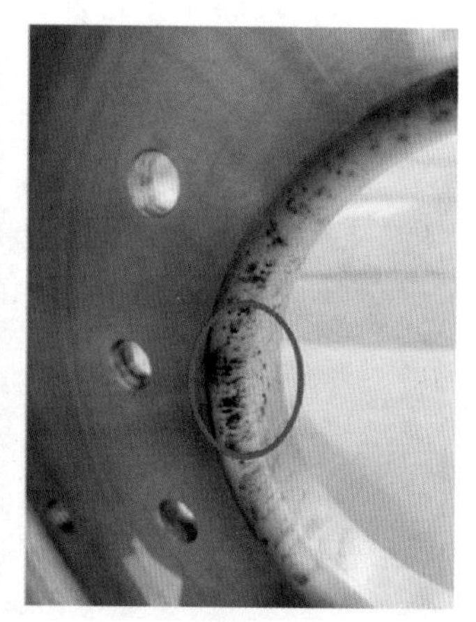

(b) 上部屏蔽罩内沿

图 1－23　绝缘支撑座屏蔽环和屏蔽罩烧蚀、熏黑痕迹

对 5635 断路器 B、C 相开盖清扫，更换绝缘拉杆。对换下的绝缘拉杆进行检查，B 相换下的绝缘拉杆如图 1－24 所示。B 相绝缘拉杆表面有黑色点状附着物，绝缘拉杆下端

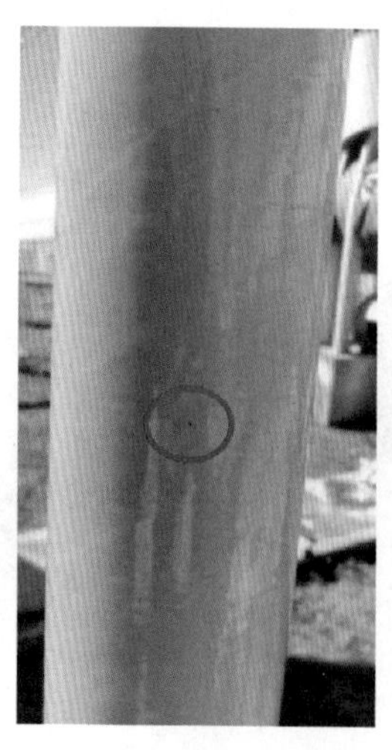

(a) 局部

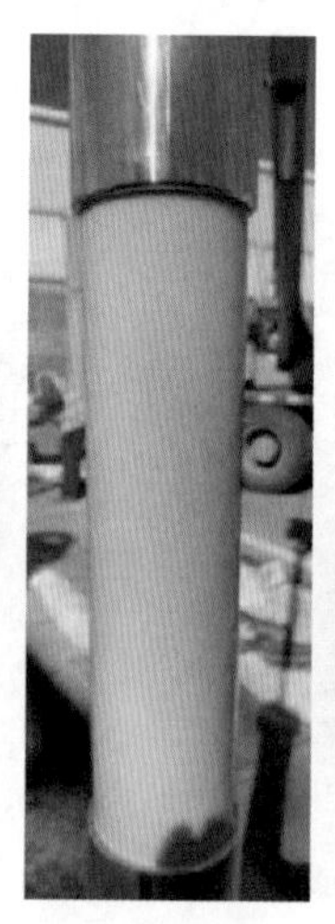

(b) 整体

(c) 下端金属接头

图 1－24　B 相换下的绝缘拉杆

轴动密封外圆周面有黑色点状和片状附着物。绝缘拉杆上端导向杆、下端直动密封表面无异常，无过量脂类残留。

C 相绝缘拉杆表面有黑色点状附着物，绝缘拉杆下端轴动密封外圆周面有黑色点状和片状附着物。绝缘拉杆上端导向杆、下端直动密封表面光滑无异常，直动密封杆表面有黑色脂类附着物。C 相换下的绝缘拉杆如图 1－25 所示。

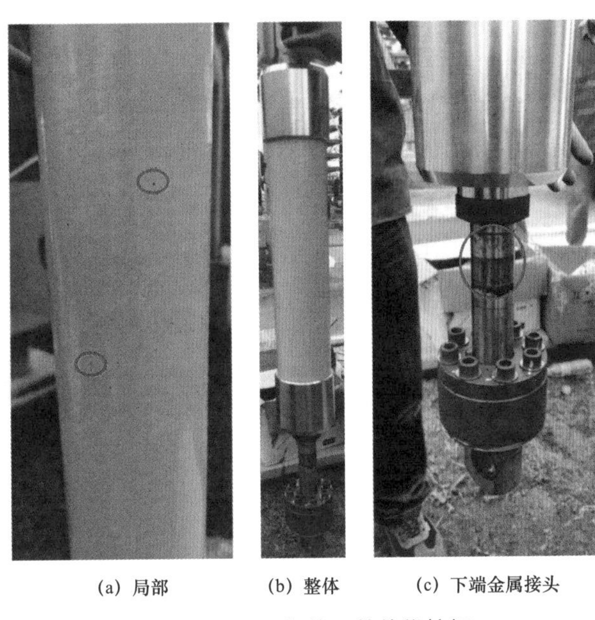

(a) 局部　(b) 整体　(c) 下端金属接头

图 1－25　C 相换下的绝缘拉杆

（2）设备解体检查情况。2022 年 6 月 29 日，厂家对该站返回的 5635 断路器 A 相灭弧室包装箱进行解体检查。返厂的包装箱内包括 5635 断路器 A 相故障灭弧室、3 根绝缘拉杆、1 个绝缘支撑座、1 个导向座。

绝缘拉杆如图 1－26 所示，表面有灼熏痕迹，其两端铝合金接头表面有电弧灼烧及喷

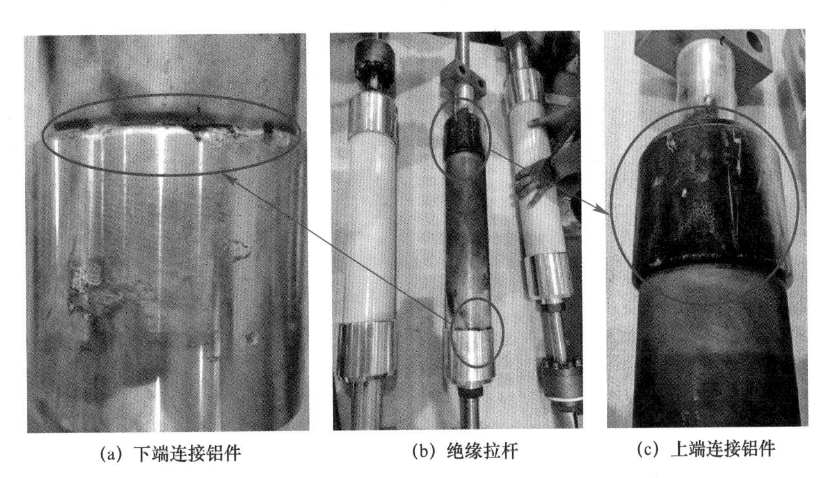

(a) 下端连接铝件　(b) 绝缘拉杆　(c) 上端连接铝件

图 1－26　绝缘拉杆

溅痕迹，装配方向的下端接头铝质材料有灼烧痕迹，上端接头有熏黑痕迹。B、C相绝缘拉杆表面无异常。

灭弧室传动连板、传动轴销、传动杆等部件连接到位，双断口弧触头及喷口、电流触头均未见异常且无电弧灼烧痕迹，并联电容、绝缘支撑件、屏蔽罩、压气缸、导体连接座等部件均未见异常且无电弧灼烧痕迹。灭弧室导电回路接触痕迹均匀，手摸光滑无异常。屏蔽罩内凹区域有少量颗粒状异物，屏蔽罩内凹区域如图1－27所示。

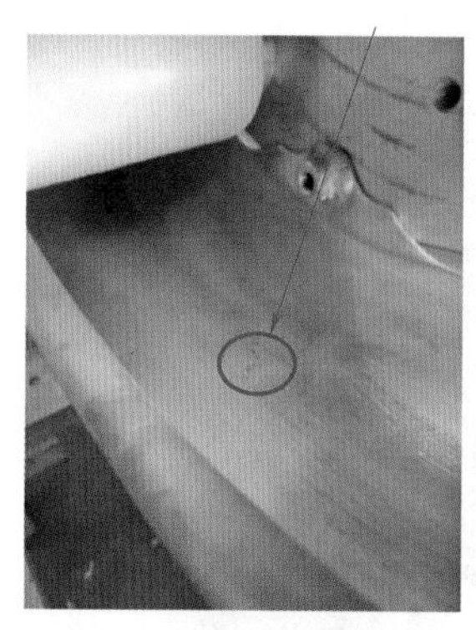

(a) 颗粒状异物　　(b) 异物分布

图1－27　屏蔽罩内凹区域

对绝缘支撑座及连接屏蔽罩进行检查，发现绝缘支撑座内壁有电弧灼熏痕迹，绝缘支撑座屏蔽罩内壁对应位置有电弧灼熏痕迹，绝缘支撑座屏蔽罩内壁检查如图1－28所示。

(a) 罐体中筒底部

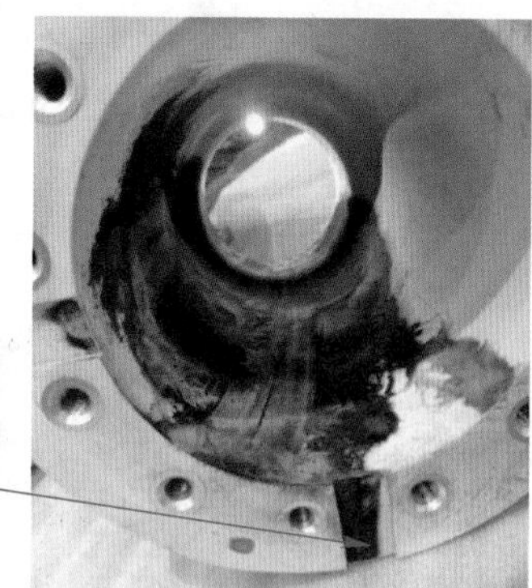

(b) 绝缘支撑座

(c) 屏蔽罩

图1－28　绝缘支撑座屏蔽罩内壁检查

对厂内收集的绝缘支撑座内壁（1号）、绝缘拉杆表面（2号）及活塞杆表面（3号）的黑色附着物进行成分分析。绝缘支撑座屏蔽罩内壁附着物成分分析如图1－29所示。

1号：绝缘台内部表面黑色附着物，样品为黑色颗粒粉末状，主要元素为C、O，少量Al、Mg、Si、Fe、F、K、Ti元素。

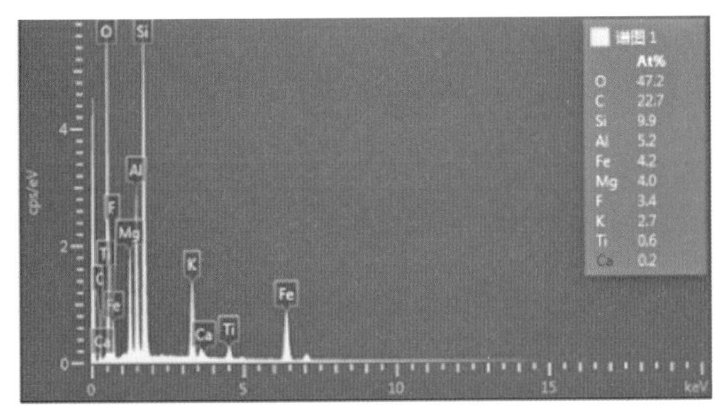

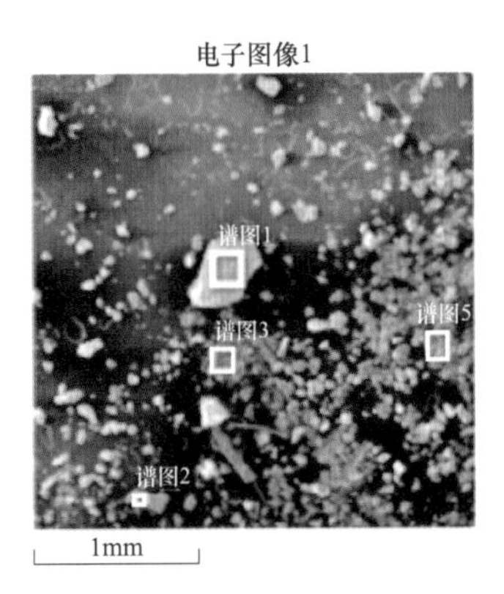

(a) 1号成分分析及电子图像

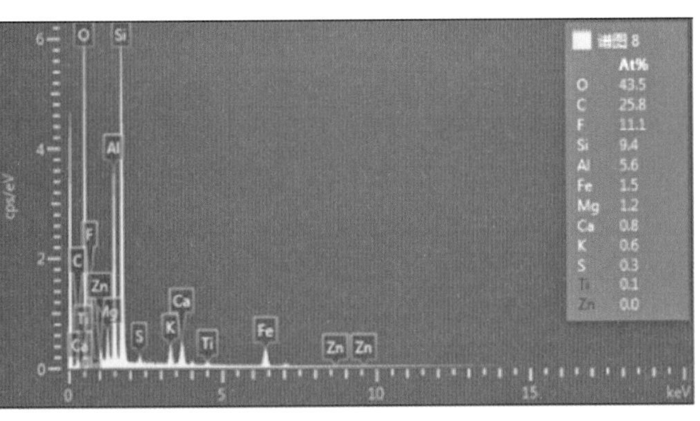

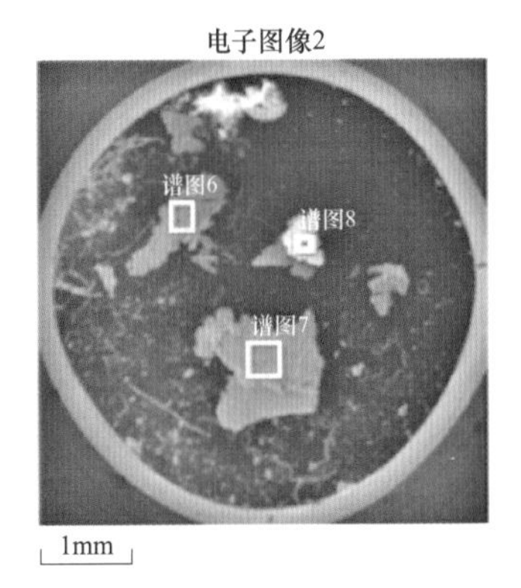

(b) 2号成分分析及电子图像

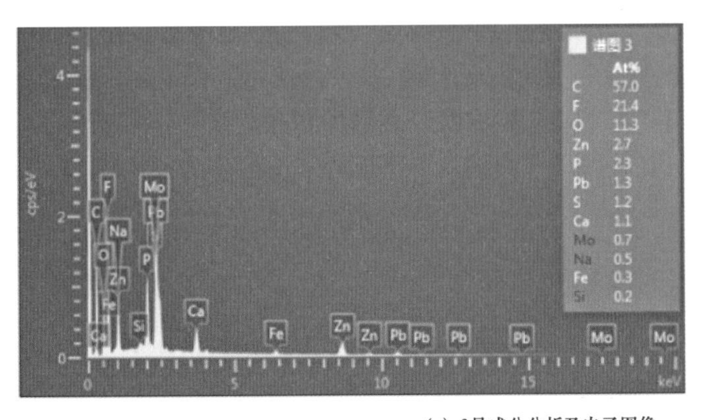

电子图像3

谱图1

谱图3

1mm

(c) 3号成分分析及电子图像

图 1-29 绝缘支撑座屏蔽罩内壁附着物成分分析

2 号：绝缘拉杆表面烧蚀黑色异物，样品为灰黑色小片粉末状，主要元素为 C、O、F、Al 元素。

3 号：活塞杆表面黑色附着物，样品为黑色颗粒粉末状，主要元素为 C、F、O，少量 Mo、Pb 等元素。

对现场返回样品进行成分检测，现场收集异物共 10 份样品，6、7 号样品分别为 B、C 相绝缘拉杆上取样，其余均为 A 相故障气室内取样。

检测结果表明，绝缘拉杆表面异物主要元素为 C、O、F、Al，为放电烧蚀产物。绝缘支撑座内部表面主要元素为C、O，为环氧浇注氧化铝填料及放电产生的氟化物。主要元素分析如下：

1）F来源于SF_6气体分解物。

2）C来源于导向套聚四氟乙烯成分、喷口烧蚀的分解物及放电后环氧底漆分解物。

3）Pb来源于导向套（位于导向座内、活塞杆处、轴销处）。

4）Cu、Al来源于触头的烧蚀及磨损。

此外，对框架内部脂类进行分析，按照装配作业指导书对框架内部传动部分进行脂类涂覆。脂类使用位置如图1–30所示。

断路器的装配作业指导书中规定了脂类涂覆位置，工艺文件中规定不同脂类的使用位置、用量及涂敷检查方法，润滑脂本身不具备导电特性。但在解体检查中发现，活塞杆处二硫化钼润滑脂的涂敷有不均匀的现象，通过活塞杆的运动，润滑脂存在脱落的可能性；另外，直动密封杆位置的7501硅脂量较多，出现硅脂聚集。通过以上现象，可以看出该活塞杆和直动密封杆的涂敷作业可能存在不规范问题。

（3）绝缘支撑座与绝缘拉杆区域附着异物仿真分析。根据B、C相绝缘拉杆解体情况，假设异物附着在绝缘拉杆表面及下端，对该状态进行仿真分析。按正常断路器状态和模拟金属异物（高×宽×厚：4mm×2mm×0.5mm）状态分别建立计算模型，采用Maxwell3D静电场模块对绝缘支撑座与绝缘拉杆区域进行仿真计算［施加电压分别为449kV（运行电压峰值）和1675kV］。计算模型如图1–31所示，分为以下5种模型：

1）正常断路器状态；

2）异物立于绝缘拉杆下部接头上贴在拉杆表面；

3）异物贴在绝缘拉杆中部表面；

4）异物位于屏蔽罩内壁下沿；

5）2个异物分别立于绝缘拉杆下部接头上贴在拉杆表面和贴在绝缘拉杆中部表面。

正常断路器状态下（模型1），在449kV和1675kV下电场强度远小于设计要求值。

异物立于绝缘拉杆下部接头上贴在拉杆表面时（模型2），在449kV和1675kV下异物处电场强度超出设计要求值。

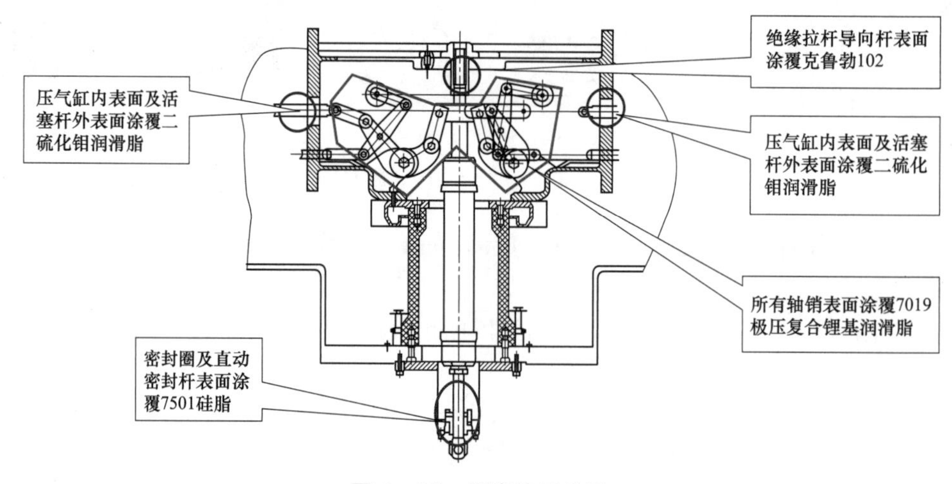

图1–30　脂类使用位置

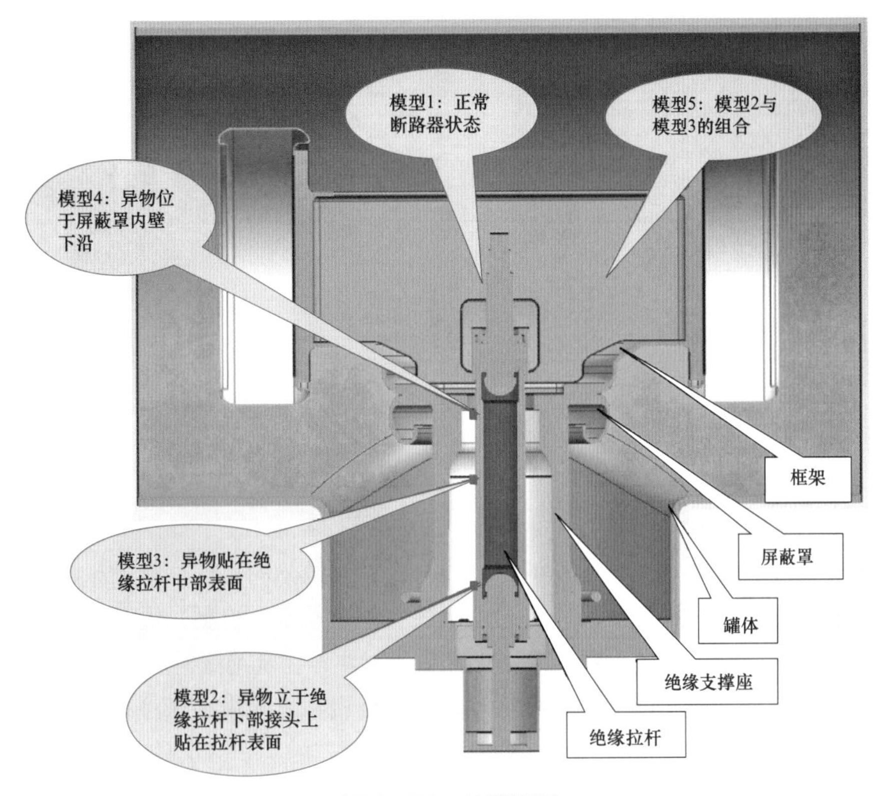

图 1－31 计算模型

异物贴在绝缘拉杆中部表面时（模型 3），在 449kV 和 1675kV 下异物处电场强度超出设计要求值。

异物位于屏蔽罩内壁下沿时（模型 4），在 449kV 和 1675kV 下电场强度符合设计要求。

2 个异物分别贴于绝缘拉杆下部接头上贴在绝缘拉杆表面和贴在绝缘拉杆中部表面时（模型 5），在 449kV 和 1675kV 下异物处电场强度超出设计要求值，且绝缘拉杆下部接头上表面处异物电场强度高于贴在绝缘拉杆中部表面异物处。

模型仿真结果如图 1－32 所示。通过仿真计算结果可以看出，假如绝缘拉杆表面及嵌件上附着一定量的异物时，异物处的电场强度均高于绝缘件表面允许电场强度；绝缘拉杆下部接头上表面处异物电场强度高于贴在绝缘拉杆中部表面异物处。

（4）模拟异物附着在绝缘拉杆上的验证试验。模拟现场断路器绝缘拉杆表面附着异物的状态，在绝缘拉杆表面及下端金属件处，涂抹一定量的黑色脂类混合物（从故障灭弧室活塞杆上刮下），进行工频耐压及局部放电试验验证。试验结果表明，当异物附着在绝缘拉杆表面及下端金属件并积聚到一定量时，会引起断路器内部局部放电量变大（381kV 时为 7.37pC，标准要求不大于 5pC），随着局部放电量的累积，最终有可能发展为绝缘击穿。

3. 故障原因分析

（1）异物来源分析。通过上述分析及厂内模拟试验验证，异物是引起该次放电故障的根本原因，异物来源于厂内装配残留物、磨合不充分产生的磨损物或者由润滑脂涂敷不均匀、过量脱落产生。在该活塞杆表面润滑脂检测成分中发现 Pb，结合润滑脂的涂敷情况，

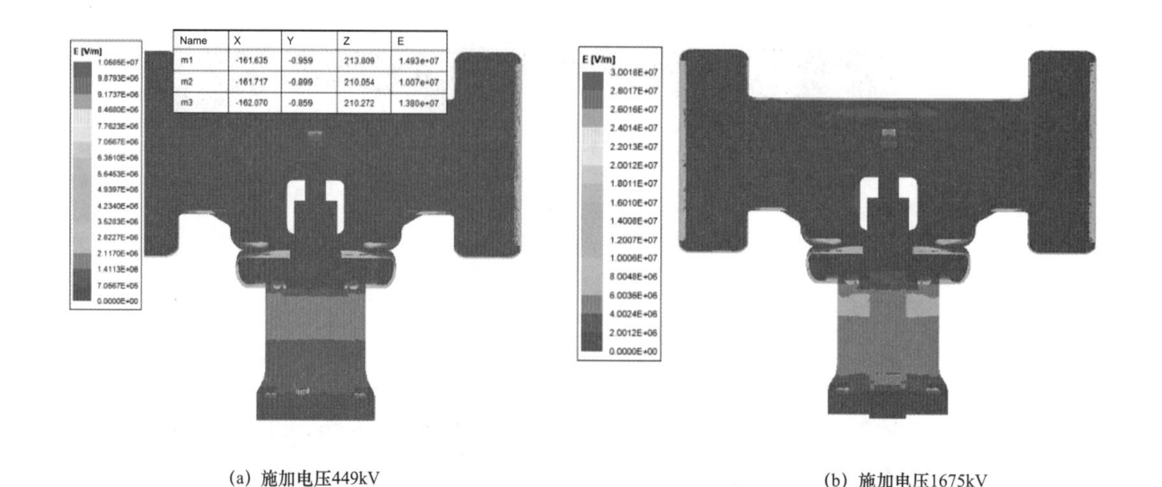

图 1-32　模型仿真结果

由于活塞杆润滑脂涂敷不均匀或过量脱落产生异物引发故障的可能性最大。

（2）放电通道分析。根据故障相断路器灭弧室解体检查、检测、仿真、试验的结果分析可知，故障断路器放电通道为：绝缘拉杆下端金属件异物及绝缘拉杆表面异物产生局部放电，引起电场畸变造成高压屏蔽与绝缘拉杆下端金属件之间沿绝缘拉杆表面放电。放电通道如图 1-33 所示。

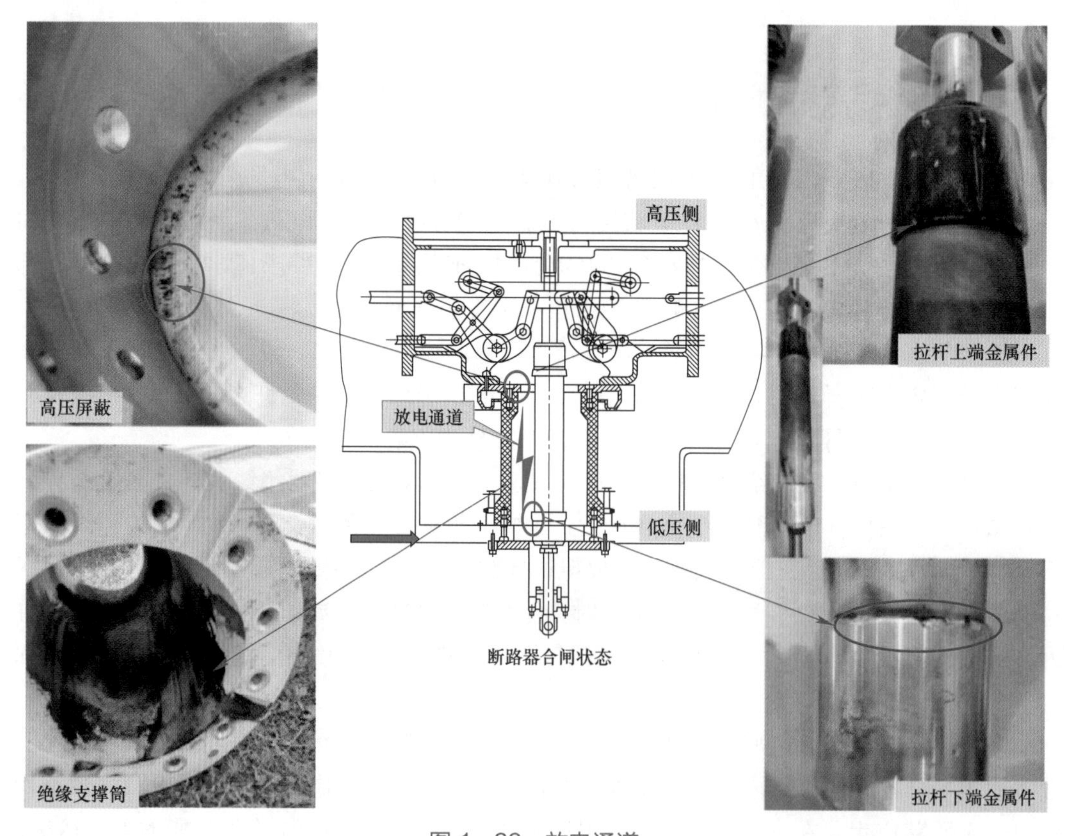

图 1-33　放电通道

综合上述解体检查及相关试验分析可以看出，该次故障放电的原因为：异物在电场、电流扰动的共同作用下，从传动区域飘落附着在绝缘拉杆表面及下端处并累积，导致电场畸变，高压屏蔽对绝缘拉杆下端金属件经拉杆表面异物桥接发生绝缘拉杆沿面闪络放电。

1.2 罐体内部异物放电

1.2.1 某站“2021.7.24”7644 断路器 C 相内部异物放电故障

1. 概述

（1）故障概述。2021 年 7 月 24 日 17 时 18 分，某换流站执行试验指挥 248 号令：“7644 断路器热备用转运行”，对 7644 交流滤波器进行第二次充电试验。某换流站执行 7644 断路器合闸命令后，7644 交流滤波器差动速断保护、64 号母线差动保护、7592 断路器充电过电流保护动作，7644、7592 断路器跳闸，第四大组交流滤波器 64 号母线失电压。

（2）设备概况。7644 断路器为 800PM50－50 型罐式断路器，配液压碟簧操动机构，2020 年 10 月生产。2021 年 3 月 13 日进行交接试验，包括每相导电回路直流电阻测试，绝缘电阻测量，分、合时间及同期性，分、合线圈绝缘电阻和直阻，分、合速度，机构试验，SF_6 分解物、微水检测，密封性检查，SF_6 密度继电器检查，以上试验项目数据均合格。

（3）故障前运行工况。该换流站 750kV 交流场采用 3/2 接线，交流滤波器 64 号母线采用单母线接线方式，接于 750kV 交流场 7591、7592 断路器间。故障前 7592 单断路器带 64 号母线运行，7644 断路器热备用。

2. 设备检查情况

（1）保护动作情况。

1）750kV 7644 交流滤波器保护双套配置，型号均为 PAC－8711A－ST－G，17 时 18 分 23 秒 355 毫秒，两套保护均启动，1007ms 后差动速断动作出口，1012ms 后比率差动动作，1054ms 后过电流Ⅲ段动作，故障相别 C 相，折算一次故障电流 13630A。

2）750kV 64 号母线交流滤波器母线保护双套配置，型号均为 PAC－8710A－BUS－G，17 时 18 分 24 秒 358 毫秒，两套交流滤波器母线保护均启动，0ms 后差动保护动作出口，故障相别 C 相，折算一次故障电流 2644A。

3）750kV 7592 断路器保护单套配置，型号为 CSC－121A－G，17 时 18 分 24 秒 351 毫秒，断路器保护启动，11ms 后充电过电流Ⅰ段动作，故障相别 C 相，折算一次故障电流 9376A。17 时 18 分 24 秒 358 毫秒，64 号母线交流滤波器母线保护最先动作出口，4ms 后 7644 交流滤波器保护与 7592 断路器保护同时动作出口；17 时 18 分 24 秒 387 毫秒，

7644 断路器三相跳开，10ms 后 7592 断路器三相跳开。

（2）一次设备检查情况。现场检查发现，该换流站 7644、7592 断路器在分位，其余设备外观无异常，断路器机构无异常。

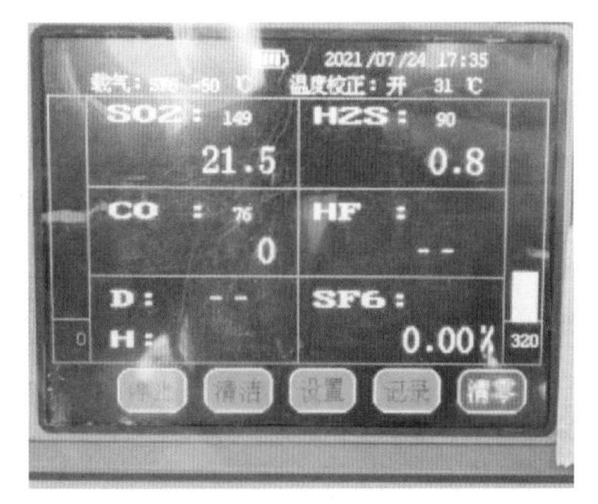

图 1－34　7644 断路器 C 相 SF_6 气体分解产物检测结果

抢修人员到达现场后，立即对 7644 断路器 C 相进行 SF_6 分解物检测，测试结果显示：SO_2 为 21.5μL/L、H_2S 为 0.8μL/L、CO 为 0μL/L，SO_2 超注意值（规程要求不大于 1μL/L），7644 断路器 C 相 SF_6 气体分解产物检测结果如图 1－34 所示。A、B 相上述特征气体测试数据均为 0μL/L。现场检查 7644 断路器气体压力，结果显示：A 相 0.843MPa、B 相 0.874MPa、C 相 0.870MPa（额定气压 0.85MPa）。根据检测情况，初步判断 7644 断路器 C 相罐体内部发生闪络。

（3）现场开罐检查情况。现场对 7644 断路器 C 相进行开罐检查，发现吸附剂袋状态和位置较初始安装位置发生明显变化，吸附剂完整无散落现象。7644 断路器 C 相吸附剂袋位置对比如图 1－35 所示。

3. 故障原因分析

从上述检查情况来看，该次放电现象为非机构侧屏蔽罩处放电，同时吸附剂袋位置发生变化。分析原因为吸附剂袋仅在中部固定，在断路器操作过程中受振动影响，吸附剂袋形态发生变化，可能形成局部高场强区，在合闸过程引发高场强区击穿，导致非机构侧屏蔽罩与罐体间放电。

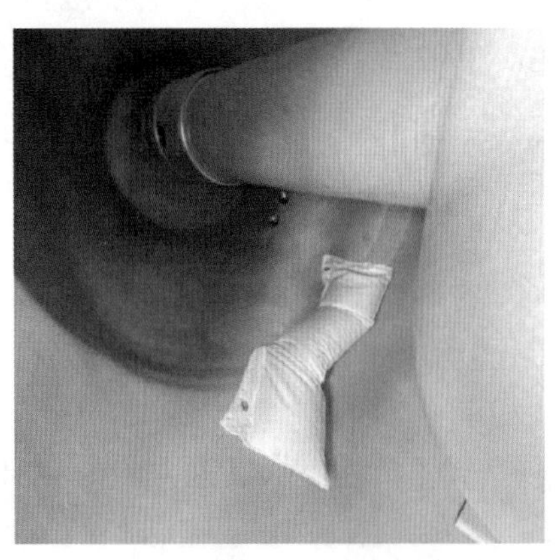

(a) C 相吸附剂带开罐检查位置

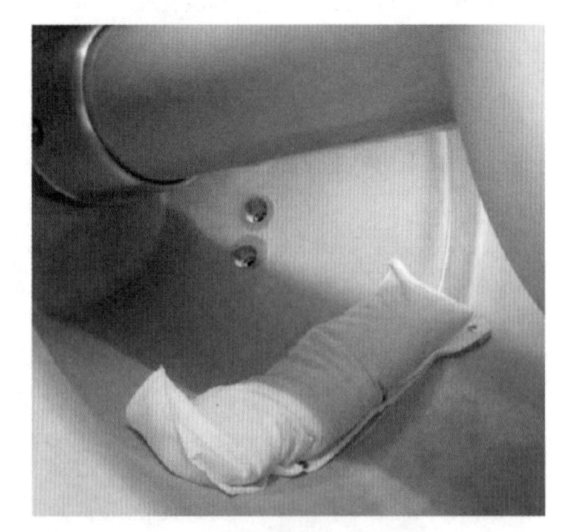

(b) C 相吸附剂带初始安装位置

图 1－35　7644 断路器 C 相吸附剂袋位置对比

灭弧室内无金属微粒等异物，但在非机构侧屏蔽罩、断路器罐体内壁间存在明显放电点。7644 断路器 C 相内部放电位置如图 1－36 所示。

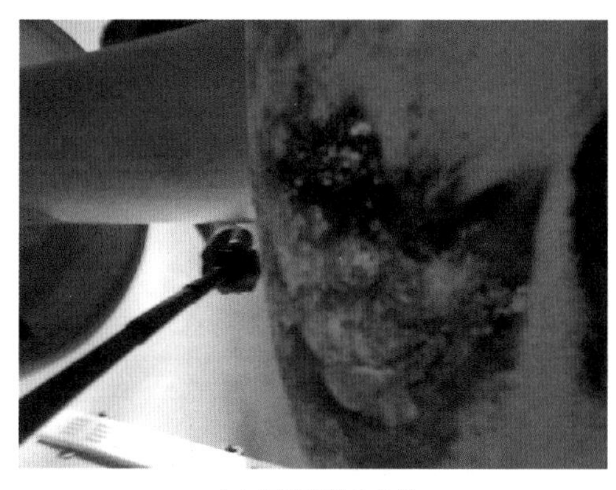

(a) 屏蔽罩放电位置

(b) 罐体放电位置

图 1-36 7644 断路器 C 相内部放电位置

1.2.2 某站“2022.6.17”5631 断路器 C 相内部异物放电故障

1. 概述

（1）故障概述。2022 年 6 月 17 日 19 时 49 分 40 秒某站第三大组滤波器第一小组 5631 断路器在冷备用转热备用过程中，合上 56311 隔离开关时发生故障。第三大组交流滤波器母线保护 A 动作、第三大组交流滤波器母线保护 B 动作、第三大组第一小组滤波器保护 A 动作、第三大组第一小组滤波器保护 B 动作。

故障断路器为 63 号滤波电容器大组内 5631 断路器，当隔离开关 56311 合闸时，5631 断路器内部发生绝缘闪络。某站主接线方式如图 1-37 所示。

（2）设备概况。5631 断路器型号为 DTB550PM，出厂编号为 1361534502-01C，生产时间为 2021 年 9 月，SF_6 充气压力为 0.85MPa。

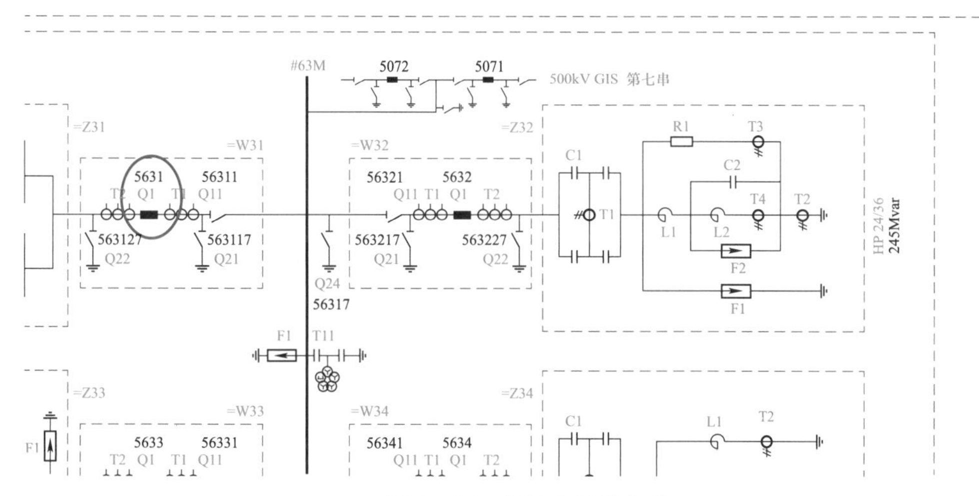

图 1-37 某站主接线方式

2. 设备检查情况

（1）现场检查情况。

1）SF_6气体分解产物、微水、纯度试验。现场对5631断路器开展SF_6气体分解产物、微水、纯度测试，测试仪测量界面如图1-38所示，试验测试结果见表1-1。

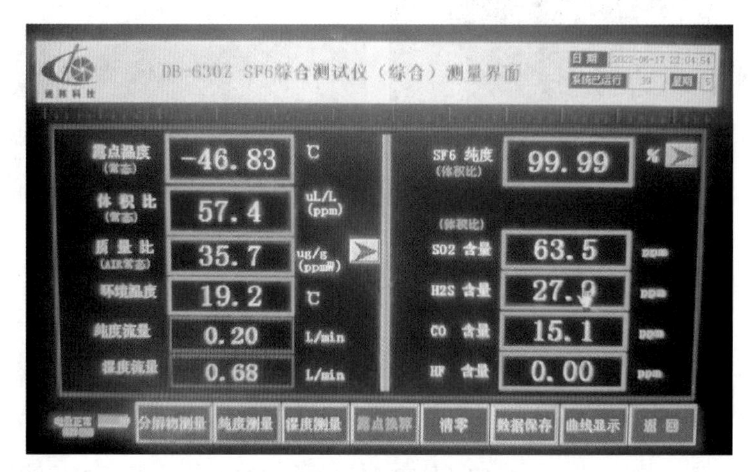

图1-38 测试仪测量界面

表1-1 试验测试结果

相别	气室	SO_2（μL/L）	CO（μL/L）	H_2S（μL/L）	HF（μL/L）	微水（μL/L）
C相	灭弧室	63.5	15.1	27.9	0	57.4

2）故障录波检查。经查看故障录波，第三大组滤波器母线电压A、B相电压正常，C相电压在故障时降为0，具体信息如下：① 5631断路器电流：A、B相无电流，C相短路电流峰值38kA；② 5071断路器电流：A、B相无电流，C相短路电流峰值23kA；③ 5072断路器电流：A、B相无电流，C相短路电流峰值16kA。

保护正确动作，分析故障录波图可知，故障范围在第三大组滤波器母线保护和5631小组滤波器保护重叠范围内。

断路器处于分闸位置，隔离开关在合闸过程中，有明显的放电现象。通过故障录波图分析，初步判定击穿点处于5631断路器C相非机构侧。

3）现场开罐检查情况。2022年6月19日，对该站5631断路器C相开罐进行检查，发现非机构侧第二个屏蔽罩底部对罐体放电，同时放电点附近的粒子捕捉器有变形情况，5631断路器C相开罐检查情况如图1-39所示。

厂家在现场对击穿相、备用相、厂内新生产断路器同时进行了非机构侧第二个屏蔽罩与粒子捕捉器间距的测量，间距测量结果见表1-2。

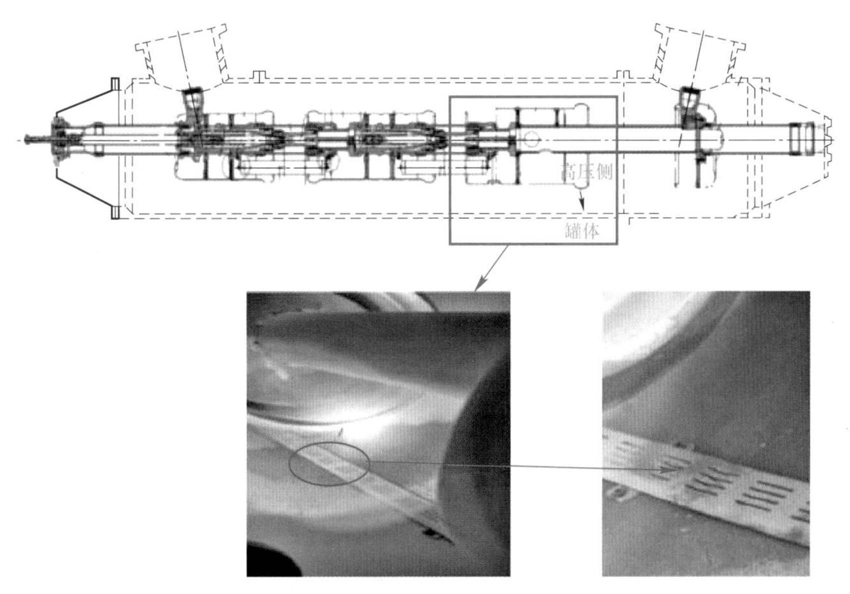

图 1-39　5631 断路器 C 相开罐检查情况

表 1-2　　间距测量结果

序号	描述	数值（mm）
1	击穿相	138
2	备用相	137
3	厂内新生产断路器	137.44

（2）故障相返厂解体检查。DTB 550kV 罐式断路器灭弧室结构如图 1-40 所示。

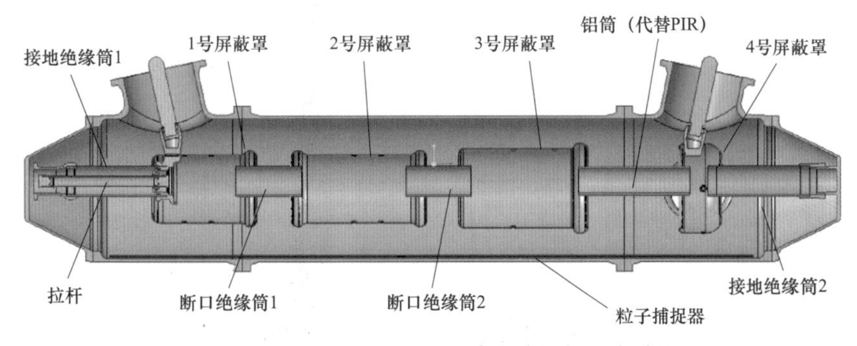

图 1-40　DTB 550kV 罐式断路器灭弧室结构

将灭弧室从罐体内抽出，检查罐体内部放电点及放电点周围情况。放电通道为 3 号屏蔽罩底部与其下方正对的粒子捕捉器，放电通道如图 1-41 所示。其中高压侧屏蔽罩底部放电处有烧穿孔洞，直径约 5mm，微粒捕捉器栅格处有电弧烧蚀痕迹，罐体底部有大面积电弧熏黑痕迹。

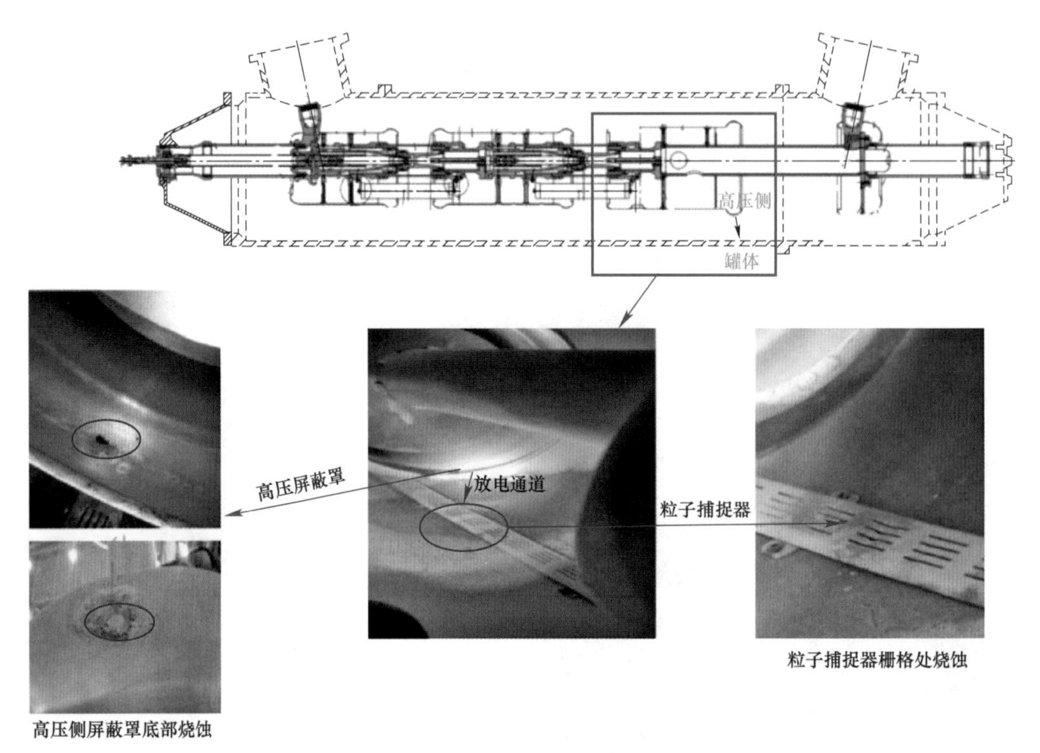

图 1－41　放电通道

将粒子捕捉器从罐体内抽出，检查粒子捕捉器表面放电情况。放电位置的粒子捕捉器表面烧蚀，烧蚀后表面毛糙，出现融化的铝颗粒。放电位置粒子捕捉器底部与罐体底部贴实，固定脚孔内的橡胶套未脱落。粒子捕捉器固定脚橡胶垫情况如图 1－42 所示。

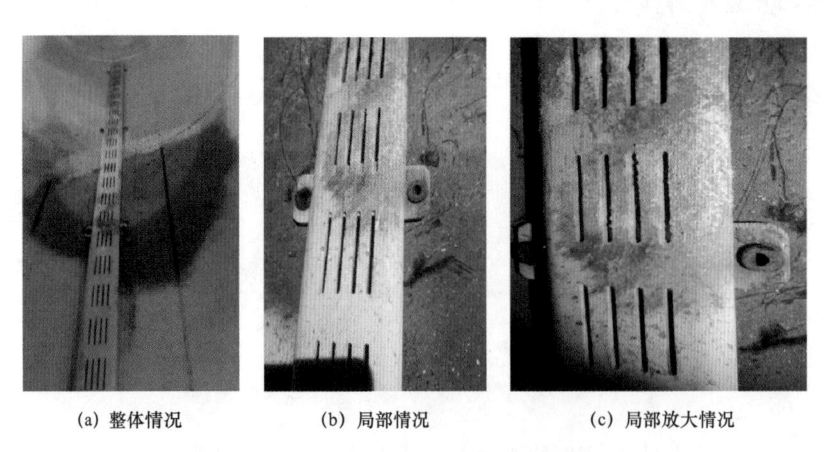

(a) 整体情况　(b) 局部情况　(c) 局部放大情况

图 1－42　粒子捕捉器固定脚橡胶垫情况

检查灼烧屏蔽罩外观，发现屏蔽罩灼烧处有 1 个 5mm 的电弧烧蚀洞，其边缘有受热融化的迹象。屏蔽罩与灭弧室固定处也有灼烧痕迹。灼烧屏蔽罩外观如图 1－43 所示。

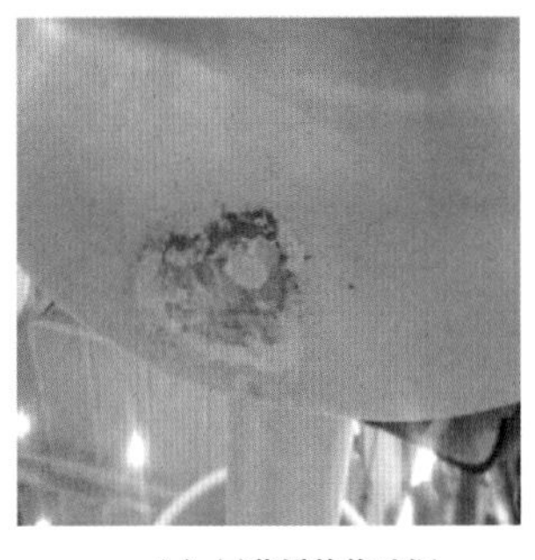

(a) 屏蔽罩灼烧孔洞

(b) 上部固定螺栓孔

(c) 下部固定螺栓孔

图 1-43 灼烧屏蔽罩外观

解体后，对断路器残留物取样，送第三方进行组分分析，断路器残留物取样位置如图 1-44 所示。

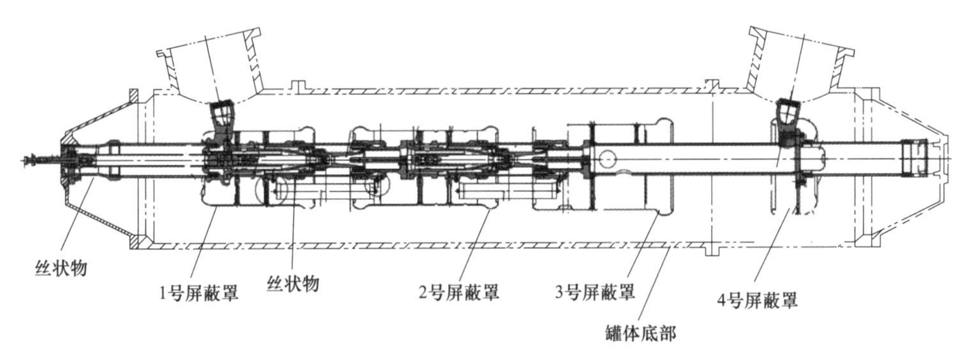

图 1-44 断路器残留物取样位置

断路器故障击穿产生的 SF_6 分解物及高压屏蔽罩对粒子捕捉器放电烧蚀的金属粉末扩散于整个罐体内部，在收集的 4 个屏蔽罩、罐体底部及其他等位置均发现了对应的成分。

对以上送检的屏蔽罩、罐体，以及现场返回的粉末状颗粒物进行分析，主要元素为碳、氟、氧、铝，还有其他少量元素如镁、硅、锌等。碳、氟、氧元素，主要来源于设备击穿故障后 SF_6 气体的分解产物及罐体熏黑后的碳化物。铝、镁、硅、锌等元素来源于烧蚀的屏蔽罩产生的铝粉末，烧蚀的罐体产生的铝、镁、硅粉末。经分解物成分分析，未发现有异常元素产生，分解物元素符合击穿零件的组成成分。

3. 故障原因分析

该次故障发生在送电过程中隔离开关关合的瞬间（冷备用转热备用，隔离开关合闸过程中断路器发生故障），下面分析产生该次故障的可能原因。

（1）隔离开关合闸产生过电压的影响。针对此次故障过程，对过电压的影响进行了计算，分闸的断路器断口对地过电压仿真波形如图 1-45 所示。

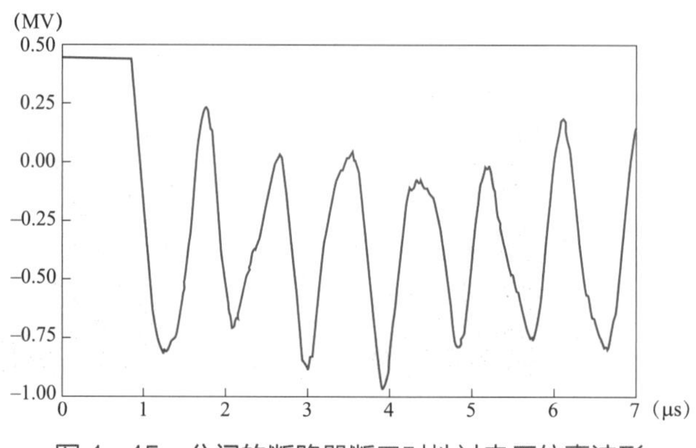

图 1−45　分闸的断路器断口对地过电压仿真波形

结合故障录波情况，考虑 C 相电源电压为 362kV，残余电荷电压标幺值为 − 1.0 时发生击穿，产生的最大快速暂态过电压（VFTO）幅值为 972kV、频率为 1MHz 的高次谐波叠加。VFTO 的幅值低于断路器内绝缘额定雷电冲击耐受电压 1675kV。

从计算结果可以认为，合隔离开关产生的过电压不是产生此次故障的根本原因，但过电压的产生是此次故障发生的一个必然因素，VFTO 对于金属颗粒的敏感性要高于雷电冲击。如果有金属颗粒的存在，在高频过电压下容易导致绝缘的击穿。

（2）金属异物导致的故障原因。金属异物的产生是导致此次故障的根本原因。尽管断路器在安装完成之后通过了现场交接耐压试验（592kV），但是不能排除金属异物在现场安装环节进入的可能性。在该次解体过程中发现，导电杆连接的导电触座内有金属异物，这是由于断路器在运输过程中需要套管和罐体分体运输，为了保证灭弧室在运输过程中没有异常旋转和前后窜动，需要如下黄色工装通过摩擦力的作用固定导电触座。金属异物（即铝丝）就是在这个过程中产生，按照现场安装作业指导书，在现场安装套管前，需用大功率吸尘器对导电触座进行仔细清理，如果此时某些金属颗粒在吸尘器的作用下，没有被完全吸入吸尘器内，很有可能掉入罐体底部。在运行电压下，金属异物趋向于移动到电场集中处，并引发绝缘击穿。金属异物产生阶段如图 1−46 所示。

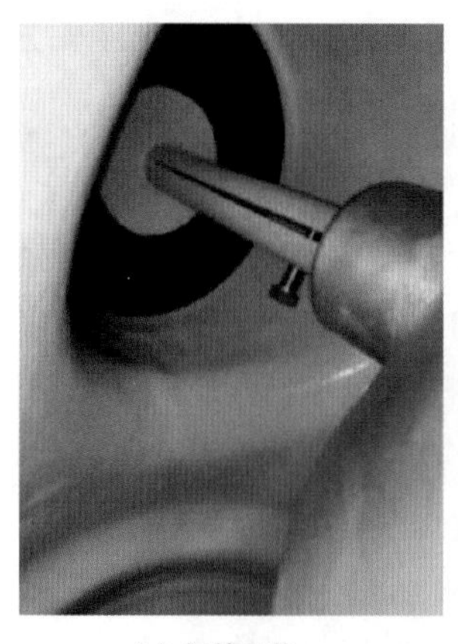
(a) 运输工装

(b) 灭弧室内部

图 1−46　金属异物产生阶段

因此，金属异物的产生可能发生在现场安装阶段未清理干净，导致3号屏蔽罩和粒子捕捉器之间的电场畸变，最终导致故障发生。

（3）后续验证。对该站5631断路器C相的故障原因进行复现。为了复现尖端放电的故障现象，金属异物会放置在绝缘击穿点的粒子捕捉器上，并进行雷电冲击耐压试验，以模拟现场故障的发生。

1）在闭锁气体压力0.78MPa下，罐体底部粒子捕获器放入3根4mm铝丝，其中2根金属丝直立固定，1根金属丝平放未固定，总共击穿四次。放电电压范围为－1031～－931kV，都为负极性击穿。闭锁气体压力下模拟试验如图1－47所示。

图1－47　闭锁气体压力下模拟试验

2）在额定气体压力0.85MPa下，罐体底部粒子捕获器放入6根2mm铝丝，在6根金属丝全部直立固定的情况下，总共击穿2次。放电电压分别为－1685kV和－1701kV，都为负极性击穿。额定气体压力下模拟试验如图1－48所示。

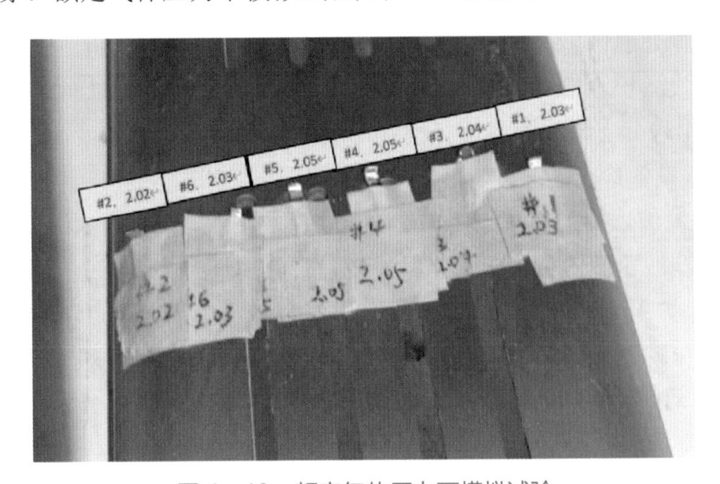

图1－48　额定气体压力下模拟试验

两次实验的结果验证，该次事故的原因为异物(金属颗粒)引起的绝缘间隙放电。4mm的金属尖端最低的放电电压可以低至 931kV。2mm 的金属尖端也可以诱发间隙放电，但放电电压达到 1685kV。即使考虑到尖端异物形态和充气压力的影响，也可以得出大于2mm 的金属尖端异物有可能引起雷电电压下 1675kV 电压下的击穿放电，更长的金属尖端将急剧降低雷电情况下的击穿电压。

1.3 套管内部异物放电

1.3.1 某站“2019.6.19”5615 断路器 A 相套管内部异物放电故障

1. 概述

(1) 故障概述。2019 年 6 月 19 日 13 时 21 分 6 秒，OWS 报第一大组滤波器保护系统 A、B 第 5 小组 BP11/13 滤波器差动电流速断保护 A 相跳闸启动、第 5 小组 BP11/13 滤波器差动电流速断保护 A 相跳闸动作、大组母线差动保护 A 相跳闸启动、大组母线差动保护 A 相跳闸动作、第 5 小组 BP11/13 滤波器过电流保护 A 相跳闸启动、第 5 小组 BP11/13 过电流保护 A 相跳闸动作。5615 小组滤波器进线断路器 5615 跳开锁定，61 号母线进线断路器 5142、5143 跳开锁定。13 时 21 分 7 秒，投入 5624 BP11/13 滤波器、5643 HP24/36 小组交流滤波器。

(2) 设备概况。该站交流滤波器小组 5615 断路器为 3AP2DT－FI－550kV 型双断口罐式交流断路器，出厂编号为 K40038456。

该站交流滤波器进线断路器 5142、5143 为 LW13A－550Y 型气体绝缘金属封闭断路器设备。

(3) 故障前运行工况。直流场：双极 3960MW 大地回线平衡运行。

2. 设备检查情况

(1) 现场检查处理情况。

1) 现场一次设备检查情况。在发生故障后，检修一次人员第一时间对现场 5615、5142、5143 断路器和 61 号分支母线设备进行检查，设备外观检查无异常。

2) 现场二次设备检查情况。

a. 该站交流滤波器保护装置采用 HCM3000 保护装置，共有四大组滤波器，共八套保护装置，每大组滤波器配置 A、B 两套保护装置。具体情况如下：

a) 滤波器保护采用双重化配置，保护采用“启动＋动作”出口逻辑，当单套滤波器保护的“启动＋动作”均同时满足条件时，保护动作出口。现场检查确认第一大组滤波器保护装置 A、B 套保护装置均动作，交流滤波器 5615 断路器分相操作箱如图 1－49 所示。

b) 滤波器保护范围如图 1－50 所示，大组母线差动保护范围在 5615 断路器 T2 至进线 5142、5143 TA 之间，小组差动保护及过电流保护范围在 5615 断路器 T1 至小组滤波器末端 T22 之间。

b. 滤波器小组差动保护。

a）保护对象：滤波器小组内接地/相间故障。

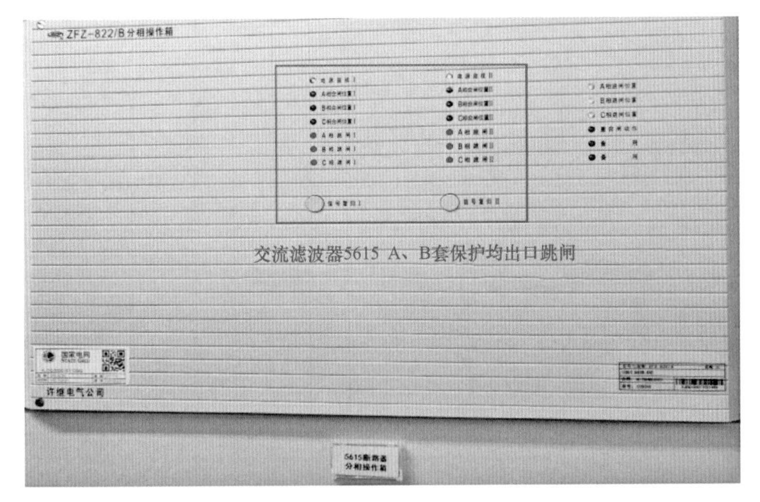

图 1－49　交流滤波器 5615 断路器分相操作箱

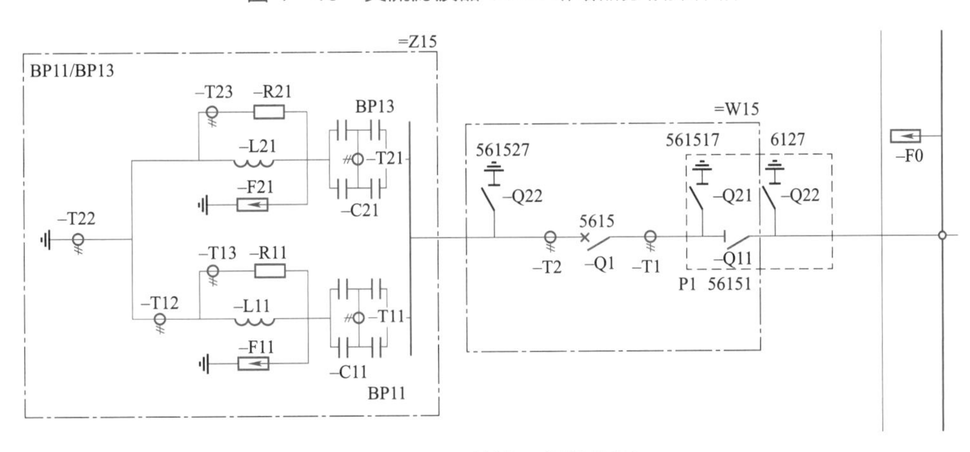

图 1－50　滤波器保护范围

b）保护原理：保护分相检测流入保护区域内的电流的矢量和，并与设定值比较。该保护只对基波电流敏感，由于 TA 特性不一致，保护采用比率制动式差动保护，制动电流取接地侧电流为参考。

c）滤波器小组采用差动电流速断及过电流保护，交流滤波器小组保护原理如图 1－51 所示。

CPU 内置录波波形如图 1－52～图 1－55 所示，图中显示 5615 滤波器保护 A、B 套系统启动、动作 CPU 内置录波，其中 I_DIFF 为差动电流，瞬时值为 58265A，有效值为 41205.79A，大于差动电流速断电流 964.08A，无延时，小组差动保护动作。

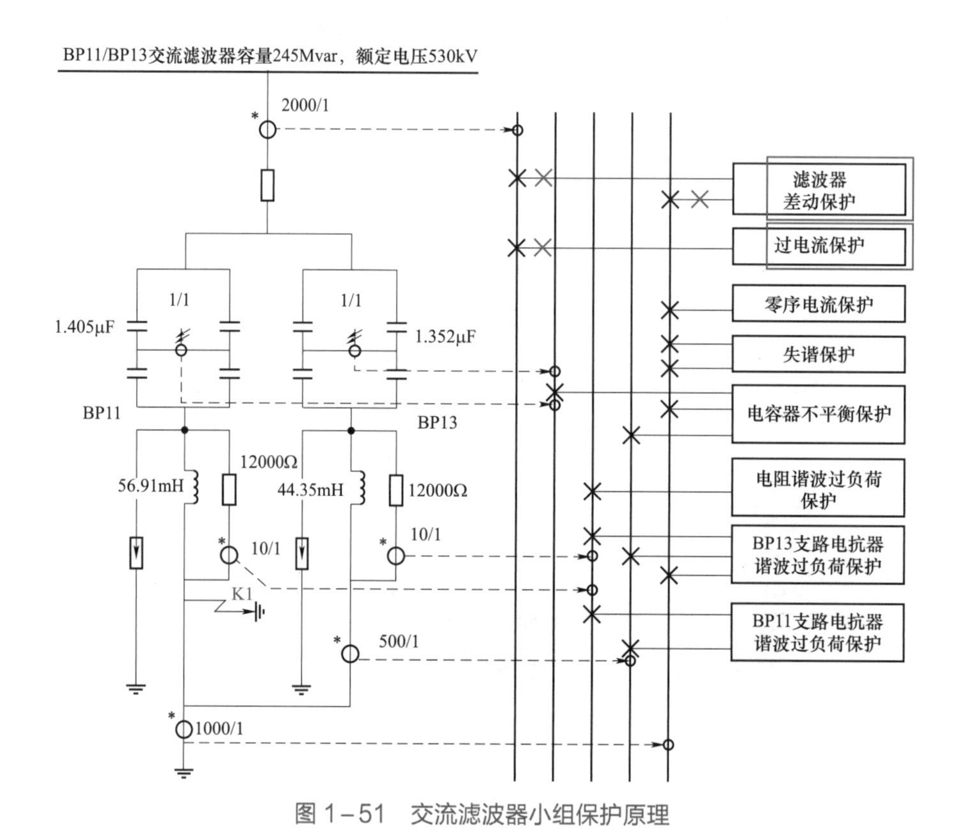

图 1－51　交流滤波器小组保护原理

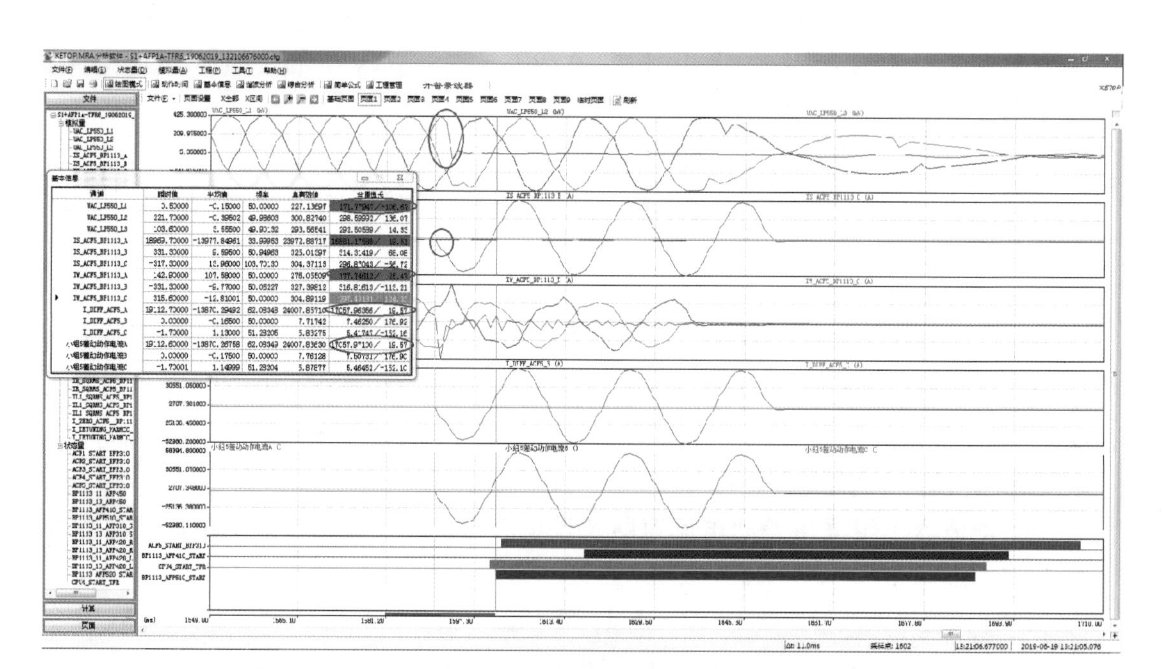

图 1－52　5615 滤波器保护 A 系统启动 CPU 内置录波波形

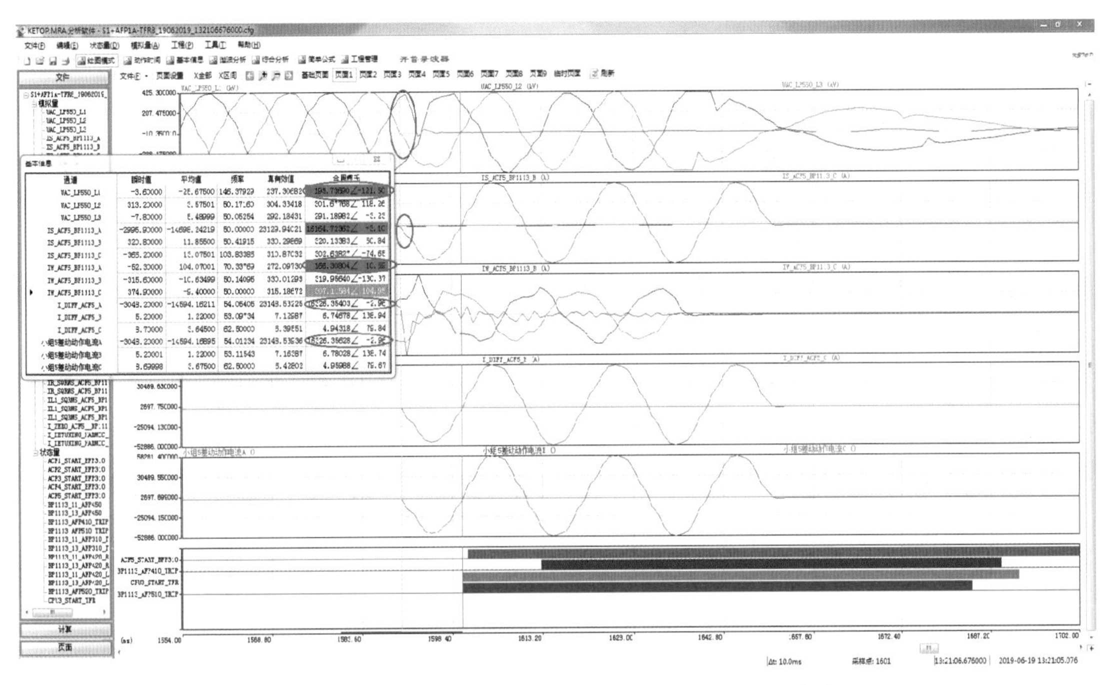

图 1－53　5615 滤波器保护 A 系统动作 CPU 内置录波波形

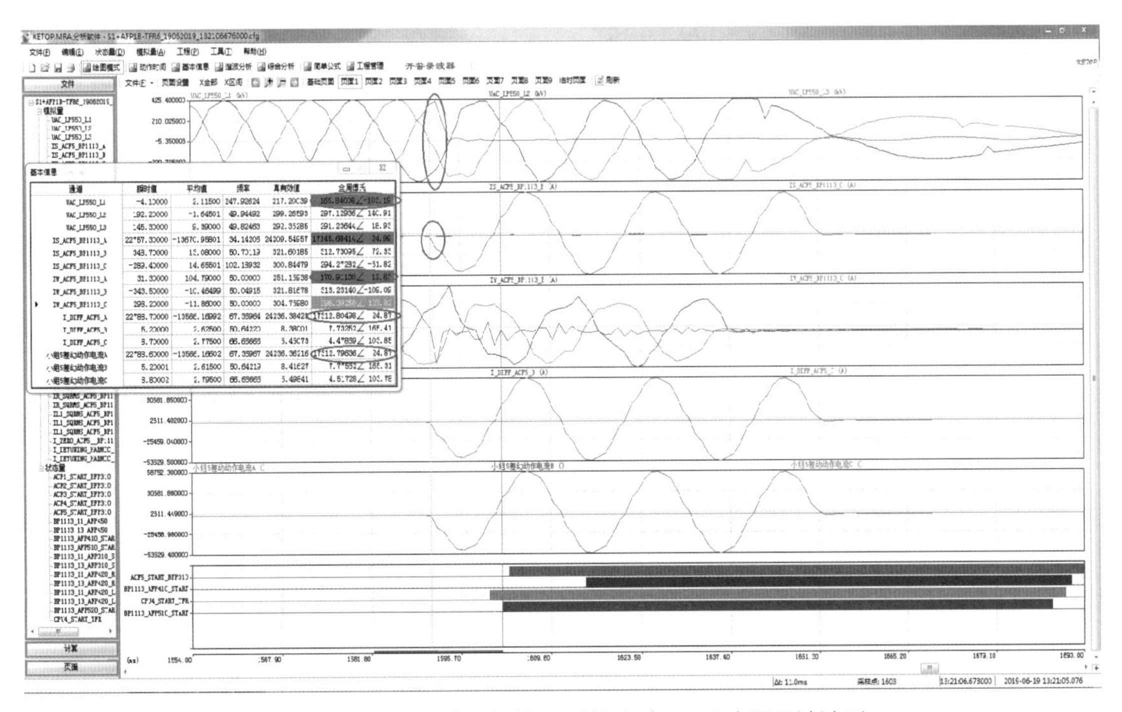

图 1－54　5615 滤波器保护 B 系统启动 CPU 内置录波波形

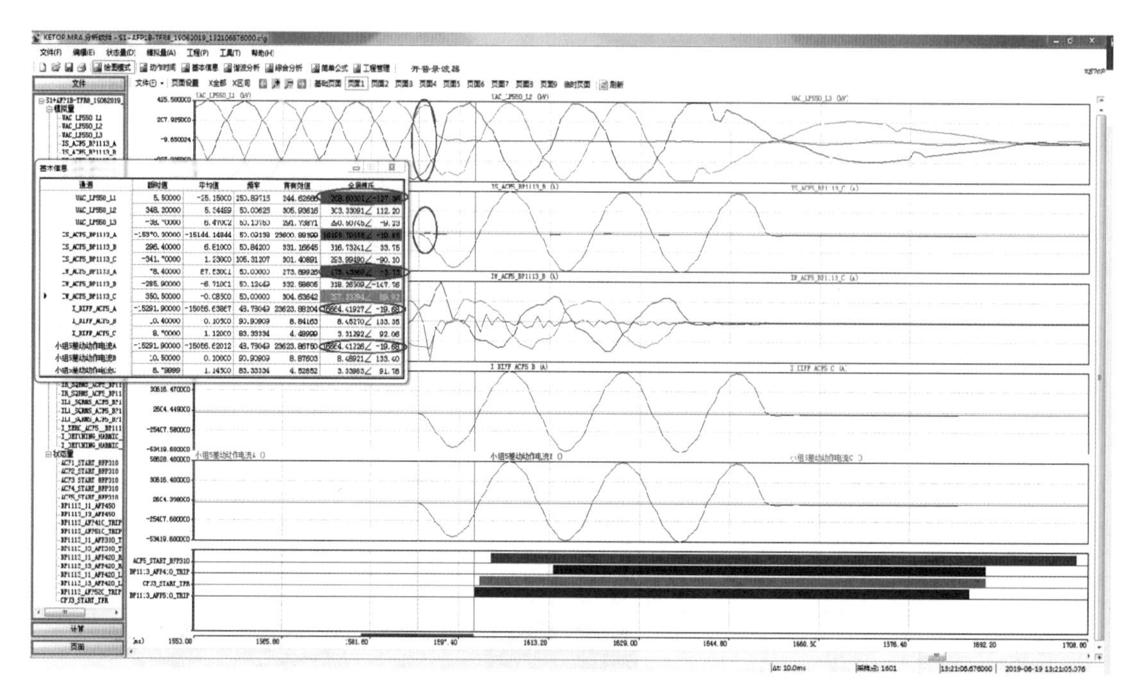

图 1－55　5615 滤波器保护 B 系统动作 CPU 内置录波波形

c. 滤波器母线差动保护。

a）保护对象：滤波器大组及母线区域内的母线。

b）保护原理：保护分相检测流入保护区域内的电流的矢量和，并与设定值比较。该保护使用了差动电流 I_DIFF 和制动电流 I_STAB。当 I_DIFF＞I_STAB 时，保护出口。该保护只对基波电流敏感，对于穿越电流是稳定的。

c）交流滤波器母线保护原理如图 1－56 所示。

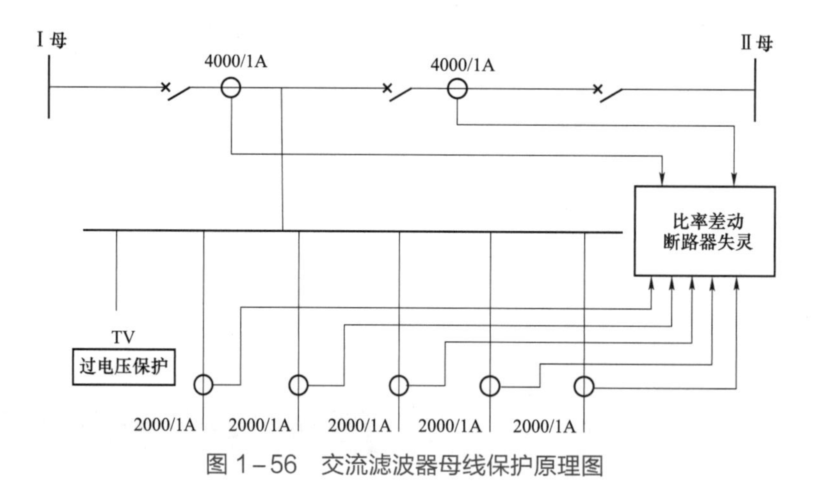

图 1－56　交流滤波器母线保护原理图

61 号母线滤波器保护 A、B 套系统启动、动作 CPU 内置录波波形如图 1－57～图 1－60 所示，图中 I_CB_A、I_CZ_A、I_ACF1_A、I_ACF2_A、I_ACF3_A、I_ACF4_A、I_ACF5_A 为 61 号母线进线 5142、5143 及小组滤波器进线 5611、5612、5613、5614、5615 断路器 TA

采样点，上述值取最大值为制动电流，制动电流最大值为 40111.2A，其对应的差动电流定值为 20055.62A，实际差动电流为 41205.7A，大于差动定值，保护正确动作。

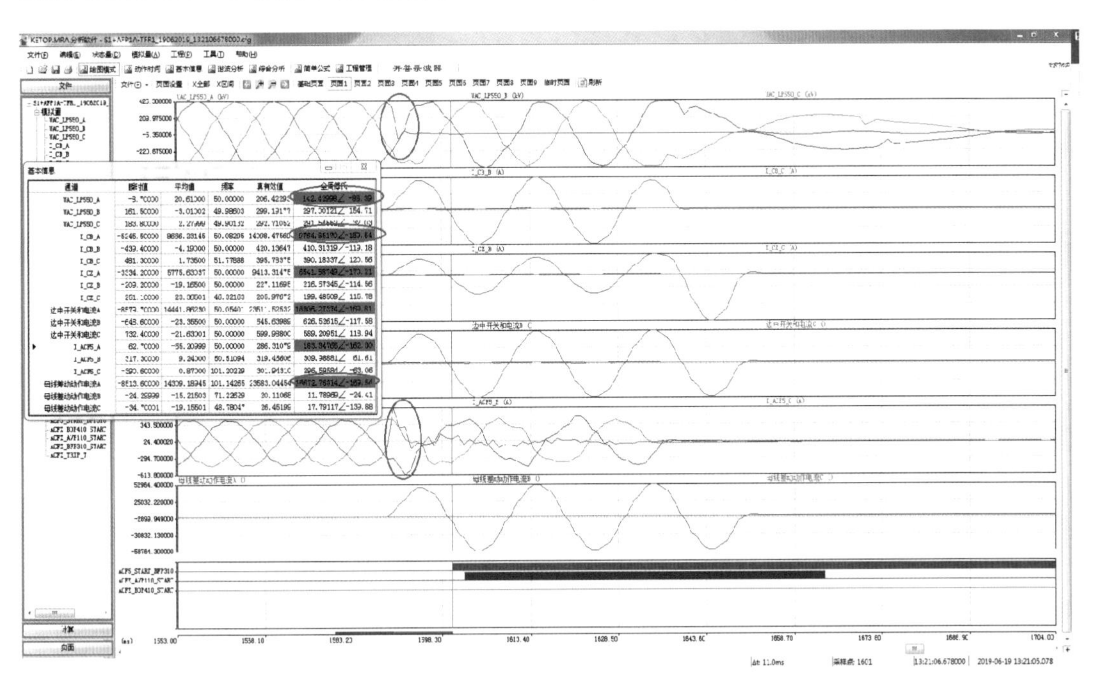

图 1－57　61 号母线交流滤波器保护 A 系统启动 CPU 内置录波波形

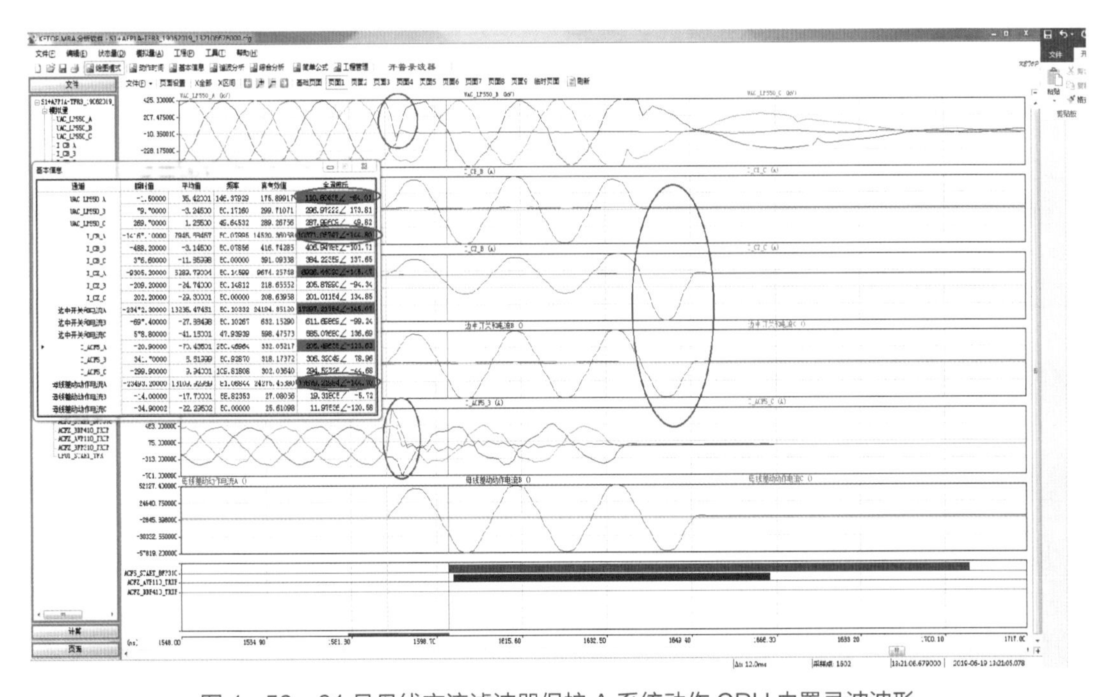

图 1－58　61 号母线交流滤波器保护 A 系统动作 CPU 内置录波波形

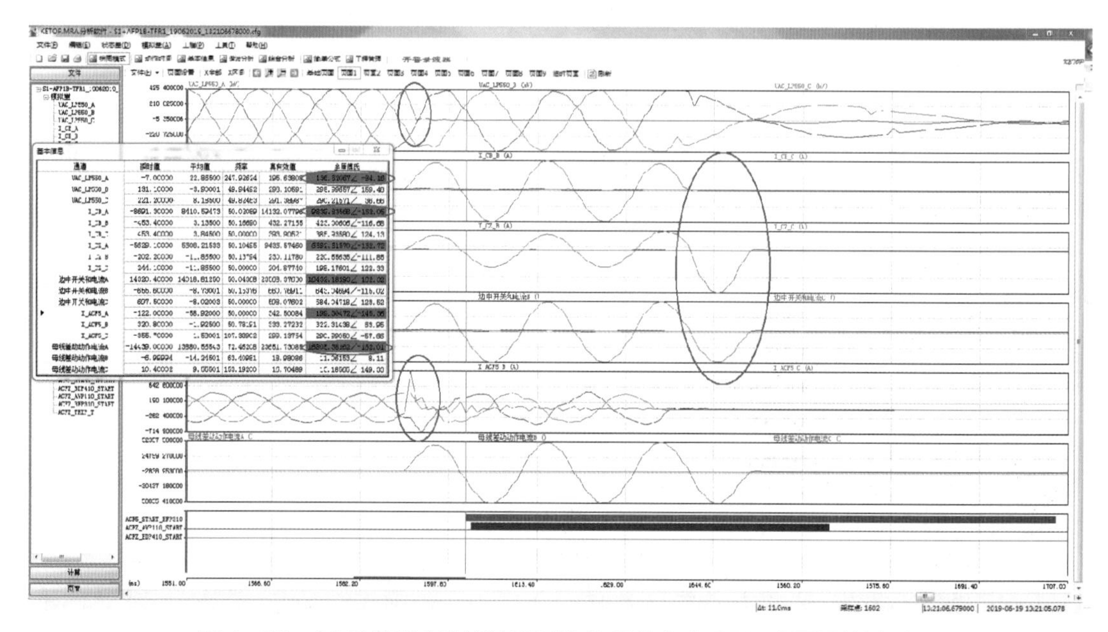

图 1－59　61 号母线交流滤波器保护 B 系统启动 CPU 内置录波波形

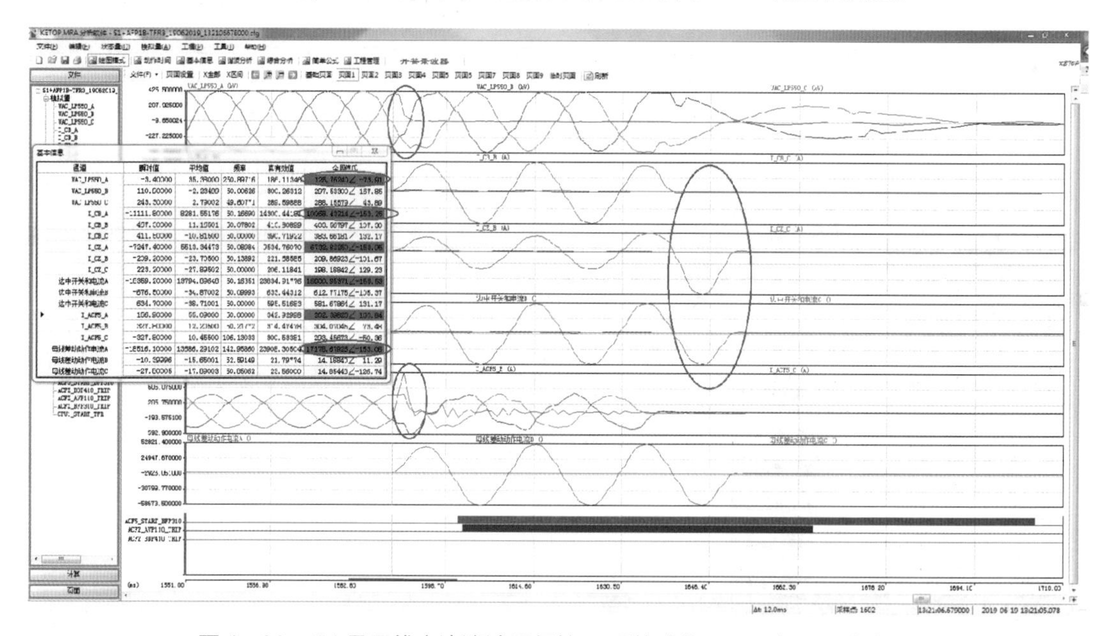

图 1－60　61 号母线交流滤波器保护 B 系统动作 CPU 内置录波波形

61 号母线交流滤波器外置录波波形如图 1－61 所示，分析图 1－61 可知，故障开始阶段，高压电容器对地放电，维持故障点对地电位保持不变，通过 5615 高压侧断路器电流变大；电容器初步放电完成，交流滤波器母线电压跌落，故障电流维持在一个相对稳定的数值；故障切除阶段，5143 断路器经电流过零点断开并熄弧成功，5142 断路器经电流过零点后未熄弧成功，故障点未发生改变，短路电流由原来的边断路器、中间断路器共同承担转换为由5142断路器所连接的I母单独提供，这也是5142断路器电流在5143断路器断开后电流变大的原因。

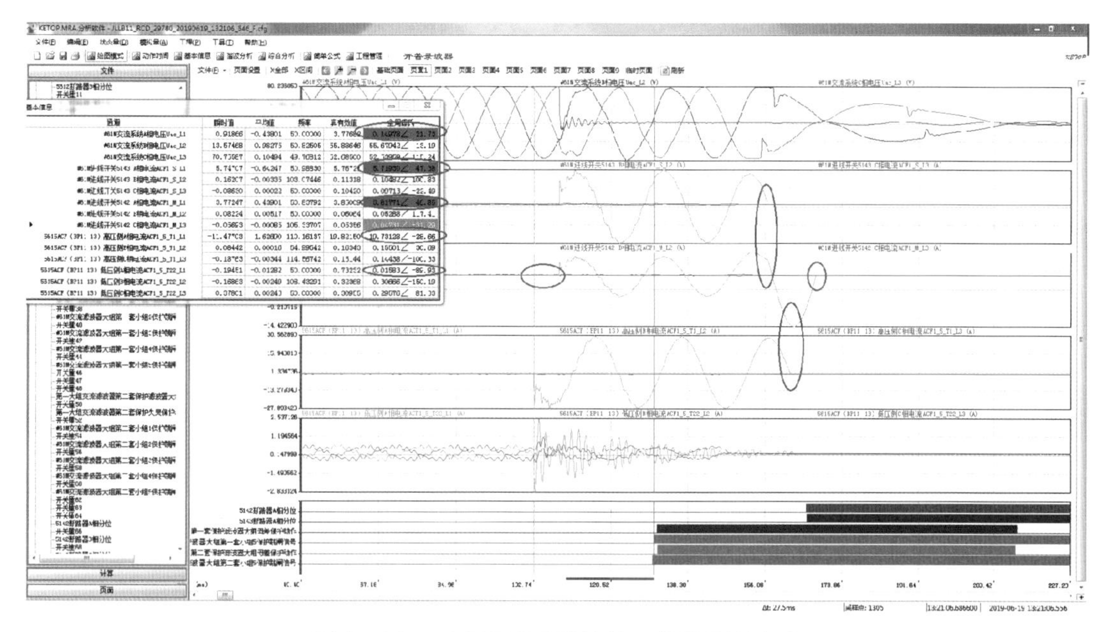

图1-61　61号母线交流滤波器外置录波波形

d. 滤波器小组过电流保护。

a）保护对象：滤波器小组。

b）保护原理：保护检测流入小组高压侧的电流，与设定值比较。该保护只对基波敏感。高压侧电流有效值为41205.79A，大于过电流速断定值2249.52A，保护正确动作。

综上，保护正确动作。

3）一次设备的进一步检查情况。6月19、21日，持续对5615断路器进行气体分解物检测工作，发现A相存在异常分解产物、其他气室分解物检测正常，5615断路器气体分解物检测数据见表1-3。

表1-3　　5615断路器气体分解物检测数据

单位：μL/L

设备编号	日期	SO_2	H_2S	CO	HF	微水
5615A	2019.6.19	5.1	0.8	0	6.2	14.5
	2019.6.21	0	10.1	9.4	20	38.1

6月22日，对5615断路器A相进行开盖检查，并用内窥镜检查罐体内套管根部、导线连接、壳体、合闸电阻及分级电容等位置，未发现异常放电痕迹；T2侧断路器罐体内部表面附着有白色粉尘；T1侧断路器罐体内部表面附着白色粉尘并有大量干燥剂颗粒、烧断的塑料扎带和塑料薄膜残留物，但设备安装的带吸附剂的挡板外观正常，吸附剂无破

裂脱落情况，断路器结构、T2 侧断路器罐体内部检查情况、T1 侧断路器罐体内部表面残留物如图 1－62～图 1－64 所示。

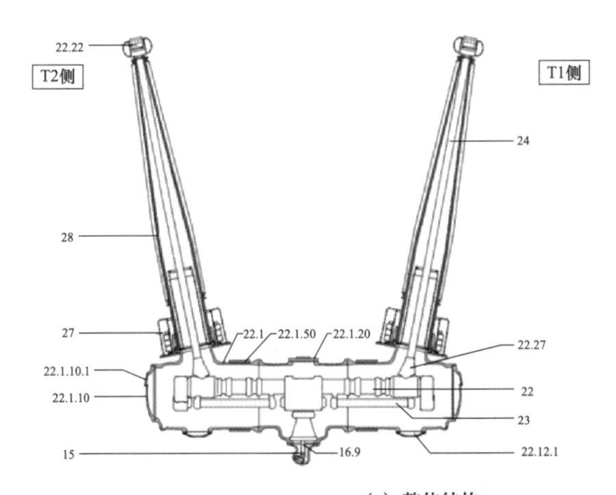

■ 单相罐体剖面图

15　传动机构
16.9　操作杆
22　灭弧单元
22.1　壳体
22.1.10　盖板
22.1.10.1　盖板
22.1.20　带防爆膜的盖板
22.1.21　带有吸附剂的盖板
22.1.50　辅助加热器
22.22　高压接线端子
22.27　连接导线
23　均压电容
24　套管导电杆
27　电流互感器
28　套管

(a) 整体结构

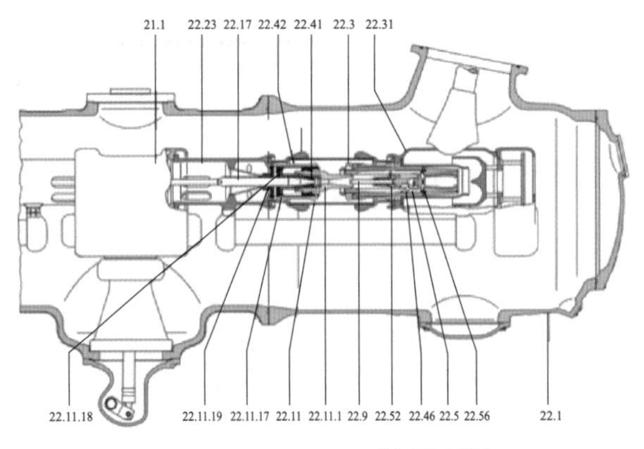

■ 单相罐体剖面图

21.1　曲柄机构箱
22.1　气室
22.3　触指
22.5　导轨
22.9　杆状弧触头
22.11　动弧触头
22.11.1　喷嘴
22.11.17　活塞
22.11.18　拉杆
22.11.19　阀组
22.17　拉杆
22.23　内套
22.31　触头架
22.41　加热筒
22.42　气缸
22.46　拔叉
22.52　驱功销
22.56　杠杆

(b) 断口结构

(c) 整体外观

图 1－62　断路器结构

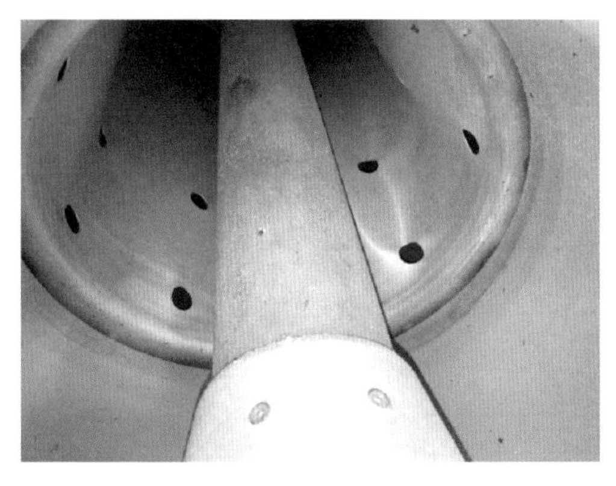

(a) T2 侧断路器罐体内部表面附着有白色粉尘

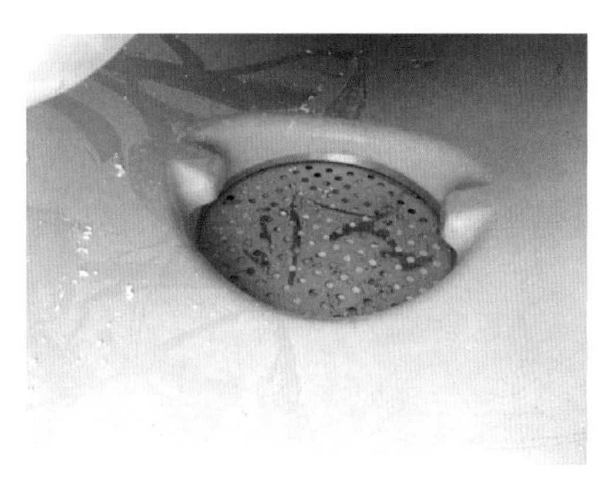

(b) T2 侧断路器吸附剂正常

图 1–63　T2 侧断路器罐体内部检查情况

(a) T1 侧断路器罐体内部大量干燥剂颗粒

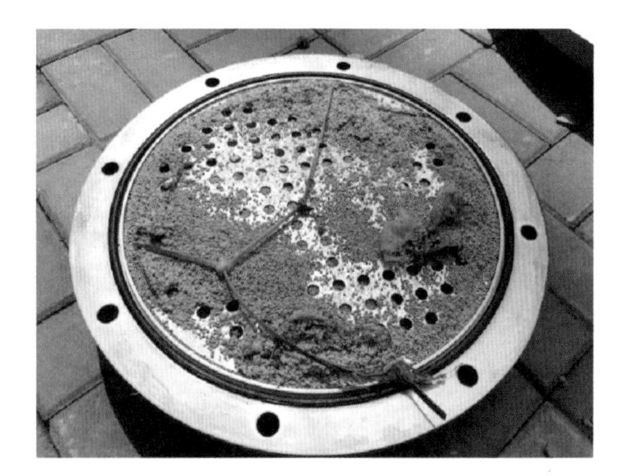

(b) T1 侧断路器罐体内部断裂塑料轧带和薄膜

图 1–64　T1 侧断路器罐体内部表面残留物

6 月 23 日，对 5615 断路器 A 相拆除后，检查发现 T1 侧断路器套管根部屏蔽罩发生严重变形，导电杆可视范围内未见放电痕迹。T1 侧断路器套管拆除后检查情况如图 1–65 所示。

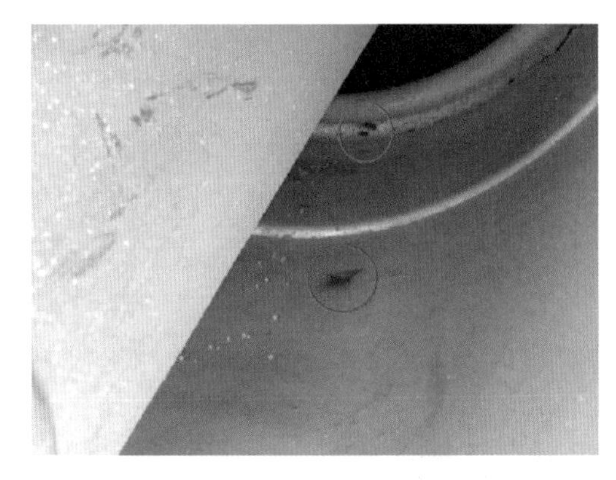

(a) T1 侧断路器套管内壁放电点

(b) T1 侧断路器套管内壁破损痕迹

图 1–65　T1 侧断路器套管拆除后检查情况（一）

(c) T1 侧断路器套管根部屏蔽罩严重变形

(d) T2 侧断路器套管屏蔽罩正常

图 1-65　T1 侧断路器套管拆除后检查情况（二）

T1 侧断路器套管根部屏蔽罩腔体内有疑似干燥剂颗粒和外包装等异物。组织厂家对故障区域设备 5142 断路器 A 相持续进行分解物检测，发现含有 SO_2、H_2S 和 HF 等异常分解物，多日测量发现分解物含量呈现下降趋势，目前气室内只含有少量 SO_2 产物，其他气室分解物检测正常。厂家书面回复 5142 断路器 A 相属于正常开断现象，不建议对其进行开盖处理。5142 断路器 A 相气体分解物检测数据见表 1-4。

表 1-4　　5142 断路器 A 相气体分解物检测数据

单位：μL/L

设备编号	日期	SO_2	H_2S	CO	HF	微水
5142（A 相）	2019.6.19	8.6	0.2	0	20	26.2
	2019.6.21	3.1	0.2	0	0	6.3
	2019.6.22	4.3	0	0	0	12.1

（2）返厂解体情况。T1 侧导电杆从根部往上 1.2～1.9m 区域外表面有明显烧蚀痕迹，屏蔽罩高度约 1.3m，因而可以确定此次放电区域位于屏蔽罩上部与 T1 侧导电杆相应的外表面。T1 侧套管屏蔽罩和导电杆如图 1-66 所示。

(a) T1 侧套管

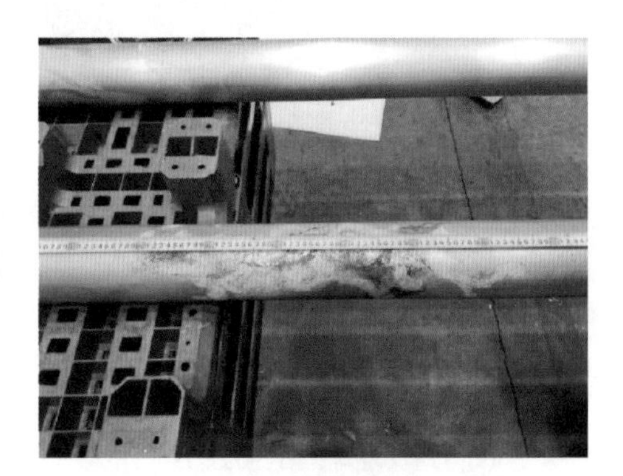

(b) T1 侧导电杆

图 1-66　T1 侧套管屏蔽罩和导电杆

T1 侧套管内部发现大量散落的干燥剂颗粒和烧蚀残留的干燥剂包装袋，套管内与屏蔽罩上端对应的区域大面积环氧树脂层烧蚀发黑。T1 侧套管内壁如图 1－67 所示。

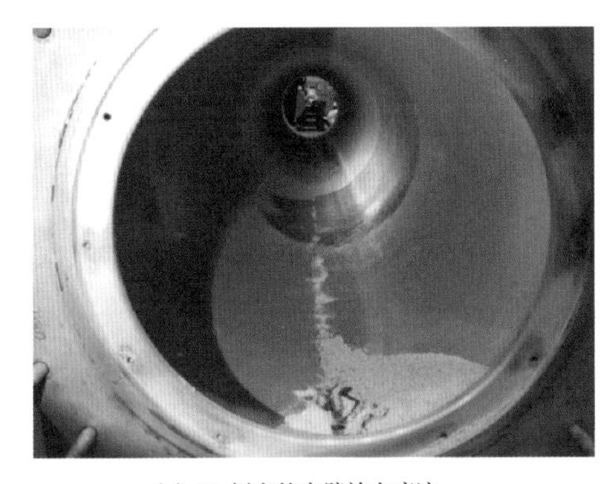

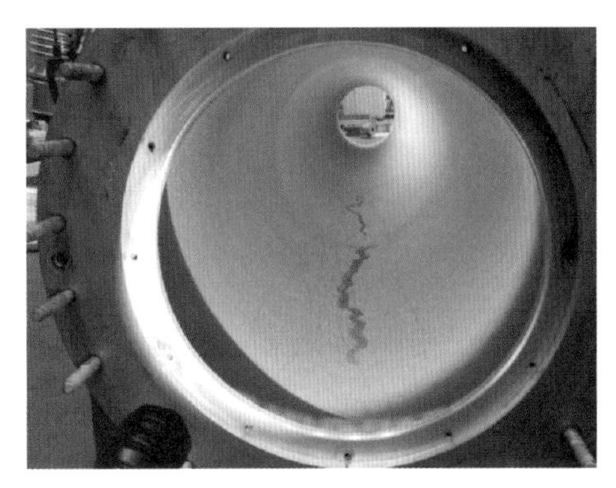

(a) T1 侧套管内壁放电痕迹　　(b) T2 侧正常套管内壁

图 1－67　T1 侧套管内壁

T1 侧套管根部屏蔽罩发生变形并且屏蔽罩头部高温烧蚀开裂，T2 侧套管根部屏蔽罩表面完好。T1 侧套管根部屏蔽罩如图 1－68 所示。

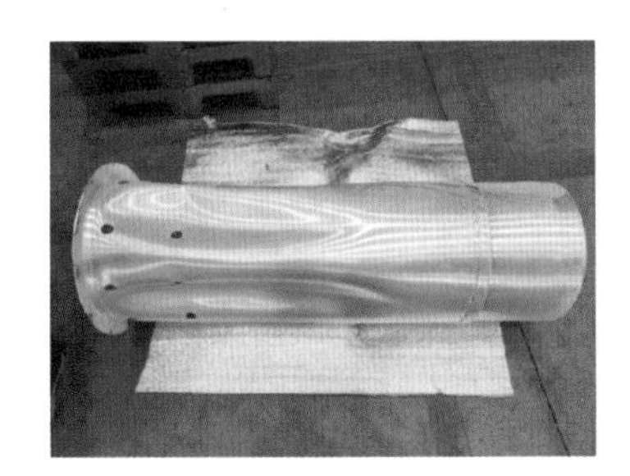

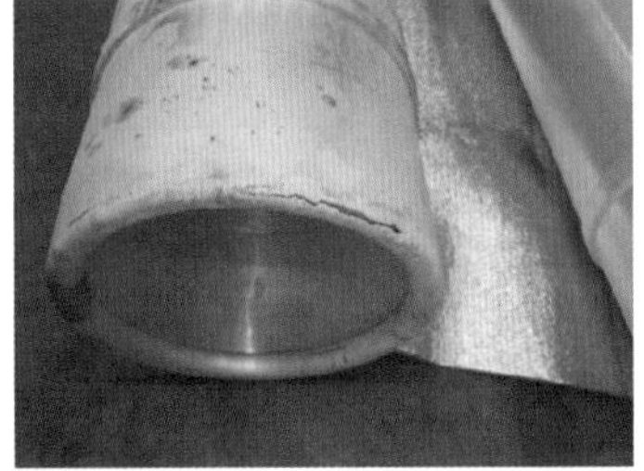

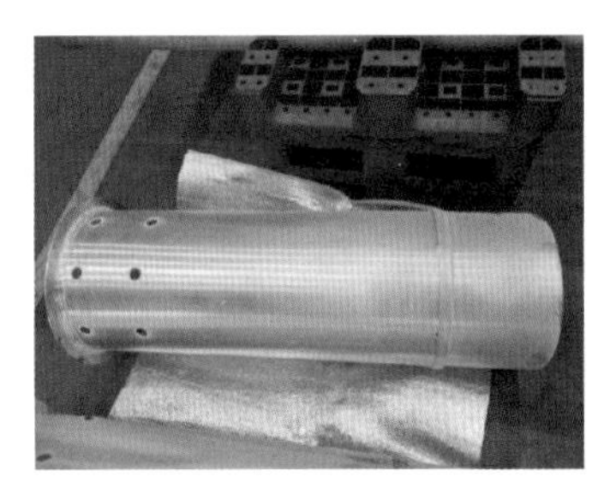

(a) T1 侧屏蔽罩　　(b) T2 侧屏蔽罩

图 1－68　T1 侧套管根部屏蔽罩

T1 侧套管顶部屏蔽罩因高温气流造成屏蔽罩连接处变形，T2 侧完好。两侧套管顶部屏蔽罩如图 1－69 所示。

(a) T1 侧顶部屏蔽罩　　(b) T2 侧顶部屏蔽罩

图 1－69　两侧套管顶部屏蔽罩

两侧灭弧室断口组件外观完好，两侧断口如图 1－70 所示。

(a) T1 侧断口组件

(b) T2 侧断口组件

图 1－70 两侧断口

支撑绝缘子表面完好，两个断口中间的驱动机构完好，支撑绝缘子和驱动机构如图 1－71 所示。

(a) 支撑绝缘子

(b) 驱动机构完好

图 1－71 支撑绝缘子和驱动机构

两侧灭弧单元加热筒与表带的接触面完好，两侧灭弧单元加热筒如图 1－72 所示。

(a) T1 侧加热筒

(b) T2 侧加热筒

图 1－72 两侧灭弧单元加热筒

两侧表带接触面及绝缘筒内表面完好，两侧表带接触面如图 1－73 所示。

(a) T1 侧表带及绝缘黄筒

(b) T2 侧表带及绝缘黄筒

图 1－73　两侧表带接触面

两侧断口弧触指表面均正常，T1 侧、T2 侧动弧触指、弧触指表面如图 1－74 所示。

(a) 动弧触指

(b) 弧触指

图 1－74　T1 侧、T2 侧动弧触指、弧触指表面

两侧主导电回路主触头上端有部分烧蚀，铜基体可见，两侧断口主触头表面如图 1－75 所示。

(a) T1 侧主触头

(b) T2 侧主触头

图 1－75　两侧断口主触头表面

两侧主导电回路接触片上端有部分烧蚀，铜基体可见，两侧断口主导电回路触片如图1－76所示。

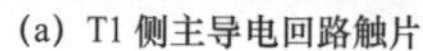

(a) T1侧主导电回路触片

(b) T2侧主导电回路触片

图1－76　两侧断口主导电回路触片

3. 故障原因分析

通过分析保护报文、结合现场开盖检查的情况和返厂解体检查的结果可知，此次故障的原因是故障断路器T1侧套管运输用的干燥剂、轧带和气泡膜由于长途运输从套管根部滑入套管内部，导致现场未取出而留在套管内部，这一点在16/K40038456断路器的安装记录中也有相应的记录信息。在重力、断路器操作振动和气流的冲击下，干燥剂、轧带和气泡膜逐步滑到屏蔽罩与导电杆之间场强高的区域，引起T1侧导电杆对屏蔽罩及相应的套管内壁的放电，造成导电杆、屏蔽罩及套管内相应部位烧蚀，使电场畸变，断路器闪络放电，进而发展成短路绝缘故障，最终导致断路器跳闸。

5615A相断路器发生内部故障，造成5142断路器跳闸。5142A相断路器分解物产生的原因为切断短路电流较大（约41kA）时产生。

1.3.2　某站“2021.1.22”7623断路器A相套管内部异物放电故障

1. 概述

（1）故障概述。2021年1月22日20时4分，某站直流功率由4500MW升至4881MW，极控主机无功控制自动投入7623交流滤波器，断路器合闸后，该换流站第二大组交流滤波器母线差动保护及7623交流滤波器差动速断保护A/B套动作，母线进线断路器7022、7023跳闸，7622、7623交流滤波器跳闸，750kV 711B变压器进线断路器7626跳闸，66kV 4号母线失电压，站用电Ⅰ回失电压，站用电备用电源自动投入装置正确动作。极控主机无功控制自动投入7633小组交流滤波器，直流系统未受到影响。

（2）设备概况。7623断路器型号为LW56－800型罐式断路器，2017年5月生产，2018年9月投运，两侧套管TA与断路器断口在同一气室。

（3）故障前运行工况。该站直流双极四阀组大地回线运行，双极功率控制4500MW运行；750kV交流场断路器均在运行状态；7611、7612、7613、7622、7623、7631、7632、

7641、7642 小组滤波器运行，其他滤波器小组热备用；站用电Ⅰ回、Ⅱ回运行，站用电Ⅲ回热备用。

2. 设备检查情况

（1）现场故障检查情况。现场对 7623 断路器 A 相气室进行 SF_6 组分检测，7623 断路器气室组分检测结果如图 1－77 所示，SO_2 浓度 12.91μL/L，HF 浓度 22.77μL/L、SF_6 纯度 99.34%，微水 16.7μL/L（20℃），其中，SO_2 气体浓度严重超标（正常气体浓度标准为 $SO_2 \leqslant 1\mu L/L$，$H_2S \leqslant 1\mu L/L$，纯度大于 97%，微水小于 150μL/L）。

检查 AFP 2A、B 保护装置 7623 小组差动速断保护动作，母线差动保护动作，62 号母线所有支路断路器均正确拉开。601B 站用电失电压，备用电源自动投入装置正确动作。其余一次设备检查未见异常。

故障发生后，通过对事件记录及故障录波波形分析，判断故障点位于 7623 断路器 A 相两套管 TA 之间。7623 断路器放电部位如图 1－78 所示。

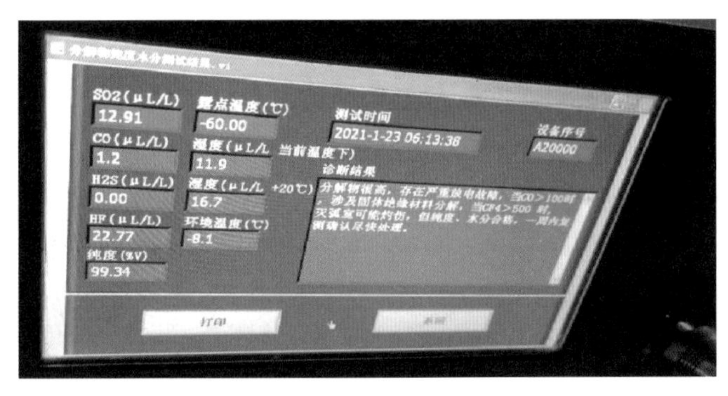

图 1－77　7623 断路器气室组分检测结果

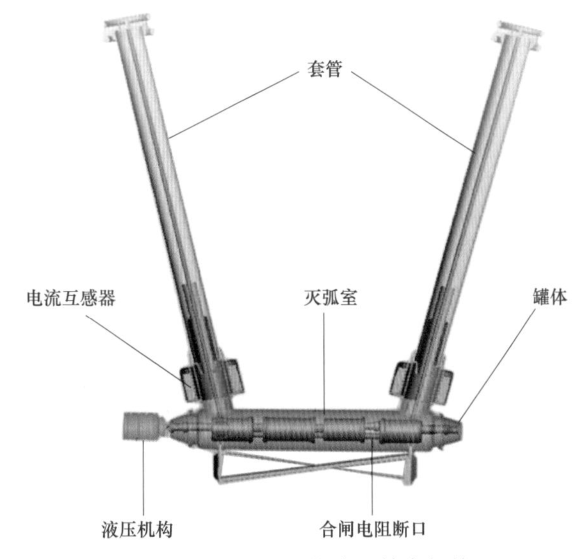

图 1－78　7623 断路器放电部位

（2）现场开罐检查情况。开展故障断路器内检，发现机构侧罐体底部存在大量白色粉末，套管导电杆、套管屏蔽罩下边沿、罐体内壁有明显烧损痕迹。故障位置套管放电情况如图 1－79 所示。

(a) 故障部位外部视角

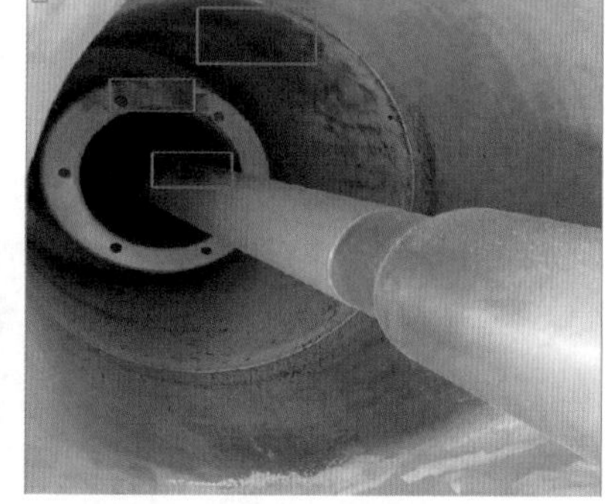

(b) 故障部位内部视角

图 1－79　故障位置套管放电情况

（3）设备解体分析情况。1 月 29 日开展断路器套管解体检查，还原故障现象为：断路器在合闸瞬间，机构侧导电杆与中间屏蔽罩（中间电位）间电场发生畸变，造成导电杆外壁对屏蔽罩内壁放电，随着放电故障的发展，电弧转移，中间屏蔽罩端部对罐体电流互感器过渡筒（地电位）内壁放电，放电部位实物图如图 1－80 所示。放电通道示意图如图 1－81 所示，序号 1 为首次起弧路径，序号 2 为电弧对罐壁击穿路径，最终电弧转移，导体对罐壁直接击穿，形成序号 3 所示的放电通道。屏蔽罩、导电杆烧蚀痕迹如图 1－82 所示。

(a) 导电杆烧蚀情况

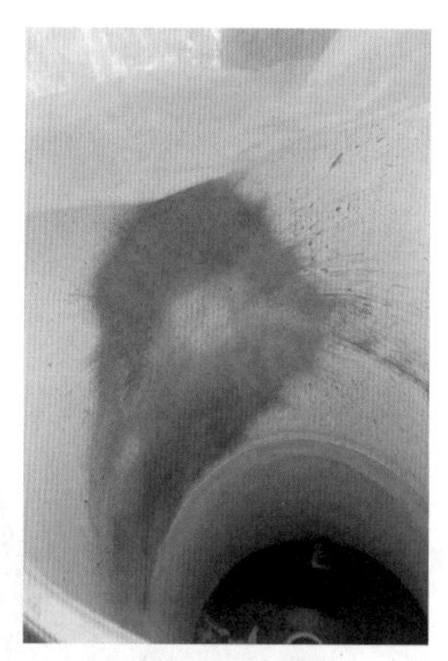

(b) 壳体内壁烧蚀情况

图 1－80　放电部位实物图

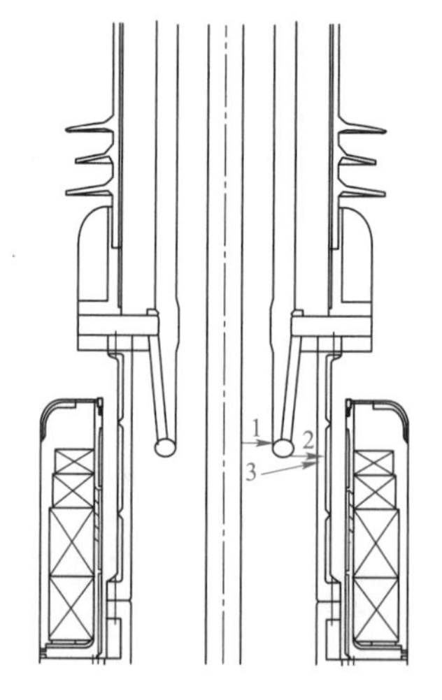

图 1－81　放电通道示意图

(a) 屏蔽罩烧蚀痕迹

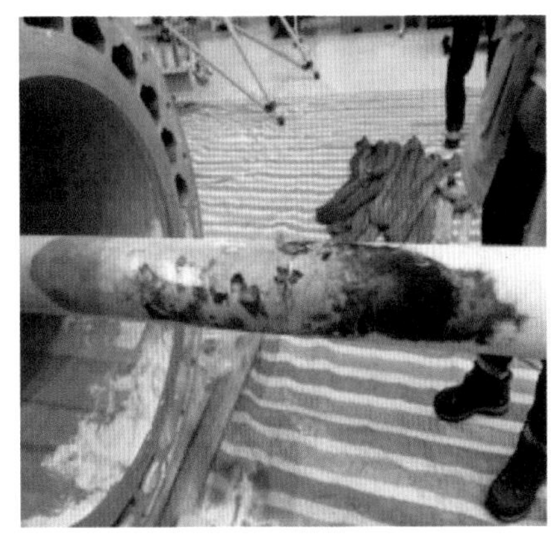

(b) 导电杆烧蚀痕迹

图 1-82　屏蔽罩、导电杆烧蚀痕迹

通过对套管中间屏蔽罩、接地端屏蔽罩、导电杆等部位解体检查，未发现设备内部有零部件脱落等明显异常情况；现场对中间屏蔽罩下部均压环解体检查，发现均压环双圈连接缝隙处存在铝屑杂质，中间屏蔽罩下部均压环外圈处铝屑情况如图 1-83 所示。

该铝屑来源可能为均压环使用 4 颗内六角螺栓固定，螺纹使用钢称套，在安装钢称套及螺栓紧固过程中，铝屑残留在均压环内。

3. 故障原因分析

套管内部放电部位如图 1-84 所示，由图可知此次放电部位位于导电杆斜上方位置。位于屏蔽罩内的导电杆外表面、屏蔽罩内壁、屏蔽罩下端部对应的罐体内壁均有电弧烧蚀痕迹。

图 1-83　中间屏蔽罩下部均压环外圈处铝屑情况

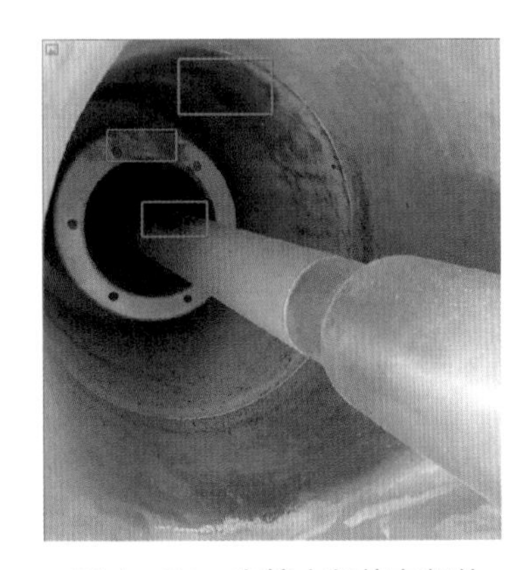

图 1-84　套管内部放电部位

通过对故障套管的解体检查，未发现设备内部有零部件脱落等异常情况，由此可以排除断路器内部零部件松动脱落造成故障放电的情况，可以确定该故障应由套管屏蔽罩下端均压环夹杂铝屑引发。

设备在合闸操运行过程中，设备振动使屏蔽罩下端均压环双圈连接缝隙处夹杂铝屑，导电杆与屏蔽罩间电场发生畸变，造成导电杆与屏蔽罩间击穿放电，形成图 1－81 所示的放电通道 1。导电杆与屏蔽罩间击穿放电的过程中产生分解物粉尘，分解物粉尘进一步造成屏蔽罩与罐壁间的电场恶化，造成屏蔽罩端部对罐体内壁击穿形成图 1－81 所示的放电通道 2。随之，电弧转移，导体对罐壁直接连通，形成图 1－81 所示的放电通道 3。

1.4 提升措施

1. 异物放电缺陷分析

通过上述内部异物放电缺陷分析可知，断路器内部异物的来源主要为以下两类：

（1）断路器安装过程中由于安装工艺不当遗留的异物，一般在断路器投运 1～2 年内，异物在断路器操作振动、气流带动或电场力作用下发生跳动，导致断路器内部电场畸变，引发绝缘故障。

（2）断路器频繁操作过程中各运动部件相互摩擦产生的磨损物或润滑脂等，一般在交流滤波器断路器投运 5 年后，随着断路器动作次数不断增加，磨损产生异物量不断累积，最终导致内部放电故障。

2. 运维措施

（1）建议断路器出厂前严格按反措要求开展机械操作磨合，并对磨合物进行清理。

（2）建议厂内及现场安装过程中，严格把控气室内部清理、润滑脂涂覆等工艺，制定标准化安装流程，留存安装记录。

（3）建议加大对投运前 2 年罐式断路器带电检测频次，及早发现设备由于安装工艺不当等产生的早期内部放电问题。

（4）按周期开展换流站交流滤波器断路器超声波局部放电、特高频局部放电、SF_6 气体分解产物等现场检测项目。

（5）开展特高频局部放电等在线监测技术应用，及早发现设备潜伏性缺陷。

（6）建议结合实际运行情况，对运行年限较长、动作次数较多的交流滤波器断路器定期开盖检查清理。

3. 选型措施

（1）罐式断路器设计时应考虑在气室内部安装微粒陷阱，降低异物流动性，并进行试验验证。

（2）建议新型式断路器应考虑足够的绝缘裕度，并采用仿真及试验验证等方式，对内部绝缘裕度进行校核；绝缘裕度设计需充分考虑滤波器投切过程中过电压及异物附着造成的电场畸变。

（3）吸附剂罩的材质应选用不锈钢或其他高强度材料，结构应设计合理。吸附剂应选用不易粉化的材料并装于专用袋中，绑扎牢固，防止吸附剂移动导致内部放电。

（4）建议罐式断路器加装特高频内置传感器。

（5）罐式断路器厂家应加强内部支撑绝缘子、绝缘拉杆、喷口、触头等关键组部件质量管控，选取质量优良的组部件断路器，变更供货链需进行深入评估测试。

（6）建议罐式断路器内轴套等易磨损部件优先选用不含金属混合的材质。

2　交流罐式断路器灭弧室组部件故障

2.1　合闸电阻及辅助断口故障

2.1.1　某站"2017.5.27"7632断路器C相分闸故障

1. 概述

（1）故障概述。2017年5月27日11时13分25秒，某站在按照直流调度曲线下调功率时，无功控制功能自动切除7632（BP11/13）交流滤波器，7632断路器三相分位后约100ms，7612（BP11/13）、7632（BP11/13）、7642（BP11/13）1分支和2分支不平衡Ⅲ段均动作跳开7612、7642断路器（7632跳闸命令也发出），约370ms第三大组交流滤波器母线差动保护动作跳开75A2、75A3断路器，直流控制系统因绝对最小滤波器不满足，自动投入7622交流滤波器，并回降直流功率至1700MW。

（2）设备概况。该换流站750kV交流滤波器场7632断路器型号为LW56－800，2016年5月生产，2016年8月24日投运，额定电压800kV，额定电流5000A，额定短路开断电流63kA。断路器配合闸电阻为AB410－14R28±5%型，电阻为1500Ω。断口均压电容为CDOR2648B10型，电容量为2000±40pF。断路器原理如图2－1所示。

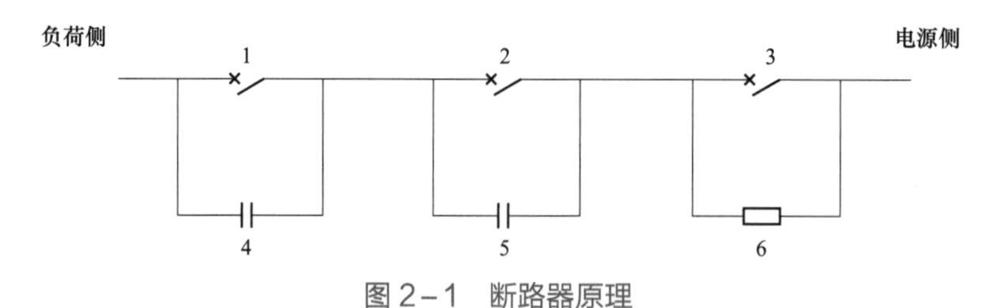

图2－1　断路器原理

1、2—主断口；3—合闸电阻断口；4、5—并联电容；6—合闸电阻

（3）故障前运行工况。直流系统：系统运行方式为双极四阀组运行，直流输送功率4034MW，功率正送，极Ⅰ、极Ⅱ直流滤波器均在运行状态，无功控制方式为自动控制。

2. 设备检查情况

（1）保护装置检查。根据事件列表、故障波形及保护动作情况分析，监控后台收到7632断路器C相分位70ms后，断路器灭弧室出现间歇性放电，7612和7642小组滤波器保护启动时间、动作时间与断路器内间歇性放电时间一致；100ms 内先后引起 7612、7632、7642 BP11/13 交流滤波器 C 相不平衡Ⅲ段保护动作；370ms 后 7632 断路器 C 相内部出现接地，造成第三大组母线差动保护动作，跳开 75A2、75A3 断路器。

（2）现场检查情况。现场对交流进线 GIS 进行检查，未发现异常；对交流滤波器场设备进行检查时发现，7632 断路器 C 相机构接地铜排与支架处存在放电痕迹，断路器接地放电痕迹如图 2－2 所示。

图 2－2　断路器接地放电痕迹

测试 7632 断路器灭弧室的气体湿度、纯度、分解产物，A、B 相未见异常，C 相气室 CO、SO_2 均超注意值（CO：221μL/L，SO_2：590μL/L）。判断 7632 断路器 C 相灭弧室内部存在放电故障。

（3）断路器现场开盖检查。现场打开罐体手孔盖，罐体内部存在大量白色粉末，罐体下部散落合闸电阻碎片，主断口绝缘筒表面存在树枝状放电痕迹。断路器结构示意图、合闸电阻破损掉落情况、罐体内部检查情况、主断口绝缘筒表面树枝状放电痕迹如图 2－3～图 2－6 所示。

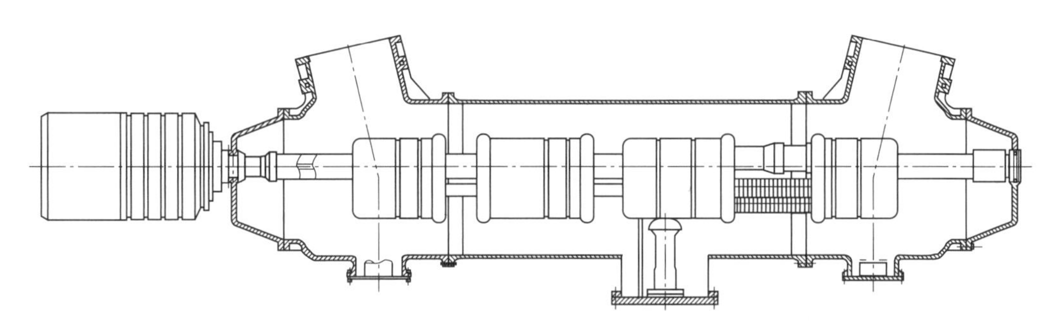

图 2－3　断路器结构示意图

(a) 整体

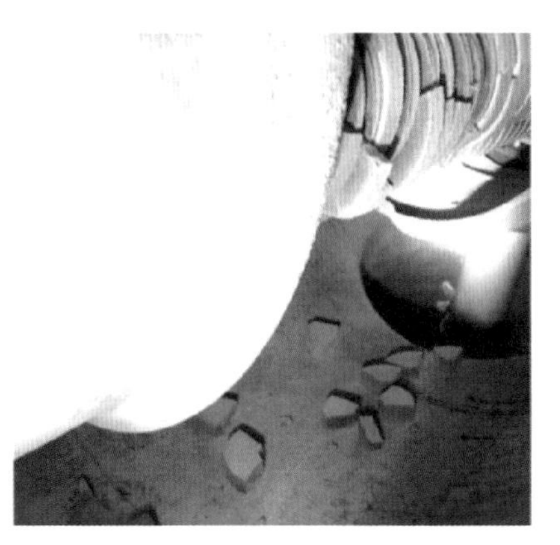

(b) 局部

图 2－4　合闸电阻破损掉落情况

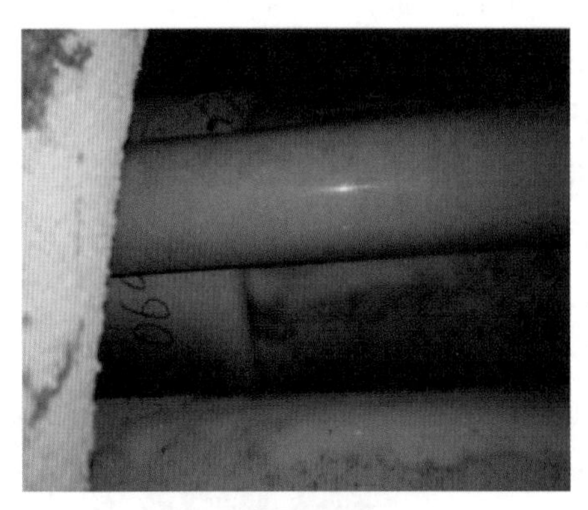

(a) 均压电容

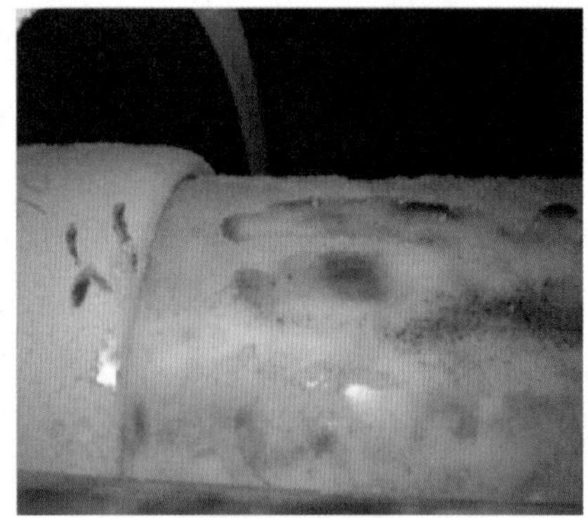

(b) 绝缘筒表面

图 2-5　罐体内部检查情况

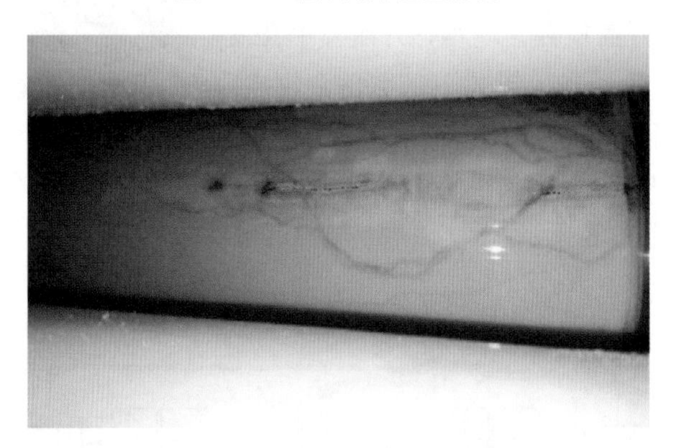

图 2-6　主断口绝缘筒表面树枝状放电痕迹

（4）返厂解体检查情况。6 月 6—7 日，进行故障断路器解体检查，具体情况如下：

1）罐体拆解检查。拆除断路器机构，将灭弧室与罐体分离，发现内部散落合闸电阻碎片，表面吸附白色 SF_6 分解产物，断路器两端绝缘支撑外观完好，合闸电阻屏蔽罩边沿部分严重烧蚀，烧蚀部位对应罐体内壁有放电痕迹。罐体拆解检查情况如图 2-7 所示。

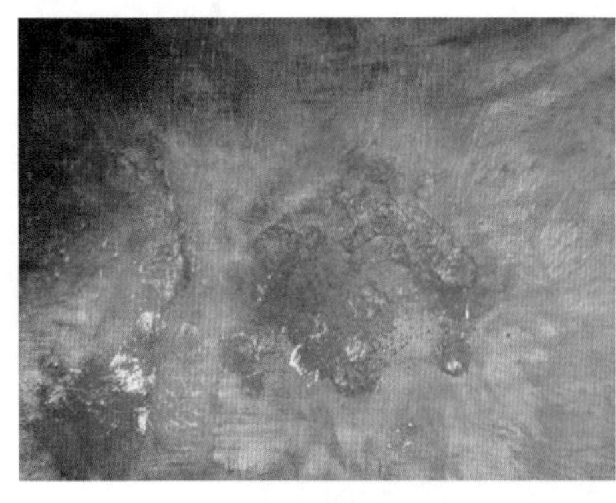

(a) 罐体内壁放电点

(b) 屏蔽罩烧蚀

图 2-7　罐体拆解检查情况

2）主断口拆解检查。检查第一级灭弧室绝缘筒由内部击穿，外表面有树枝状爬电痕迹，内壁烧蚀分层，喷口及触头被电弧熏黑，动、静触头边缘存在放电痕迹，绝缘拉杆外观良好。第一级灭弧室主断口拆解检查情况如图 2－8 所示。

(a) 绝缘筒表面放电痕迹

(b) 绝缘筒内壁烧蚀分层

(c) 静触头放电痕迹

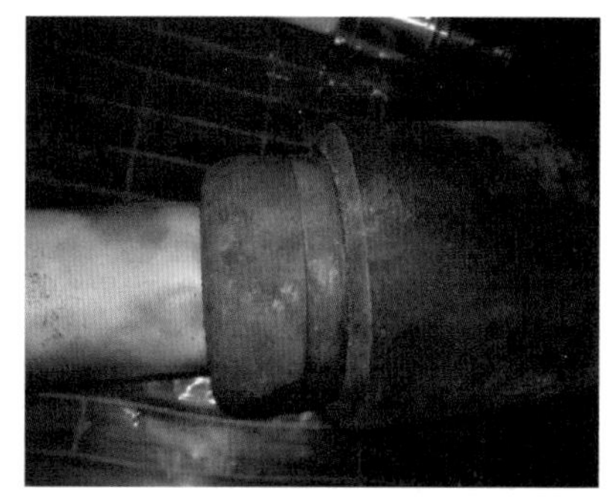

(d) 动触头放电痕迹

图 2－8　第一级灭弧室主断口拆解检查情况

检查第二级灭弧室绝缘筒表面及两侧金属部件有放电痕迹，喷口及触指外观完好，绝缘拉杆受电弧灼伤变色，一侧绝缘拉杆有放电痕迹。第一级灭弧室主断口拆解检查情况如图 2－9 所示。

(a) 第二级灭弧室外观

(b) 绝缘筒表面放电痕迹

图 2－9　第一级灭弧室主断口拆解检查情况（一）

(c) 两侧金属部件放电痕迹

(d) 绝缘筒内壁

(e) 触头、触指外观完好

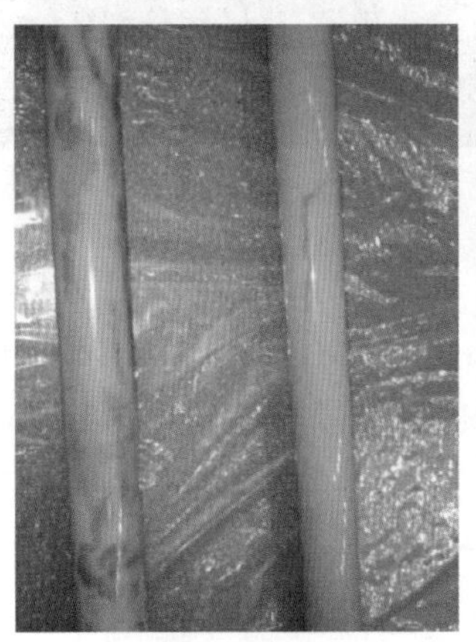

(f) 绝缘拉杆烧蚀、表面放电痕迹

(g) 绝缘拉杆金属部件放电痕迹

图 2-9　第一级灭弧室主断口拆解检查情况（二）

3）合闸电阻及辅助断口拆解检查。合闸电阻及辅助断口并联后与主断口串联，两端安装有屏蔽罩。两柱合闸电阻出现散裂情况，支撑绝缘杆烧蚀严重。合闸电阻拆解检查情况如图 2－10 所示。

辅助断口绝缘筒靠合闸电阻侧出现黑色灼烧痕迹，上下金属件有放电烧蚀痕迹、绝缘筒表面有不规则凹坑，辅助断口内部触头未见异常，传动部位正常。辅助断口拆解检查情况如图 2－11 所示。

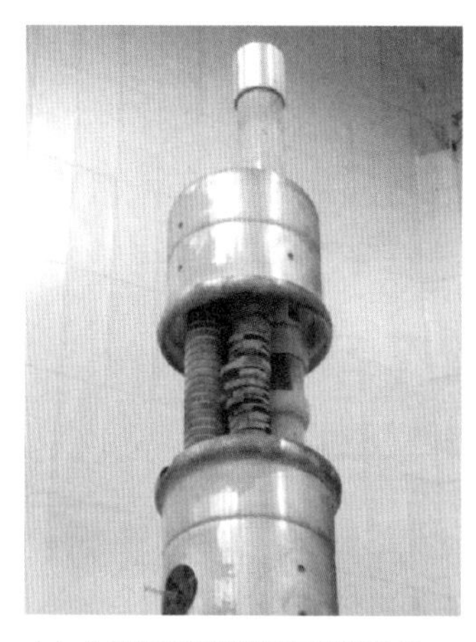

（a）合闸电阻及辅助断口整体状态

（b）合闸电阻及辅助断口整体拆除

（c）辅助断口绝缘筒表面灼烧痕迹

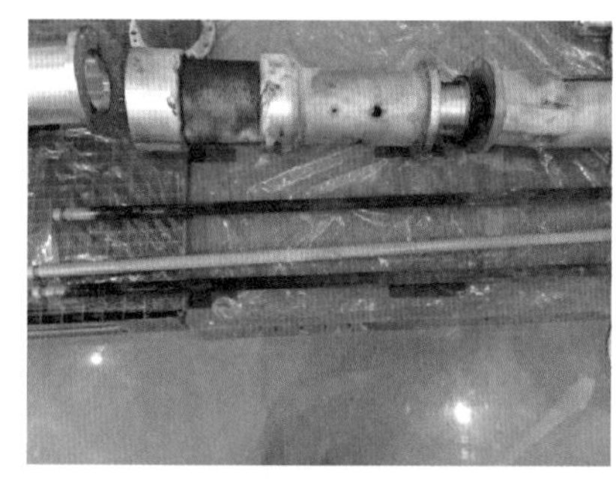

（d）支撑绝缘杆烧蚀严重

（e）合闸电阻拆除后两柱中心灼黑痕迹

图 2-10　合闸电阻拆解检查情况

（a）辅助断口整体情况

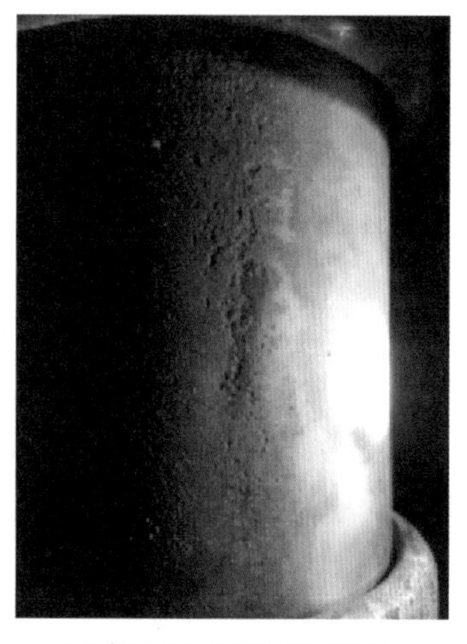

（b）辅助断口绝缘筒表面凹坑状

图 2-11　辅助断口拆解检查情况（一）

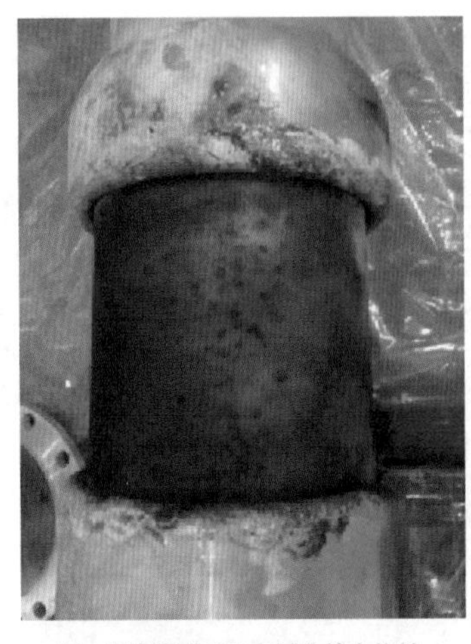
(c) 绝缘筒表面及金属件放电烧蚀

(d) 辅助断口内部状态

(e) 辅助断口静触头

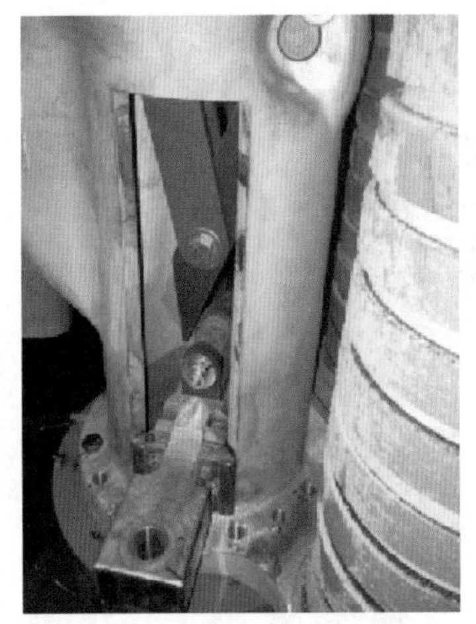
(f) 辅助断口传动部位正常

图 2－11 辅助断口拆解检查情况（二）

3. 故障原因分析

（1）交流滤波电容器开断特点。由于断路器负载为并联电容器，等效电路及电压波形如图 2－12 所示。断路器在开断电容电流时，按最严酷的情况分析断路器的分闸过程，灭弧室断口一侧为电源的交流相电压峰值±635.2kV（按照某换流站交流母线电压为 778kV 计算），灭弧室另一侧为滤波电容器上的直流 635.2kV（当断路器在母线峰值电压时分闸，电容器上的残余电荷为母线电压的峰值）断路器两端承受电压为母线交流电压和电容器直流电压之差。叠加极值为 1270.4kV (635.2＋635.2)。

根据电路等效分析，7632 断路器 C 相分位 70ms 后，断路器灭弧室出现间歇性放电，第一次击穿重燃，断口间恢复电压达到最大值，最大值为 1270.4kV，此过程从波形可以看出反复出现多次。

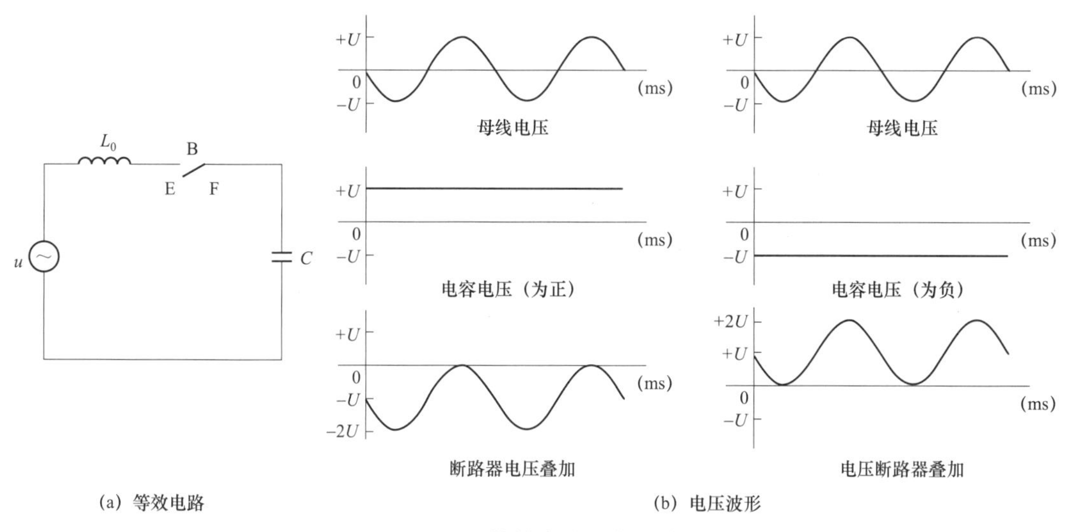

图 2−12 等效电路及电压波形

如果断路器灭弧室断口绝缘存在缺陷，开断熄弧后断口难以承受这个交直流电压叠加的电压。

（2）放电路径分析。根据解体检查可以发现，断路器第 1 级灭弧室存在明显的放电通道，判断断路器开断后出现的反复间歇性击穿电流回路，断路器对地短路故障电流回路如图 2−13 所示。

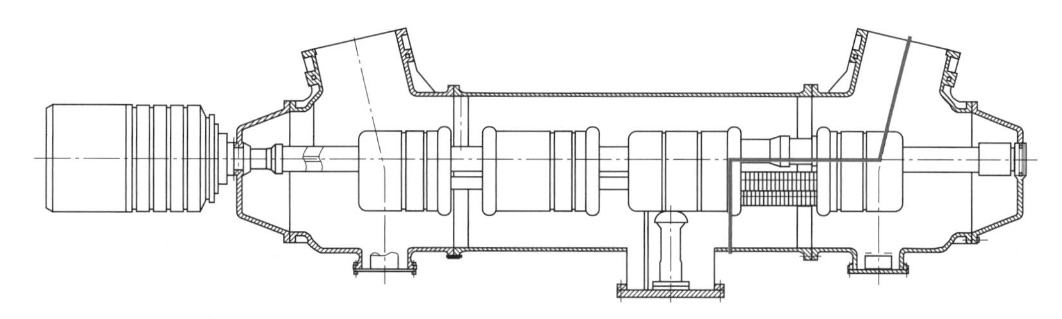

图 2−13 断路器对地短路故障电流回路

（3）放电过程分析。7632 断路器 C 相在分闸完成后，正常分闸并开断负载电流，电弧熄灭，假定电流熄灭时刻为 0ms，根据现场故障录波分析，7632 断路器在电弧熄灭后 70ms，母线电压接近峰值，同时由于电容器上存在残余电荷，电容器侧的电容和母线侧相反。两者电压叠加，在高电压作用下，由于断路器第一级灭弧室断口存在缺陷，导致断路器主绝缘发生高频击穿，第一级灭弧室外部绝缘闪络，引起断路器灭弧室内部产生高频通路，出现高频冲击电流波形。现场故障录波波形如图 2−14 所示，从录波波形可以看出，击穿电压不断下降，也说明断路器断口绝缘的损坏程度在不断加深。

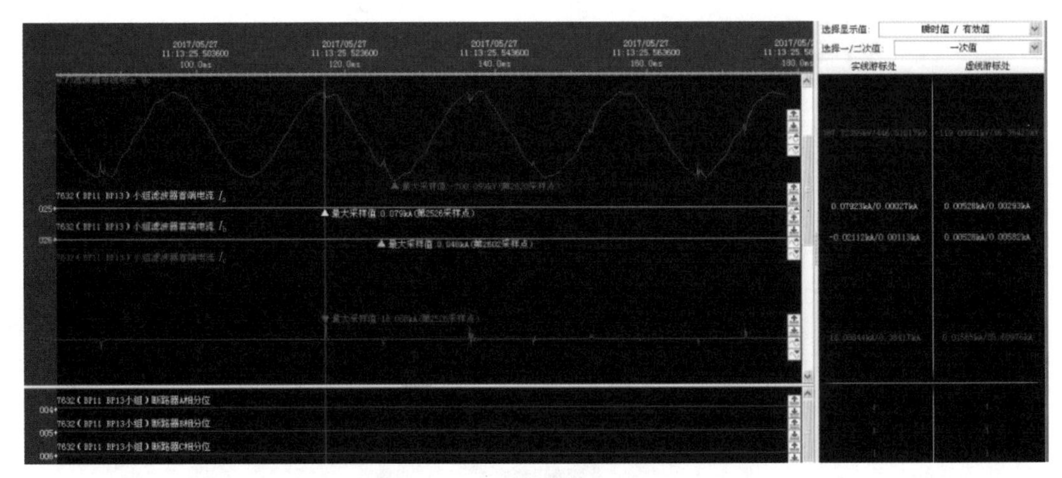

图 2－14　现场故障录波波形

（4）合闸电阻存在缺陷。断路器振荡性电流波形如图 2－15 所示，通过对该换流站交流滤波器场断路器动作时电流波形进行排查，发现 7632 断路器 C 相合闸后故障相小组滤波器首端和尾端电流出现振荡性电流，且只有 7632 断路器 C 相多次出现上述现象，2016 年 6 月 22 日—2017 年 5 月 27 日，断路器共计合闸 68 次，共计出现类似波形 39 次。

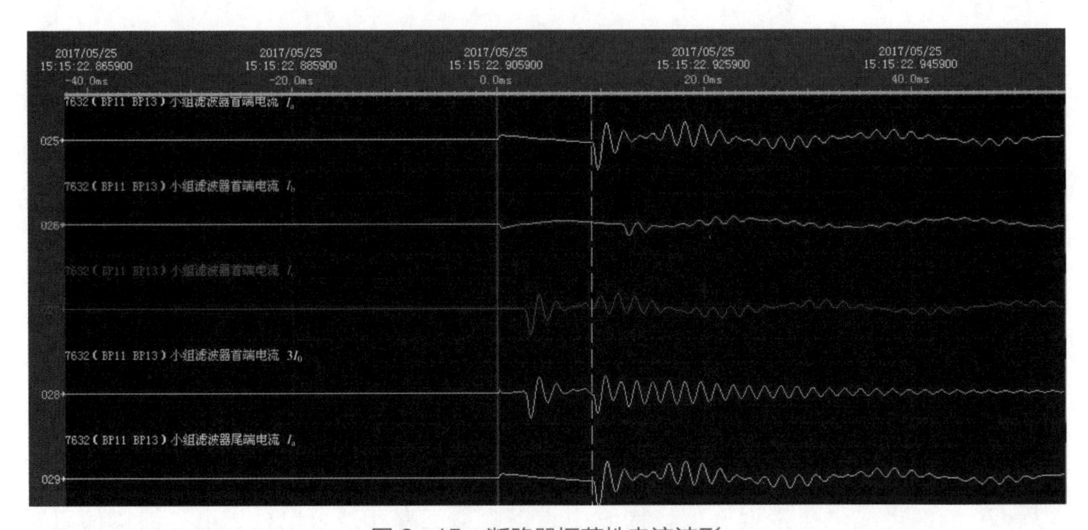

图 2－15　断路器振荡性电流波形

对比 7632 断路器 A、B、C 三相的电流波形，可以发现 C 相合闸电阻对合闸涌流的阻尼作用明显减弱，该振荡性电流表明断路器合闸时合闸电阻未对涌流有效限制，说明合闸电阻在 5 月 22 日之前已出现缺陷，此次分闸后在高频电流作用下，进一步加剧了合闸电阻的劣化。靠近灭弧室侧屏蔽罩的合闸电阻片发生散落，造成电场畸变，引起屏蔽罩对断路器外壳电弧放电，发生单相接地故障。

2.1.2 某站“2017.12.24”与“2019.7.31”两次跳闸故障

1. 概述

（1）故障概述。

1）“2017.12.24”故障。12 月 24 日 16 时 38 分，Z4AFPA/B 主机报“第四大组滤波器保护变化量差动跳 1 母出现”，第四大组交流滤波器进线断路器 7581、7582 跳开，BP11/13 进线断路器 7641 跳开，712B 站用变压器进线断路器 7645 跳开。

故障后站用电备用电源自动投入装置动作，Ⅰ回运行、Ⅲ回带Ⅱ回运行。

2）“2019.7.31”故障。7 月 31 日 16 时 11 分，7622 交流滤波器自动投入运行；16 时 12 分，第二大组交流滤波器保护 AFPA/B 主机发“母差动作出现”“HP2436 差动速断出现”，第二大组交流滤波器进线 7562、7563 断路器，HP24/36 小组交流滤波器进线 7622 断路器跳闸，7621、7623 小组交流滤波器退出运行，7611、7632、7633 小组交流滤波器自动投入，直流系统运行正常。

（2）设备概况。某换流站交流滤波器场在运 18 组罐式断路器（含降压变压器 2 组），型号 LW13－800，罐式断路器液压机构型号 CYA8，生产日期为 2016 年 6 月，投运日期为 2017 年 6 月，额定电压为 800kV，额定电流为 5000A，额定短路开断电流为 63kA，合闸电阻为 1500Ω，断口均压电容为 1040pF。断路器内部结构如图 2－16 所示。

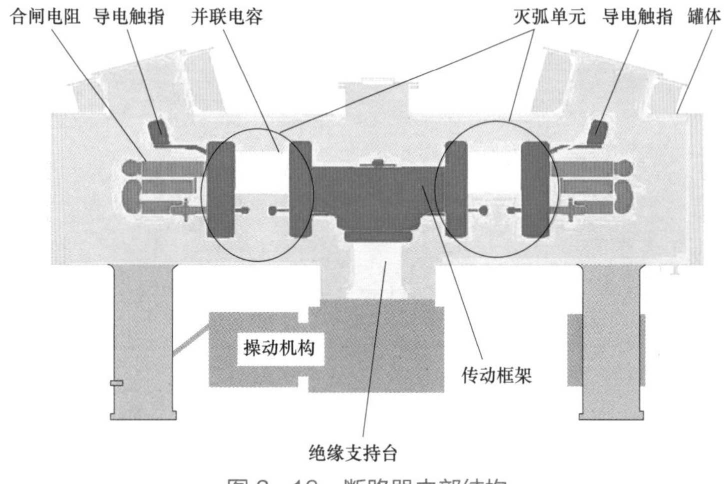

图 2－16　断路器内部结构

（3）故障前运行工况。

1）“2017.12.24”故障。某换流站直流极Ⅰ双阀组、极Ⅱ单阀组大地回线全压运行，7622、7623、7631 小组滤波器及站用变压器 712B 正常运行。

12 月 24 日 16 时 36 分 8 秒，直流功率由 1580MW 上升至 2017MW 过程中，7641BP11/13 交流滤波器自动投入（当时功率约 1830MW）。

2）“2019.7.31”故障。7 月 31 日，某换流站直流双极四阀组大地回线降压方式运行，输送功率3400MW。7612、7621、7623、7631、7632、7641、7643交流滤波器运行。

2. 设备检查情况

（1）“2017.12.24”故障。

1）故障检查。

a. 外观检查。故障发生后检查7641滤波器组C相高压避雷器动作11次（A、B相动作次数10次），其他设备无异常现象。

b. 保护动作情况。母线工频变化量差动保护范围、BP11/13比率差动保护范围如图2－17、图2－18所示。

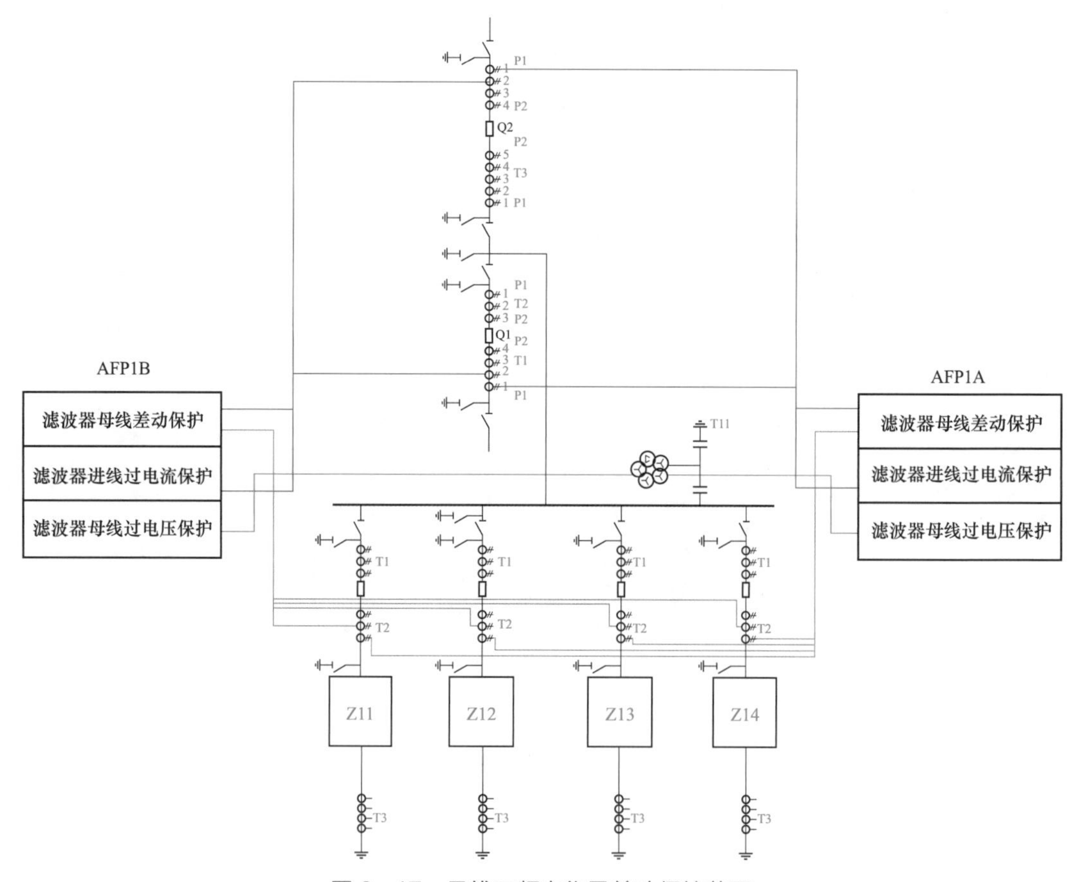

图2－17　母线工频变化量差动保护范围

整组动作报告如图2－19所示，查看故障录波动作报告显示，64号母线C相故障差动电流最大为20320.61A，满足保护启动值和相关动作条件。

c. 断路器SF_6分解物测试。断路器SF_6分解物进行测试，记录相关数据，测试数据见表2－1，分解物测试结果如图2－20所示。此外，Q/GDW 1896—2013《SF_6气体分解产物监测技术现场应用导则》对检测指标进行评价，SF_6气体分解产物的气体组分、检测指标和评价结果见表2－2。

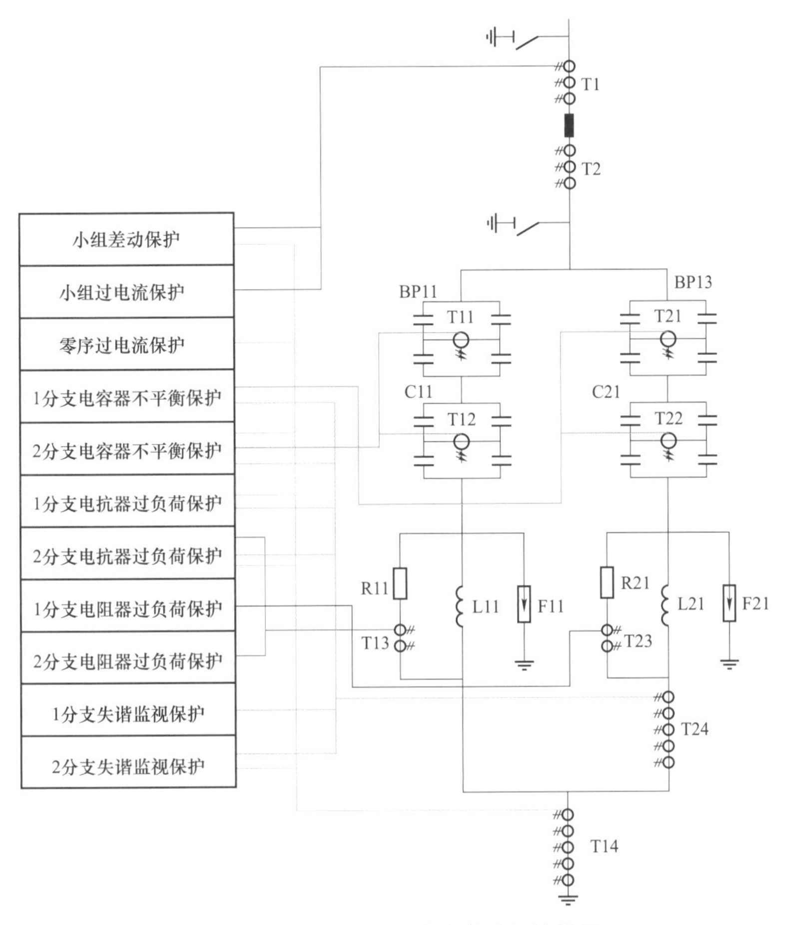

图 2-18 BP11/13 比率差动保护范围

南京南瑞继保电气有限公司
PCS-976A 集中式交流滤波器保护装置
程序形成时间：2016-03-31 18:59:21　　程序校验码：975E404C　　二次开发单号：151052

PCS-976A 集中式交流滤波器保护装置——整组动作报告

一次设备名称：#64M交流滤波器大组　版本号：2.52　管理序号：00458979　打印时间：2017-12-24 19:48:35

序号	启动时间	相对时间	动作相别	动作元件
0701	2017-12-24 16:38:05:283	0000ms		保护启动
		0003ms	C	变化量差动跳1母
				B04.保护起动
				7581开关.7582开关.BP11/13
				HP24/36.SC.HP3
				2号降压变
		0004ms		B05.保护启动
		0015ms	C	BP11/13.差动速断
				跳BP11/13.交流滤波器开关
		0018ms	BC	HP3.比率差动保护
				跳HP3.交流滤波器开关
		0023ms	C	稳态量差动跳1母
		0031ms	C	BP11/13.比率差动保护
最大差电流				20320.61A

图 2-19 整组动作报告

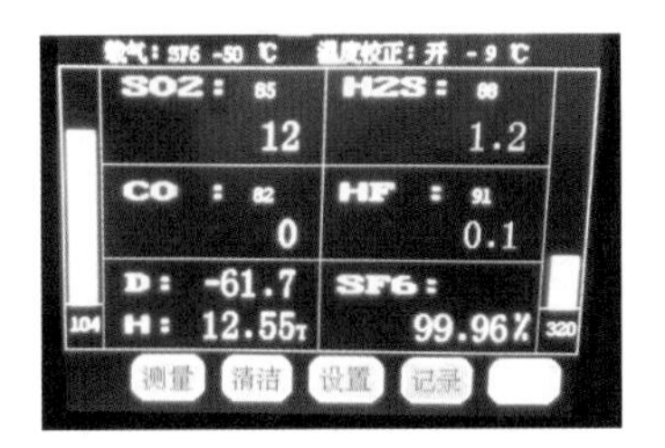

图 2-20 分解物测试结果

表 2－1　　　　测　试　数　据

断路器名称/项目	微水	分解物
7641 断路器 C 相	12.55μL/L	SO_2：12μL/L H_2S：1.2μL/L
标准值	有电弧分解物间隔室： ≤150μL/L	SO_2≤1μL/L H_2S≤1μL/L

表 2-2　　　SF_6气体分解产物的气体组分、检测指标和评价结果

气体组分	检测指标（μL/L）		评价结果
SO_2	≤1	正常值	正常
	1～5*	注意值	缩短检测周期
	5～10*	警示值	跟踪检测，综合诊断
	>10	警示值	综合诊断
H_2S	≤1	正常值	正常
	1～2*	注意值	缩短检测周期
	2～5*	警示值	跟踪检测，综合诊断
	>5	警示值	综合诊断

*　标示为不大于该值。

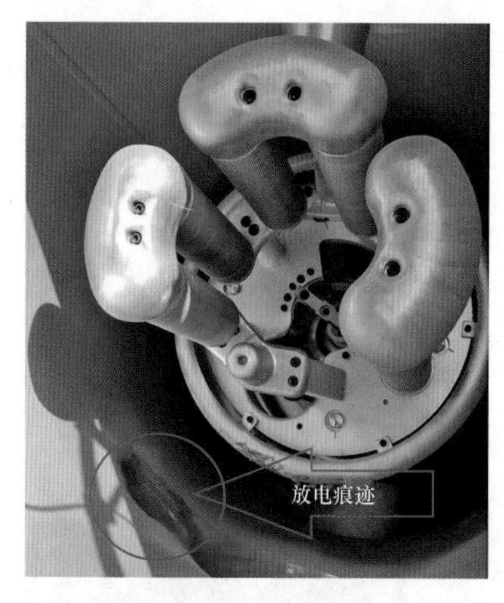

图 2－21　放电位置

d. 初步分析。7641 断路器 C 相间隔对地放电，差动电流达到 20320.61A，母线工频变化量差动、小组比率差动速断动作。

2）断路器解体检查。

a. 现场拆卸返厂。2018 年 1 月 3—4 日，对断路器进行拆卸返厂处理。现场在拆解套管过程中发现，大罐内部存在放电痕迹，放电位置位于壳体捕捉器边缘，静侧屏蔽的对应点，位于 7 点钟方向。放电位置如图 2－21 所示。

b. 返厂后检查处理项目。为了寻找放电点，进一步分析放电原因，断路器返回厂家后，对该相断路器进行了如下的检查：

a）打开两端大盖板，对具体的放电位置进行拍照、记录，确认大概的放电位置，重点检查位置包括：① 静侧屏蔽；② 动侧屏蔽；③ 绝缘拉杆；④ 绝缘支撑；⑤ 大罐内壁；⑥ 电阻片。

b）退出灭弧室，对放电位置进行进一步检查。

c）对灭弧室进行进一步拆解，对零部件外观继续进行检查，关键零部件对其尺寸

进行复查，特别是罐体下部把口处尺寸、放电的屏蔽罩的尺寸。

d）对放电分解物进行成分分析，对壳体内壁上的白色物质及下部盖板上的残留物进行成分分析。放电点示意图如图 2－22 所示。

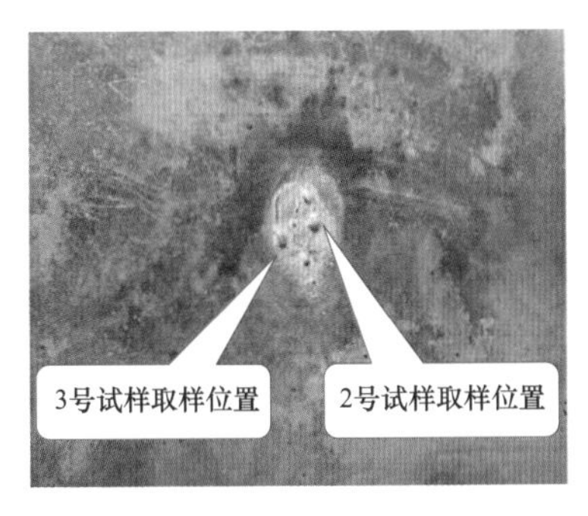

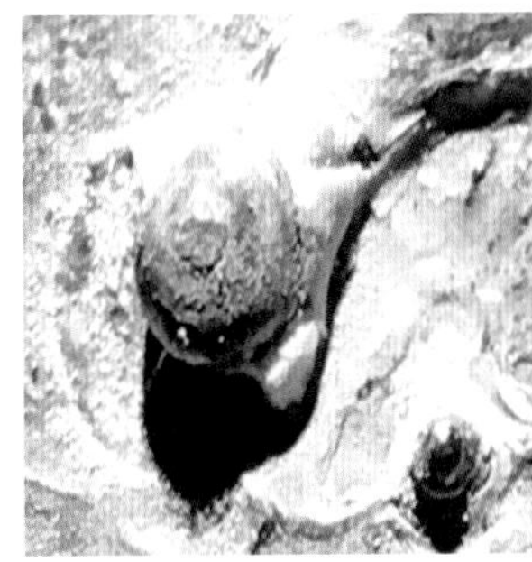
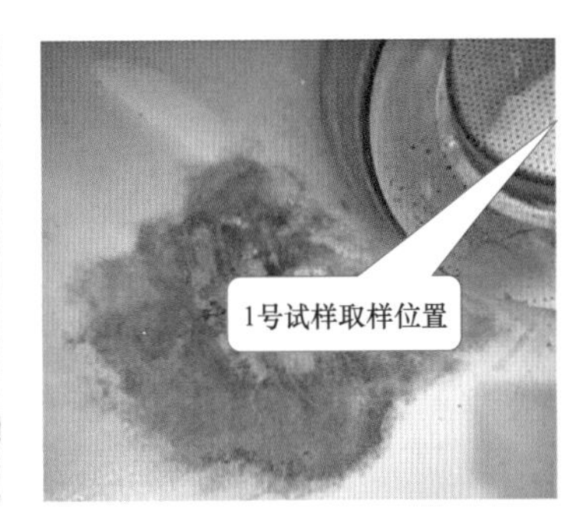

图 2－22　放电点示意图

e）对断路器操作振动导致屏蔽环偏离轴线可能引起的局部电场增大导致屏蔽对外壳放电的预想通过软件进行了模拟计算。

c. 检查结果分析。

a）该断路器的绝缘件均进行耐压、局部放电试验，试验合格后才进入装配车间用于断路器装配，断路器出厂时进行了工频耐压、局部放电试验。同时，解体后对绝缘件重新进行了工频耐压、局部放电试验，试验结果合格。因此，该次放电不是由绝缘件引发的。

b）对灭弧室进行拆解，拆解过程中，所有螺栓均处于紧固状态，零部件的相对位置也没有发生变化。随后对主要零部件的尺寸进行了测量，特别是对重点关注的静侧屏蔽环外形尺寸与大罐下部把口处倒圆角尺寸进行了测量，测量结果均在合格范围内。因此，可以排除零部件制造原因。

c）通过对放电分解物的取样、分析可知，其成分主要为 C、F、Fe、S，均为放电后的常规分解物，未发现其他异常物质。

d）用计算软件对断路器进行模拟计算，断路器在极限情况下，依然有足够的绝缘裕度，可以排除操作振动引起绝缘距离变化的原因。

结合该断路器的实际情况看，异物一直存在于灭弧室内部。由于电场、气流场的作用，异物在灭弧室内部移动，断路器带电运行过程中，异物由低电位移动至高电位，降低了绝缘裕度，引发断路器放电。

（2）“2019.7.31”故障。

1）故障检查。

a. 外观检查。故障发生后，现场立即检查断路器本体、电容器塔等一次设备外观正常，表计压力正常，无异常放电现象。

b. 保护动作情况检查。62 号母线工频变化量差动保护、HP24/36 比率差动保护、HP24/36 差动速断保护均动作。从保护范围分析，小组交流滤波器断路器为保护公共区域。母线差动保护范围、HP24/36 小组差动保护范围如图 2－23、图 2－24 所示。

保护动作录波波形及报文如图 2－25 所示，从录波波形分析可知，交流滤波器母线 B

相电压率先跌落的同时，62 号母线和 7622 小组交流滤波器出现差动电流，其中 7622 断路器 B 相短路电流达 23461.83A，满足动作条件，保护动作正确。

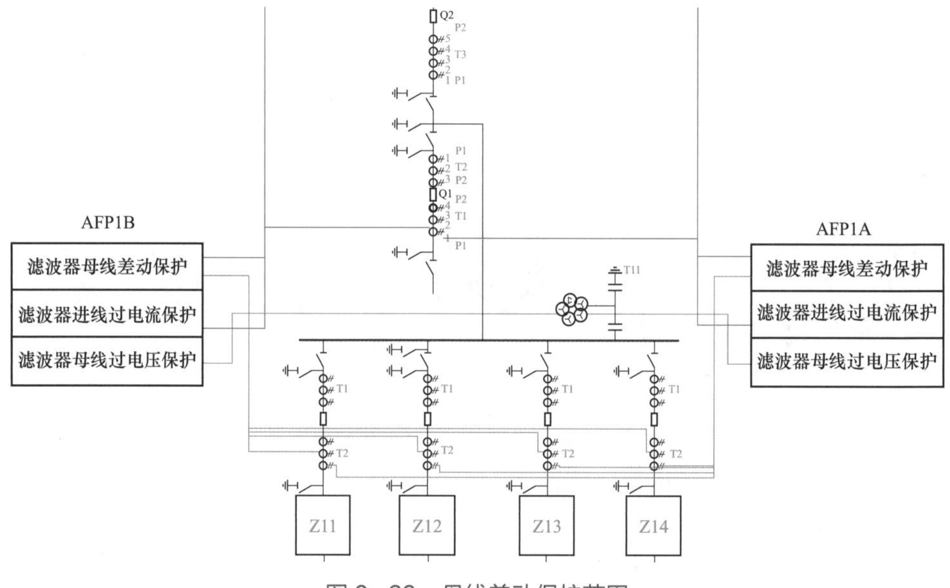

图 2-23　母线差动保护范围

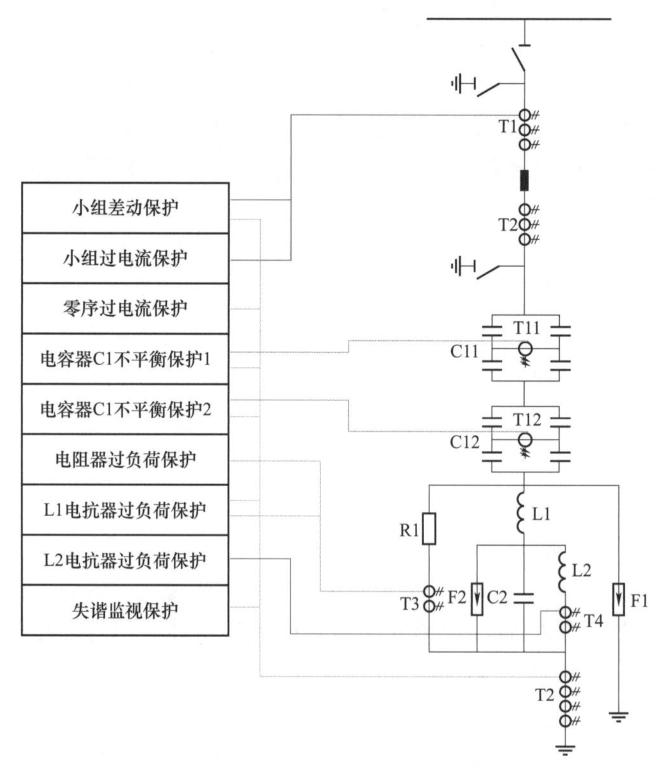

图 2-24　HP24/36 小组差动保护范围

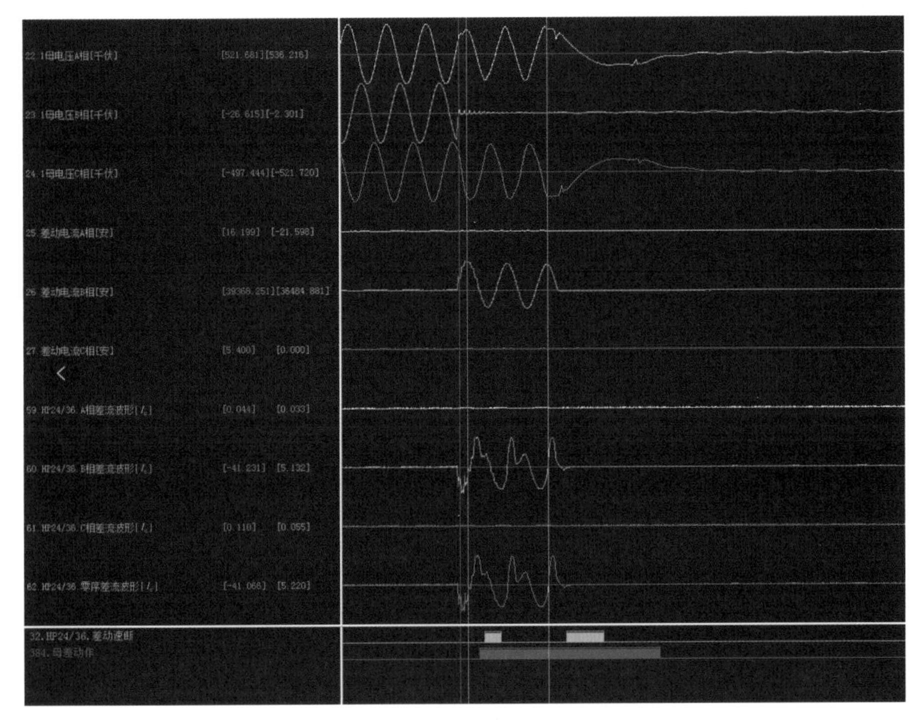

(a) 录波波形

PCS-976A 集中式交流滤波器保护装置——整组动作报告

一次设备名称：#62M交流滤波器大组　版本号：2.52　管理序号：00438979　打印时间：2019-07-31 17:16:00

序号	启动时间	相对时间	动作相别	动作元件
1606	2019-07-31 16:12:05:131	0000ms		保护启动
		0003ms		B08.保护启动
		0010ms	B	变化量差动跳1母
				7563开关，7562开关，BP11/13
				HP24/36，SC，HP3
		0013ms	B	HP24/36.差动速断
				跳HP24/36.交流滤波器开关
		0021ms		B04.保护起动
		0022ms	B	稳态量差动跳1母
		0023ms		B05.保护启动
		0031ms	B	HP24/36.比率差动保护
		0055ms	B	HP24/36.差动速断
最大差电流				23461.83A

(b) 整组动作报告

图 2-25　保护动作录波波形及报文

c. 断路器气室 SF_6 组分分析。组分分析数据见表 2-3，组分分析结果如图 2-26 所示。通过检查发现，7622 断路器 B 相气室内部存在明显 SF_6 放电电弧气体成分，SO_2 含量大于 1μL/L，H_2S 含量大于 1μL/L。

表 2-3　　组分分析数据

断路器	组分		
	SO_2（≤1μL/L）	H_2S（≤1μL/L）	SF_6 纯度
7622A 相	0	0	99.76%
7622B 相	11.9	2.3	99.77%
7622C 相	0	0	99.77%
7621A 相	0	0	99.81%
7621B 相	0	0	99.81%
7621C 相	0	0	99.80%
7623A 相	0	0	99.78%
7623B 相	0	0	99.76%
7623C 相	0	0	99.82%
7562A 相	0	0	99.83%
7562B 相	0	0	99.80%
7562C 相	0	0	99.80%
7563A 相	0	0	99.78%
7563B 相	0	0	99.78%
7563C 相	0	0	99.78%

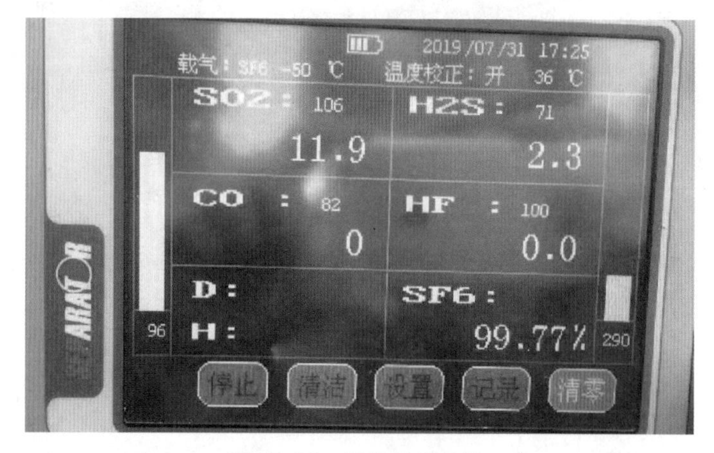

图 2-26　组分分析结果

d. 跳闸原因分析。结合故障录波和 SF_6 组分分析结果，初步判断 7622 断路器 B 相气室内部接地故障。

2）返厂解体检查。解体检查发现，罐体内部有电弧放电产生的白色粉末，靠交流滤波器场侧静触头屏蔽罩对外壳放电。外壳存在放电痕迹和绿色块状物体，且该痕迹连续贯通，其余部位如绝缘支撑、喷口、均压电容器等部位存在放电喷溅物。检查合闸电阻片，发现其存在破损。返厂解体检查情况如图 2-27 所示。

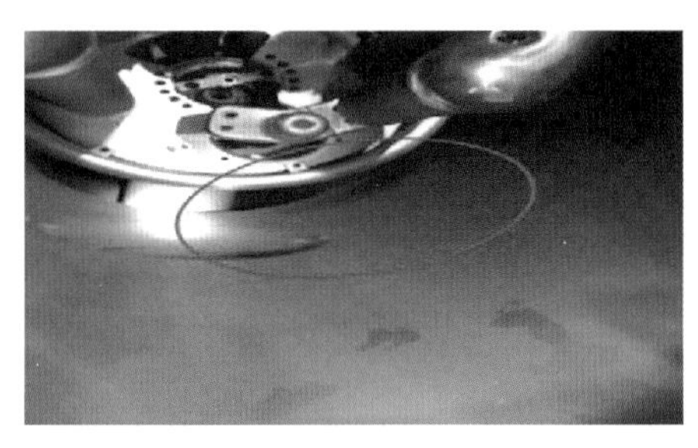
(a) 内壁存在白色粉尘，分析为 SF_6 分解物

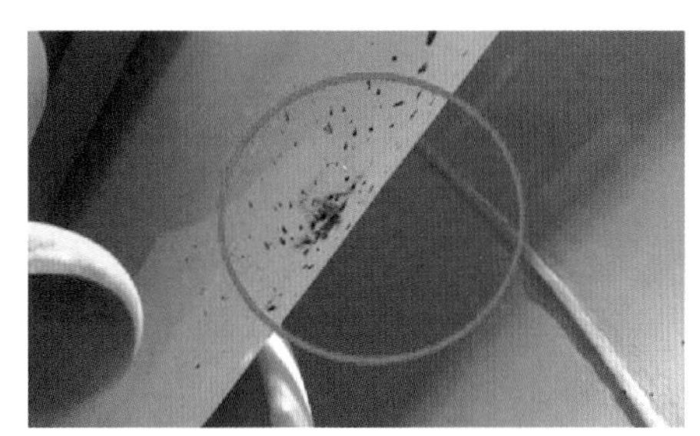
(b) 屏蔽罩存在明显放电烧蚀痕迹

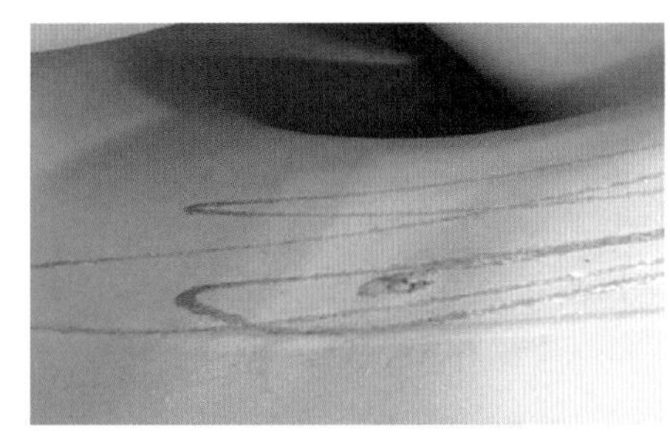
(c) 罐体对应部位放电点

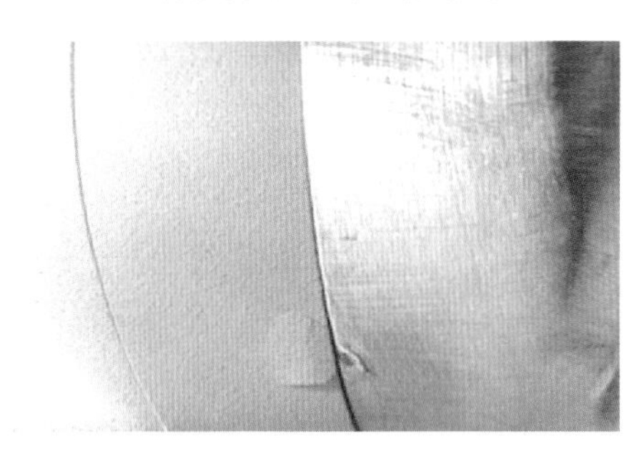
(d) 合闸电阻片存在破损

图 2-27 返厂解体检查情况

电阻片主体部分的化学成分主要为 O、Al、C、Si，电阻片圆柱面绿色涂层部分的主要成分为 O、C、Si。化验结果与这一制作工艺基本吻合。

对化验结果进行分析可知，故障为合闸电阻破损形成粉尘，由于操作振动等原因落入罐体，在电场、气流场的作用下，异物在灭弧室内部移动，当异物由低电位移至高电位和地之间时，降低了绝缘裕度，引发断路器放电。

3. 故障原因分析

（1）破损片数与动作次数正相关。2019 年 9—11 月，对该换流站第一、二、四大组共 13 组（含降压变压器 1 台）断路器进行内检；2020 年 4 月对第三大组 4 组断路器进行开盖内检（除 7634 断路器）。两次共内检了 17 组 51 相，共发现 6 片合闸电阻片出现局部破损现象（对应破损 6 相，占比 11.8%）。2021 年，对 7611、7612、7621、7623、7632、7642 共 6 组 18 相断路器进行开盖检查，共发现 51 片合闸电阻片出现破损现象（破损 15 相，占比 83.3%）。通过分析可知，随着断路器动作次数的增多，合闸电阻片破损呈现增长趋势。2019 年开罐检查更换过合闸电阻片的 6 相中有 2 相在 2021 年再次开罐，未发现同位置电阻片再次破损，也从侧面说明破损与动作次数正相关。建议动作 300 次后进行开罐检查。

（2）破损故障集中在“1 组”和“6 组”。断路器每侧合闸电阻堆为 6 组串联式结构，按“组”分类：①“1 组”破损 25 片，占比 49.1%；②“2 组”破损 4 片，占比 7.8%；③“3 组”破损 2 片，占比 3.9%；④“4 组”破损 3 片，占比 5.9%；⑤“5 组”破损 5 片，占比 9.8%；⑥“6 组”破损 12 片，占比 23.5%。由以上数据分析可见，破损故障主要集中在“1 组”和“6 组”，说明“1 组”和“6 组”的振动较大，且存在与金属本体连接部分振动抑制性较强，容易损坏。

（3）破损故障发生在竖直方向上的占比较高。对51片破损合闸电阻检查统计后发现，其中46片有“时间方位”位置标记，按破损位置（时间方位）分类：“11—1点钟方向”15片，“2—4点钟”方向9片，“5—7点钟”方向18片，“8—10点钟”方向4片，故破损主要在垂直方向上，占比72%，应重点研究垂直方向振动情况。

（4）破损故障主要发生在合闸电阻片根部到尾部之间。断路器每侧有6组合闸电阻，第1～6组合闸电阻片数分别为24、19、19、17、17、14片，将每组合闸电阻分为两段，从电阻支撑板至电阻串中间部位为灭弧室侧，弹簧罩至电阻串中间部位为端盖侧，断路器左右两侧合闸电阻如图2-28所示，从合闸电阻触头侧起将6组合闸电阻编号为1～6，合闸电阻片部位定义如图2-29所示。经统计，破损合闸电阻片位置灭弧室侧占76.47%，端盖侧占23.53%，可见合闸电阻片破损主要发生在灭弧室侧即电阻支撑板到中间位置之间，说明分合闸冲击力沿整个合闸电阻片释放，应考虑加厚根部防震铝片厚度，并在每片之间增加凸台缓冲片。

(a) 机构侧

(b) 非机构侧

图2-28　断路器两侧合闸电阻

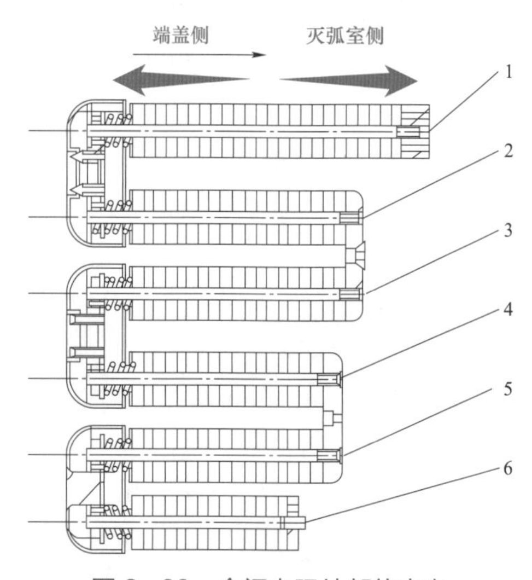

图2-29　合闸电阻片部位定义

（5）合闸电阻片质量有待加强。各断路器动作次数基本相当，但破损部位有一定的随机性，可能为合闸电阻片涂层附着不够严密，甚至合闸电阻片内部存在气泡，说明需要改进工艺提高断路器质量。

2.1.3 某站“2020.5.20”7633 断路器 C 相分闸故障

1. 概述

（1）故障概述。2020 年 5 月 20 日 22 时 28 分 42 秒，某换流站直流功率下调时，某换流站无功控制自动切除 7633 交流滤波器，7633 断路器正常分闸。22 时 29 分 19 秒，AFP3A、AFP3B 第三大组交流滤波器双套保护报“7633 HP24/36 比率差动保护出现”“7633HP24/36 零序差动出现”“跳 7633HP24/36 交流滤波器断路器出现”，保护装置及故障录波装置均显示 7633 交流滤波器 C 相首端出现故障电流，电流有效值约 142A，持续时间约 7ms。

异常发生第一时间将 7633 交流滤波器隔离，避免大组母差保护动作。该地直流功率在动态电压模式下最大功率 7120MW 运行时，最少需要投入两组 HP24/36 型交流滤波器，站内共 4 组 HP24/36 型交流滤波器，退出一组后，仍有一组备用，暂不影响直流功率外送。

（2）设备概况。直流系统：系统运行方式为双极四阀组运行，功率正送 5946MW，极Ⅰ、极Ⅱ直流滤波器均在运行状态，无功控制方式为自动控制。

（3）故障前运行工况。某换流站 750kV 交流滤波器场 7633 断路器为 LW56－800 型 SF_6 罐式断路器，2016 年 5 月生产，2016 年 8 月 24 日投运，额定电压 800kV，额定电流 5000A，额定短时耐受电流 63kA。合闸电阻为 AB410－14R28±5%型，电阻值 1500Ω。均压电容器为 CDOR2648B10 型，电容量为 2000±40pF，断路器电气原理如图 2－30 所示。

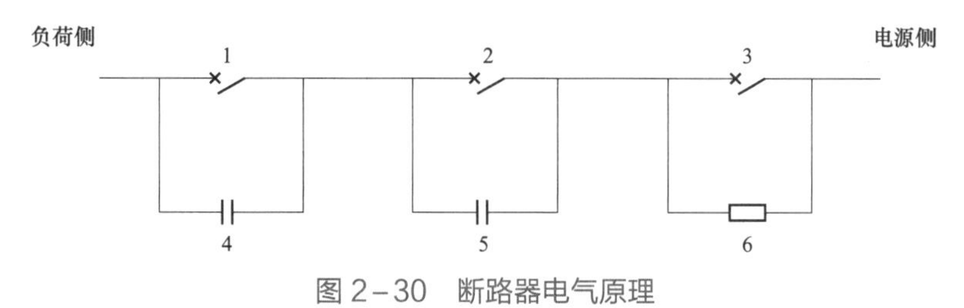

图 2－30 断路器电气原理

1、2—主断口；3—合闸电阻断口；4、5—并联电容；6—合闸电阻

2. 设备检查情况

（1）现场检查情况。

1）初步检查情况。一次设备检查情况：现场对 7633 交流滤波器一次设备进行检查，断路器动作次数为 318 次，断路器、电流互感器、电容器等设备外观无异常。

二次设备检查情况：AFP3A、AFP3B 保护装置面板显示 HP24/36 小组跳闸灯亮，7633HP24/36 双调谐比率差动保护、零序差动保护跳交流滤波器断路器。操作箱面板显示正常，分位指示灯亮。

2）波形分析。7633 HP24/36 交流滤波器断路器 TA 配置如图 2-31 所示。电源侧 12LH、13LH 绕组用于小组交流滤波器差动保护，负荷侧 15LH、16LH 绕组用于大组母线差动保护。

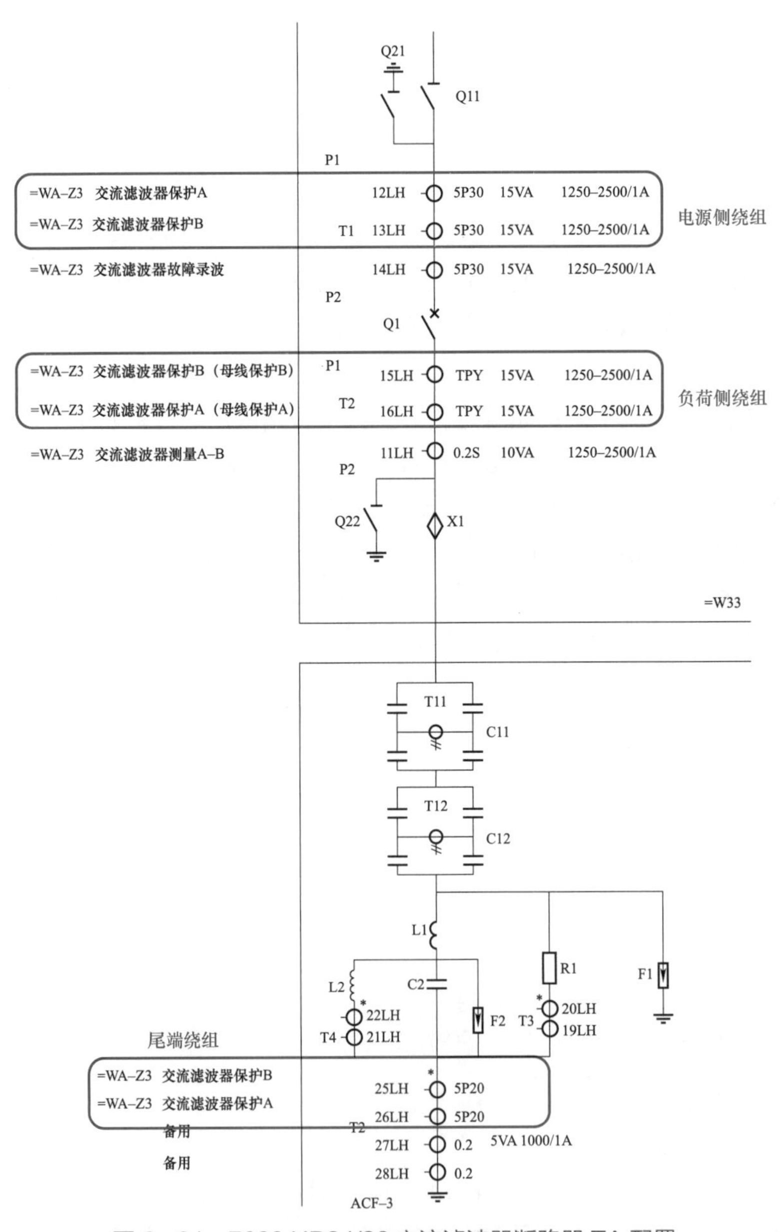

图 2-31　7633 HP24/36 交流滤波器断路器 TA 配置

7633 交流滤波器自动切除时刻为 22 时 28 分 42 秒，7633 交流滤波器自动切除时刻分闸波形如图 2－32 所示。分析故障录波波形，7633 断路器分闸波形正常。

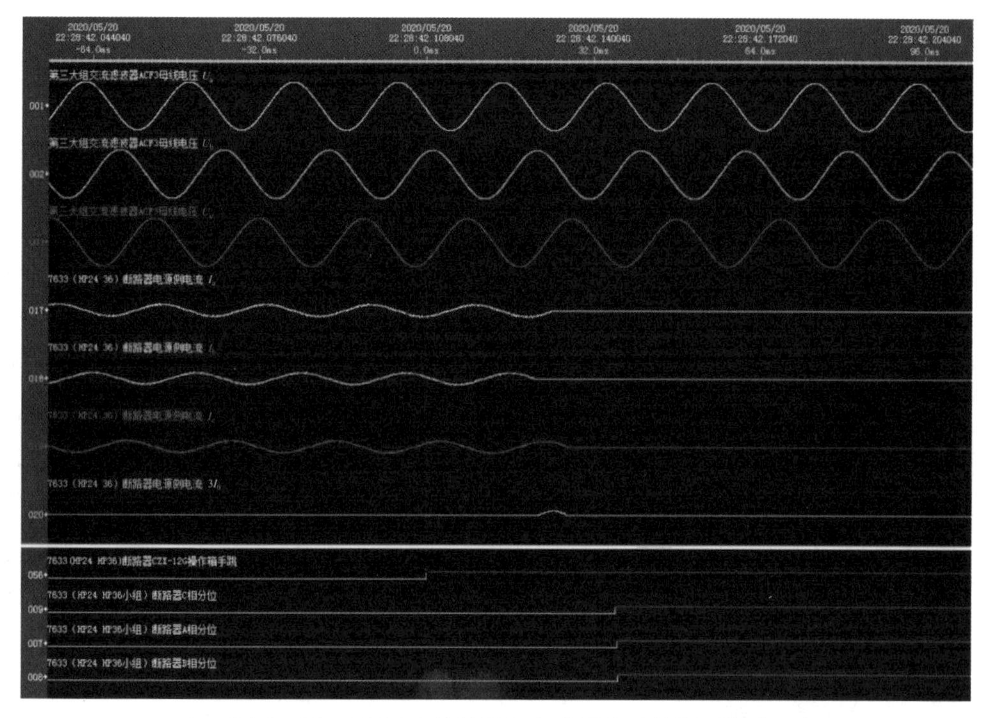

图 2－32　7633 交流滤波器自动切除时刻分闸波形

7633 交流滤波器自动切除时刻为 22 时 28 分 42 秒，保护动作时刻为 22 时 29 分 19 秒，7633 交流滤波器自动切除至保护动作波形如图 2－33 所示。7633 交流滤波器自动切除至保护动作前 37s 内，电源侧电流为 0，波形无异常变化。

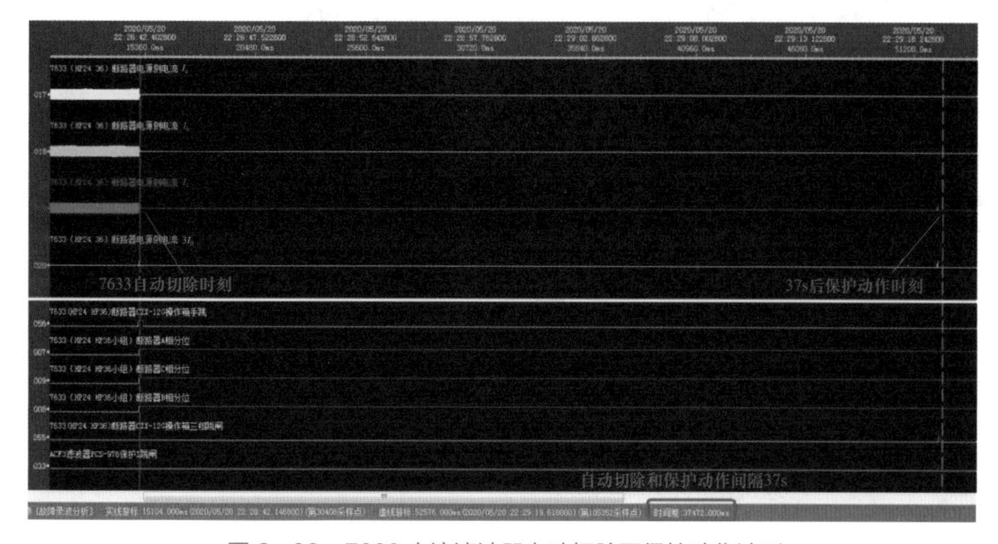

图 2－33　7633 交流滤波器自动切除至保护动作波形

AFP 3A 保护主机波形、AFP 3B 保护主机波形、故障录波装置波形如图 2－34～图 2－36 所示。故障录波及保护装置波形均显示断路器 C 相首端绕组出现异常电流，并导致差动电流出现。C 相首端电流 142A，C 相小组差动电流 0.62I_e，超过启动值 0.38I_e；C 相大组母线差动保护差动电流 150A，未达到母线差动启动定值 2000A。

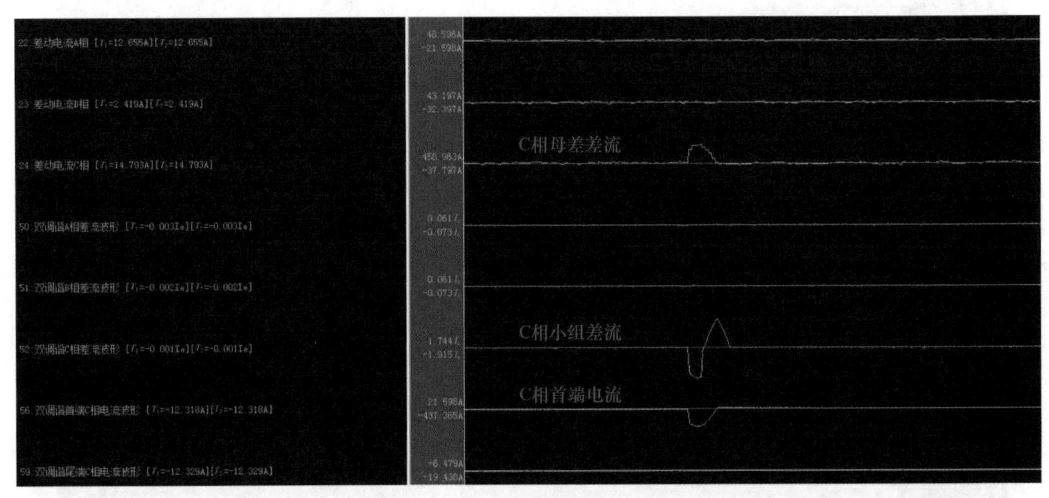

图 2－34　AFP 3A 保护主机波形

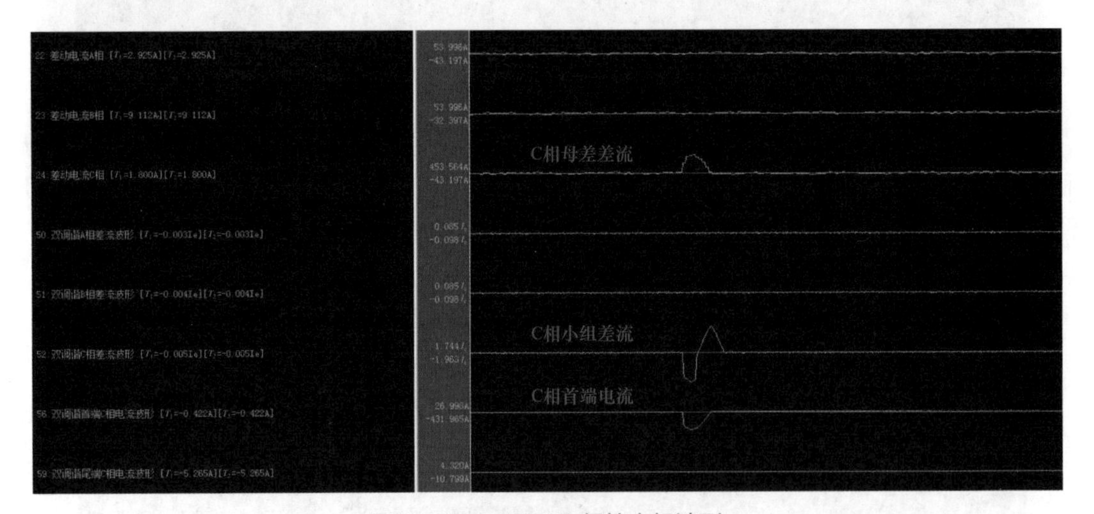

图 2－35　AFP 3B 保护主机波形

进一步对故障录波及双套保护波形进行分析，发现故障时刻差动电流超前电压约 10°，且电流与电压变化趋势一致，因此可通过瞬时电压与对应时刻的瞬时电流相比，得出故障时刻的电阻。实线游标处电阻为 521760/340.17 = 1533.8（Ω），虚线游标处电阻为 625360/437.37＝1429.8（Ω）。

比较可得，故障时刻电阻与合闸电阻阻值（1565Ω）较为接近。因此判断故障点位于合闸电阻末端（与断路器解体检查发现的故障点位置一致），故障发生时由于合闸电阻对故障电流产生较大的抑制作用，因此故障电流较小。7633 交流滤波器断路器 C 相故障时刻电压与电流波形如图 2－37 所示。

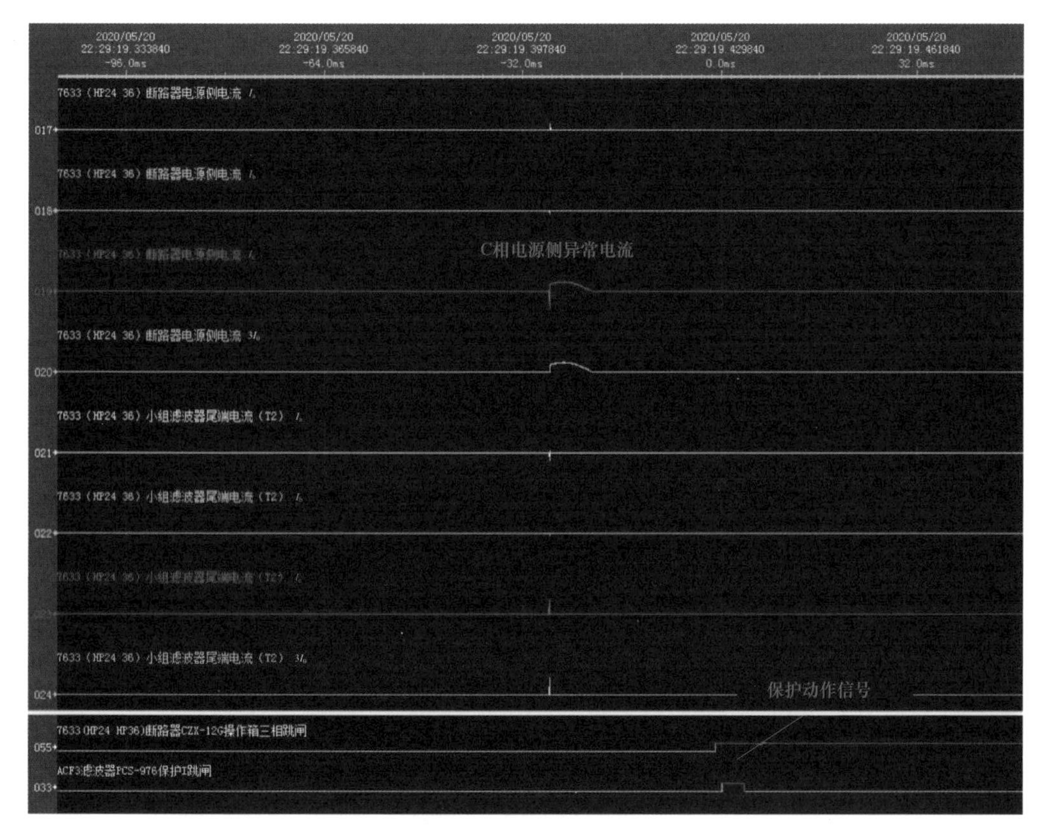

图 2－36 故障录波装置波形

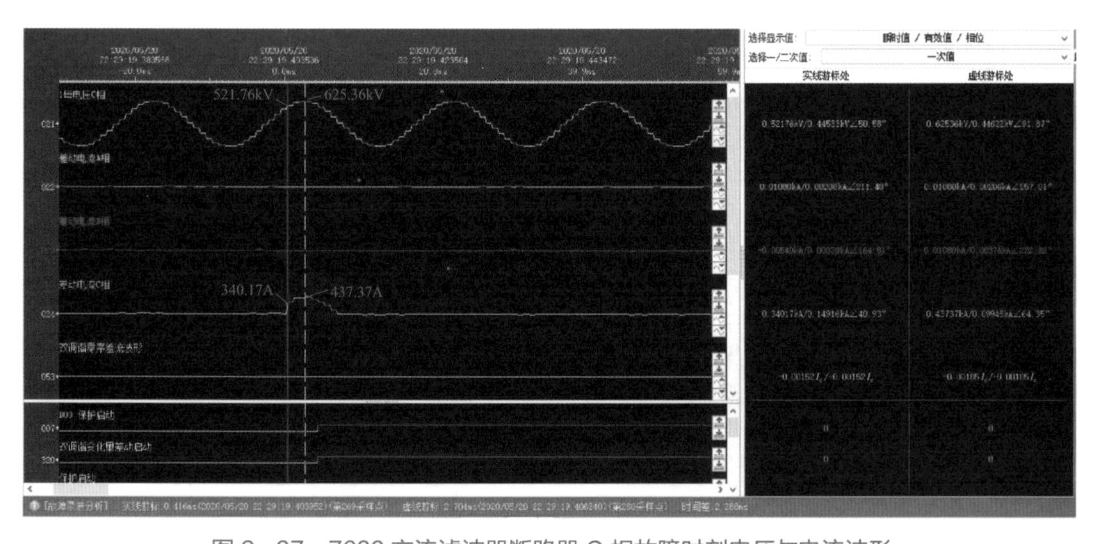

图 2－37 7633 交流滤波器断路器 C 相故障时刻电压与电流波形

3）停电后检查情况。7633 交流滤波器转检修后，开展 7633 断路器 C 相额定操作电压下的分合闸时间、分合闸线圈直阻、低电压动作值、合闸电阻预投入时间测试，试验数据在合格范围内，且与前次数据对比无明显变化，

23 时 35 分，对 7633 断路器三相进行两次 SF_6 分解物检测，首次检测发现 C 相含有微量 SO_2 和 H_2S 气体，A、B 相正常。第二次检测未发现异常。C 相 SF_6 气体分解物检查结果如图 2－38 所示。

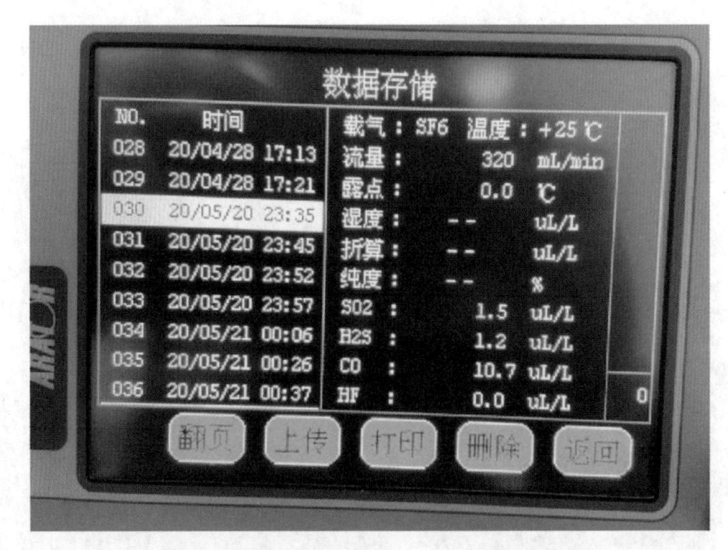

图 2－38　C 相 SF_6 气体分解物检查结果

（2）仿真分析。2020 年 5 月 20 日 22 时 29 分 19 秒异常波形中，7633 断路器电源侧电流 I_c 可以分为暂态过程和稳态过程两个部分，电源侧 I_c 现场录波波形如图 2－39 所示。暂态过程为负半周脉冲，电流峰值－707A；稳态过程与母线电压 U_c 相位一致，电流峰值为 422A，持续时间约 7ms，在电流过零点后消失。

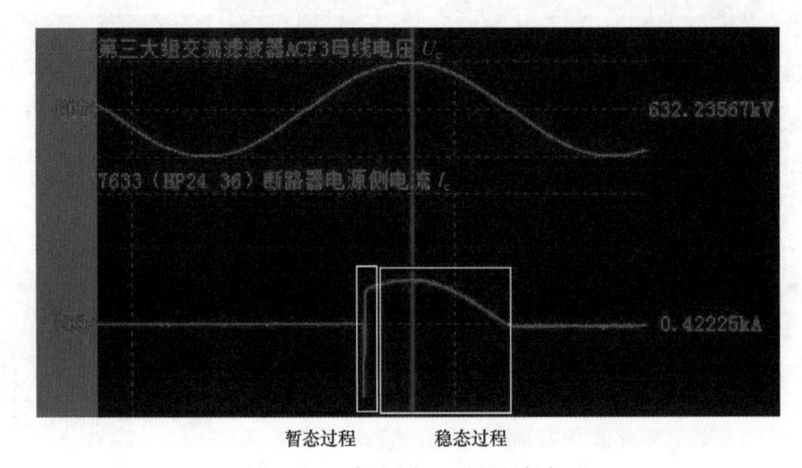

图 2－39　电源侧 I_c 现场录波波形

稳态过程波形只在 7633 断路器电源侧电流 C 相出现，而 7633 断路器负荷侧电流、7633 小组滤波器尾端电流（T2）无此稳态过程波形，只有小幅值暂态电流，各点电流现场录波波形如图 2－40 所示。

图 2－40　各点电流现场录波波形

7633 断路器结构如图 2－41 所示，采用 ATP－EMTP 仿真断路器各断口击穿、对地接地情况，其中合闸电阻靠主断口侧发生接地情况（见图 2－42）时，断路器电源侧电流稳态过程与录波情况一致，电流峰值为 421A，电源侧 I_c 仿真结果如图 2－43 所示。根据仿真情况判断，7633 断路器在分闸 37s 后，合闸电阻靠主断口侧发生接地短路，持续 7ms 后恢复。由于接地电流较小，电弧未能持续。

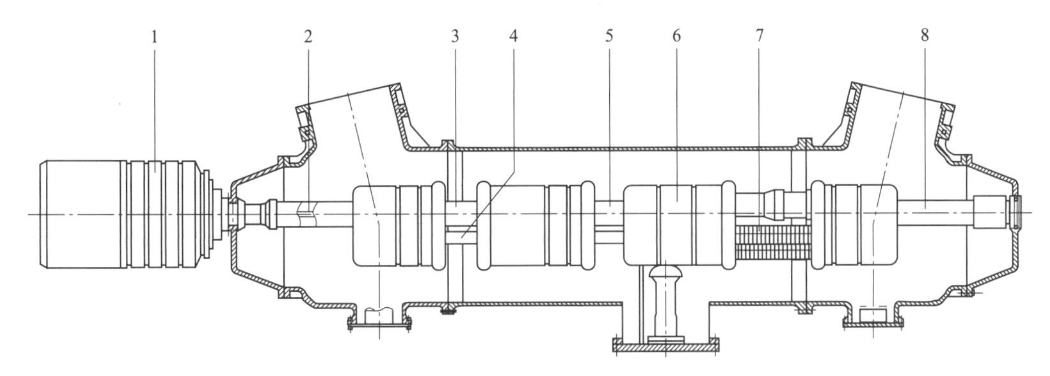

图 2－41　7633 断路器结构

1—液压操动机构；2—绝缘拉杆；3—第一级灭弧室；4—并联电容器；5—第二级灭弧室；6—屏蔽罩；7—合闸电阻；8—支持绝缘子

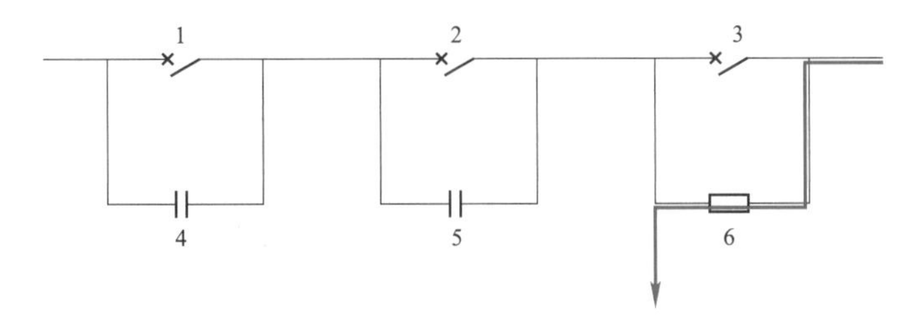

图 2－42　合闸电阻主断口侧接地示意图

1、2—主断口；3—合闸电阻断口；4、5—并联电容；6—合闸电阻

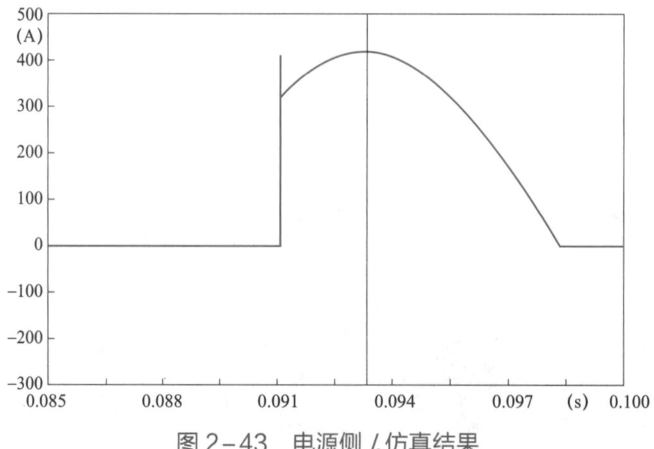

图 2－43　电源侧 I_c 仿真结果

（3）返厂解体检查。8 月 31 日，进行故障断路器解体检查，具体情况如下：

1）拆除断路器中间支撑绝缘子法兰，发现支撑绝缘子法兰底部有 8～10mm 细长金属丝，支撑绝缘子上端屏蔽处及罐体相对位置有明显放电灼伤痕迹。支撑绝缘子解体情况如图 2－44 所示。

(a) 支撑绝缘子表面检查有少量金属微粒

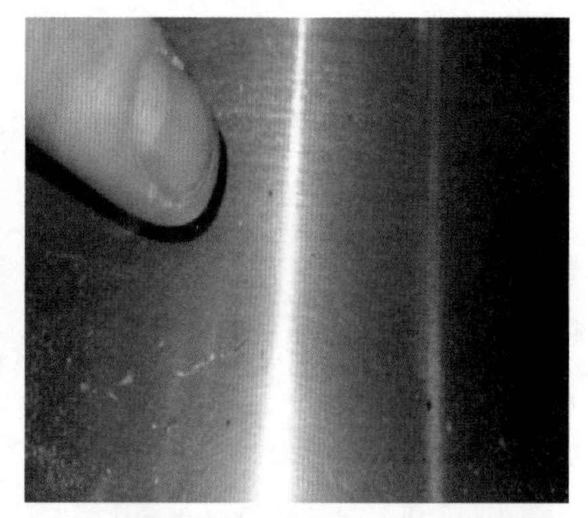

(b) 支撑绝缘子法兰底部有 8～10mm 细长金属丝

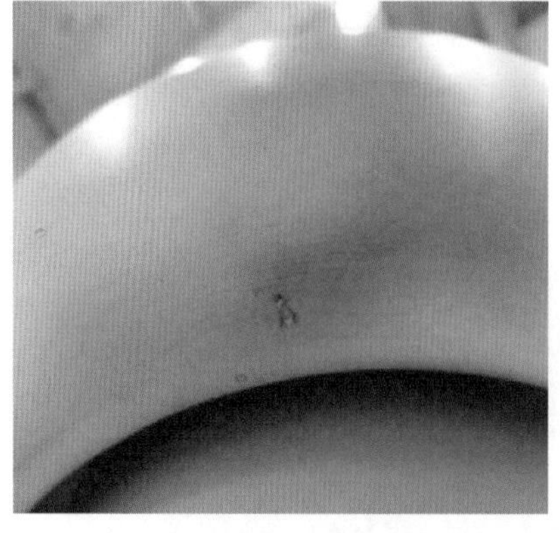

(c) 支撑绝缘子屏蔽下部有明显烧蚀痕迹

(d) 罐体内壁有明显烧蚀痕迹

图 2－44　支撑绝缘子解体情况

2）拆除辅助断口屏蔽罩，检查发现合闸弹簧与动触头导电部分有明显刮痕，合闸电阻绝缘杆顶部有黑色粉末。辅助断口解体情况如图 2－45 所示。

(a) 合闸电阻绝缘杆顶部有黑色粉末

(b) 合闸弹簧与动触头导电部分有明显刮痕

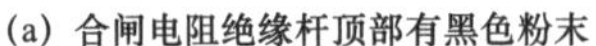

图 2－45 辅助断口解体情况

3. 故障原因分析

综合现场检查、故障仿真、厂内解体检查结果分析，判断该断路器故障为内部异物引起间隙击穿，符合故障现象及录波波形。放电原因为合闸电阻始终承受系统电压，断路器分闸操作后，断路器内部产生气流运动，将一个或多个异物带入绝缘间隙，导致底部绝缘支撑屏蔽对罐体发生放电，合闸电阻降低了故障电流。放电路径为断路器电源侧通过合闸电阻、底部支撑绝缘子、内部异物对罐体外壳放电，断路器故障放电通道如图 2－46 所示。

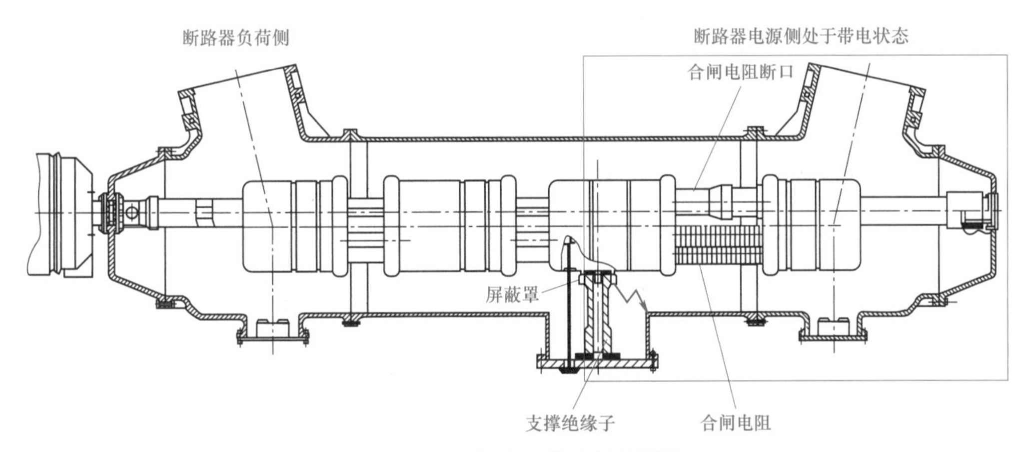

图 2－46 断路器故障放电通道

综上，通过保护装置及故障录波的波形分析，结合 SF_6 分解产物检测结果，7633 断路器 C 相罐内靠电源侧位置发生对地导通的绝缘放电故障，同时表现出高阻接地的特征，主断口未发生贯穿性击穿。

2.1.4 某站“2021.8.8”7612断路器B相合闸波形异常

1. 概述

（1）故障概述。2021年8月8日9时7分，某换流站无功控制自动投入7612交流滤波器（BP11/13），7612BP11/13零序过电流Ⅰ段启动，运维人员检查故障录波发现7612断路器B相合闸电阻未抑制合闸涌流，为防止断路器合闸电阻异常导致内部闪络故障再次发生，申请将7612小组交流滤波器转检修，查阅该断路器6月1日以来的合闸波形，未见异常。

（2）设备概况。7612断路器型号为LW56－800，该断路器2016年8月24日投运，额定电压800kV，额定电流5000A，额定短路开断电流63kA。该断路器配合闸电阻为AB410－14R28±5%型，电阻1500Ω，其断口均压电容为CDOR2648B10型，电容量为2000±40pF。

2. 设备检查情况

（1）波形查看分析及初步判断。

1）8月8日故障录波波形分析。7612断路器合闸故障录波波形如图2－47所示，检查7612交流滤波器2021年8月8日9时7分故障录波波形发现，7612断路器电源侧、负荷侧电流保持一致，B相合闸电阻未抑制合闸涌流，合闸瞬间电源侧最大一次电流达3.287kA。

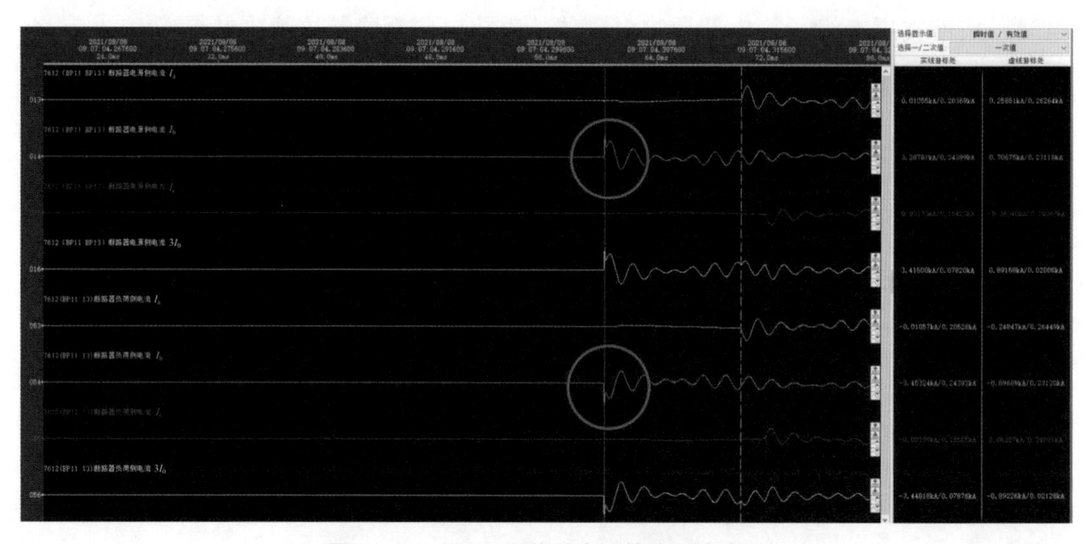

图2－47　7612断路器合闸故障录波波形

2）8月8日保护录波波形分析。检查7612交流滤波器2021年8月8日9时7分保护波形，显示A、B两套保护录波波形一致，7612断路器B相合闸电阻均未抑制合闸涌流。AFP1A、AFP1B保护装置波形如图2－48、图2－49所示。

3）7612交流滤波器合闸电阻作用时间统计情况。查看7612断路器6月1日—8月8

日的所有合闸波形发现，除 2021 年 8 月 8 日 9 时 7 分合闸波形外，其余波形正常，合闸电阻正常抑制合闸涌流，7612 合闸电阻抑制时间统计见表 2－4，7612 断路器 B 相合闸故障录波波形如图 2－50～图 2－58 所示。

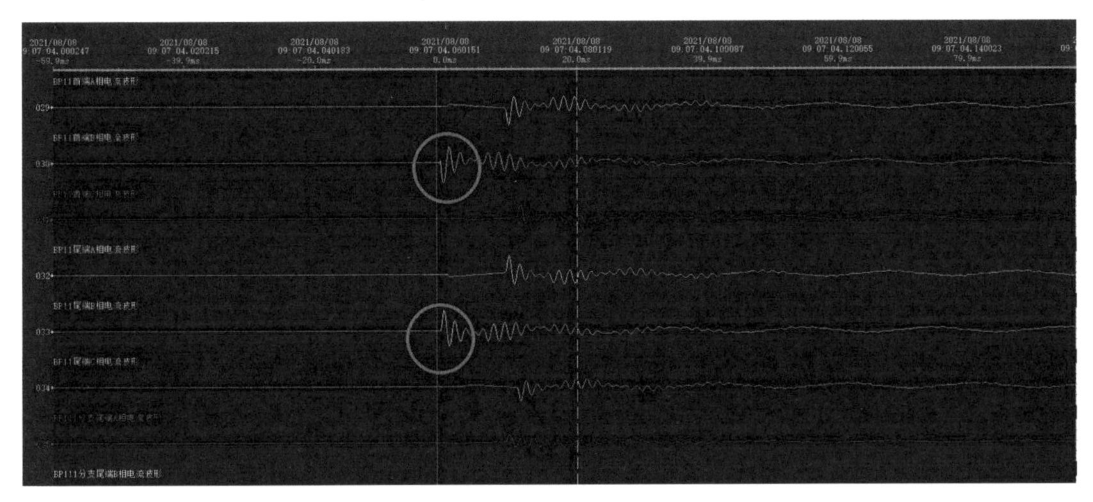

图 2－48　AFP1A 保护装置波形

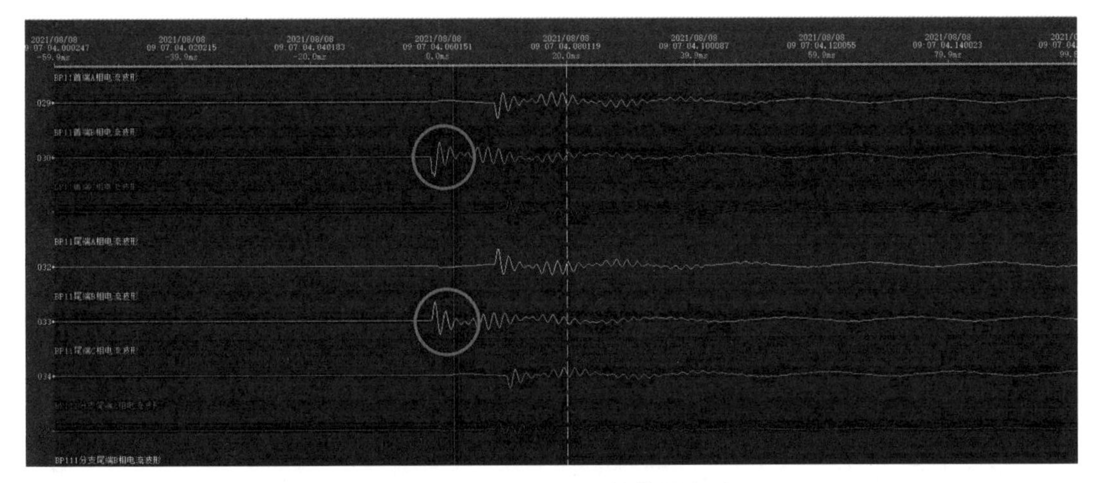

图 2－49　AFP1B 保护装置波形

表 2－4　　7612 合闸电阻抑制时间统计

序号	合闸断路器	合闸时间	合闸电阻作用时长（ms）
1	7612A 相	8－6 09:04:21	8
	7612B 相	8－6 09:04:21	12
	7612C 相	8－6 09:04:21	8
2	7612A 相	7－31 23:38:16	9
	7612B 相	7－31 23:38:16	8
	7612C 相	7－31 23:38:16	9

续表

序号	合闸断路器	合闸时间	合闸电阻作用时长（ms）
3	7612A 相	7－28 08:05:24	8
	7612B 相	7－28 08:05:24	13
	7612C 相	7－28 08:05:24	8
4	7612A 相	7－24 23:11:40	8
	7612B 相	7－24 23:11:40	9
	7612C 相	7－24 23:11:40	13
5	7612A 相	7－5 22:22:21	9
	7612B 相	7－5 22:22:21	13
	7612C 相	7－5 22:22:21	8
6	7612A 相	6－27 08:37:29	8
	7612B 相	6－27 08:37:29	9
	7612C 相	6－27 08:37:29	7
7	7612A 相	6－23 00:13:26	9
	7612B 相	6－23 00:13:26	13
	7612C 相	6－23 00:13:26	8
8	7612A 相	6－15 06:36:44	9
	7612B 相	6－15 06:36:44	14
	7612C 相	6－15 06:36:44	9
9	7612A 相	6－04 00:43:14	9
	7612B 相	6－04 00:43:14	13
	7612C 相	6－04 00:43:14	8

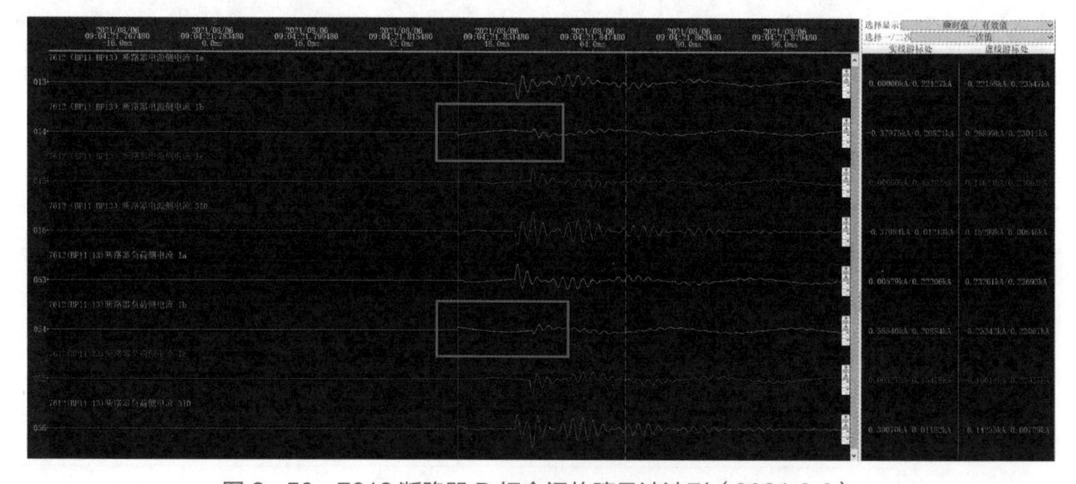

图 2－50　7612 断路器 B 相合闸故障录波波形（2021.8.6）

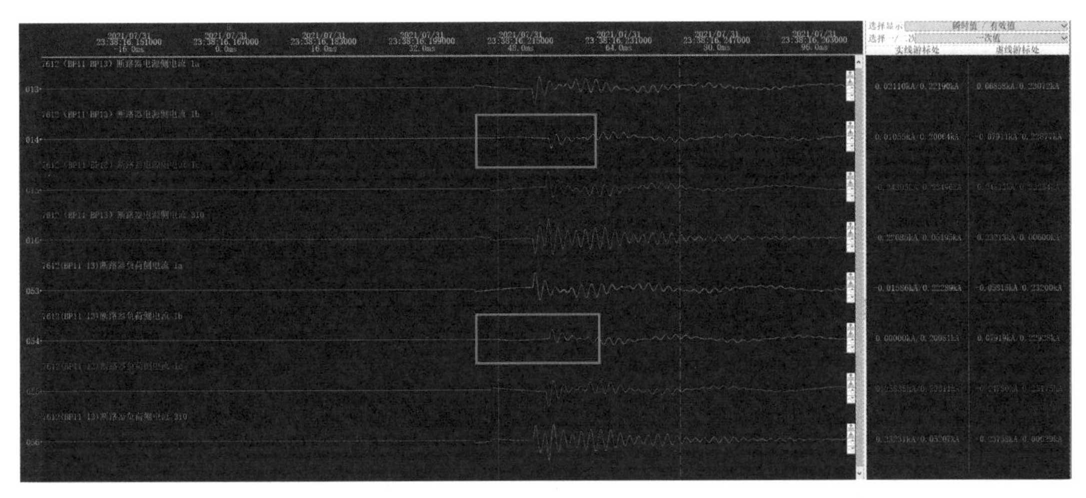

图 2–51　7612 断路器 B 相合闸故障录波波形（2021.7.31）

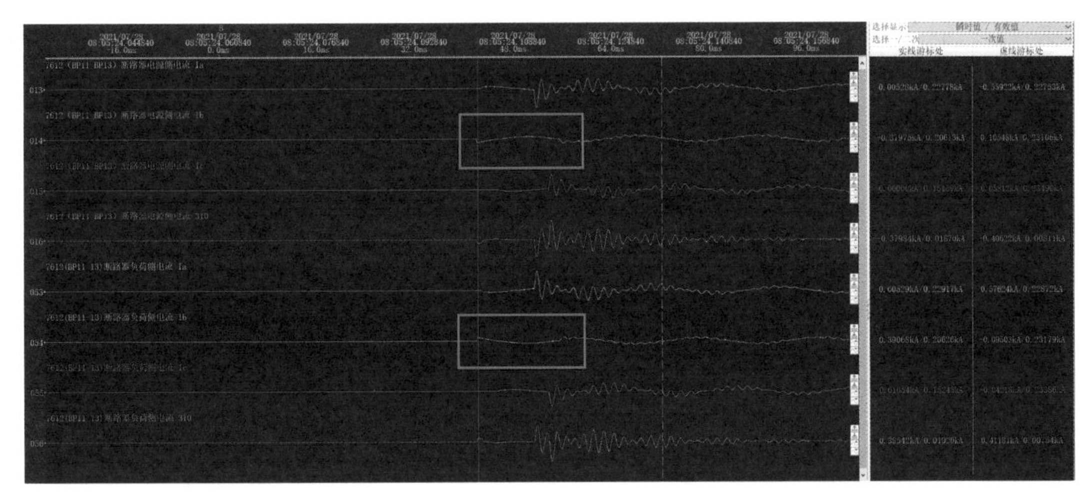

图 2–52　7612 断路器 B 相合闸故障录波波形（2021.7.28）

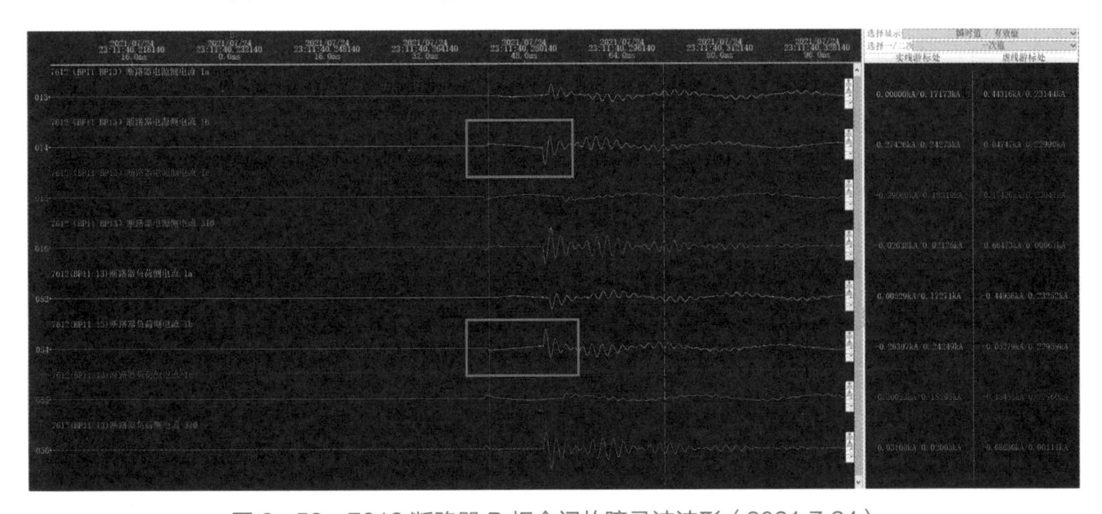

图 2–53　7612 断路器 B 相合闸故障录波波形（2021.7.24）

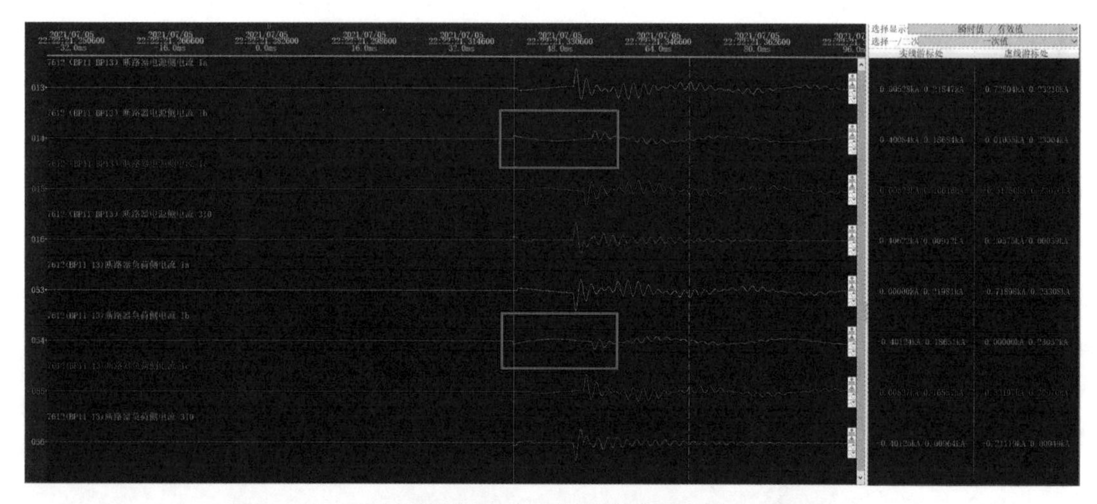

图 2-54　7612 断路器 B 相合闸故障录波波形（2021.7.5）

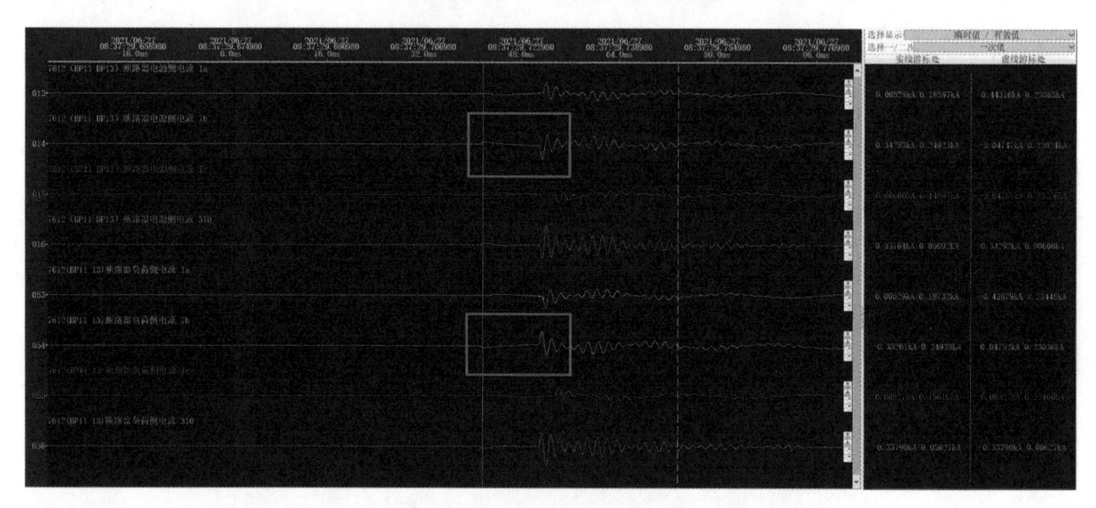

图 2-55　7612 断路器 B 相合闸故障录波波形（2021.6.27）

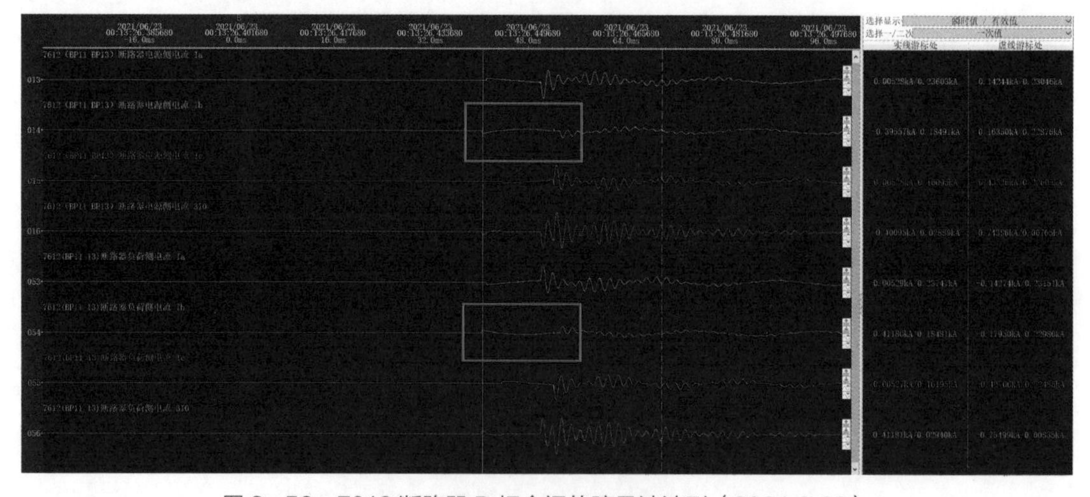

图 2-56　7612 断路器 B 相合闸故障录波波形（2021.6.23）

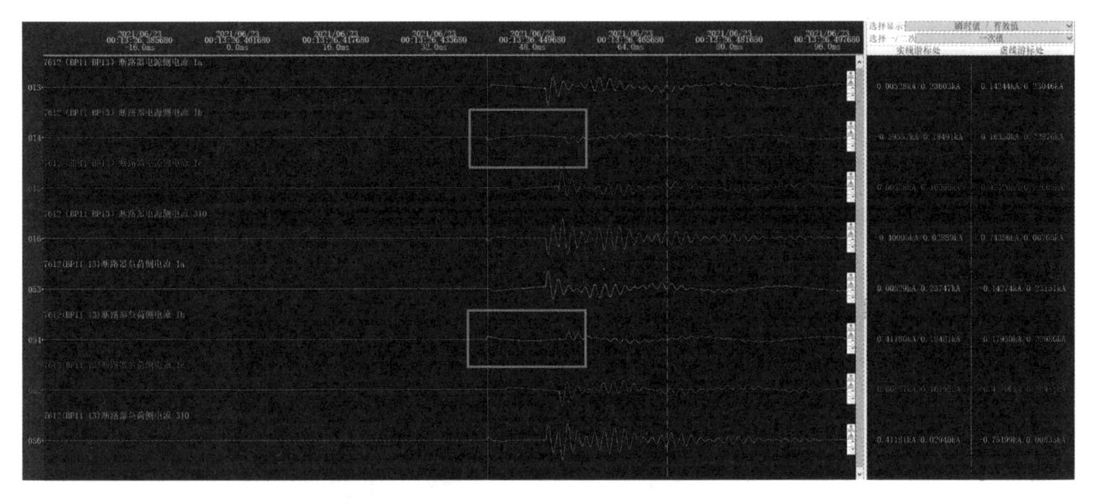

图 2－57　7612 断路器 B 相合闸故障录波波形（2021.6.15）

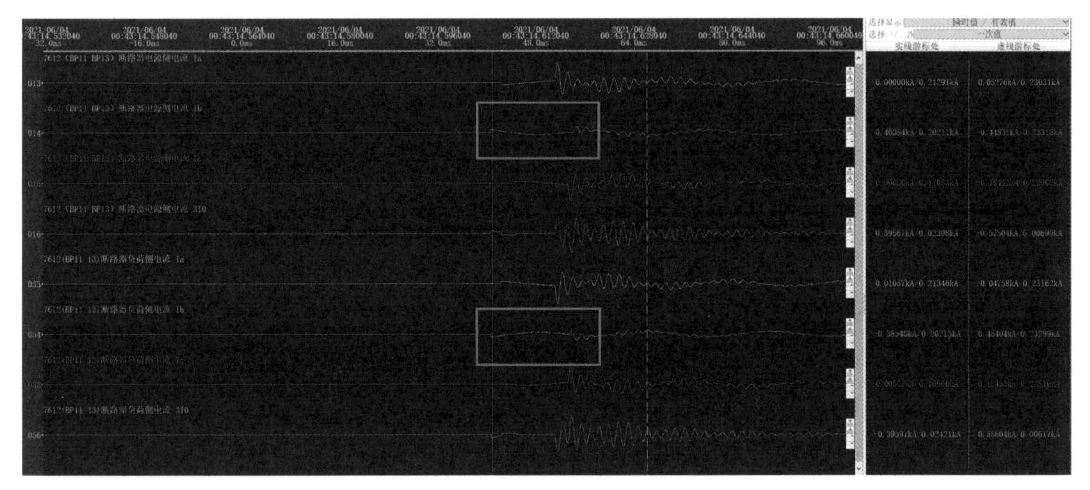

图 2－58　7612 断路器 B 相合闸故障录波波形（2021.6.4）

4）与历次合闸电阻异常波形对比情况。截至 2021 年底，该换流站已发生 4 起 750 断路器合闸电阻异常情况，换流站断路器合闸电阻异常统计见表 2－5。

表 2－5　换流站断路器合闸电阻异常统计

序号	故障时间	异常部件
1	2017.5.27 11:13	7632 断路器 C 相合闸电阻
2	2018.2.12 22:32	7632 断路器 C 相合闸电阻
3	2018.12.31 21:19	7632 断路器 C 相合闸电阻
4	2021.8.8 09:07	7612 断路器 B 相合闸电阻

通过对历次波形进行对比分析发现，2021 年 8 月 8 日 7612 断路器 B 相合闸电阻失效波形与 2018 年 12 月 31 日 7632 断路器 C 相合闸电阻失效波形高度一致，综合判断 7612 滤波器合闸电阻存在异常，7612、7632 断路器合闸故障录波波形如图 2－59、图 2－60 所示。

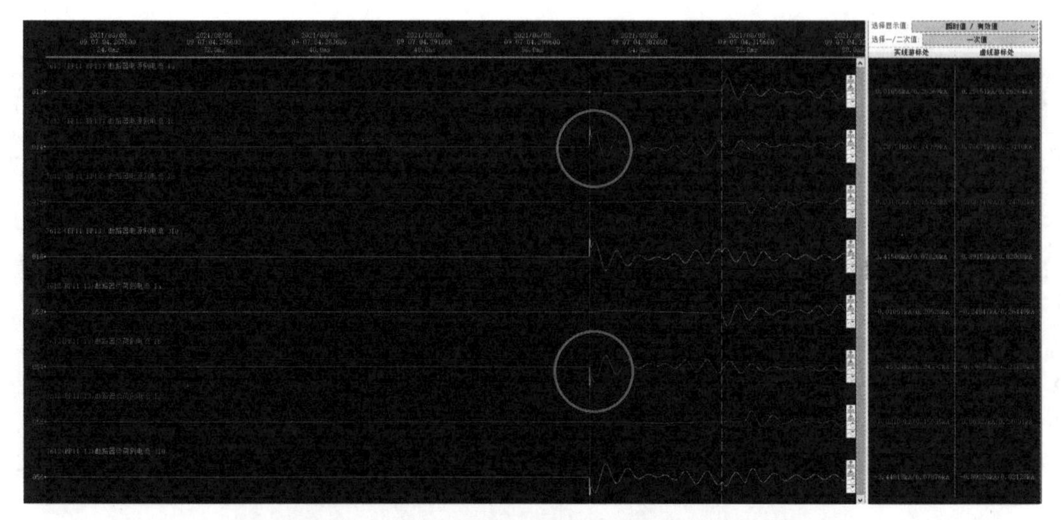

图 2-59　7612 断路器合闸故障录波波形图（2021.8.8）

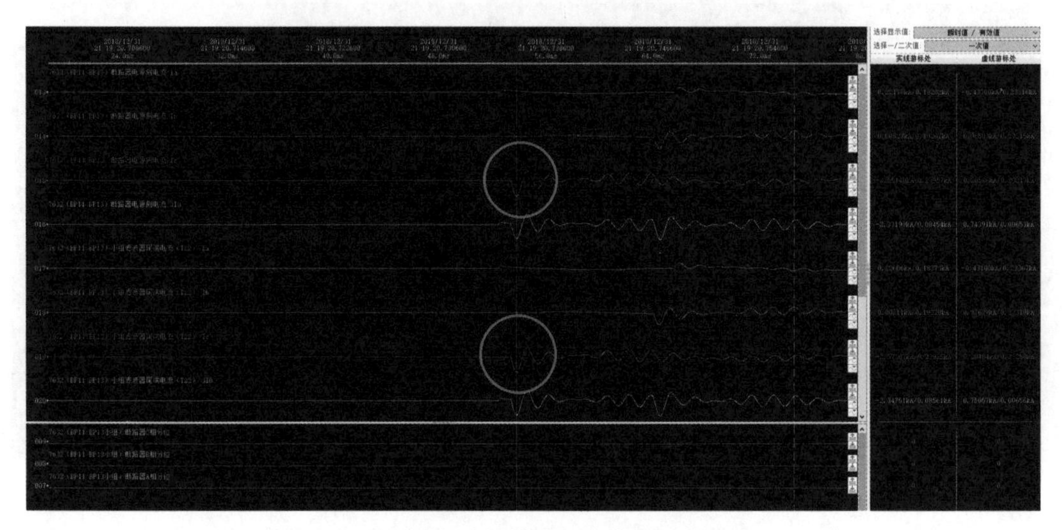

图 2-60　7632 断路器合闸故障录波波形图（2018.12.31）

5）异常波形仿真。对 7612 断路器异常情况采用 PSCAD 进行电磁暂态仿真，合闸相位与此次现场实际合闸相位一致，并调整 B 相在主断口合闸后 0.1ms 合闸电阻失效（由 1500Ω降至 5Ω），保持至合闸电阻辅助断口合闸，波形与现场实际波形较一致，进一步证明 7612 断路器合闸电阻存在异常。7612 断路器 B 相合闸异常波形段及仿真波形如图 2-61、图 2-62 所示。

（2）现场检查情况。

1）外观检查。现场检查 7612 断路器外观无异常，气室压力正常，外部及接地引下线部位没有发现明显的放电点，周围环境无异物、无烧蚀放电后的异常气味，一次设备无明显异常。对围栏内一次设备本体及外观进行检查，未发现异常。

2）气体成分检测。对 7612 断路器 B 相气室进行 SF_6 气体分解物检测，气体含量各项指标均为 0μL/L，检测结果合格，SF_6 气体分解物检测结果见表 2-6。

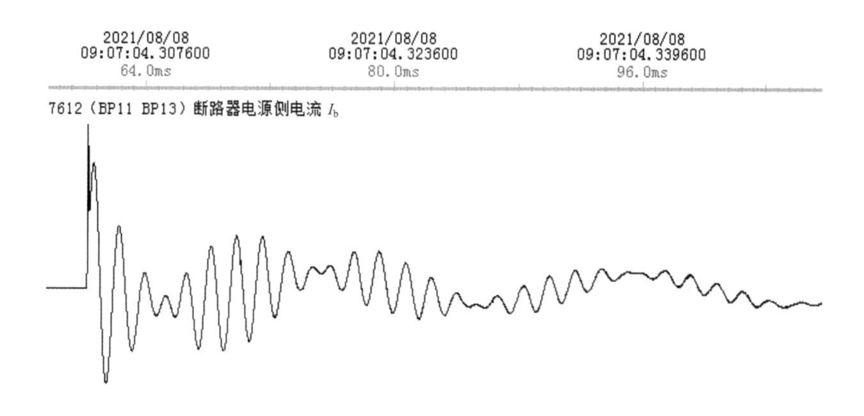

图 2-61 7612 断路器 B 相合闸异常波形段

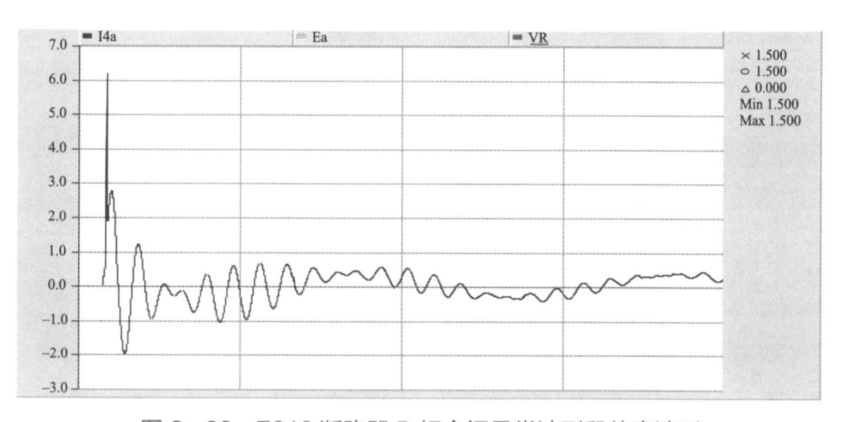

图 2-62 7612 断路器 B 相合闸异常波形段仿真波形

表 2-6 SF_6气体分解物检测结果

序号	检测成分	检测数据（μL/L）	检测结果
1	SO_2	0	合格
2	H_2S	0	合格
3	HF	0	合格

3）现场处理情况。结合故障录波情况及现场检查情况，将 7612 小组交流滤波器转检修，开展 7612 断路器 B 相更换。

（3）返厂解体检查情况。8 月 30 日国网公司组织在厂家进行故障断路器解体检查，具体情况如下：

1）罐体拆解检查。将灭弧室与罐体分离，屏蔽罩、主断口、并联电容及合闸电阻表面光洁，无明显熏黑及放电痕迹，屏蔽罩内部存在少量颗粒物，粒子收集器底面及支撑绝缘子表面附着少量颗粒物及合闸电阻碎屑。罐体拆解检查情况如图 2-63 所示。

(a) 灭弧室拆除过程

(b) 屏蔽罩表面清洁，无烧蚀痕迹

(c) 屏蔽罩内部存在少量颗粒物

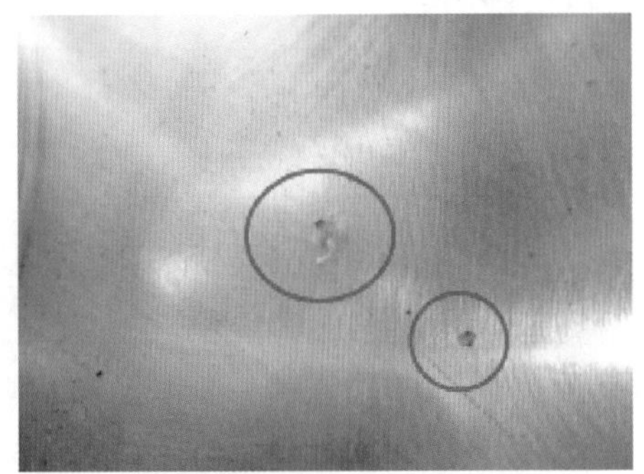

(d) 粒子收集器存在少量颗粒物及合闸电阻碎屑

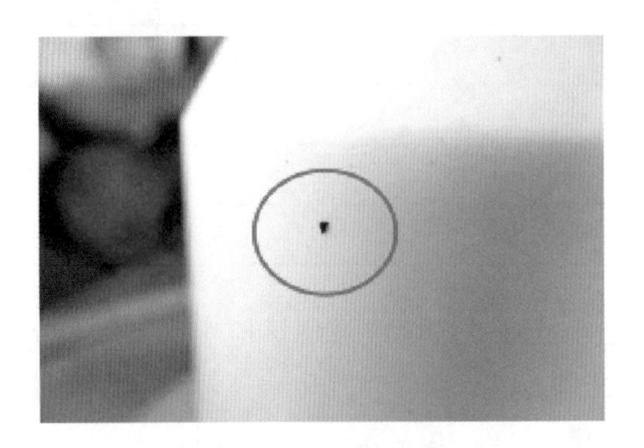

(e) 支撑绝缘子表面附着少量颗粒物

图 2-63 罐体拆解检查情况

2）主断口拆解检查。现场对第一级和第二级灭弧室解体检查，动静触头、绝缘筒、电容及绝缘拉杆外观良好。主断口拆解检查情况如图 2-64 所示。

(a) 动触头外观正常

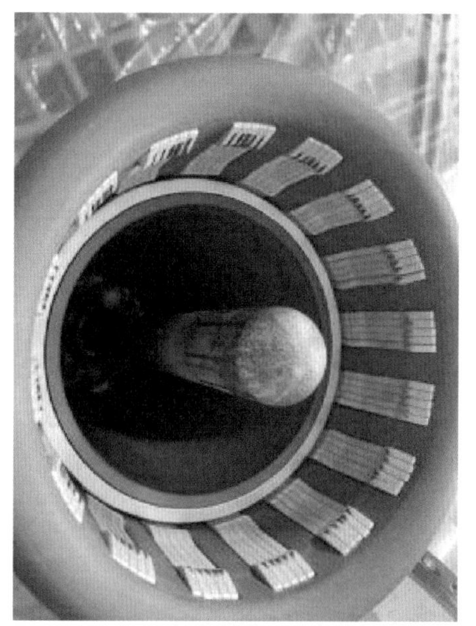

(b) 静触头外观正常

(c) 绝缘筒及电容外观正常

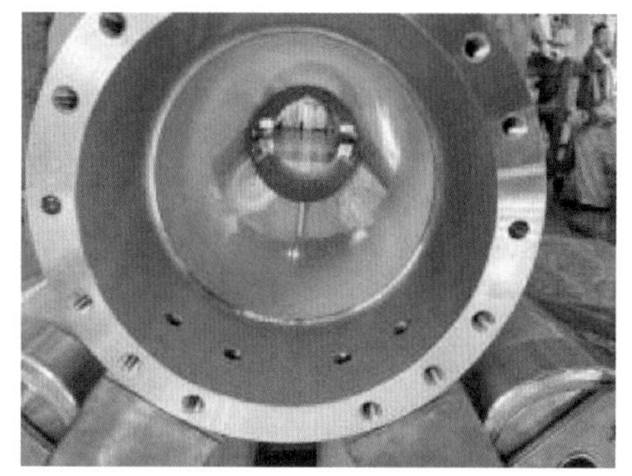

(d) 绝缘筒内部正常

图 2-64 主断口拆解检查情况

3）合闸电阻及辅助断口拆解检查。

a. 合闸电阻解体检查情况。合闸电阻及辅助断口并联后与主断口串联，两端安装有屏蔽罩。合闸电阻外表面存在少量颗粒物；对电阻片分解拆除后，共发现 10 片合闸电阻内圈存在不同程度的破损情况，合闸电阻第一、二柱绝缘柱下部表面存在碰撞痕迹，对应第一柱第 32 片合闸电阻和第二柱第 28～34 片合闸电阻。合闸电阻解体检查情况如图 2-65 所示。

b. 辅助断口拆解检查情况。对用于投切合闸电阻的辅助断口进行解体，发现辅助断口绝缘筒 3 点钟方向存在明显放电烧蚀痕迹，6 点钟方向存在明显爬电痕迹，动、静触头均存在放电灼烧痕迹，动触头外壁 3 点钟方向存在放电灼烧痕迹、6 点钟方向存在明显划痕，检查复位弹簧发现末端存在尖角，动触头外壁附着金属碎屑。辅助断口拆解检查情况如图 2-66 所示。

(a) 合闸电阻外表面存在少量颗粒物

(b) 合闸电阻内圈破损情况

(c) 第一、二柱绝缘柱下部表面存在碰撞痕迹

(d) 10 片合闸电阻内圈存在不同程度破损情况

图 2-65　合闸电阻解体检查情况

(a) 辅助断口绝缘筒 3 点钟方向

(b) 辅助断口绝缘筒 6 点钟方向

图 2-66　辅助断口拆解检查情况（一）

(c) 辅助断口外壁 3 点钟方向

(d) 辅助断口外壁 6 点钟方向

(e) 辅助断口动触头灼烧痕迹

(f) 辅助断口静触头灼烧痕迹（直径 5mm）

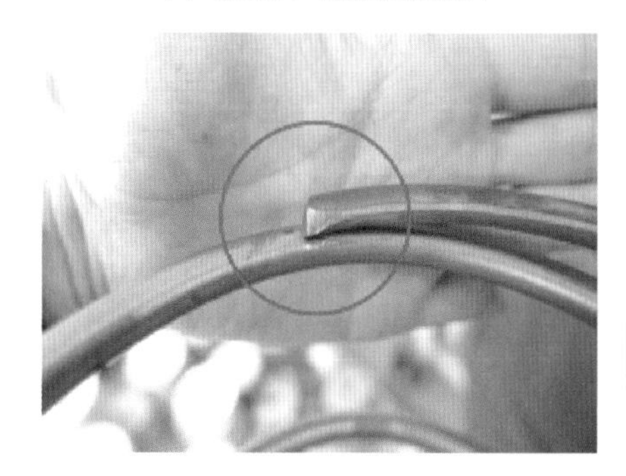

(g) 复位弹簧存在尖角

(h) 动触头外壁附着金属碎屑

图 2–66 辅助断口拆解检查情况（二）

通过以上拆解情况，可以发现动触头外壁与绝缘筒3点钟方向放电烧蚀痕迹相对应，动触头外壁与绝缘筒6点钟方向爬电痕迹相对应，可以判断由于装配工艺管控不严、复位弹簧质量不过关存在尖角导致动触头动作过程中与复位弹簧摩擦受力产生金属碎屑附着于绝缘筒内壁，合闸瞬间形成导电通路，合闸电阻被短接，也就印证了8月8日合闸电阻投入失效、合闸抑制涌流作用消失的波形。

3. 故障原因分析

根据此次投切波形研判、仿真分析及解体检查情况，对8月8日7612断路器B相出现合闸未抑制合闸涌流故障进行原因和过程分析，合闸电阻辅助断口合闸动作过程如图2－67所示，具体分析如下：

（1）合闸电阻辅助断口机构的弹簧存在尖端，在断路器动作过程中（图2－67中①～④过程）摩擦辅助断口主触头，导致产生大量金属异物。

（2）异物掉落至合闸电阻辅助断口绝缘筒内，在断路器合闸且未退出合闸电阻阶段（图2－67中②过程），辅助断口绝缘筒承受母线电压（负荷侧电容电压无法突变瞬间为地电位），异物导致辅助断口绝缘筒绝缘水平降低，在高压下筒内壁爬电并闪络，合闸电阻被短路，造成未抑制合闸涌流。

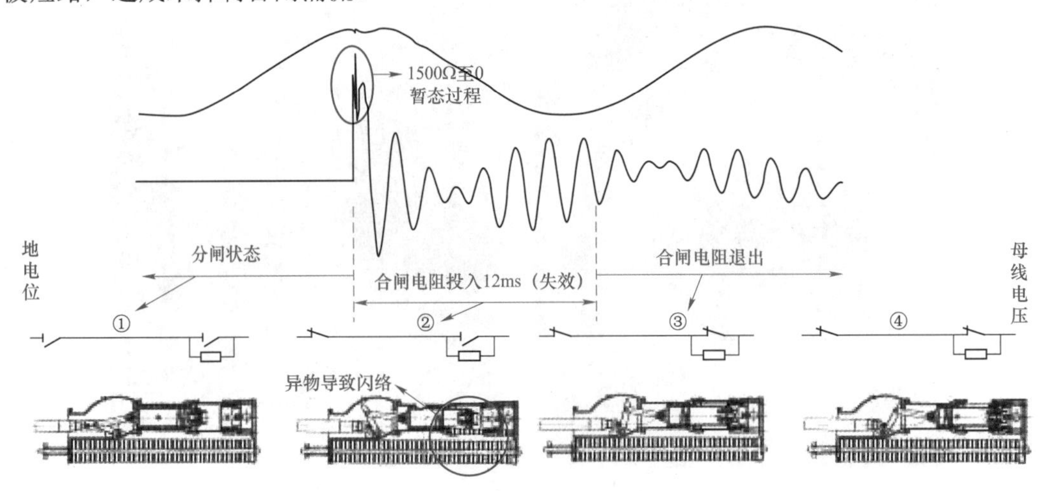

图2－67　合闸电阻辅助断口合闸动作过程

2.1.5　某站“2021.8.11”7613断路器B相分闸故障

1. 概述

（1）故障概述。2021年8月11日18时3分2秒，某换流站7613交流滤波器（HP24/HP36）无功控制自动分闸后，7613交流滤波器B相小组差动保护动作，第一大组交流滤波器母线B相差动保护动作，进线断路器7571、7572跳闸，跳闸前后直流输送功率为2627MW，直流输送功率未受影响。结合现场一、二次设备检查情况，判断为7613断路器B相本体发生接地闪络故障。8月12日0时56分，通过7572断路器带第一大组交流滤波器母线恢复运行。

（2）设备概况。某换流站 750kV 交流滤波器场 7613 断路器型号为 LW56－800，2015 年 12 月生产，自 2016 年 8 月 24 日投运以来，共计动作 324 次，额定电压 800kV，额定电流 5000A，额定短路开断电流 63kA。断路器配合闸电阻为 AB410－14R28±5%型，电阻 1500Ω。断口均压电容为 CDOR2648B10 型，电容量为 2000±40pF。

（3）故障前运行工况。直流系统：系统运行方式为双极四阀组运行，直流输送功率 2627MW，极Ⅰ、极Ⅱ直流滤波器均在运行状态，无功控制方式为自动控制。

2. 设备检查情况

（1）故障录波波形及保护装置检查情况。

1）保护装置检查情况。现场对保护装置进行检查，AFP 1A 第一大组交流滤波器 A 套 PSC－976 差动保护屏 18 时 3 分 3 秒 71 毫秒保护启动，“双调谐工频变化量差动、双调谐比率差动保护、双调谐零序差动保护、变化量差动跳Ⅰ母、双调谐差动速断、稳态量差动跳Ⅰ母、双调谐零差速断、双调谐过电流Ⅲ段”动作，A 套保护最大母线差动电流为 47.92kA；AFP 1B 第一大组交流滤波器 B 套 PSC－976 差动保护屏 18 时 3 分 3 秒 72 毫秒保护启动，“双调谐工频变化量差动、双调谐比率差动保护、双调谐零序差动保护、变化量差动跳Ⅰ母、双调谐差动速断、稳态量差动跳Ⅰ母、双调谐零差速断、双调谐过电流Ⅲ段”动作，B 套保护最大母线差动电流为 47.72kA。

检查两套保护装置的二次电压、电流回路，回路均正常。保护装置检查情况如图 2－68 所示。

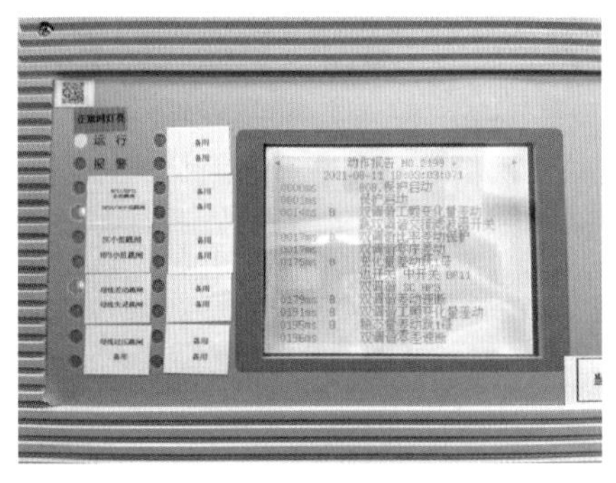

(a) PCS－976A 保护动作信息

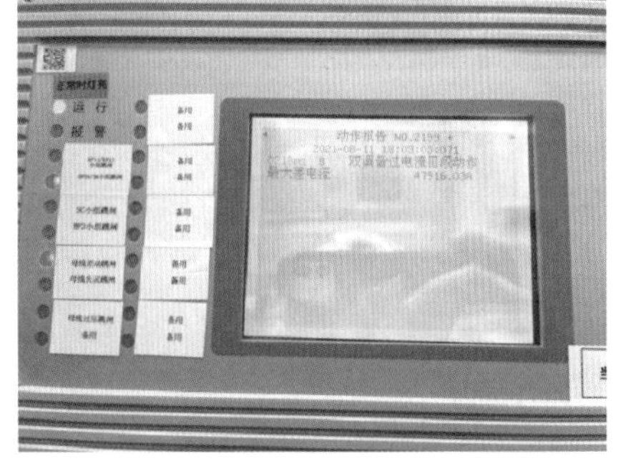

(b) PCS－976A 差动电流信息

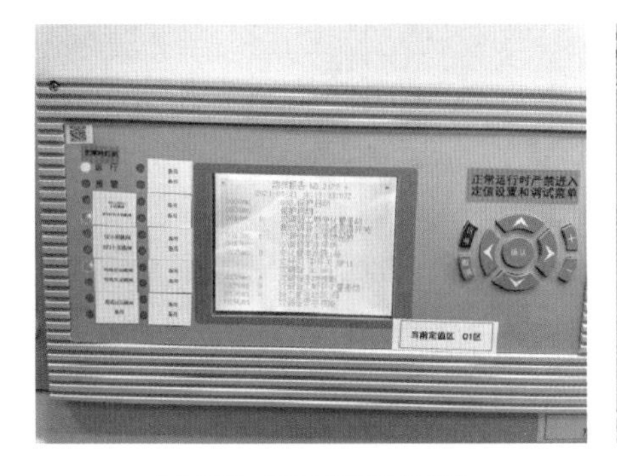

(c) PCS－976B 保护动作信息

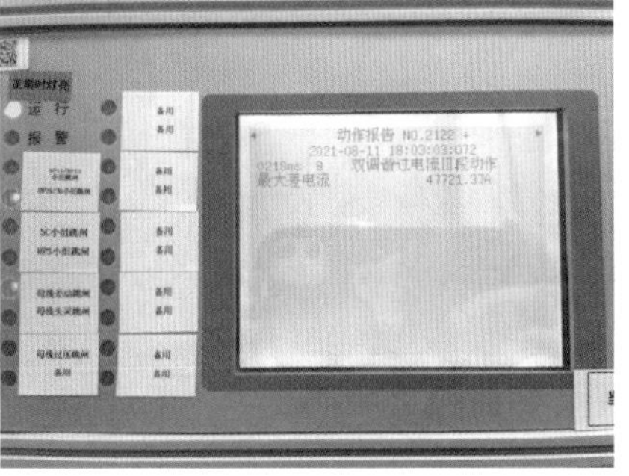

(d) PCS－976B 差动电流信息

图 2－68 保护装置检查情况

2）故障录波及保护波形检查情况。现场对故障录波、保护波形进行检查，18 时 3 分 2 秒 349 毫秒 7613 断路器分闸，经 722ms 后 7613 断路器 B 相电源侧产生约 300A 的故障电流，导致第一大组交流滤波器 A、B 套保护装置“双调谐差动”保护动作；18 时 3 分 3 秒 266 毫秒 7613 断路器 B 相电源侧电流激增至 47kA，第一大组交流滤波器 A、B 套保护装置大组母线差动保护动作，跳开 7571、7572 大组滤波器进线断路器，保护正确动作。故障录波及保护波形检查情况如图 2－69 所示。

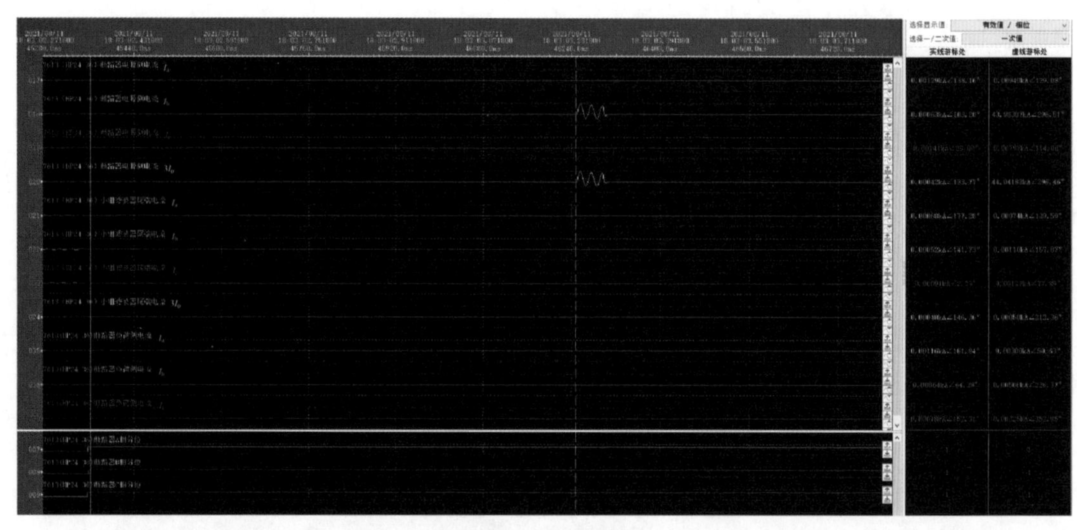

(a) 7613故障录波波形

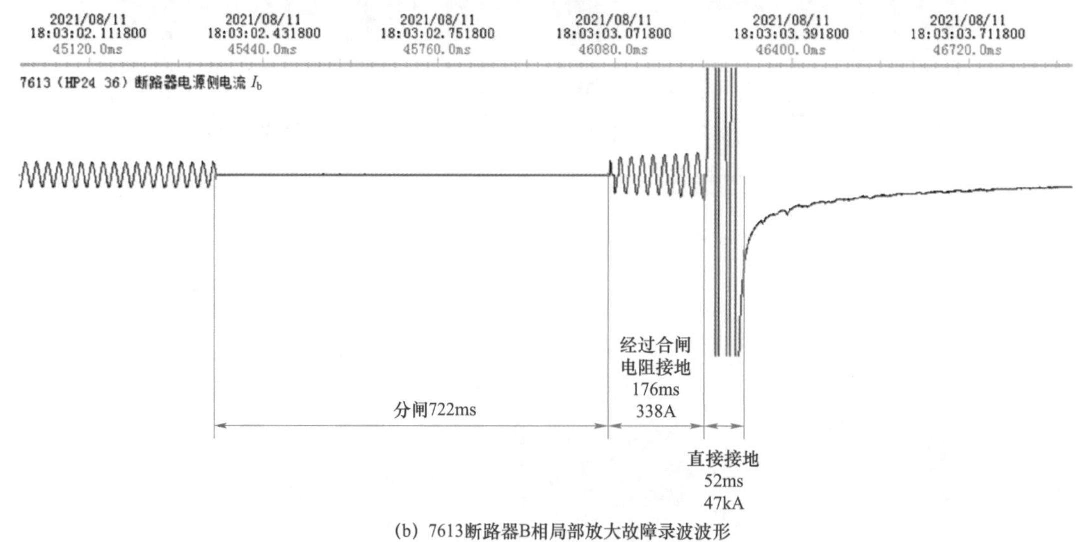

(b) 7613断路器B相局部放大故障录波波形

图 2－69 故障录波及保护波形检查情况（一）

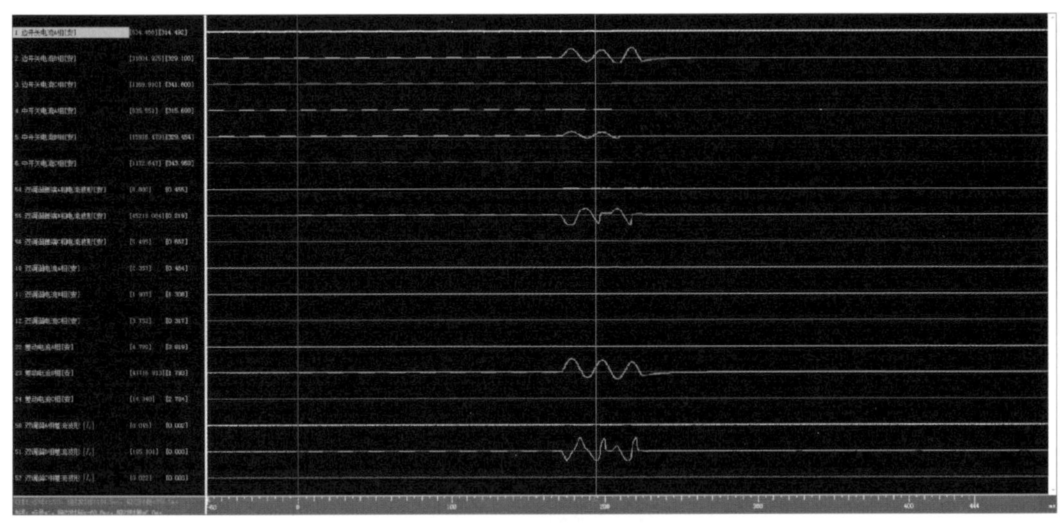

(c) AFP 1A第一大组交流滤波器A套PSC-976保护波形

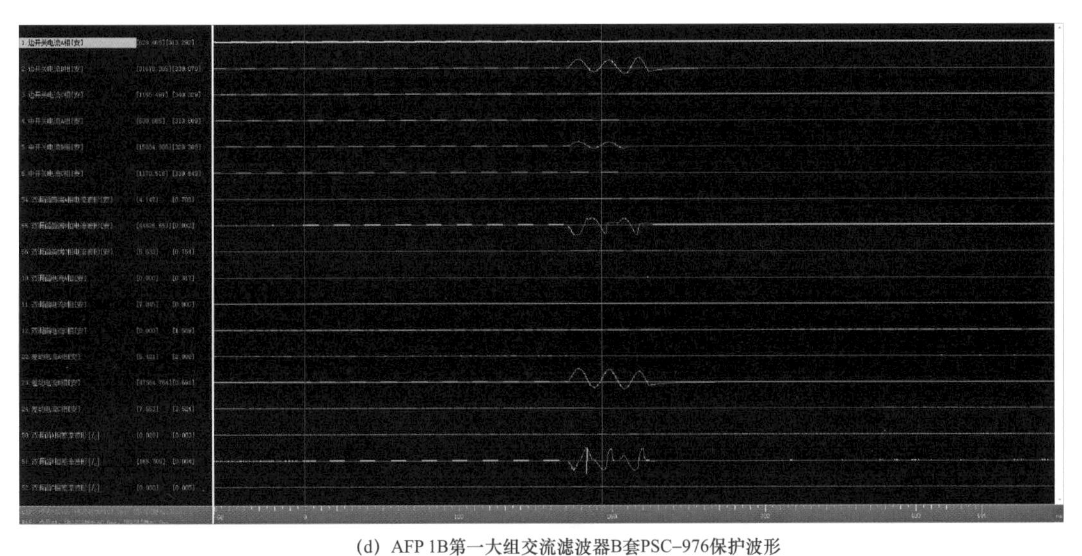

(d) AFP 1B第一大组交流滤波器B套PSC-976保护波形

图 2-69 故障录波及保护波形检查情况（二）

3）保护测点信息。7613 交流滤波器 TA 配置如图 2-70 所示，其中 7611、7614 小组滤波器热备用，7612 小组滤波器在检修状态。第一大组交流滤波器保护测点配置如下：

a. 第一大组交流滤波器母线差动保护采用 7571 断路器 1LH、2LH 绕组，7572 断路器 9LH′、10LH′绕组，7613 断路器负荷侧电流互感器 15HL、16HL 绕组。

b. 7613 小组滤波器差动保护采用 7613 电源侧电流互感器 12HL、13HL 绕组和尾端电流互感器 25HL、26HL 绕组。

综合保护动作及保护测点配置可判断，故障位置为 7613 断路器 B 相本体。

（2）一次设备检查情况。对交流进线断路器 7571、7572 外观进行检查，未发现异常；对交流滤波器场设备检查，发现 7613 断路器 B 相钢支架、接地铜排、检修平台接地螺栓处存在明显放电痕迹。一次设备检查情况如图 2-71 所示。

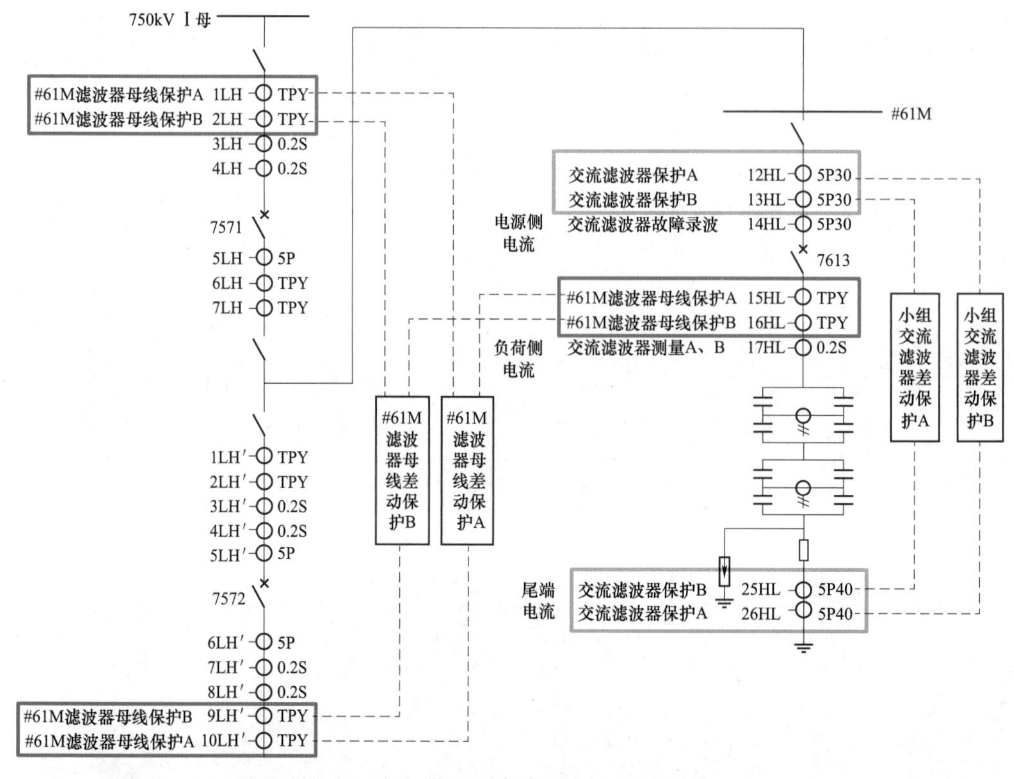

图 2-70　7613 交流滤波器 TA 配置

(a) 7613 断路器 B 相钢支架放电痕迹

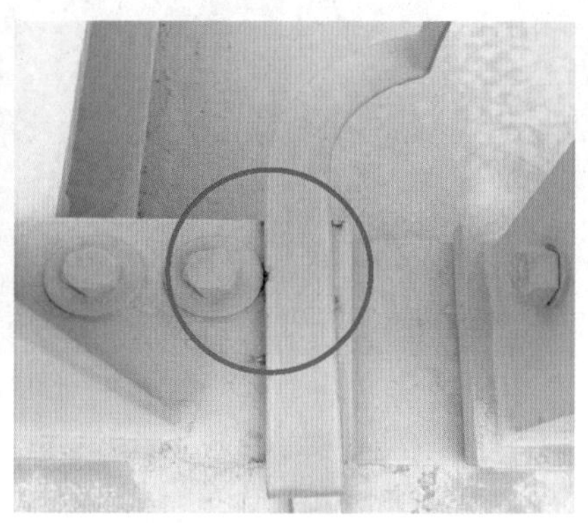

(b) 7613 断路器 B 相接地铜排放电痕迹

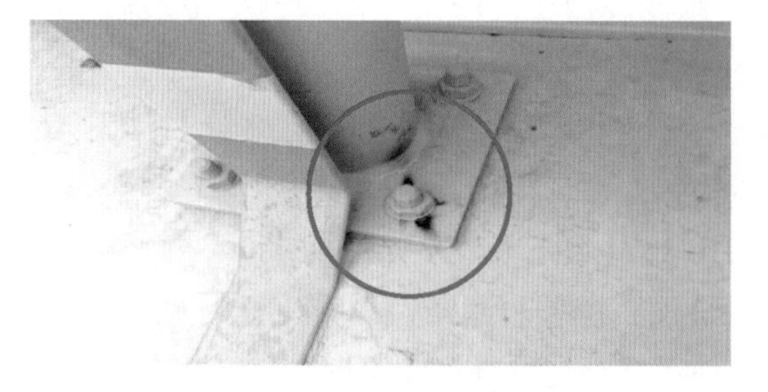

(c) 7613 断路器 B 相检修平台接地螺栓放电痕迹

图 2-71　一次设备检查情况

（3）断路器分解物检测情况。对 7613 断路器气室进行气体湿度、纯度、分解产物检测。7613 断路器 A、C 相未见异常，B 相气室一氧化碳、二氧化硫含量均超注意值 1μL/L，其中一氧化碳 19.3μL/L、二氧化硫 749.9μL/L。由此判断 7613 断路器 B 相内部存在高能放电故障，涉及固体绝缘材料分解。7613 断路器 B 相 SF_6 分解物检测情况如图 2－72 所示。

SF6电气设备气体综合检测仪

检测项目	检测值	单位		
SO2	749.9	μL/L	当前页数:	1
H2S	0.0	μL/L	总页数:	1
CO	19.3	μL/L	2021-08-11	18:41:19
纯度	99.93	%V	设备状态:断路器(预试)	
纯度	99.98	%W	设备编号:A12345	
露点	-14.8	℃	温度(℃):	26.9
湿度	1688.1	μL/L	P20(MPa):	0.78
湿度20℃	1220.7	μL/L	分解物很高，存在高能量故障，当CO＞100时，涉及固体绝缘材料分解，水分不合格，但纯度正常，一周内复测确认尽快处理.	

打印

检测

图 2－72　7613 断路器 B 相 SF_6 分解物检测情况

对 7571、7572 断路器气室进行气体湿度、纯度、分解产物检测。7571 断路器 B 相气室一氧化碳、硫化氢、二氧化硫含量均超注意值 1μL/L，其中一氧化碳 1.9μL/L、硫化氢 1.3μL/L、二氧化硫 1.1μL/L，判断 7571 断路器 B 相由于切除较大故障电流，产生一定含量特征气体。7571 断路器 B 相 SF_6 分解物检测情况如图 2－73 所示。

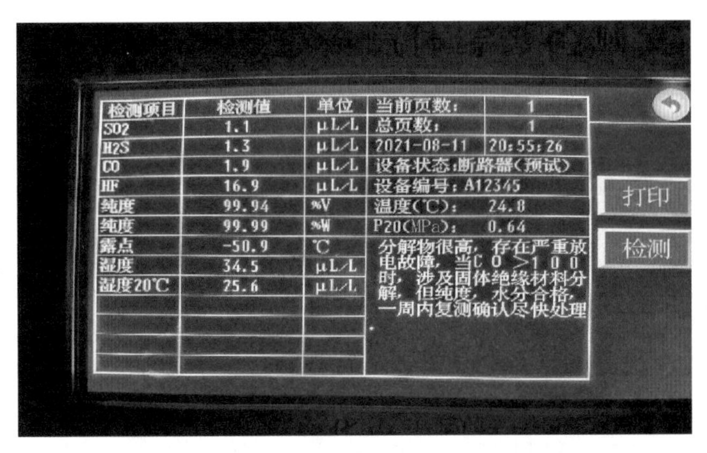

检测项目	检测值	单位		
SO2	1.1	μL/L	当前页数:	1
H2S	1.3	μL/L	总页数:	1
CO	1.9	μL/L	2021-08-11	20:55:26
HF	16.9	μL/L	设备状态:断路器(预试)	
纯度	99.94	%V	设备编号:A12345	
纯度	99.99	%W	温度(℃):	24.8
露点	-50.9	℃	P20(MPa):	0.64
湿度	34.5	μL/L	分解物很高，存在严重放电故障，当CO＞100时，涉及固体绝缘材料分解，但纯度、水分合格，一周内复测确认尽快处理.	
湿度20℃	25.6	μL/L		

打印

检测

图 2－73　7571 断路器 B 相 SF_6 分解物检测情况

（4）内部检查情况。8 月 13 日，开展 7613 B 相断路器内部故障状态检查，发现 7613 B 相断路器绝缘支撑台存在黑色放电痕迹，绝缘支撑台上方屏蔽罩存在放电痕迹，中间主断口与合闸电阻断口之间屏蔽罩存在烧蚀。基于现场检查情况初步分析放电轨迹为屏蔽罩对罐体放电，之后气室环境发生变化，绝缘支撑台表面屏蔽罩对罐体底部放电，在大电流作用下发生下方合闸电阻堆崩裂。内部检查情况如图 2－74 所示。

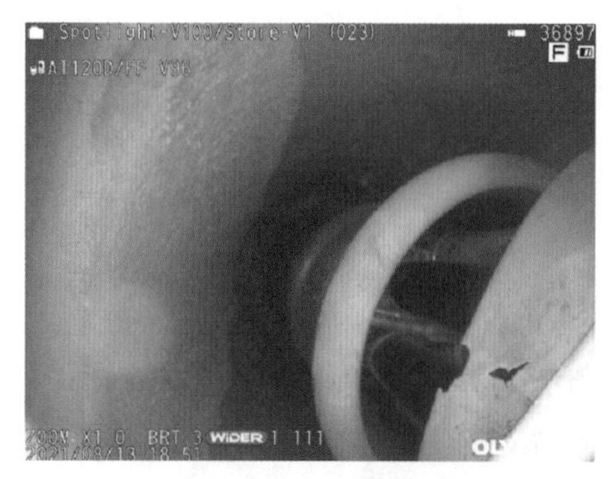

(a) 屏蔽罩下方检查结果

(b) 屏蔽罩内部检查结果

(c) 绝缘支撑台检查结果

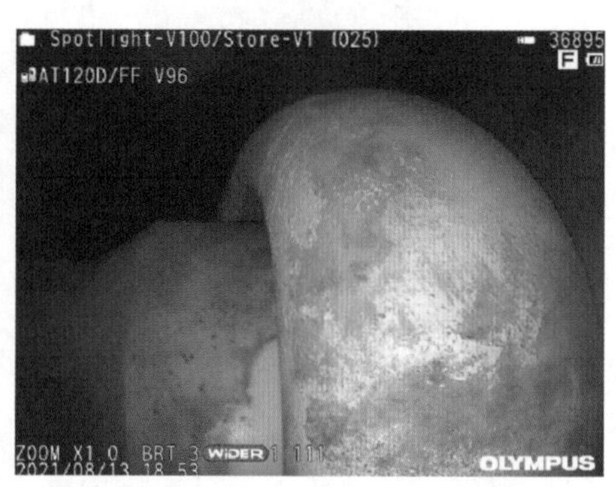

(d) 绝缘支撑台上方屏蔽罩检查结果

图 2-74　内部检查情况

（5）历史波形检查情况。查看 7613 断路器近三次分合闸波形，波形均正常。历史波形检查情况如图 2-75 所示。

(a) 7613断路器分闸故障录波波形（2021.8.7）

图 2-75　历史波形检查情况（一）

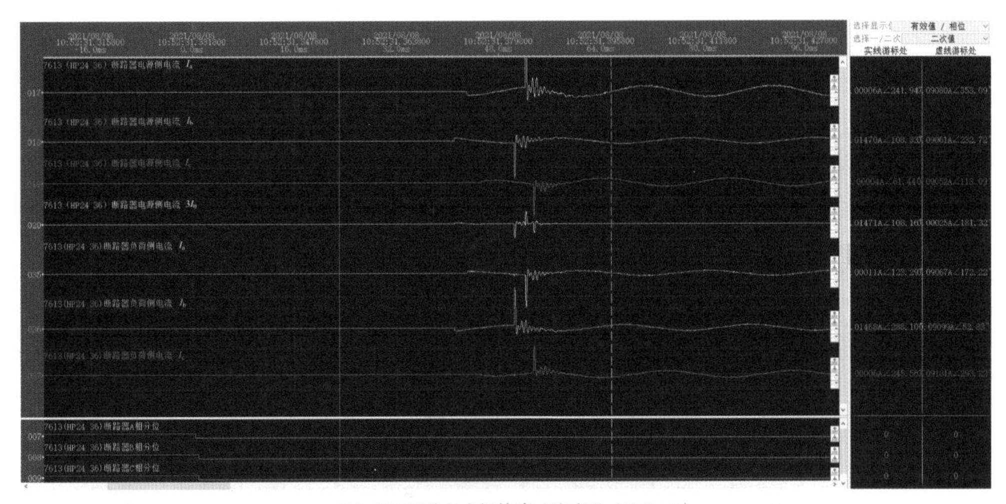

(b) 7613断路器合闸故障录波波形（2021.8.8）

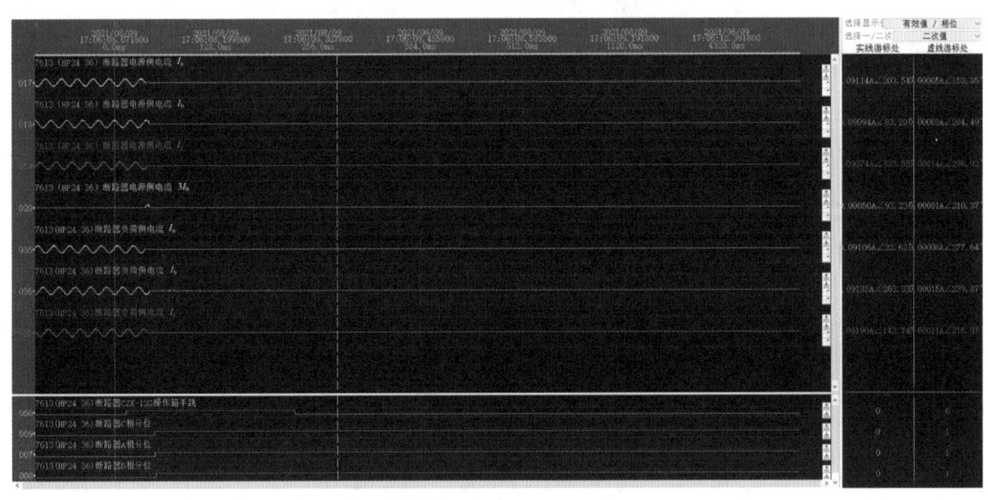

(c) 7613断路器分闸故障录波波形（2021.8.9）

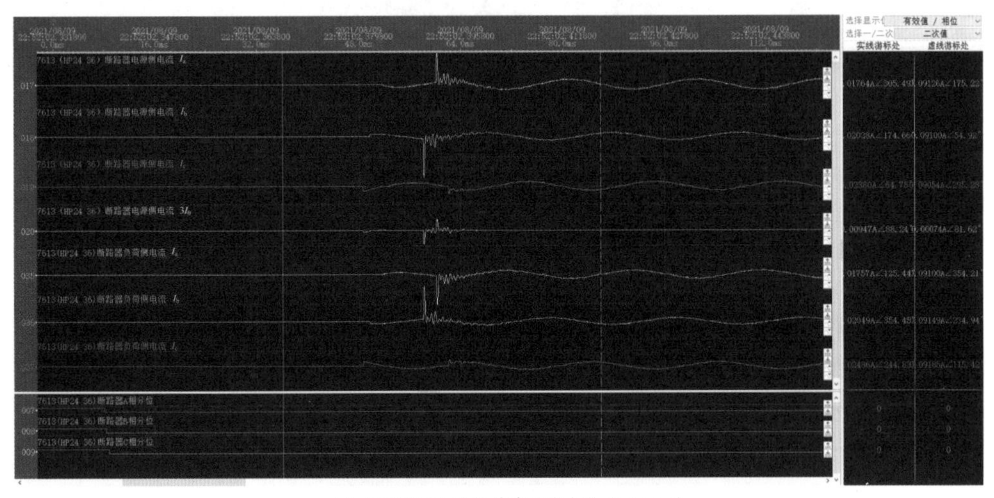

(d) 7613断路器合闸故障录波波形（2021.8.9）

图 2-75　历史波形检查情况（二）

(e) 7613断路器分闸故障录波波形（2021.8.10）

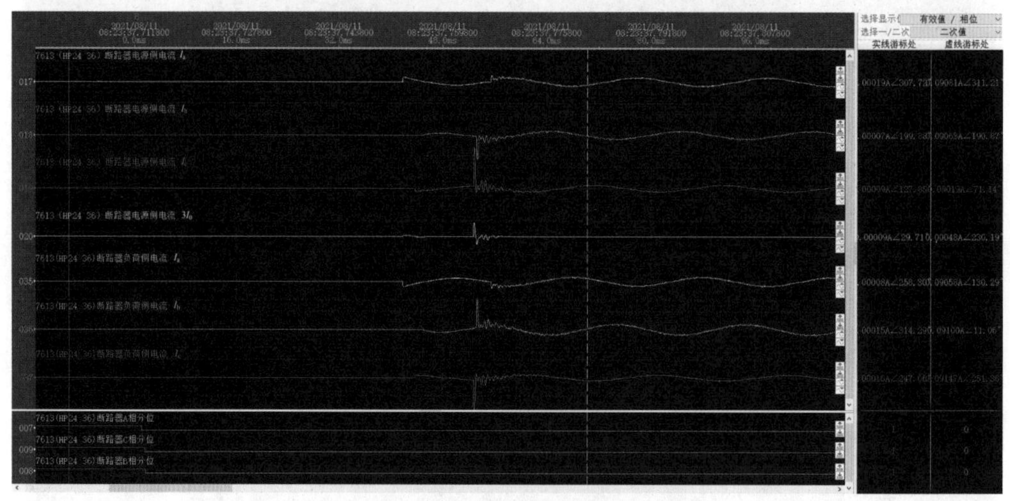

(f) 7613断路器合闸故障录波波形（2021.8.11）

图 2－75　历史波形检查情况（三）

（6）返厂解体检查。故障 7613 断路器 B 相于 2021 年 8 月 25 日返厂进行解体检查，具体情况如下：

1）罐体拆解检查。打开断路器手孔，观测断路器内部状态，发现最下方电阻堆发生崩裂，且电阻堆下方存在散落电阻片，之后将灭弧室与罐体分离，绝缘支撑台外侧屏蔽罩存在放电烧蚀痕迹，非机构侧主断口外侧、主断口并联电容表面存在明显烧蚀熏黑痕迹，非机构侧主断口外侧绝缘屏蔽筒存在放电痕迹。罐体拆解检查情况如图 2－76 所示。

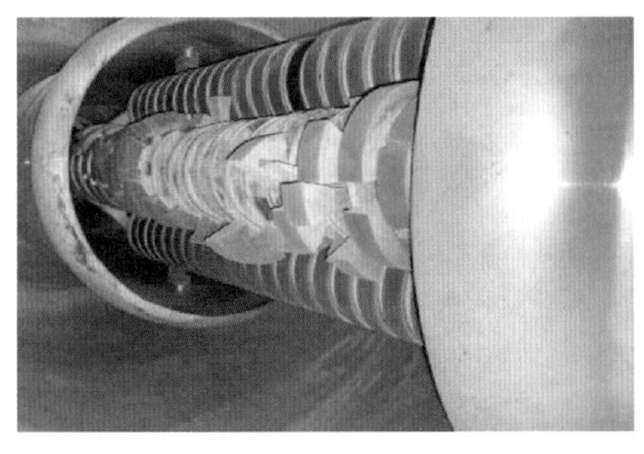

(a) 电阻堆崩裂

(b) 非机构侧均压电容表面熏黑

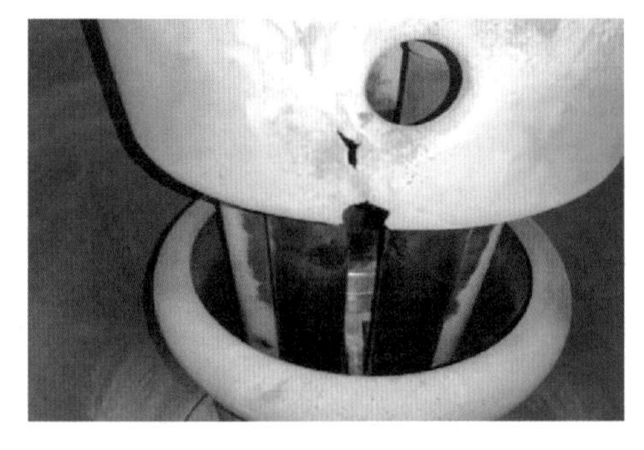

(c) 辅助断口下方屏蔽筒烧蚀

(d) 绝缘支撑台屏蔽罩烧蚀

(e) 断路器机构吊装过程中检查

图 2－76　罐体拆解检查情况

2）主断口检查。对主断口进行解体检查，机构侧主断口内部及表面未发现放电痕迹，非机构侧主断口内表面无放电痕迹，非机构侧主断口外表面、主断口最下方并联均压电容外表面存在灼伤痕迹。对灼伤痕迹表面进行检查发现，主断口两侧屏蔽表面存在烧蚀，主断口外表面、并联均压电容未发现异常放电点。机构侧主断口检查情况、非机构侧主断口检查情况如图 2－77、图 2－78 所示。

(a) 均压电容

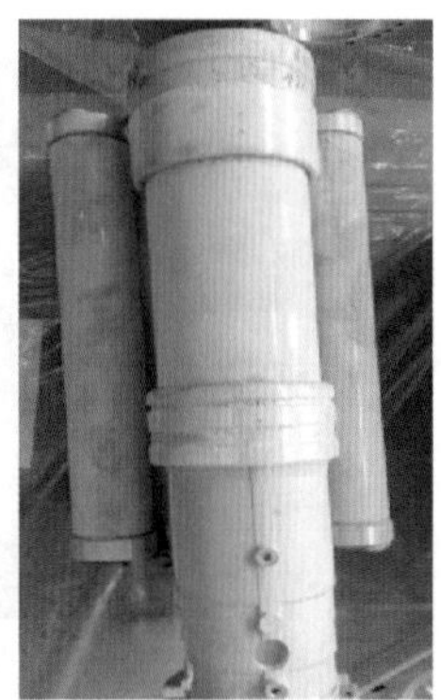
(b) 断口外侧

(c) 动触头

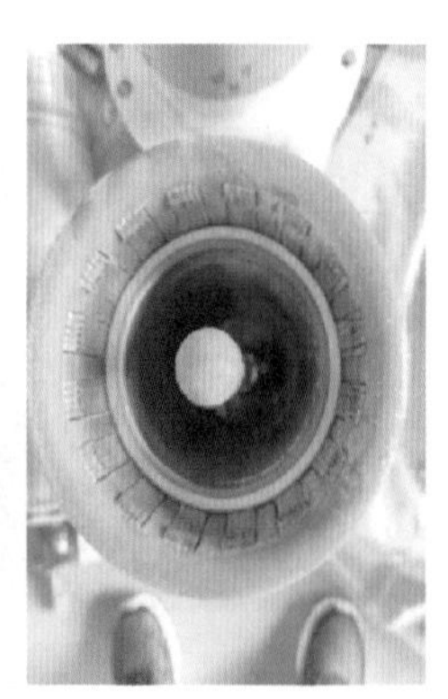
(d) 静触头

图 2-77　机构侧主断口检查情况

(a) 均压电容

(b) 断口外侧

(c) 动触头

(d) 静触头

图 2-78　非机构侧主断口检查情况

3）合闸电阻辅助断口检查。合闸电阻辅助断口外表面上下屏蔽罩（靠近电阻侧）存在放电痕迹，灭弧室外表面存在熏黑痕迹，无放电烧蚀痕迹，分析外表面熏黑为辅助断口上下屏蔽罩放电导致。辅助触头灭弧室内表面检查无放电熏黑痕迹，对辅助断口动触头进行检查，发现喷口存在高温灼伤痕迹，未发现动触头端部存在坑印。辅助断口检查结果如图 2-79 所示。

(a) 外表面

(b) 内表面

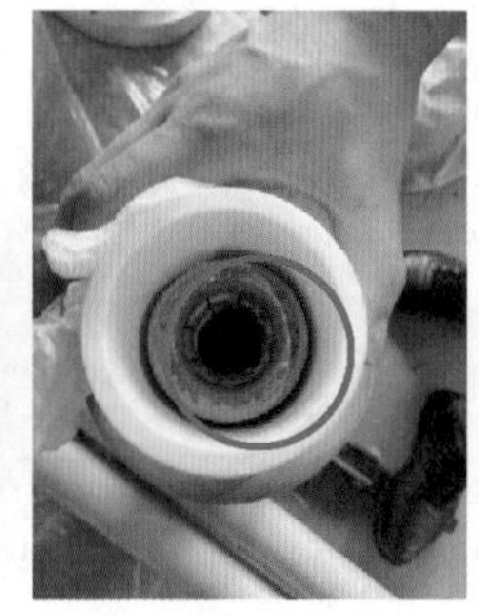
(c) 动触头

(d) 静触头

图 2-79　辅助断口检查结果

4）合闸电阻解体检查。从非机构侧手孔盖和下部支撑绝缘盖板处查看合闸电阻，发现第二柱合闸电阻碎裂情况严重，第一、三柱较为完整，罐体底部和下部支撑绝缘子盖板散落部分合闸电阻碎片。取出辅助断口，第二柱合闸电阻均发生碎裂，中间部分已掉落，第三柱第 14 片发生碎裂并掉落，下部第 27～35 片合闸电阻发生碎裂，中间部分合闸电阻烧蚀现象明显，第一柱合闸电阻整体完整，中上部烧蚀现象明显。第三柱合闸电阻与辅助断口绝缘筒间烧蚀严重，部分连接铜片已烧断变形，合闸电阻表面涂层烧蚀变黑，绝缘筒外侧灼烧严重。拆解合闸电阻，第二柱合闸电阻全部碎裂，连接铜片呈放射状烧蚀现象，个别聚四氟乙烯绝缘隔片发生断裂，第二柱合闸电阻支撑绝缘杆整体烧蚀变黑，第三柱下部存在烧蚀变黑，第一柱整体较为完好。合闸电阻解体检查情况如图 2－80 所示。

(a) 从非机构侧手孔盖查看合闸电阻

(b) 从下部支撑绝缘子查看合闸电阻

(c) 支撑绝缘子盖板散落部分合闸电阻碎片

(d) 合闸电阻外观

图 2－80　合闸电阻解体检查情况（一）

(e) 合闸电阻与绝缘筒间烧蚀严重

(f) 合闸电阻与绝缘筒间烧蚀严重

(g) 连接铜片已烧断变形

(h) 合闸电阻表面涂层烧蚀变黑（局部）

(i) 合闸电阻表面涂层烧蚀变黑（整体）

(j) 绝缘筒外侧灼烧严重

图 2-80 合闸电阻解体检查情况（二）

(k) 连接铜片呈放射状烧蚀现象

(l) 聚四氟乙烯绝缘隔片发生断裂

(m) 合闸电阻拆解情况

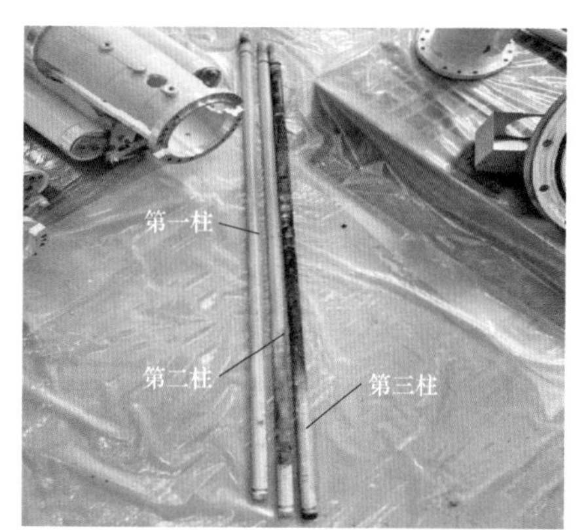

(n) 支撑绝缘杆烧蚀情况

图 2-80　合闸电阻解体检查情况（三）

5）罐体内壁及外侧屏蔽罩检查。灭弧室设备吊装完成后，发现罐体内壁 11 点钟方向有灼烧痕迹，绝缘支撑台上方筒型屏蔽罩、非机构侧主断口下方筒型屏蔽罩、非机构侧主断口筒型屏蔽罩下方罐体存在烧蚀痕迹。罐体内壁及外侧屏蔽罩表面检查情况如图 2-81 所示。

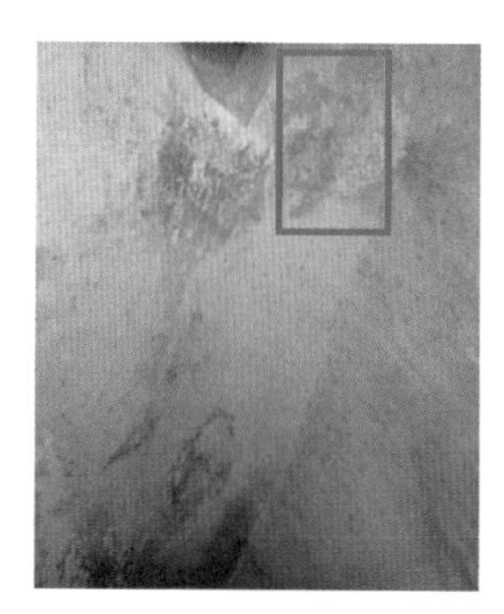

(a) 绝缘支撑台旁 11 点钟方向罐体

(b) 绝缘支撑台上方筒型屏蔽罩

(c) 电源侧下方筒型屏蔽罩

(d) 非机构侧主断口下方筒型屏蔽罩

图 2-81　罐体内壁及外侧屏蔽罩表面检查情况

6）绝缘支撑台检查。绝缘支撑台上方屏蔽罩存在一处明显放电痕迹，位于罐体绝缘支撑台 11 点钟方向，与罐体内壁 11 点钟方向放电痕迹吻合，绝缘支撑台底部发现明显的金属铝融化痕迹，与绝缘支撑台上方屏蔽罩烧蚀痕迹吻合。绝缘支撑台 7—11 点钟方向存在大面积熏黑，擦拭后未发现明显放电痕迹。绝缘支撑台表面检查结果如图 2－82 所示。

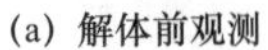

(a) 解体前观测

(b) 6 点钟方向观测

(c) 9 点钟下融化铝痕迹

(d) 11 点钟方向观测

图 2－82　绝缘支撑台表面检查结果

3. 故障原因分析

根据此次投切波形研判及解体检查情况，对 8 月 11 日 7613 断路器 B 相出现分闸后接地故障的原因和过程分析如下：

（1）由于合闸电阻片间、合闸电阻片与绝缘杆间、辅助断口弹簧和主触头间在断路器多次动作后，产生异物，当断路器分闸（图 2－83 中①过程）时，异物由气流飘至支撑绝缘子屏蔽罩和绝缘表面，畸变电场，此时合闸电阻侧为母线电压，发生局部放电。

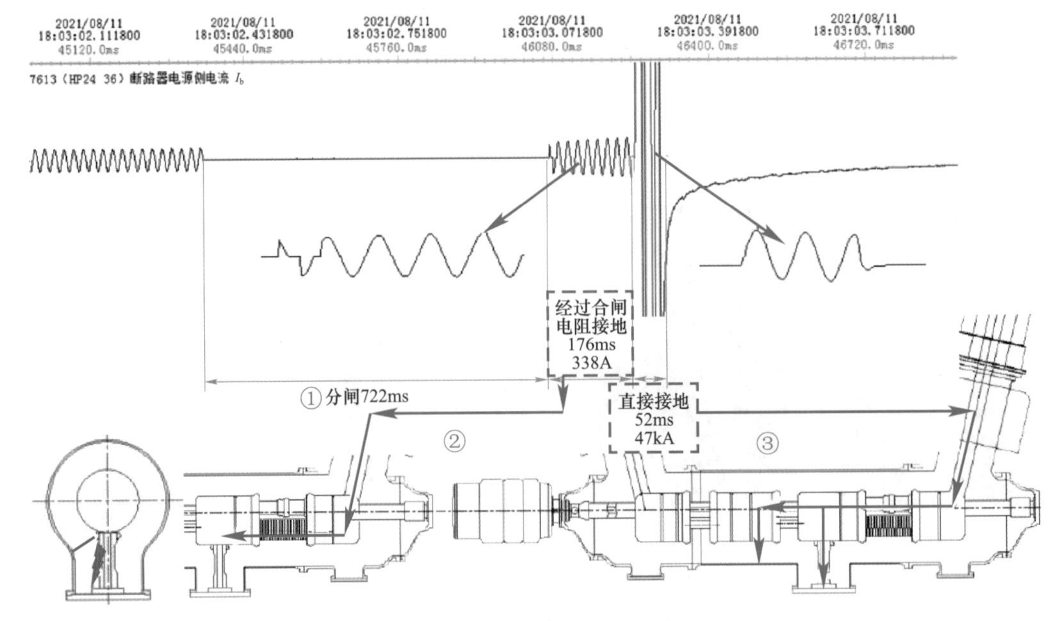

图 2－83　接地故障过程示意图

（2）局部放电逐步演变，发生支撑绝缘子屏蔽罩对外壳的放电，并随着电弧污染罐内，导致支撑绝缘子沿面闪络（图2－83中②过程），由于此时放电回路中有合闸电阻（1500Ω），限制了短路电流，短路电流较小为338A，持续176ms。

（3）合闸电阻的辅助断口绝缘筒在338A电流电弧的影响下，逐步劣化失去绝缘，表面发生闪络，短接合闸电阻（图2－83中③过程），此时放电回路为高电位直接接地，短路电流激增至47kA，电弧能量使合闸电阻片碎裂，屏蔽罩、均压环等部分烧损。电弧灼烧导致电流经过第二级灭弧室绝缘筒表面及其机构侧屏蔽罩并对罐体内壁接地放电，此短路过程持续58ms后随大组母线断路器跳闸结束。

2.1.6 某站“2021.8.20”7642断路器B相分闸故障

1. 概述

（1）故障概述。2021年8月20日17时1分，某换流站7642交流滤波器（BP11/BP13）无功控制自动分闸，2.8s后7642小组差动保护动作，第四大组交流滤波器母线保护动作，75B1、75B2进线断路器跳闸，7644断路器跳闸，跳闸前后直流输送功率为5651MW，直流输送功率未受影响。结合现场一、二次设备检查情况，判断为7642断路器B相本体发生接地闪络故障。20时52分，第四大组交流滤波器母线恢复运行。

（2）设备概况。某换流站750kV交流滤波器场7642断路器型号为LW56－800，2015年12月生产，2016年8月24日投运至今共计动作245次，额定电压800kV，额定电流5000A，额定短路开断电流 63kA。断路器配合闸电阻为 AB410－14R28±5%型，阻值1500Ω。断口均压电容为CDOR2648B10型，电容量2000±40pF。

（3）故障前运行工况。直流系统：系统运行方式为双极四阀组运行，直流输送功率5651MW，极Ⅰ、极Ⅱ直流滤波器均在运行状态，无功控制方式为自动控制。

2. 设备检查情况

（1）故障录波及保护装置检查情况。

1）保护装置检查情况。现场对保护装置进行检查，AFP 4A 第四大组交流滤波器 A套PSC－976差动保护屏17时1分3秒194毫秒保护启动，“BP11工频变化量差动、BP11比率差动保护、BP11零序差动保护、变化量差动跳Ⅰ母、BP11差动速断、稳态量差动跳Ⅰ母、BP11零差速断、BP11过电流Ⅱ段、过电流Ⅲ段”动作，A套保护最大母线差动电流为47.72kA；AFP 1B第四大组交流滤波器B套PSC－976差动保护屏17时1分3秒194毫秒保护启动，“BP11工频变化量差动、BP11比率差动保护、BP11零序差动保护、变化量差动跳Ⅰ母、BP11差动速断、稳态量差动跳Ⅰ母、BP11零差速断、BP11过电流Ⅱ段、过电流Ⅲ段”动作，B套保护最大母线差动电流为47.76kA。

对两套保护装置的二次电压、电流回路检查，回路均正常。

2）故障录波及保护波形检查情况。现场对故障录波波形、保护波形进行检查，17时1分0秒362毫秒7642断路器分闸，经2.8s后7642断路器B相电源侧产生约300A的故障电流，导致第四大组交流滤波器 A、B 套保护装置“BP11 差动”保护动作，17 时 1 分 3 秒 547 毫秒 7642 断路器 B 相电源侧电流激增至 46kA，第四大组交流滤波器 A、B 套保护装置大组母线差动保护动作，跳开 75B1、75B2 大组滤波器进线断路器，保护正确动作。第四大组交流滤波器母线进线边断路器 75B1、中间断路器 75B2 同时开断故障电流，边断路器 75B1 开断最大故障电流为 20.94kA，开断电流时间 44ms，中间断路器 75B2 开断最大故障电流为 25.50kA，开断电流时间 39ms。具体故障录波波形及保护波形如图 2－84～图 2－88 所示。

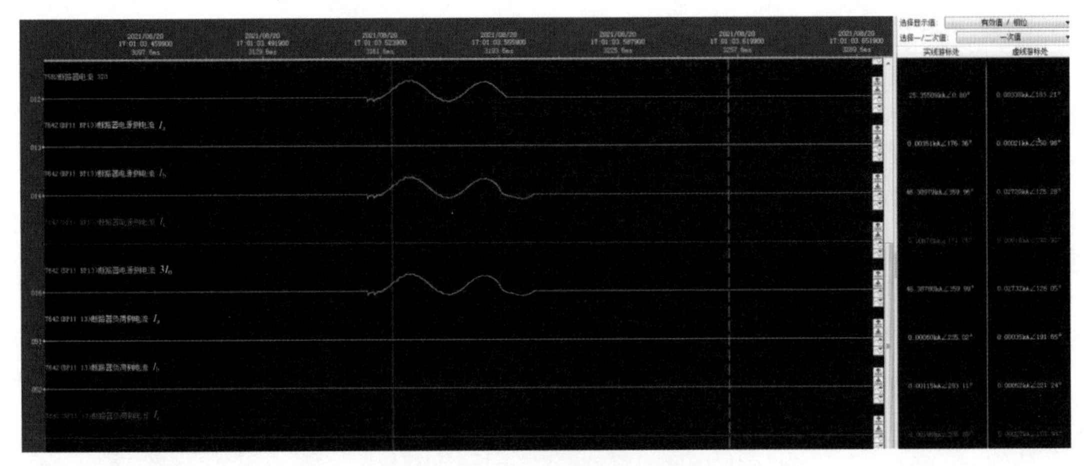

图 2－84　7642 故障录波波形

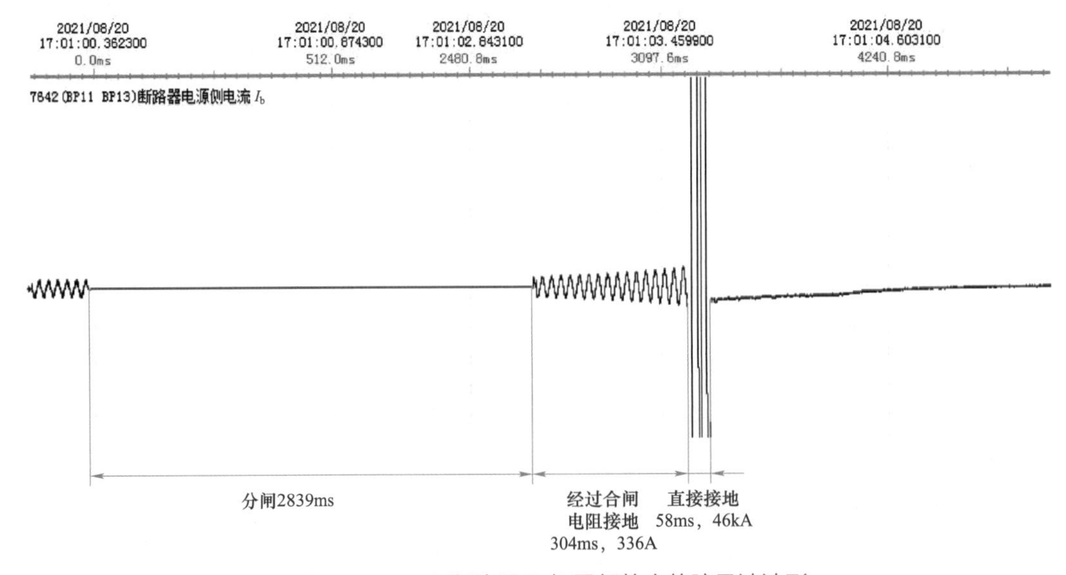

图 2－85　7642 断路器 B 相局部放大故障录波波形

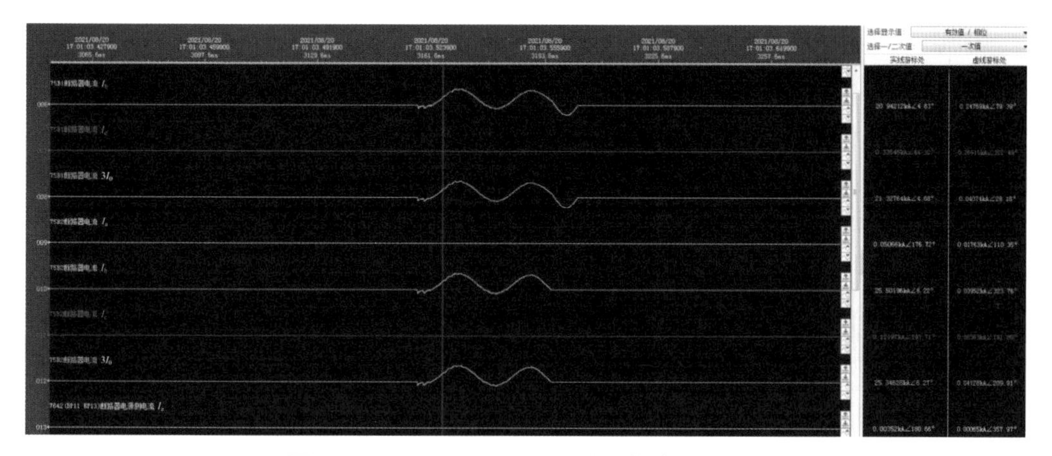

图 2-86 75B1、75B2 断路器故障录波波形

图 2-87 AFP 4A 第四大组交流滤波器 A 套 PSC-976 保护波形

图 2-88 AFP 4B 第四大组交流滤波器 B 套 PSC-976 保护波形

3）保护测点信息。7642 交流滤波器 TA 配置如图 2－89 所示，7641、7643 小组滤波器热备用，7644 小组滤波器在运行状态。第四大组交流滤波器保护测点配置如下：① 第四大组交流滤波器母线差动保护采用 75B1 断路器 1LH、2LH 绕组，75B2 断路器 9LH、10LH 绕组，7642 断路器负荷侧电流互感器 15HL、16HL 绕组；② 7642 小组滤波器差动保护采用 7642 电源侧电流互感器 12HL、13HL 绕组和尾端电流互感器 25HL、26HL 绕组。

综合保护动作及保护测点配置可判断，故障位置为 7642 断路器 B 相本体。

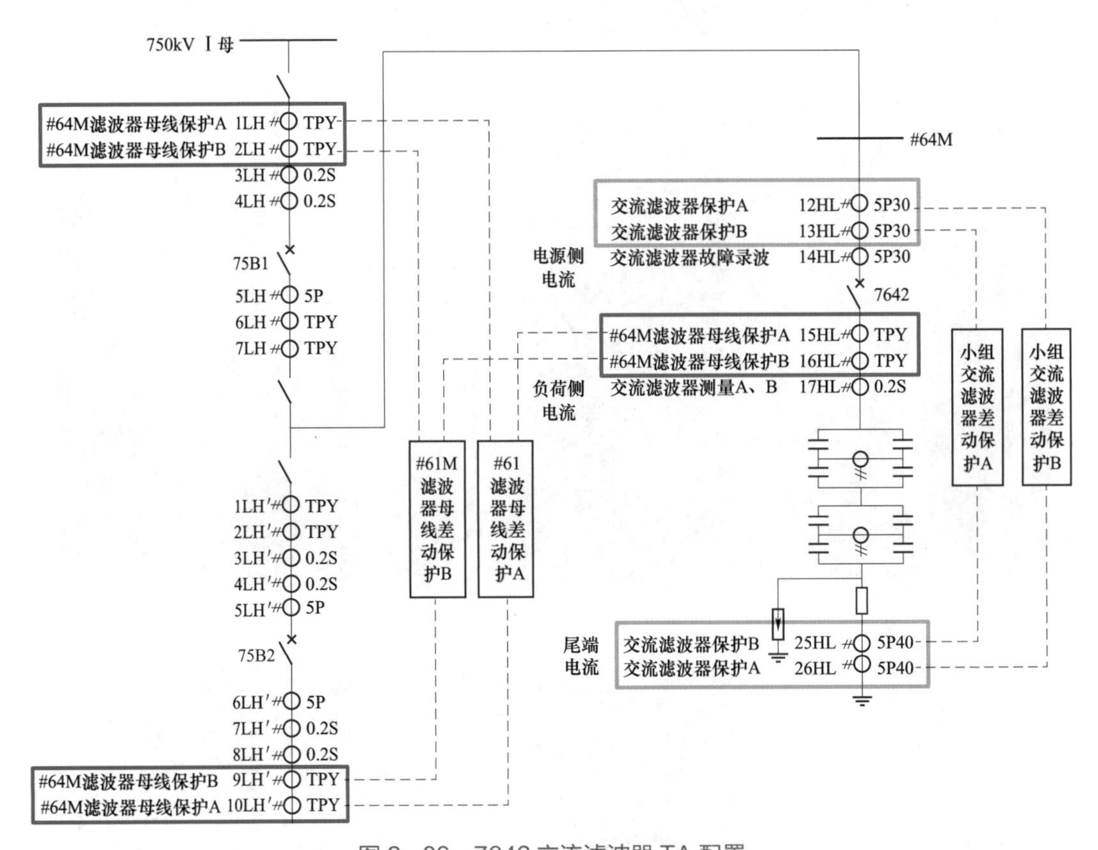

图 2－89　7642 交流滤波器 TA 配置

（2）现场检查情况。

1）一次设备检查情况。对 75B1、75B2 交流进线断路器外观进行检查，未发现异常；对交流滤波器场设备检查，发现 7642 断路器 B 相接地铜排处存在明显放电痕迹。7642 断路器 B 相检修平台接地螺栓放电痕迹如图 2－90 所示。

2）断路器分解物检测情况。对 7642 断路器气室进行气体湿度、纯度、分解产物检测。7642 断路器 B 相气室一氧化碳、二氧化硫、氟化氢、硫化氢含量均存在严重超标情况，由此判断 7642 断路器 B 相内部存在高能放电故障，涉及固体绝缘材料分解。

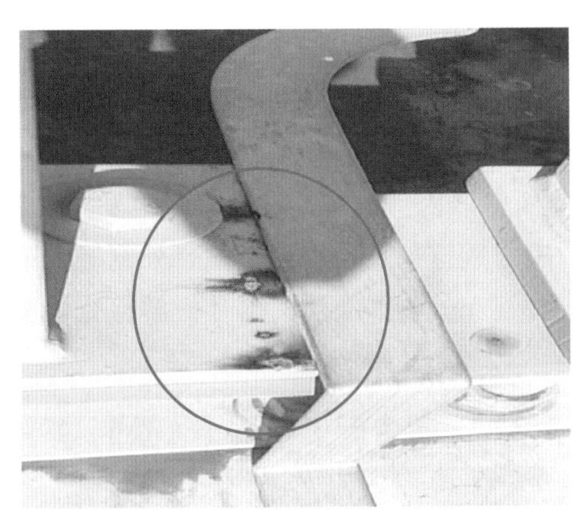

图 2－90 7642 断路器 B 相检修平台接地螺栓放电痕迹

对 75B1、75B2 断路器气室进行气体湿度、纯度、分解产物检测。75B1 断路器 B 相气室一氧化碳、二氧化硫含量均超注意值 1μL/L，其中一氧化碳 5.6μL/L、二氧化硫 2.1μL/L，判断 75B1 断路器 B 相由于切除较大故障电流，产生一定含量特征气体。75B1 断路器 A、C 相及 75B2 断路器三相气室检测结果正常。75B1、75B2 断路器 B 相 SF_6 分解物检测情况如图 2－91、图 2－92 所示。

检测项目	检测值	单位	当前页数: 1
SO2	2.1	μL/L	总页数: 1
H2S	0.0	μL/L	2021-08-20 18:37:02
CO	5.6	μL/L	设备状态:断路器(预试)
HF	0.0	μL/L	设备编号: A12345
纯度	99.96	%V	温度(℃): 33.2
纯度	99.99	%W	P20(MPa): 0.66
露点	-43.7	℃	分解物较高，存在低能量故障，当CO>100时，涉及固体绝缘材料分解，但纯度，水分正常，请查明原因，三个月内复测.
湿度	83.3	μL/L	
湿度20℃	42.5	μL/L	

图 2－91 75B1 断路器 B 相 SF_6 分解物检测情况

检测项目	检测值	单位	当前页数: 1
SO2	0.0	μL/L	总页数: 1
H2S	0.0	μL/L	2021-08-20 18:19:38
CO	8.1	μL/L	设备状态:断路器(预试)
HF	0.0	μL/L	设备编号: A12345
纯度	99.96	%V	温度(℃): 32.9
纯度	99.99	%W	P20(MPa): 0.70
露点	-42.0	℃	该气室正常.
湿度	100.3	μL/L	
湿度20℃	52.4	μL/L	

图 2－92 75B2 断路器 B 相 SF_6 分解物检测情况

（3）历史波形检查情况。查看 7642 断路器近三次分合闸波形，波形均正常。

（4）返厂解体检查。故障 7642 断路器 B 相 8 月 31 日在厂家进行故障断路器解体检查，具体情况如下：

1）罐体拆解检查。打开断路器手孔，观测断路器内部状态，发现电阻堆发生崩裂，且在电阻堆下方存在散落电阻片，之后将灭弧室与罐体分离，绝缘支撑台外侧屏蔽罩存在放电烧蚀痕迹，非机构侧主断口并联电容表面存在显熏黑痕迹。罐体拆解检查情况如图 2－93 所示。

(a) 罐体内部电阻片散落

(b) 绝缘支撑台屏蔽罩烧蚀

(c) 辅助断口下方屏蔽筒烧蚀

(d) 非机构侧均压电容表面熏黑

图 2－93　罐体拆解检查情况

2）主断口检查。对主断口进行解体检查，机构侧主断口及表面、非机构侧主断口未发现放电痕迹，非机构侧断口最下方并联均压电容表面存在灼伤痕迹，对痕迹表面进行观测，未发现电容表面存在放电点。机构侧、非机构侧主断口检查情况如图 2－94、图 2－95 所示。

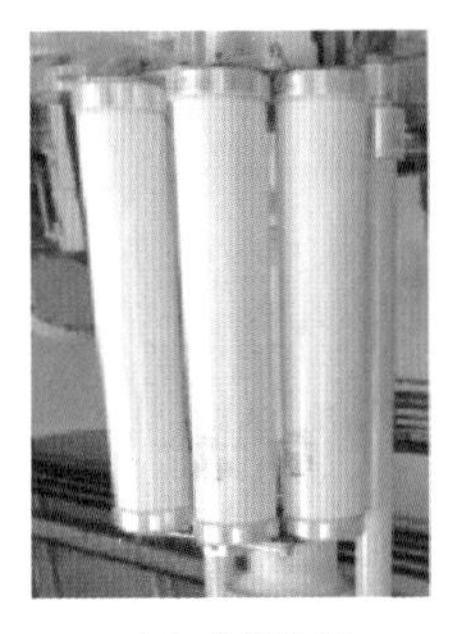

(a) 均压电容

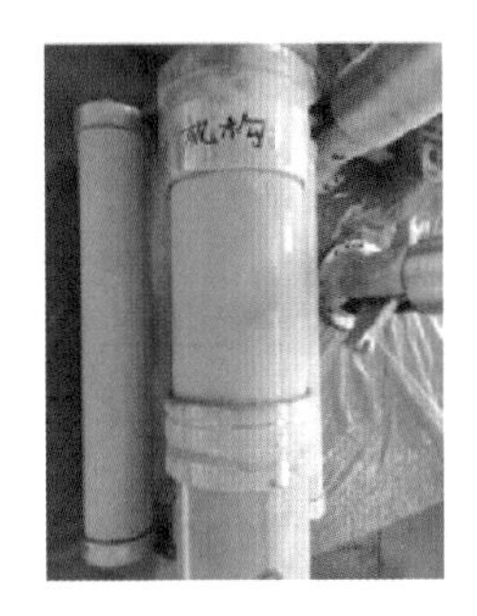

(b) 断口外侧

(c) 动触头

图 2-94　机构侧主断口检查情况

(a) 均压电容

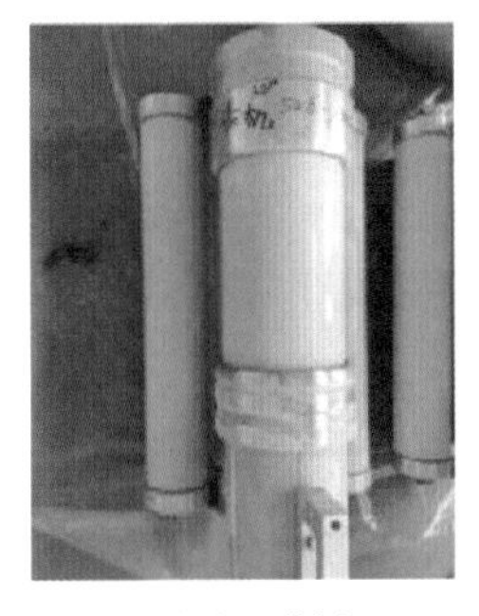

(b) 断口外侧

(c) 动触头

图 2-95　非机构侧主断口检查情况

3）合闸电阻检查。从非机构侧手孔盖查看合闸电阻，发现合闸电阻串发生碎裂，部分合闸电阻碎片掉落至罐体底部。取出辅助断口，发现三柱合闸电阻均发生碎裂，辅助断口绝缘筒外侧与三柱合闸电阻间烧蚀严重，部分连接铜片已烧断变形，合闸电阻表面涂层烧蚀变色。拆解合闸电阻，发现每一片合闸电阻均发生碎裂，合闸电阻支撑绝缘杆烧蚀严重。合闸电阻检查情况如图 2-96 所示。

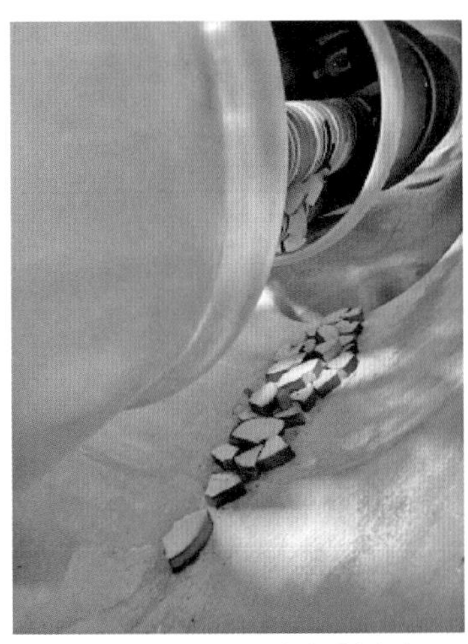

(a) 从非机构侧手孔盖查看合闸电阻

(b) 三柱合闸电阻均发生碎裂（局部放大）

图 2-96　合闸电阻检查情况（一）

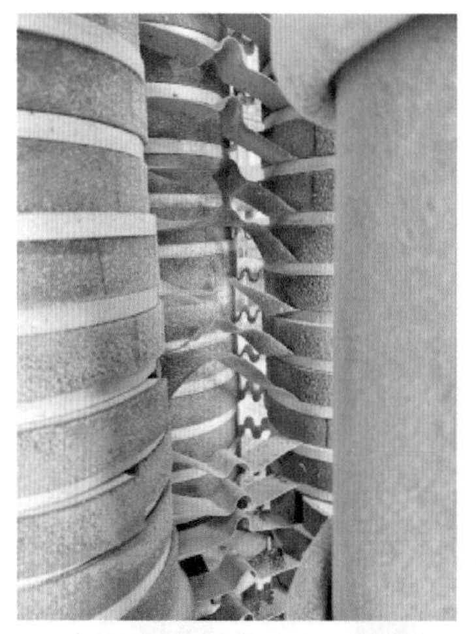

(c) 绝缘筒与合闸电阻间放电烧蚀严重

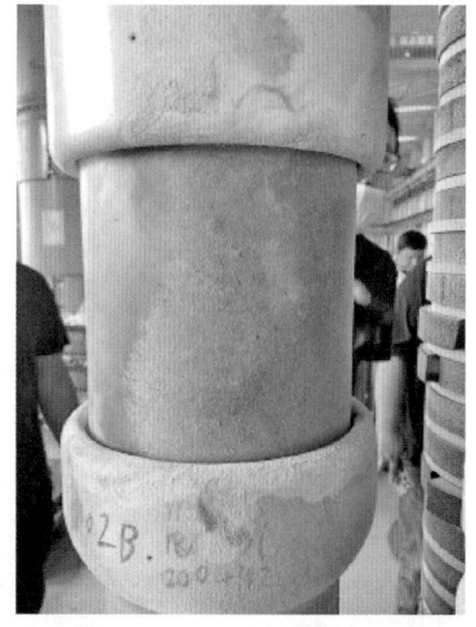

(d) 绝缘筒与合闸电阻间放电烧蚀严重(局部放大)

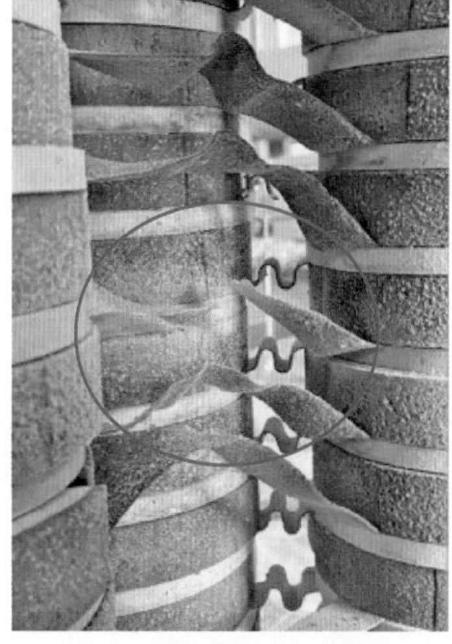

(e) 连接铜片已烧断变形

(f) 合闸电阻表面涂层烧蚀变色

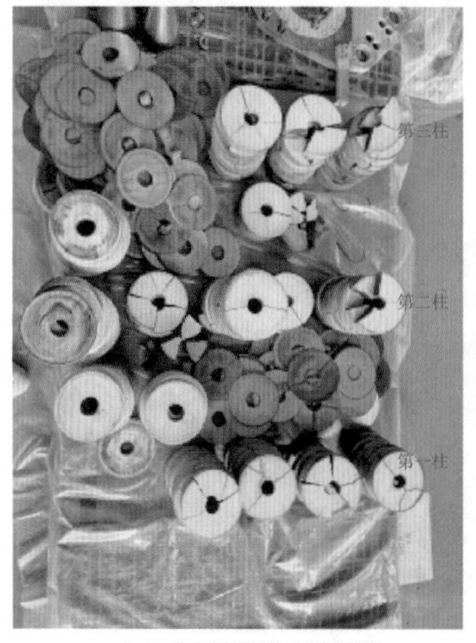

(g) 合闸电阻均发生碎裂

(h) 支撑绝缘杆烧蚀严重

图 2-96 合闸电阻检查情况(二)

4）合闸电阻辅助断口检查。合闸电阻辅助断口外表面上下屏蔽罩（靠近电阻侧）存在放电痕迹，灭弧室外表面存在熏黑痕迹，无放电烧蚀痕迹，分析外表面熏黑为辅助断口上下屏蔽罩放电导致。辅助触头灭弧室内表面检查无放电熏黑痕迹，对辅助断口动触头进行检查，发现动触头端部存在弹簧尖端摩擦导致的坑印。合闸电阻辅助断口检查情况如图 2－97 所示。

(a) 外表面

(b) 内表面

(c) 动触头

(d) 静触头

图 2－97　合闸电阻辅助断口检查情况

5）罐体内壁及外侧屏蔽罩检查。灭弧室设备吊装完成后，发现罐体内壁 7 点钟方向有灼烧痕迹，绝缘支撑台上方筒形屏蔽罩下表面存在放电灼伤痕迹，电源侧下方筒形屏蔽罩靠近电阻堆侧存在放电灼伤痕迹。罐体内壁及外侧屏蔽罩检查情况如图 2－98 所示。

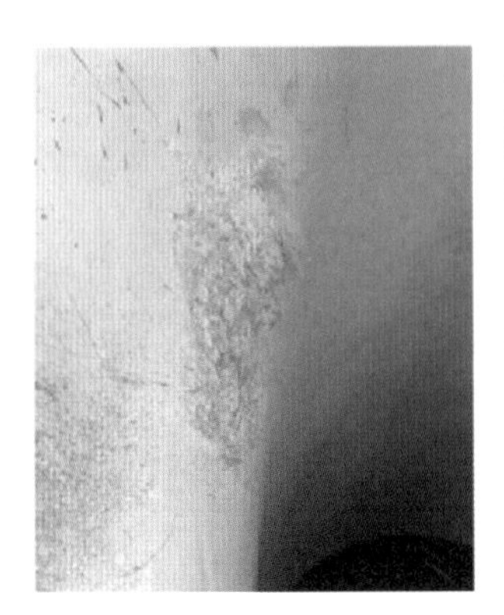
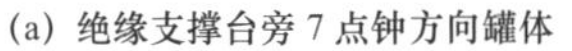
(a) 绝缘支撑台旁 7 点钟方向罐体

(b) 绝缘支撑台上方筒形屏蔽罩

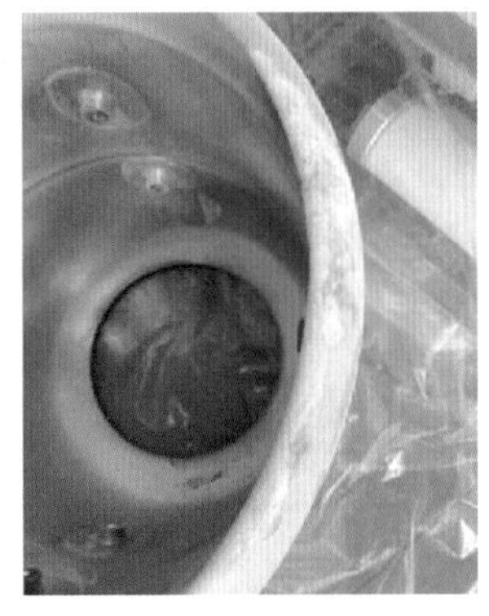
(c) 电源侧下方筒形屏蔽罩

图 2－98　罐体内部及外侧屏蔽罩检查情况

6）绝缘支撑台检查。绝缘支撑台上方屏蔽罩存在两处明显放电痕迹，一处位于罐体绝缘支撑台 6—7 点钟方向，一处位于罐体 8 点钟方向，且在绝缘支撑台底部发现明显的金属铝融化痕迹，在罐体内部 7 点钟方向有灼烧痕迹，与罐体绝缘支撑均压环灼烧位置相对应。绝缘支撑台 7 点钟方向存在大面积熏黑，经酒精擦拭后未发现明显放电痕迹。绝缘支撑台检查情况如图 2－99 所示。

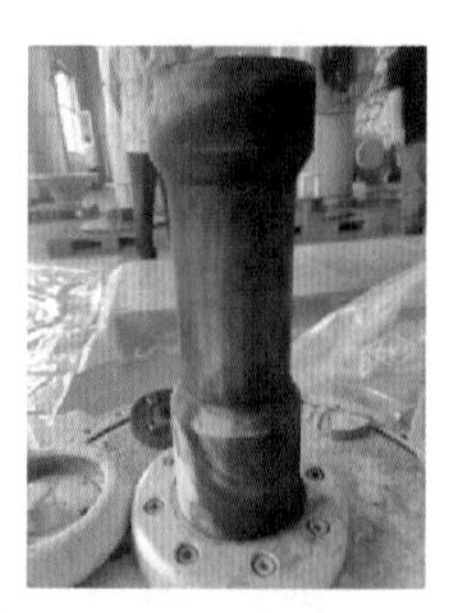

(a) 6点钟方向均压环　(b) 6点钟下融化铝痕迹　(c) 8点钟方向均压环　(d) 擦拭后无放电痕迹

图2-99　绝缘支撑台检查情况

3. 故障原因分析

根据此次投切波形研判及解体检查情况，对8月20日7642断路器B相出现分闸后接地故障的原因和过程进行分析，接地故障过程示意图如图2-100所示，具体分析如下：

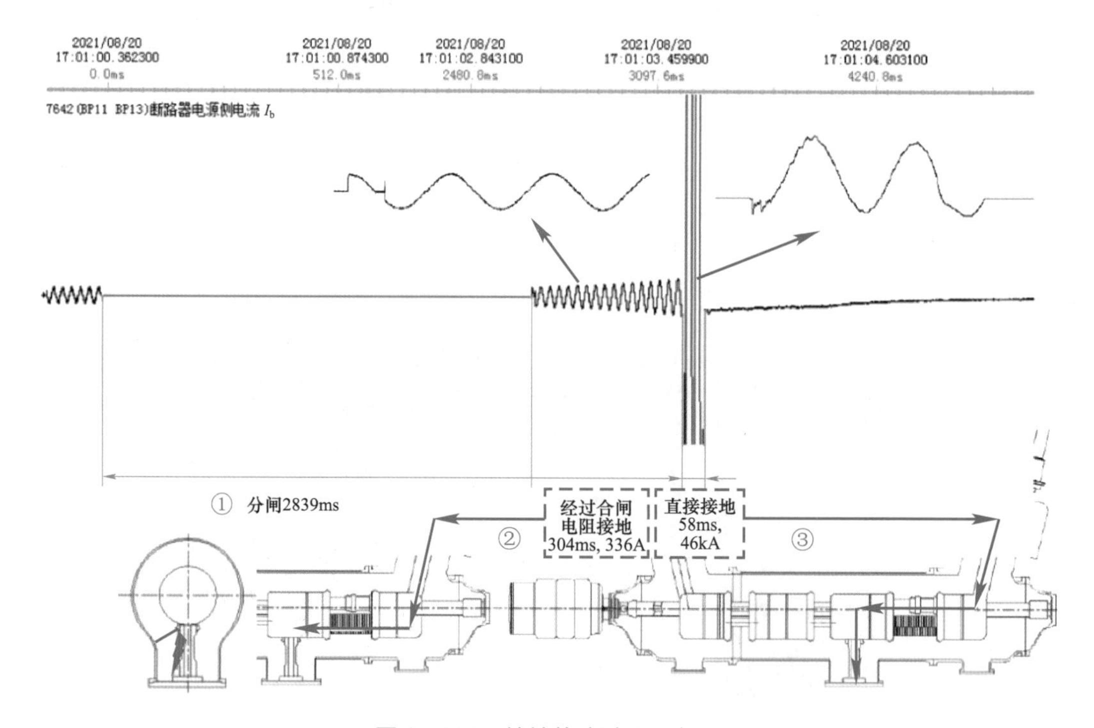

图2-100　接地故障过程示意图

（1）合闸电阻片间、合闸电阻片与绝缘杆间、辅助断口弹簧和主触头间在断路器多次动作后产生异物，当断路器分闸时（图2-100中①过程），异物由气流飘至支撑绝缘子屏蔽罩和绝缘表面，畸变电场，此时合闸电阻侧为母线电压，发生局部放电。

（2）局部放电逐步演变，发生支撑绝缘子屏蔽罩对外壳的放电，并随着电弧污染罐内，导致支撑绝缘子沿面闪络（图2-100中②过程），由于此时放电回路中有合闸电阻（1500Ω），限制了短路电流，短路电流较小为336A，持续304ms。

（3）合闸电阻的辅助断口绝缘筒在336A电流电弧的影响下，逐步劣化失去绝缘，表面发生闪络，短接合闸电阻（图 2－100 中③过程），此时放电回路为高电位直接接地，短路电流激增至 46kA，电弧能量使合闸电阻片碎裂，屏蔽罩、均压环等部分烧损。此短路过程持续 58ms 后随大组母线断路器跳闸结束。

2.1.7　某站“2021.7”7615 断路器 B 相 3 次故障

1. 概述

针对某换流站 750kV 交流滤波器断路器合闸电阻异常问题，开展断路器合闸电流波形专项排查分析，7 月 7615 小组滤波器共投入 12 次，其中 7615 断路器 B 相 3 次合闸电流波形存在异常，分别为 7 月 3 日 7 时 55 分、7 月 10 日 16 时 14 分、7 月 20 日 0 时 21 分，合闸电阻在抑制合闸涌流阶段有明显畸变，发现异常后及时将问题反馈厂家，并在 7615 断路器退出运行后，打至锁定状态，避免无功控制功能再次投入该小组滤波器，造成设备故障。

8 月 26 日至 9 月 5 日开展 7615 断路器 B 相更换，A、C 相内检，对断路器 B 相进行开盖检查，发现三串电阻串中第三串存在 4 片合闸电阻破碎，有多片电阻片熏黑现象，A、C 相检查未见异常。

2. 设备检查情况

（1）录波波形分析。2021 年 7 月 3 日合闸异常波形，在电压峰值附近 t_0 时刻，开始出现电流。间隔 1.2ms 内至 t_1 时刻，出现了两次电流尖峰，最大达到 302A。经过 1.8ms 后至 t_2 时刻，电流由零逐渐增大，合闸电阻起到抑制涌流作用，抑制涌流的时间间隔是 8ms。7615 断路器 B 相故障录波波形（2021.7.3）如图 2－101 所示。

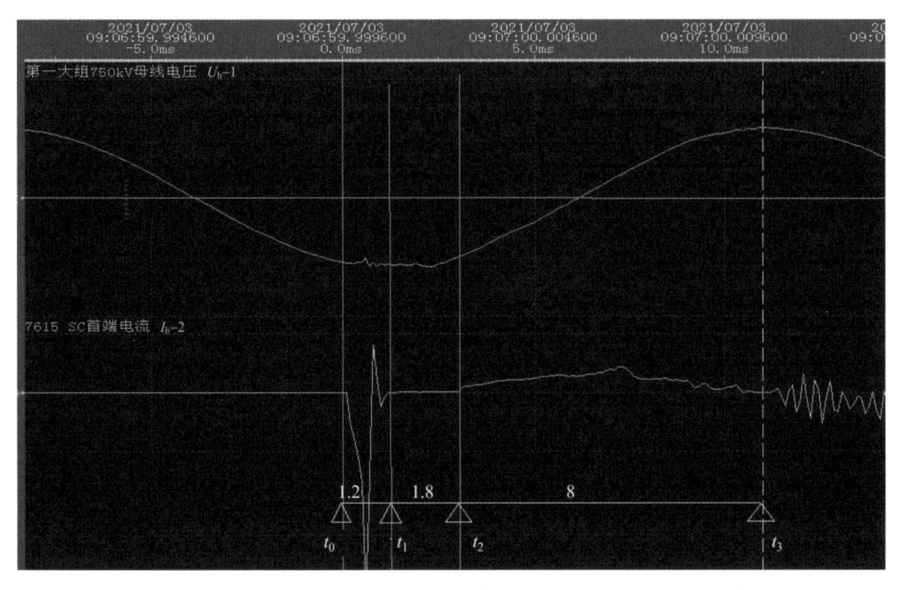

图 2－101　7615 断路器 B 相故障录波波形（2021.7.3）

2021 年 7 月 10 日合闸异常波形，在电压半峰值附近 t_0 时刻出现电流，达到 302A。

经过 1.6ms 后至 t_1 时刻，电流迅速变为 0。经过 6.6ms 后至 t_2 时刻，电流逐渐增大，合闸电阻起到抑制涌流作用。7615 断路器 B 相故障录波波形（2021.7.10）如图 2－102 所示。

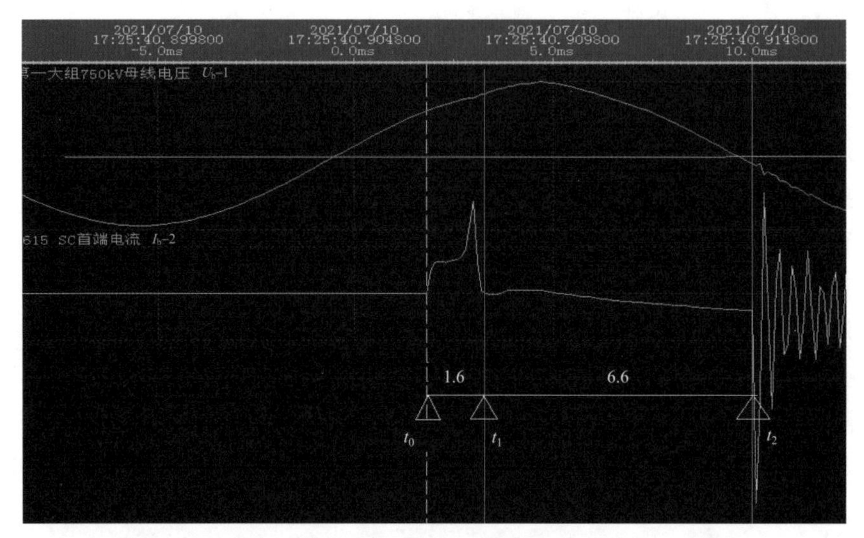

图 2－102　7615 断路器 B 相故障录波波形（2021.7.10）

2021 年 7 月 20 日合闸异常波形，合闸涌流电流为 1101A，合闸电阻存在短暂失效，后起到抑制涌流作用。7615 断路器 B 相故障录波波形（2021.7.20）如图 2－103 所示。

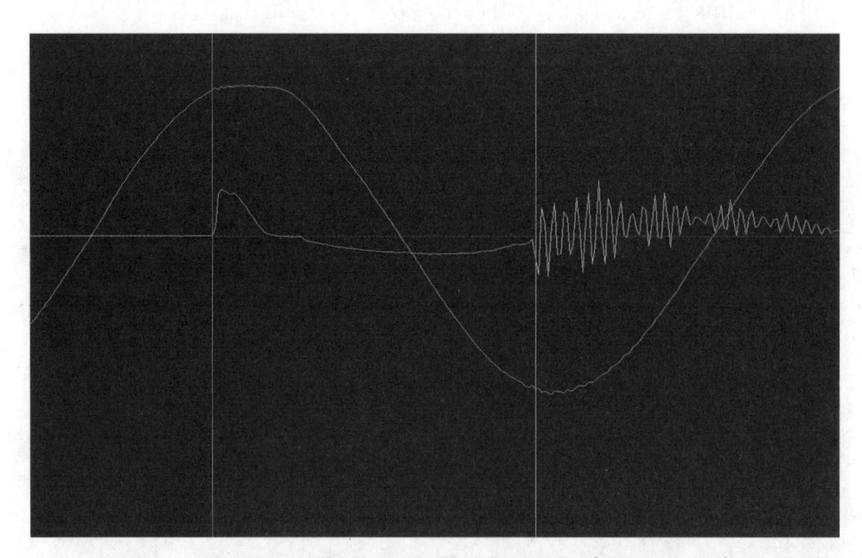

图 2－103　7615 断路器 B 相故障录波波形（2021.7.20）

（2）断路器现场检查情况。

1）现场测试情况。开展 7615 断路器 A、B、C 三相 SF_6 气体微水及分解产物测试、断路器合闸电阻及预投入时间测试。SF_6 气体测试记录、断路器合闸电阻及预投时间记录见表 2－7、表 2－8，由以上记录可知微水及分解产物未见异常，合闸电阻阻值满足厂家标准要求（600Ω±5%），B、C 相预投入时间偏小，不满足厂家 8～11ms 技术要求。

表 2-7　　SF_6气体测试记录

相别	微水（μL/L）	纯度（质量分数）（%）	CO（μL/L）	H_2S（μL/L）	SO_2（μL/L）
7615A	60.2	99.99	12.9	0	0
7615B	43	99.99	0	0	0
7615C	55.8	99.99	0	0	0

表 2-8　　断路器合闸电阻及预投时间记录

相别	合闸电阻（Ω）		合闸电阻预投时间（ms）		合闸同期性（ms）	
	本次试验值	2020 年预试	本次试验值	2020 年预试	本次试验值	2020 年预试
7615A	584.3	602.4	8	8.5	3.1	1.8
7615B	598.8	603.7	7.5	8.1		
7615C	605.1	601.5	7.5	8.6		

2）开盖检查情况。现场组织厂家对断路器内部进行检查，发现三串电阻串中第一串存在 4 片合闸电阻破碎，从机构侧数分别为第 16、24、31、34 片，有多片电阻存在熏黑现象，罐体底部存在碎末状异物，套管屏蔽罩及导体表面存在黑色附着物、罐体内弹簧触指存在过热发黑现象。清理罐体粉末异物，开展材质成分检测，其成分为刚玉（Al_2O_3）、莫来石（$Al_6Si_2O_{13}$）、方石英（SiO_2），与厂家提供的合闸电阻片成分基本一致。开盖检查情况如图 2-104 所示。

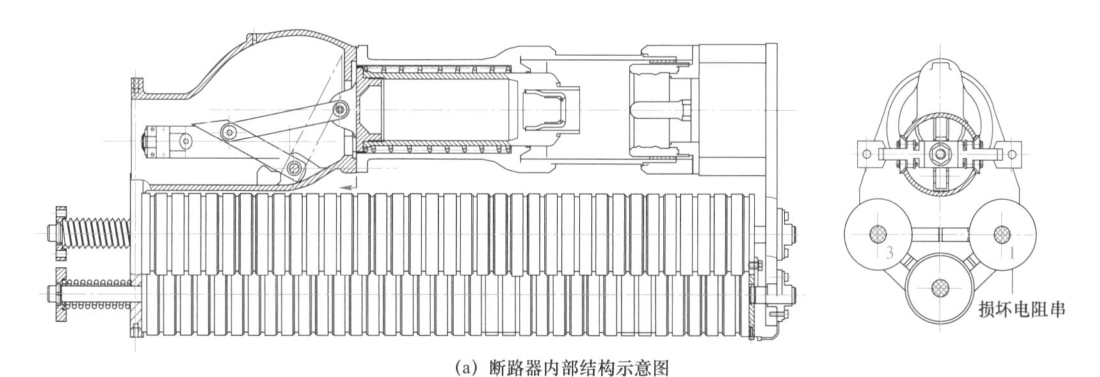

(a) 断路器内部结构示意图

(b) 套管屏蔽罩黑色附着物

(c) 弹簧触指过热发黑

图 2-104　开盖检查情况（一）

(d) 套管屏蔽罩及导体表面

(e) 罐体内弹簧触指

图 2-104　开盖检查情况（二）

3）X 射线检测情况。现场发现合闸电阻破碎后，开展 X 射线检测，通过和破碎电阻片对比分析，表明电阻片破碎可通过 X 射线图像有效检测出。X 射线检测情况如图 2-105 所示。

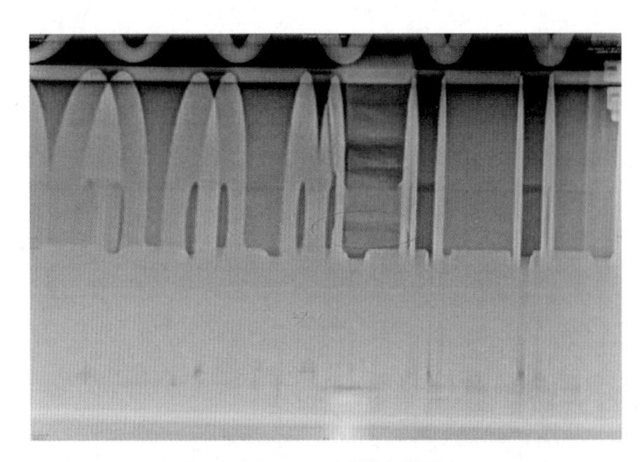

图 2-105　X 射线检测情况

（3）断路器返厂解体情况。9 月 2 日，解体发现其中合闸电阻第三串自上（非机构侧）而下第 2、5、12、20 片电阻片破裂，三串电阻串外表面均不同程度附着有黑色粉末。断路器返厂解体情况如图 2-106 所示。

(a) 第三串第 2 片电阻片破裂（整体）

(b) 第三串第 5 片电阻片破裂（整体）

图 2-106　断路器返厂解体情况（一）

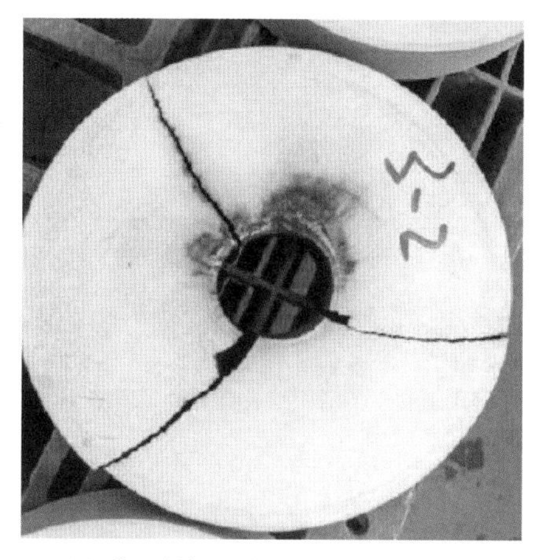

(c) 第三串第 2 片电阻片破裂（局部放大）

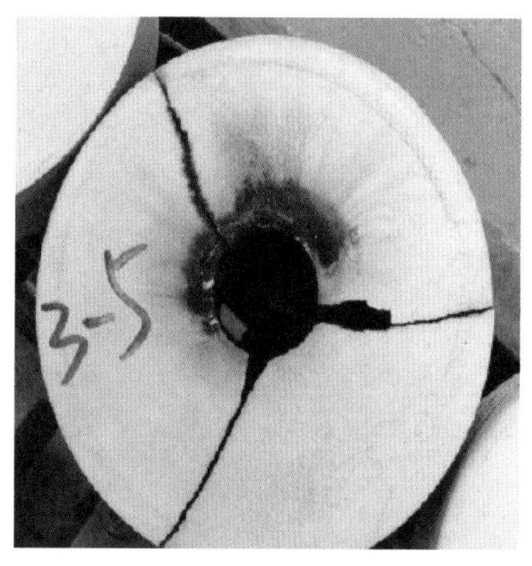

(d) 第三串第 5 片电阻片破裂（局部放大）

(e) 第三串第 12 片电阻片破裂（整体）

(f) 第三串第 20 片电阻片破裂（整体）

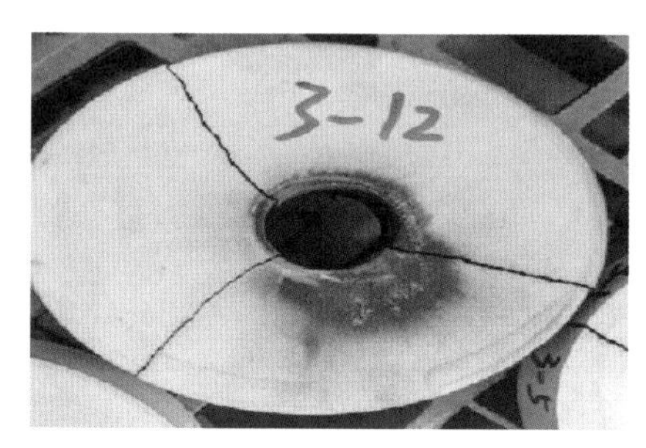

(g) 第三串第 12 片电阻片破裂（局部放大）

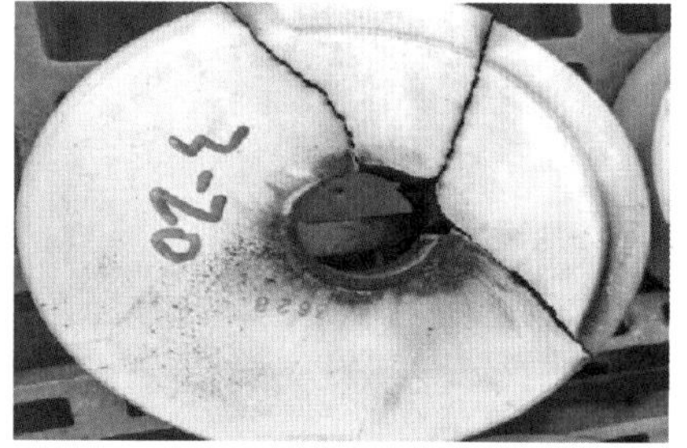

(h) 第三串第 20 片电阻片破裂（局部放大）

图 2－106 断路器返厂解体情况（二）

将三串合闸电阻逐片拆解下来进行检查，发现第三串合闸电阻的电阻片、铜质连接片、聚四氟乙烯绝缘板、穿心绝缘杆表面均有不同程度的放电烧蚀熏黑痕迹，第三串电阻串外表面黑色粉末情况如图 2－107 所示。电阻片、绝缘板、铜质连接片表面的放电痕迹由内圈向外圈逐渐变浅，呈从中心向四周发散的形式，表明第三串合闸电阻内腔发生贯穿性闪络放电，第一、二串合闸电阻的电阻片、聚四氟乙烯绝缘板、铜质连接片、穿心绝缘杆表面清洁，未发现放电痕迹和电阻片破裂情况。

图 2-107　第三串电阻串外表面黑色粉末情况

第一、二串合闸电阻的电阻片、聚四氟乙烯绝缘板、铜质连接片、穿心绝缘杆表面清洁，未发现放电痕迹和电阻片破裂情况。部分电阻片内壁棱角处有局部破损现象及内壁涂层有与绝缘杆碰触摩擦的痕迹，第一串合闸电阻的绝缘杆表面存在一处与铜质连接片碰触摩擦的痕迹，如图 2-108 所示。

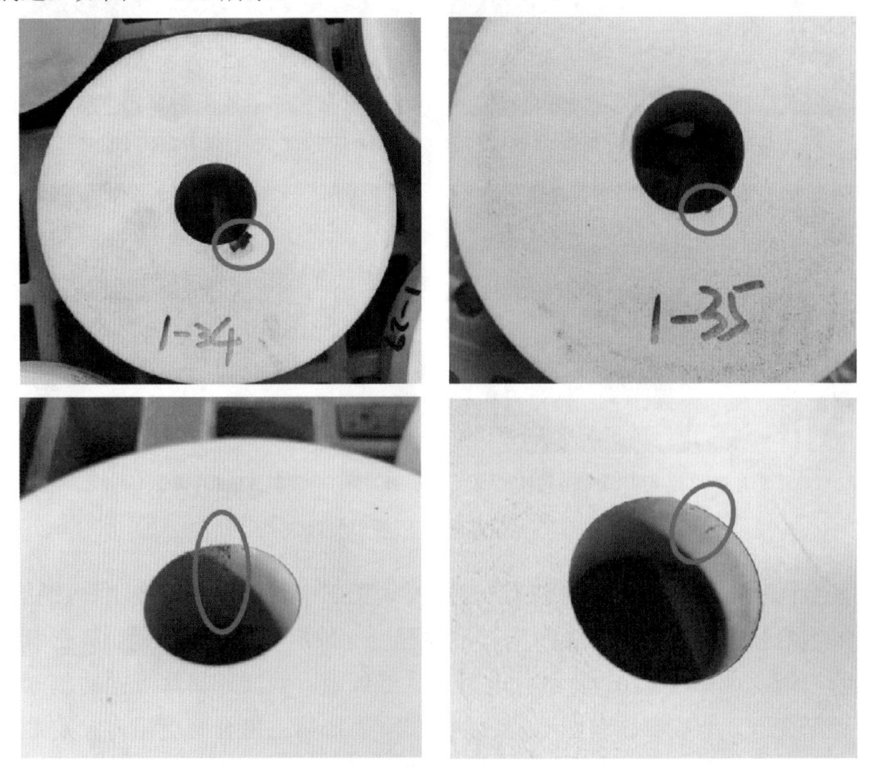

(a) 电阻片内壁棱角破损

图 2-108　第一、二串合闸电阻检查情况（一）

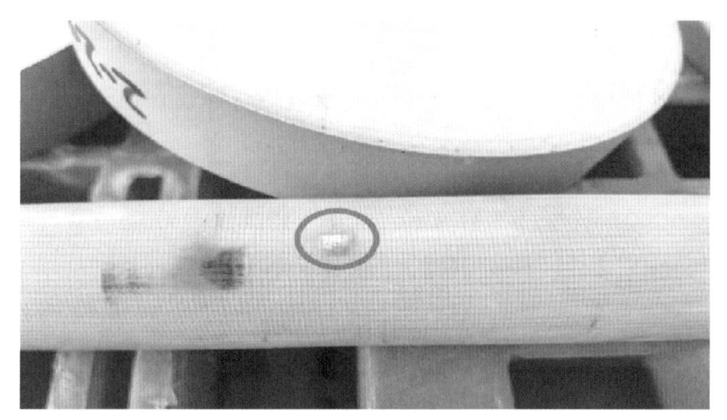

（b）第一串合闸电阻绝缘杆表面铜质连接片摩擦痕迹

图 2－108　第一、二串合闸电阻检查情况（二）

对合闸电阻辅助断口、第一级和第二级灭弧室、屏蔽罩、灭弧室下部支撑绝缘子、罐体两端支撑绝缘筒及罐体内壁等部件进行检查，发现上述部件外表面均附着黑色合闸电阻粉末，合闸电阻辅助断口静触头一根触指从触指槽中脱出折断，未发现其他异常。合闸电阻辅助断口检查情况如图 2－109 所示。

（a）合闸电阻辅助断口静触头触指折断

（b）整体结构

图 2－109　合闸电阻辅助断口检查情况

3. 故障原因分析

结合断路器内检情况分析，7615 断路器 B 相合闸电阻串与穿心绝缘杆在断路器运输、操作中由于机械振动发生碰撞接触，导致合闸电阻片内壁涂层破损，产生合闸电阻碎屑、粉末，造成合闸电阻串内腔电势分布发生变化，断路器合闸时电阻串内腔发生贯穿性闪络放电，导致合闸电阻失效，合闸电流波形出现高频尖峰异常，同时闪络放电造成部分电阻片破裂。

2.1.8 某站“2021.7.2”7624断路器A相分闸故障

1. 概述

（1）故障概述。2021年7月2日8时11分，某换流站双极功率控制模式下直流功率由8667MW升至9000MW过程中，极控主机无功控制自动投入7624交流滤波器。7624交流滤波器正常投入时，第二大组交流滤波器母线差动保护及7624小组滤波器差动保护动作跳闸，站用电Ⅰ回失电，站用电备用电源自动投入装置正确动作，直流功率未损失。现场检查确认7624断路器A相气室分解物异常、本体内部闪络。

（2）设备概况。7624断路器A相为800kV罐式断路器，型号LW56－800，2017年5月生产，2018年9月投运，两侧套管TA与断路器断口在同一气室。7624断路器上次检修时间为2020年10月13日，检修预试结果均无异常。最近一次带电检测时间2021年4月12日，试验项目为超声波局部放电检测，检测时断路器分闸状态，仅对母线带电侧进行检测，检测结果无异常。

（3）故障前运行工况。故障前，某换流站直流双极四阀组大地回线方式运行，输送功率8667MW。750kV交流场断路器均在运行状态，7611、7612、7613、7615、7621、7622、7623、7625、7631、7632、7633、7641、7642、7643小组滤波器运行，其他滤波器小组热备用；750kV 711B变压器运行，66kV 642L并联电抗器运行，站用电Ⅰ回、Ⅱ回运行，站用电Ⅲ回热备用。

2. 设备检查情况

（1）现场检查情况。

1）一次设备检查。7624断路器合闸918ms后，第二大组交流滤波器母线差动保护及7624交流滤波器差动速断保护A、B套动作，大组母线进线断路器7022、7023跳闸，7621、7622、7623、7625交流滤波器跳闸，711B变压器进线断路器7626跳闸，66kV 4号母线失电压，站用电Ⅰ回失电压，站用电备用电源自动投入装置正确动作。极控主机无功控制自动投入7634、7635、7644小组交流滤波器，直流系统未受到影响。

现场检查7624断路器外观无异常，气室压力正常，发现A相非机构侧支撑件、机构侧升高座支腿放电痕迹。7624断路器A相非机构侧支撑件、机构侧升高座支腿放电痕迹如图2－110、图2－111所示。

用两台仪器对7624断路器A相气室进行SF_6组分检测，发现7624断路器A相气室SO_2气体浓度严重超标，7624 A相气体检测情况见表2－9，初步分析7624断路器A相本体内部闪络。

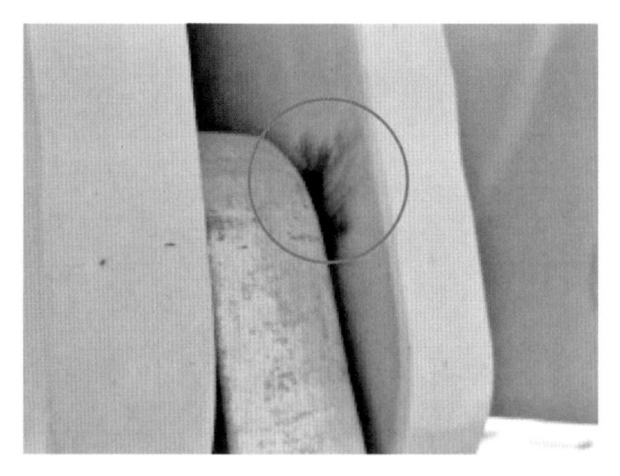

图 2-110　7624 断路器 A 相非机构侧支撑件放电痕迹

图 2-111　7624 断路器 A 相机构侧升高座支腿放电痕迹

表 2-9　7624 A 相气体检测情况

序号	检测组分	检测结果（μL/L）				标准要求（μL/L）	结论
		第一次	第二次	第三次	第四次		
1	SO_2	51.9	54.9	33.6	34.1	≤1	不合格
2	H_2S	0	0	1.3	1.1	≤1	不合格
3	CO	45	36	21.9	21	—	—
4	HF	0	0	超量程	31	—	—

2）二次信息检查。

a. 第二大组交流滤波器母线差动保护动作。AFP 2A 装置母线差动电流为 44192A，大于启动电流 3000A，制动电流（各支路电流之和）为 44283A，母线差动电流与制动电流比值为 0.998，保护正确动作。AFP 2B 装置母线差动电流为 44059A，大于启动电流 3000A，制动电流为 44129A，母线差动电流与制动电流比值为 0.998，保护正确动作。

b. 7624 小组差动保护动作。7624 小组滤波器额定电流 I_e 为 283.22A，滤波器速断差动启动值为 $0.33I_e$（75A），动作值为 $3I_e$（849.66A）。A、B 套保护 7624 间隔（SC-1）A 相差动电流启动时刻分别为 $42I_e$、$48I_e$，小组差动电流 A 相分别为 11886A、13548A，满足“启动+动作”条件，两套保护装置经 11ms 后小组差动速断保护动作。

相关断路器保护跟跳及重合闸均正确动作，报文正确，后台光字动作正确无遗漏，二次回路无异常。

3）异常设备开盖检查。

a. 从机构侧检修手孔往罐体内部查看，机构侧设备检查情况如图 2-112 所示，机构侧支撑绝缘筒、屏蔽罩、套管导电杆、罐体等状态完好，仅表面附着放电粉尘，无放电痕迹。

b. 从非机构侧检修手孔往罐体内部查看，非机构侧设备检查情况如图 2-113 所示，放电现象明显，其中靠近罐体底部合闸电阻片均破损，部分碎片卡在电阻连接铜箔与聚四氟乙烯隔片间，第 2 串电阻碎裂程度最严重区域集中在电弧放电通道附近，电阻碎片存在明显向外移动，两个端部区域碎裂程度相对轻微。

(a) 支撑绝缘筒

(b) 筒体底部

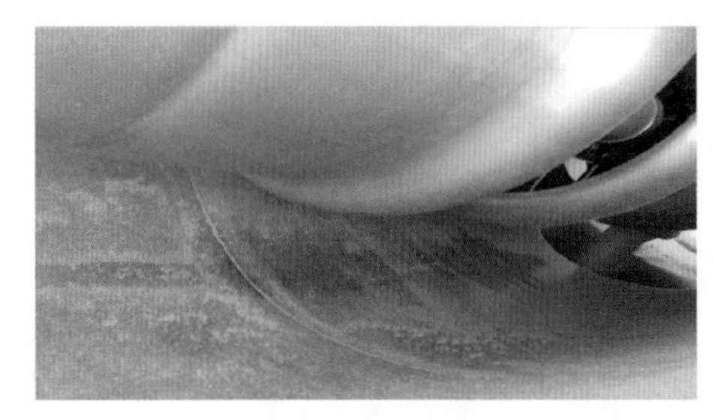

(c) 屏蔽罩底部

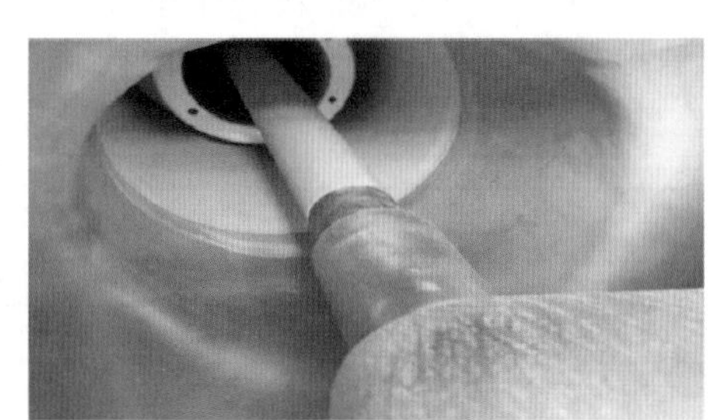

(d) 套管出线导体

图 2-112　机构侧设备检查情况

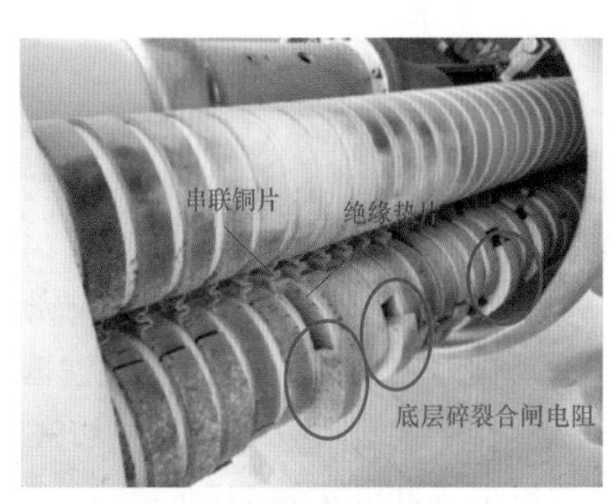

(a) 合闸电阻片破损

(b) 合闸电阻片碎片

(c) 合闸电阻断口非机构侧罐体放电痕迹

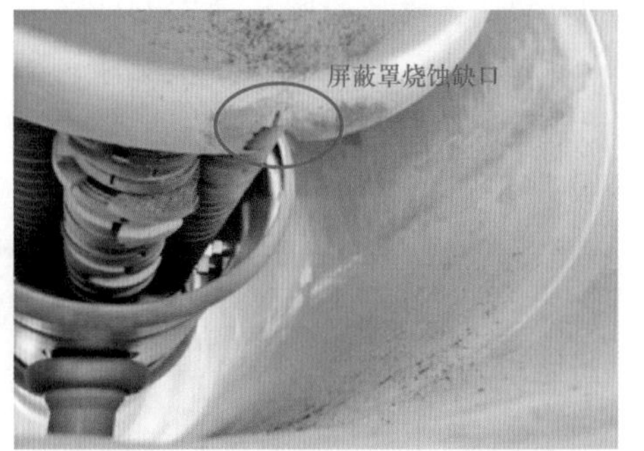

(d) 合闸电阻断口非机构侧屏蔽罩破损

图 2-113　非机构侧设备检查情况

4）录波文件分析。根据现场录波数据，可将 7624 小组滤波器断路器的故障分为不同时刻，7624 断路器合闸故障情况时序如图 2－114 所示。

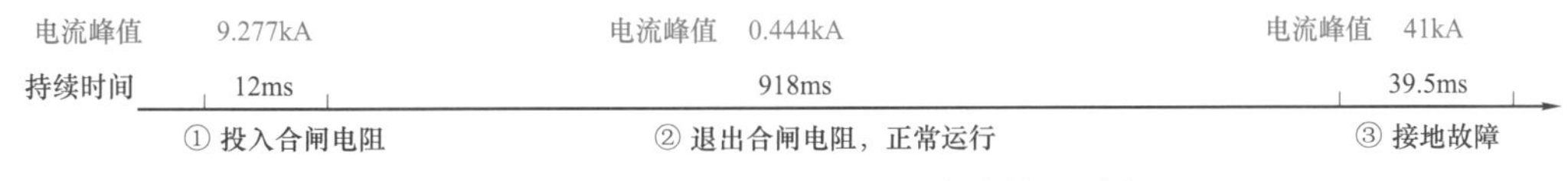

图 2－114 7624 断路器合闸故障情况时序

7624 断路器合闸电流波形（合闸时刻）如图 2－115 所示，根据合闸电流波形，7624 断路器接到合闸命令后，在合闸电阻投入的情况下，A 相合闸电阻投入时间 11.9ms，B、C 两相抑制合闸涌流时间分别为 11、7.7ms；A 相合闸电阻投入时期有较大的暂态电流波形，采样值最大达到 9.3kA，B、C 相在抑制合闸涌流时期采样值最大分别为 832、444A。观察在投入合闸电阻时期可明显发现，A 相电流无平滑抑制过程，出现较大幅值的振荡波形，判断合闸电阻失去作用。

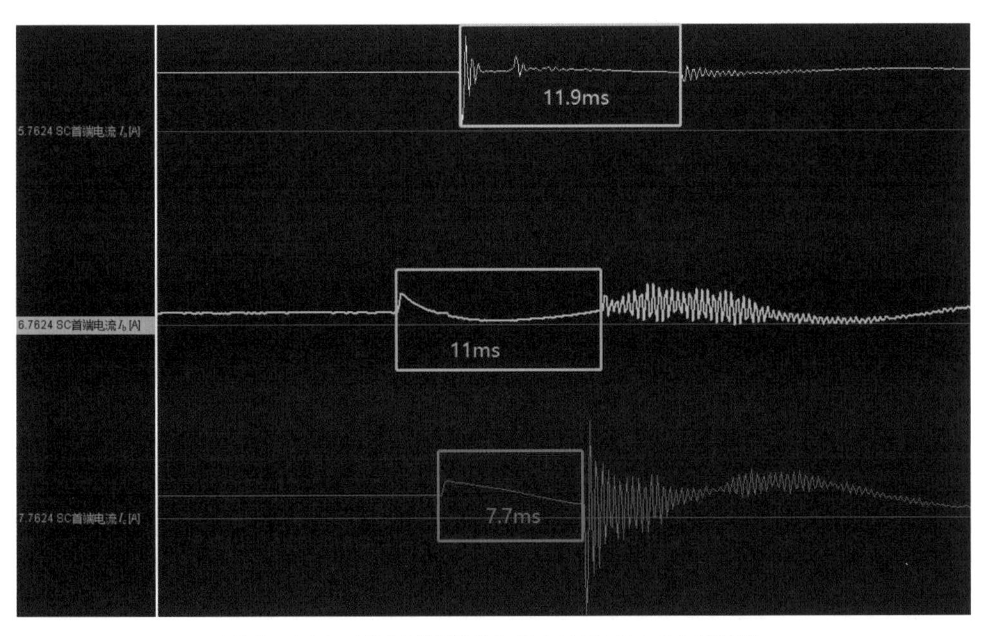

图 2－115 7624 断路器合闸电流波形（合闸时刻）

7624 断路器合闸电压波形如图 2－116 所示，根据合闸电压波形，在断路器合闸电阻投入过程中 A 相电压存在 4ms 跌落，0.1ms 内跌落电压最大约为 100kV。对电压波形与电流波形进行对比分析可发现，A 相电压跌落时刻为合闸电阻投入时暂态电流波形，说明两者呈对应关系。

7624 断路器合闸电流波形（跳闸时刻）如图 2－117 所示，根据合闸电流波形，断路器 A 相合闸约 918ms 后，发生短路故障，故障电流约 41kA。

（2）返厂检查情况。7624A 断路器返厂解体检查过程如图 2－118 所示，经多方共同见证，仔细排查，断路器合闸电阻第 2 串电阻片全部破裂，相邻第 1、3 串电阻片受到不同程度的烧蚀及污染，合闸电阻外部屏蔽罩及对应罐体 7 点钟方向有放电烧蚀痕迹，其他所有部件未发现异常情况。

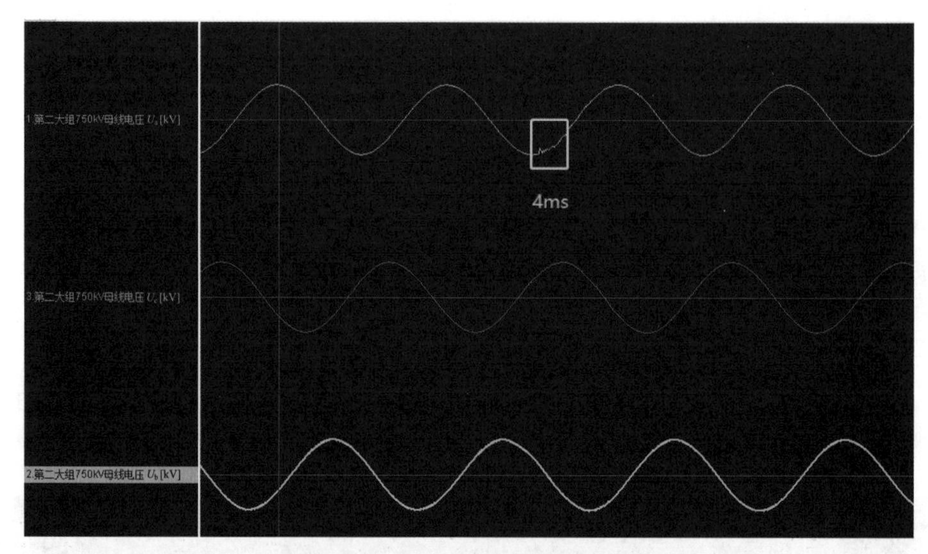

图 2-116　7624 断路器合闸电压波形

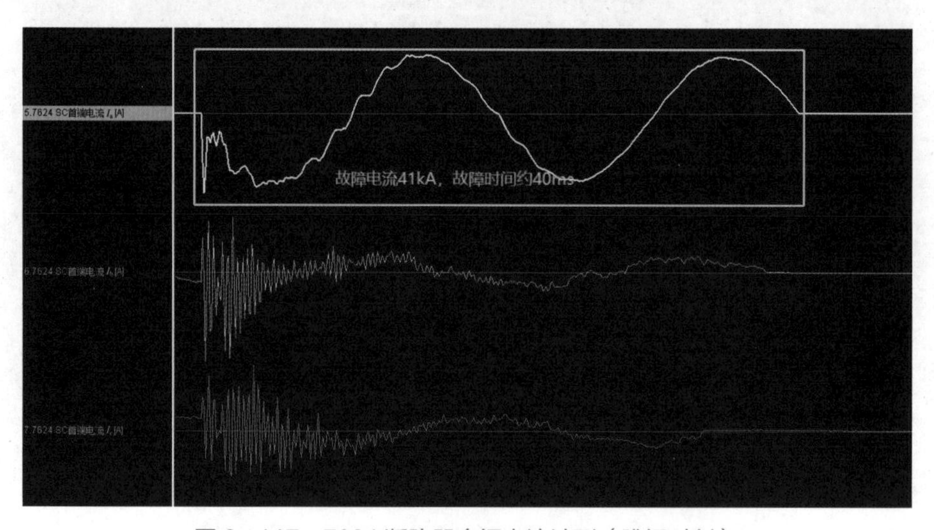

图 2-117　7624 断路器合闸电流波形（跳闸时刻）

1）对地支撑绝缘筒检查。断路器壳体两端对地支撑绝缘筒状态正常，仅外表面附着有放电粉尘，绝缘筒本身无放电痕迹。

2）合闸电阻模块检查。合闸电阻模块由合闸电阻断口及并联的合闸电阻串组成。合闸电阻片安装在三根电阻绝缘杆上，每个电阻片上下都有聚四氟乙烯绝缘板和铜质连接片，使得在同一根电阻绝缘杆上的电阻片之间相互绝缘，三根绝缘杆上对应的电阻片彼此串联。每个电阻串一端固定，另一端采用弹簧压接形式进行固定。

经检查发现，断路器合闸电阻第 2 串 35 片电阻片全部破损，部分电阻片碎块在返厂运输过程中掉落至罐体底部，合闸电阻断口绝缘筒状态完好，合闸电阻模块检查如图 2-119 所示。

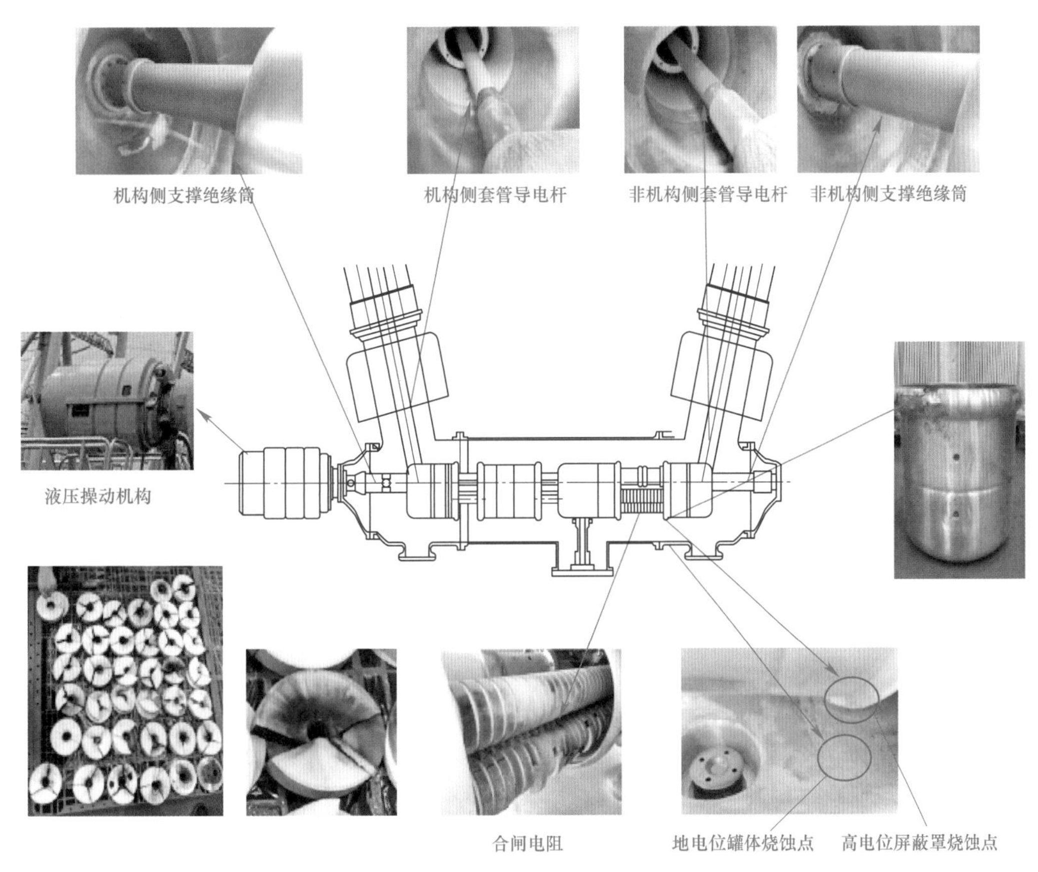

图 2-118　7624A 断路器返厂解体检查过程

图 2-119　合闸电阻模块检查

合闸电阻装置外部屏蔽罩 7 点钟方向有大约 88mm×75mm 范围的电弧烧蚀孔洞，断路器合闸电阻装置外部屏蔽罩和罐体 7 点钟方向（从断路器机构位置向断路器内部方向看）有烧损痕迹，为发生对地短路位置，屏蔽罩、罐体烧损痕迹如图 2－120 所示。

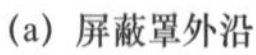

(a) 屏蔽罩外沿　(b) 屏蔽罩边沿　(c) 壳体底部

图 2－120　屏蔽罩、罐体烧损痕迹

电阻片拆解后，电阻片内孔有电弧烧蚀痕迹，部分电阻片表面有黑色痕迹且黑色痕迹的颜色由内孔向外逐渐变浅，呈中心向外的发散形式，电阻绝缘杆沿面有电弧污染痕迹，第 2 串电阻片及绝缘杆检查情况如图 2－121 所示。

(a) 合闸电阻碎裂情况

(b) 合闸电阻碎裂细节

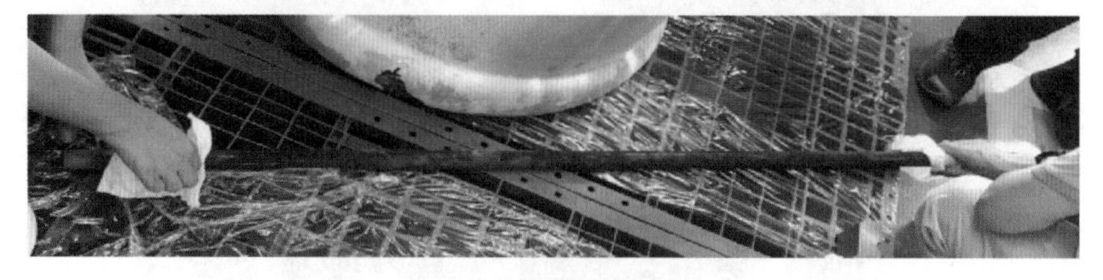

(c) 合闸电阻绝缘杆

图 2－121　第 2 串电阻片及绝缘杆检查情况

第 2 串电阻第 12 片电阻片部分表面有铝合金烧融喷溅痕迹，该现象表明在对地短路故障发生前，部分电阻片已发生破损，第 2 串电阻第 12 片情况如图 2－122 所示。

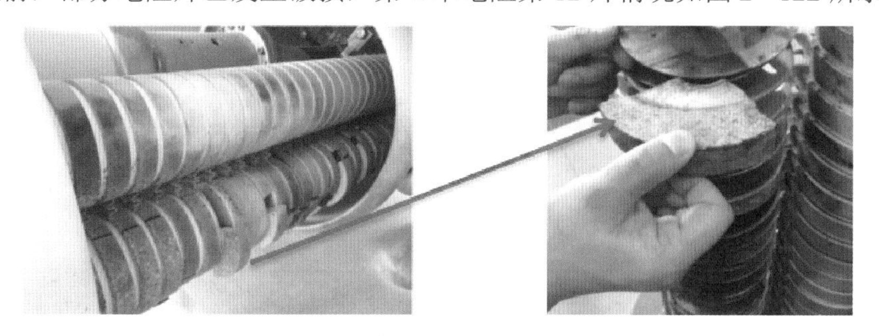

图 2－122　第 2 串电阻第 12 片情况

第 1 串电阻串存在 1 片电阻片有裂纹及涂层脱落，2 片电阻内圈有局部破损；第 3 串电阻串存在 2 片电阻片内圈有局部破损，第 1、3 串电阻串破损情况如图 2－123 所示。

合闸电阻断口动、静触头状态完好，仅表面附着有放电粉尘，合闸电阻动、静触头情况如图 2－124 所示。

(a) 第 1 串电阻片内圈涂层脱落及裂纹

(b) 第 2 串电阻片内圈局部破损

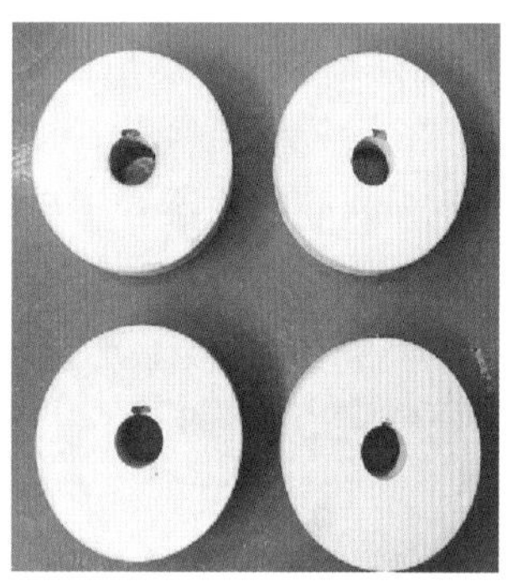

(c) 第 1、2 串共计 4 个电阻片内圈局部破损

图 2－123　第 1、3 串电阻串破损情况

图 2－124　合闸电阻动、静触头情况

3）灭弧室模块检查。断路器第一级灭弧室与第二级灭弧室用断口绝缘筒状态正常，两级灭弧室并联电容器状态正常。

3. 故障原因分析

根据返厂解体检查情况，某换流站 7624 断路器 A 相故障过程分为两个阶段，第一阶段：由于厂内装配、运输、操作时振动等原因造成合闸电阻片内壁涂层局部破损，电压耐受能力下降，逐步发展引起电阻串贯穿性放电，电阻串内腔气体受电弧高温影响瞬间膨胀，导致部分电阻片破裂，产生碎片或颗粒；第二阶段：电阻碎片或颗粒掉落后引发局部电场畸变，进而导致屏蔽罩对罐体放电。

2.1.9 某站“2021.10.7”7633 断路器 B 相分闸故障

1. 概述

（1）故障概述。2021 年 10 月 7 日 8 时 42 分，某换流站直流功率 4489MW 运行，某换流站无功控制自动切除 7633 交流滤波器过程中，7633 比率差动保护、零序差动保护动作、第三大组滤波器母线差动保护动作，7631（305Mvar）、7632（305Mvar）、7633（305Mvar）、7061、7062 断路器跳闸，3 号母线跳闸，无功率损失。

（2）设备概况。该换流站 750kV 交流滤波器场 7633 断路器型号为 LW56－800，2019 年 9 月 26 日投运至今共计动作 343 次，额定电压 800kV，额定电流 5000A，额定短路开断电流 63kA。断路器合闸电阻阻值为 1500Ω，断口均压电容为 CDOR2648B10 型。

（3）故障前运行工况。直流系统：系统运行方式为双极三阀组大地回线运行，直流输送功率 4489MW，极Ⅰ、极Ⅱ直流滤波器均在运行状态，无功控制方式为自动控制。

2. 设备检查情况

（1）故障录波文件检查分析。现场对故障录波波形、保护波形进行检查，8 时 42 分 4 秒 789 毫秒 7633 断路器分闸，经 8.7s 后 7633 断路器 B 相电源侧产生峰值为 474A 故障电流，导致第三大组交流滤波器 A、B 套保护装置保护动作，8 时 42 分 13 秒 516 毫秒 7633 断路器 B 相电源侧电流增至 69kA，第三大组交流滤波器 A、B 套保护装置大组母线差动保护动作。

通过与某站“8.20”7642 断路器 B 相故障波形进行对比分析发现，故障过程存在相似性，整个故障持续时间 78.7ms，故障过程分为两个阶段，第一阶段为小电流阶段持续时间为 30ms，峰值电流 474A；第二阶段为大电流阶段持续时间为 48.7ms，峰值电流 69kA、有效值 40.2kA。7633 断路器分闸故障录波波形如图 2－125 所示。

（2）现场检查。

1）一次设备检查情况。对交流进线断路器 7061、7062 外观进行检查，未发现异常；对交流滤波器场设备进行检查，发现 7633 断路器 B 相接地铜排处存在明显放电痕迹。7633 断路器 B 相接地铜排放电痕迹如图 2－126 所示。

2）断路器分解物检测情况。现场对 7633 断路器 B 相气室进行 SF_6 组分检测，7633 断路器气室分解物、纯度、水分浓度检测结果如图 2－127 所示，SO_2 浓度 412μL/L，CO 浓度 32.3μL/L，微水 640.2μL/L（20℃），SF_6 纯度 99.76%（正常气体浓度标准为 SO_2≤1μL/L，纯度大于 97%，微水小于 150μL/L），其中 SO_2 气体浓度严重超标，初步判断路器本体内部故障。

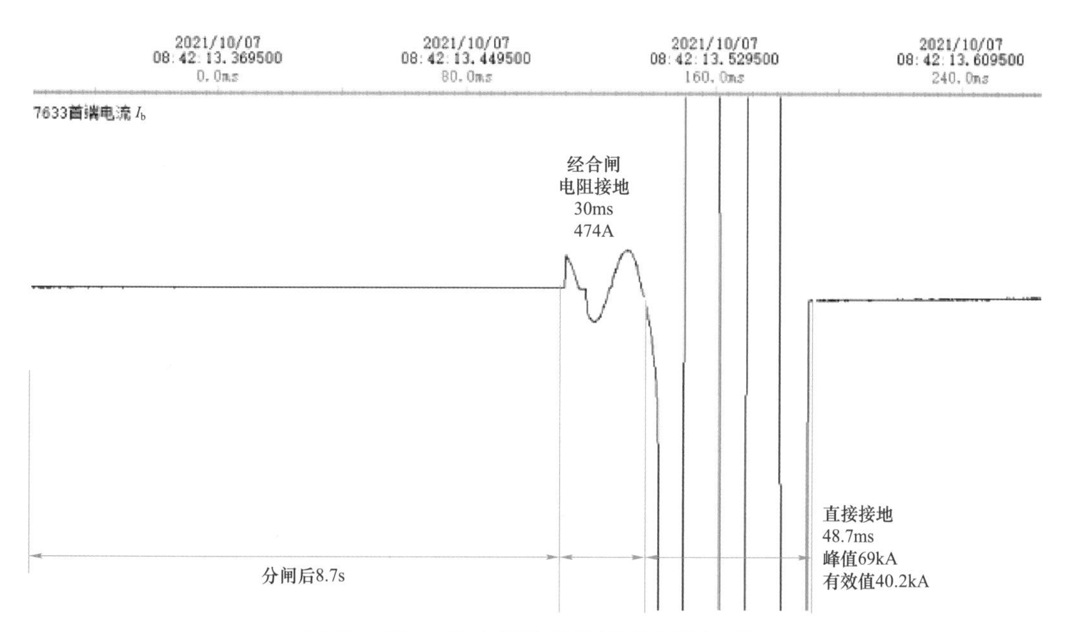

图 2-125　7633 断路器分闸故障录波波形

(a) 7633 断路器 B 相左侧接地铜排

(b) 7633 断路器 B 相右侧接地铜排

图 2-126　7633 断路器 B 相接地铜排放电痕迹

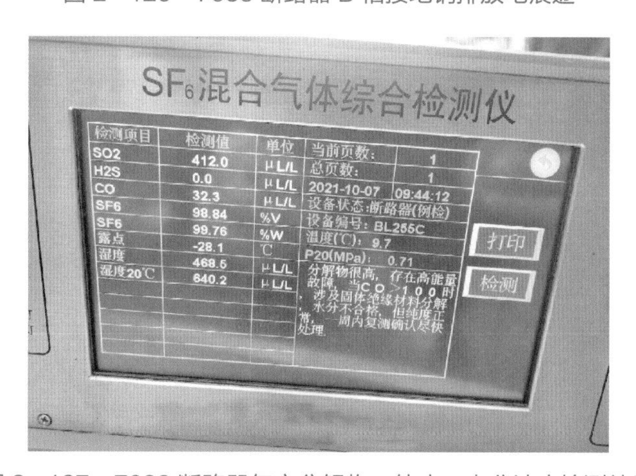

图 2-127　7633 断路器气室分解物、纯度、水分浓度检测结果

3）开盖检查情况。10 月 9 日对 7633 断路器 B 相开盖，发现罐体底部存在合闸电阻碎片和白色粉末，合闸电阻片破损严重，且在合闸电阻下方支撑绝缘子表面有明显的爬电烧蚀痕迹。7633B 相开盖内部情况如图 2－128 所示。

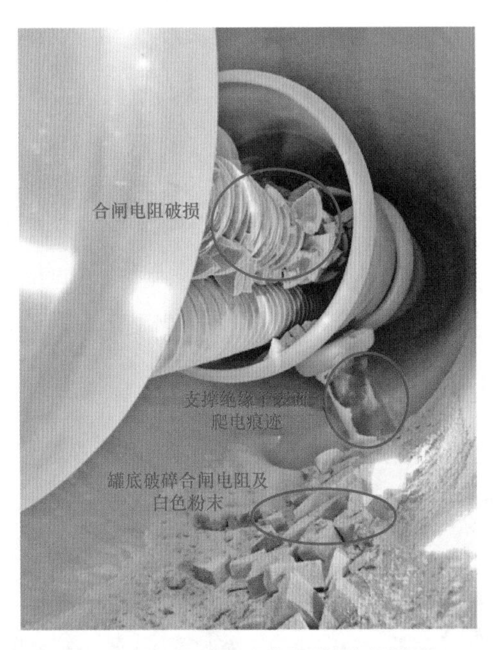

图 2－128　7633B 相开盖内部情况

3. 故障原因分析

通过现场开盖检查和波形分析可知，整个故障过程分为两个阶段，第一阶段为经合闸电阻对地短路，第二阶段为直接对地短路。初步分析第一阶段故障的原因可能为分闸气流的扰动下，异物由气流飘至支撑绝缘子表面，导致支撑绝缘子沿面闪络。结合前期断路器返厂解体分析情况，异物可能是由合闸电阻片内圈与绝缘杆振动磨损或辅助断口复位弹簧和主触头磨损产生的。第二阶段直接对地故障，在第一阶段短路电流对合闸电阻的 30ms 持续作用下，合闸电阻片出现破裂失效，短路电流激增至 40.2kA。现场初步检查屏蔽罩未发现明显放电点，初步分析第二阶段大短路电流经过支撑绝缘子表面。

2.1.10　提升措施

1. 合闸电阻片磨损

交流滤波器断路器投切频繁，需要开断较高的容性电流，要求操动机构具有较大的输出功率。800kV 交流滤波器罐式断路器电压等级高，合闸电阻串结构长，机构输出操作功率较大，罐内电场强度高，合闸电阻频繁受到较强的机械应力及电应力，极易造成电阻片磨损破坏。

合闸电阻片磨损产生的颗粒异物扩散至罐体内部导致绝缘能力下降并引发闪络放电，或者电阻内孔磨损导致绝缘能力降低、失效，闪络引起电阻炸裂，最后导致断路器的主绝缘破坏。相比于罐式断路器，瓷柱式断路器合闸电阻与灭弧室气室分立设置，两气室之间互相不产生影响，不易引发灭弧室故障。

针对上述交流滤波器罐式断路器合闸电阻缺陷，制定一系列提升措施，具体如下：

（1）断路器投切波形分析。交流滤波器断路器合闸过程中，在合闸电阻投入阶段如出现合闸电阻串绝缘能力降低失效，将会导致回路电流出现畸变，通过断路器的投切波形分析可有效排查该类问题。

（2）局部放电检测与 X 射线检测。断路器合闸电阻磨损物掉落罐底时，在电场作用下发生跳动，进而产生超声波信号，可通过超声波局部放电带电检测进行排查，X 射线检测进行确认。

投切波形分析及 X 射线检测如图 2－129 所示。

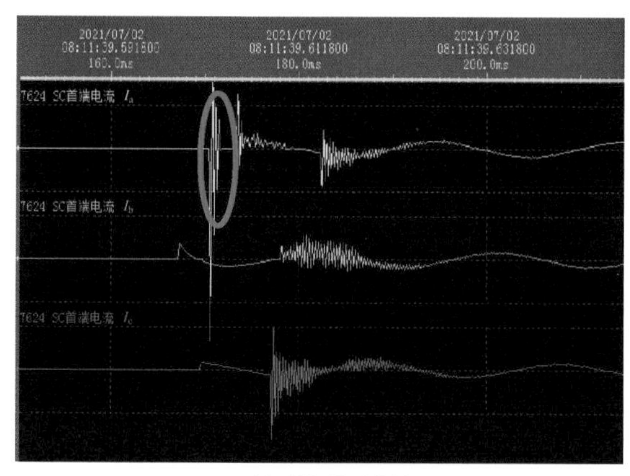

(a) 投切波形分析

(b) X射线检测

图 2－129　投切波形分析及 X 射线检测

（3）断路器合闸电阻结构改造。

1）针对 LW56－800 型罐式断路器合闸电阻串内孔磨损问题，提出如下两种改造方案：① 合闸电阻串结构优化改进，在合闸电阻串聚四氟乙烯绝缘垫板中心新增凸台结构，对电阻片径向进行限位，减少电阻片与绝缘杆的磕碰；② 采用选相合闸方式，去除合闸电阻结构，加装选相合闸装置，使交流滤波器断路器在母线电压过零点附近投入，以降低合闸过电压与合闸涌流。

2）针对 LW13－800 型罐式断路器合闸电阻破损问题，进行如下改造：① 在电阻支撑座与电阻片之间加装 3mm 的铝过渡片；② 在各电阻片之间加装 0.15mm 的铝过渡片；③ 在电阻片内孔与绝缘棒之间增加限位凸台；④ 在每个电阻串外部增加聚四氟乙烯防护套。

改进后合闸电阻结构如图 2－130 所示。

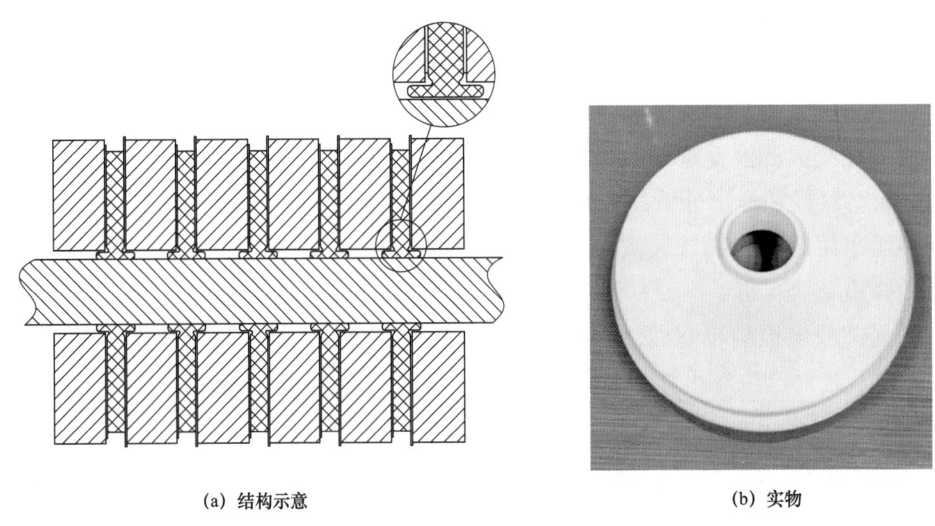

(a) 结构示意　　(b) 实物

图 2－130　改进后合闸电阻结构

2. 合闸电阻辅助断路器异常

断路器合闸电阻辅助断路器控制着合闸电阻的投退，某站 LW56－800 型罐式断路器近年来共计发生 2 起因合闸电阻辅助断路器异常导致合闸电阻无法正常投入的问题。LW56－800 型断路器合闸电阻及辅助断路器如图 2－131 所示。

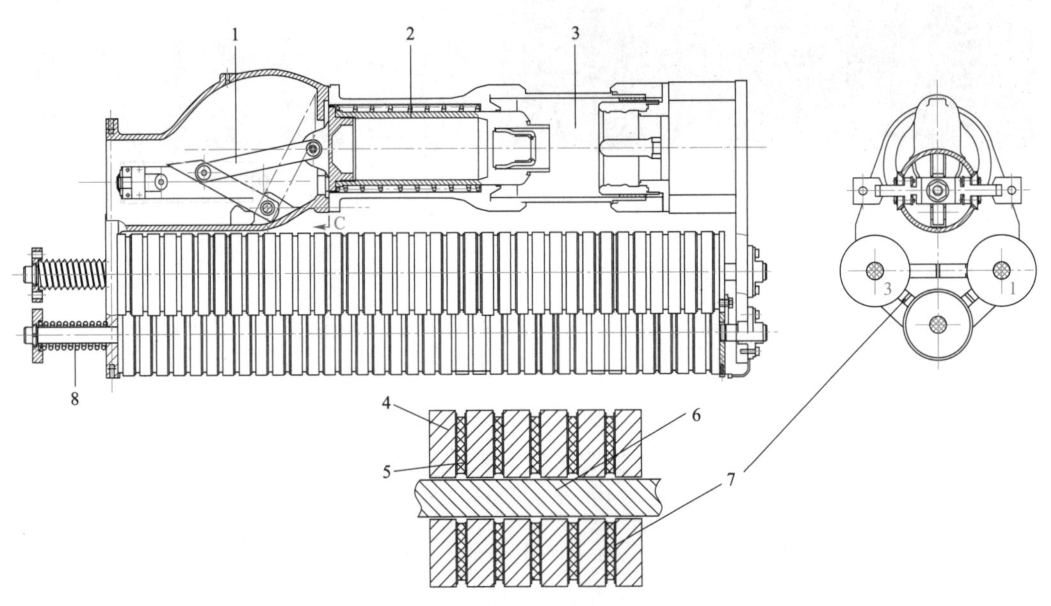

图 2－131　LW56－800 型断路器合闸电阻及辅助断路器

1—传动连杆；2—复位弹簧；3—合闸电阻断口；4—电阻片；
5—绝缘垫片；6—绝缘杆；7—接触片；8—压紧弹簧

针对合闸电阻辅助断路器异常，提出以下提升措施：

（1）运维措施。

1）每次交流滤波器断路器投切后，应对断路器投切录波进行排查，如出现波形畸变、合闸电阻投入时间异常或选相合闸角度多次偏差较大等问题，应及时进行处理。

2）日常加强交流滤波器断路器超声波局部放电检测、特高频局部放电检测、SF_6 气体分解产物检测，发现异常采用 X 射线检测辅助判断。

3）加强对断路器合闸电阻阻值及预投入时间测试数据比对分析，出现异常可采用 X 射线进行排查确认。

（2）选型措施。

1）交流滤波器罐式断路器建议采取选相合闸方式抑制过电压与合闸涌流。

2）建议换流站交流滤波器断路器投切接入录波装置，以便通过投切波形评估断路器状态。

3）如采用带合闸电阻型式的交流滤波器断路器，应对合闸电阻片的电、热与机械性能进行充分评估，并采取相应优化措施，避免出现合闸电阻异常受力、磕碰掉渣等问题。

4）采用加装选相合闸装置的交流滤波器断路器的机械离散性、绝缘强度下降率（RDDS）等参数应满足标准要求，厂家应提供断路器间歇时间、温度等因素对动作时间影响曲线，以确保选相合闸角度在规定范围内。

2.2 绝缘拉杆导向套脱落

2.2.1 某站“2021.11.24”7622 断路器 C 相绝缘拉杆导向套脱落

1. 概述

（1）故障概述。2021 年 11 月 24 日，在对某换流站现场所有罐式断路器进行内部清洁过程中发现，7622 断路器 C 相绝缘拉杆的导向套掉落，对其余断路器进行内检，未发现其他导向套脱落问题。

（2）设备概况。该断路器型号为 800PM63，出厂编号为 1361481110－01C，出厂日期为 2021 年 3 月。

2. 设备检查情况

（1）现场检查情况。对 7622 断路器 C 相内部进行清洁时发现，断路器机构侧绝缘筒底部有掉落的白色导向套。其中有两个碎片掉落在屏蔽罩底部，现场检查情况如图 2－132 所示。

（2）返厂后解体检查情况。将 7622 断路器 C 相灭弧室从罐体内移出，拆下动密封法兰后，可从机构侧绝缘筒内部观察到绝缘拉杆导向套脱落。返厂后解体检查情况如图 2－133 所示。

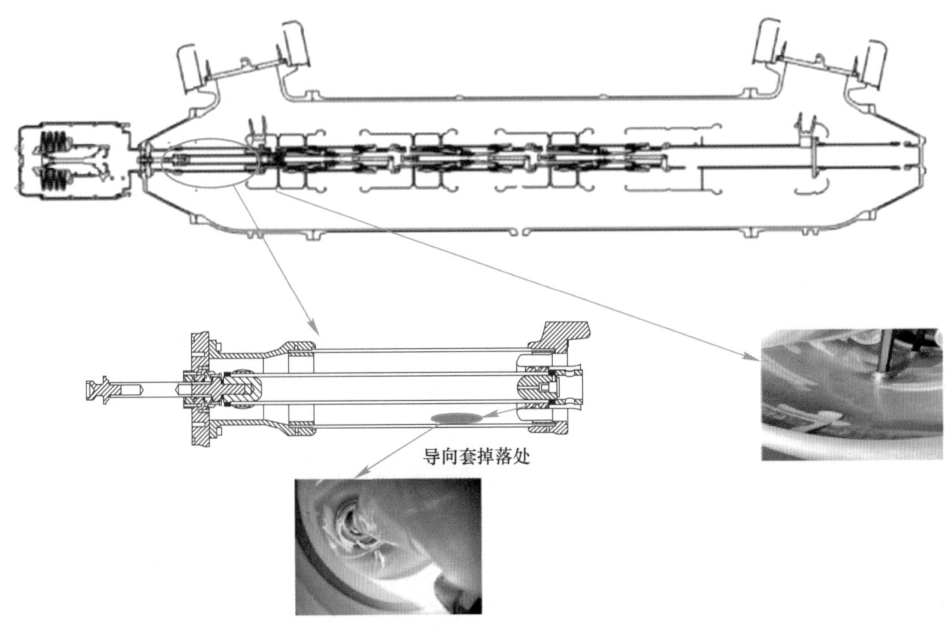

(a) 导向套掉落位置及掉落情况

(b) 拉杆表面掉落情况

(c) 筒体内掉落情况

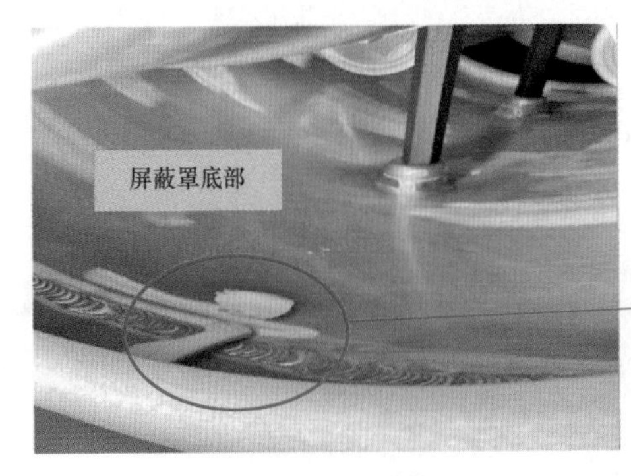

(d) 屏蔽罩底部掉落情况

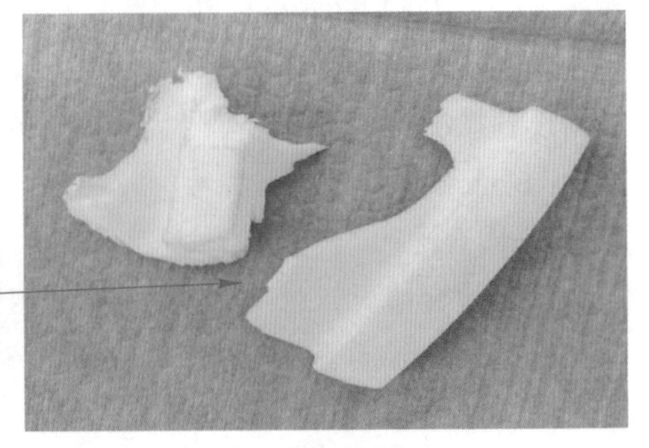

(e) 碎裂掉落的导向套

图 2-132 现场检查情况

(a) 芯体退出

(b) 芯体机构侧

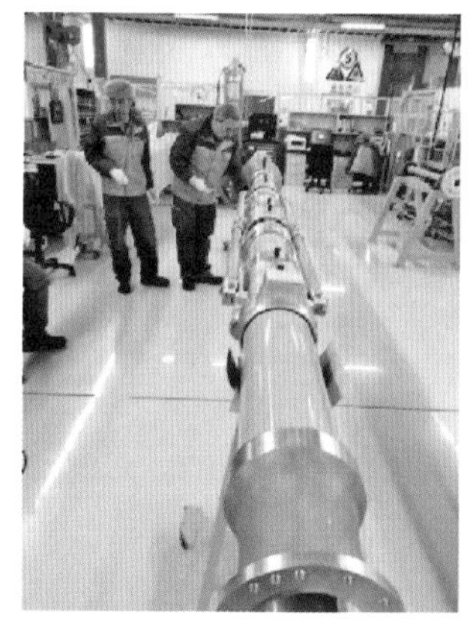
(c) 芯体整体情况

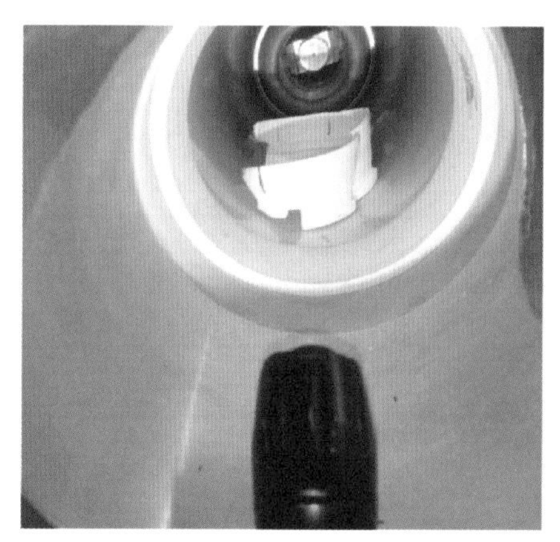
(d) 芯体退出筒体内情况

(e) 筒体内大块导向套取出后情况

图 2－133　返厂后解体检查情况

将脱落的导向套从绝缘筒内取出，主要分为三块，其中较大的导向套一侧断开，另一侧仍连接，导向套破碎情况如图 2－134 所示。

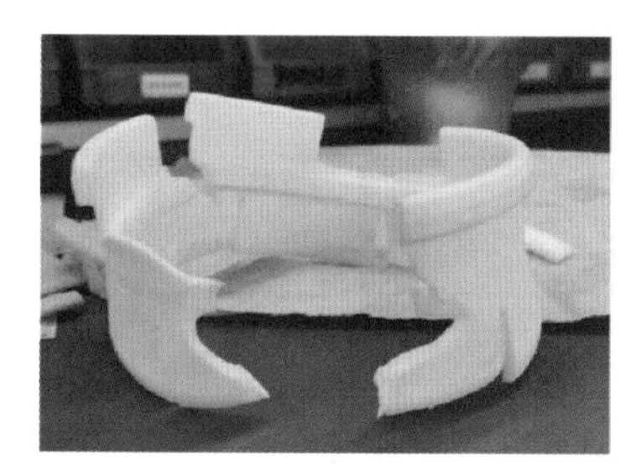
(a) 导向套整体

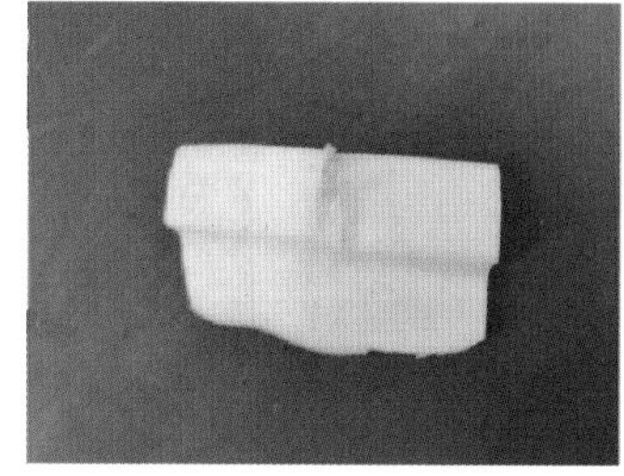
(b) 导向套局部块状碎片

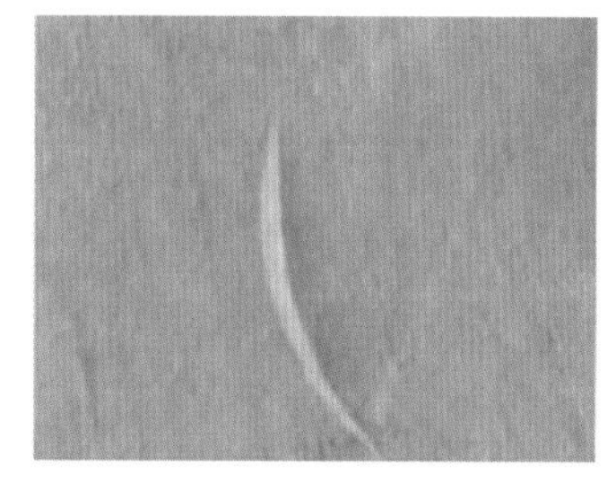
(c) 导向套丝状碎片

图 2－134　导向套破碎情况

3. 故障原因分析

(1) 故障原因分析。完成导向套尺寸检查、与导向套配合部件尺寸检查（均压罩、防护板），以上检测结果均符合要求。对导向套撕裂痕迹进行分析，较大的导向套一侧断开，另一侧仍连接，可判定导向套已断开处为第一破坏点，导向套局部块状碎片为从较大导向套上脱落的。

导向套整体变形方向朝向均压罩侧，明显受过撞击，外力来源于防护板方向的阻力，同时导向套的开口受力不均匀，出现挤压变形，导向套整体变形情况如图 2－135 所示。

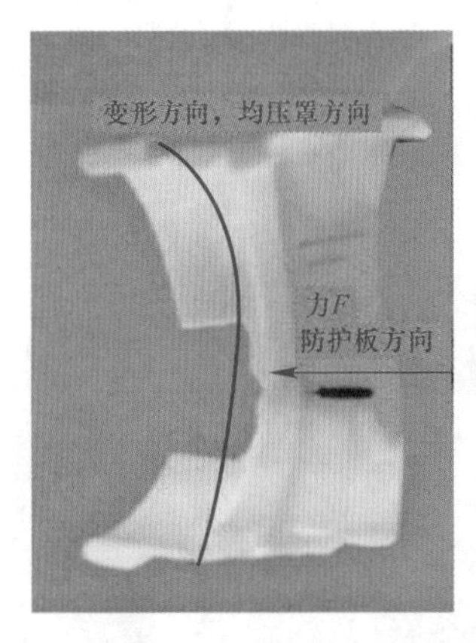

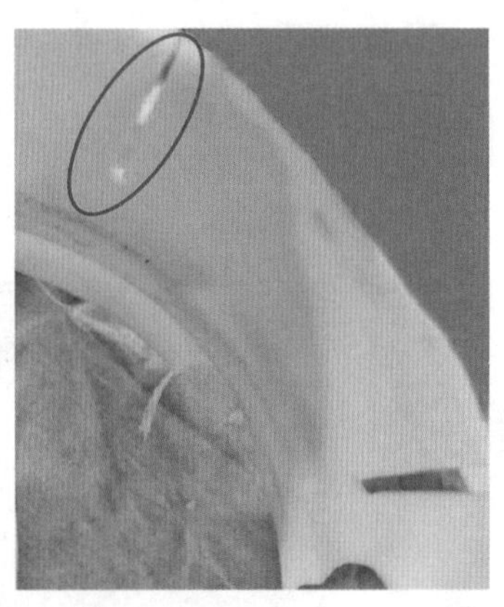

图 2－135　导向套整体变形情况

导向套靠近防护板侧发现有撞击痕迹，导向套靠近防护板侧撞击痕迹如图 2－136 所示。

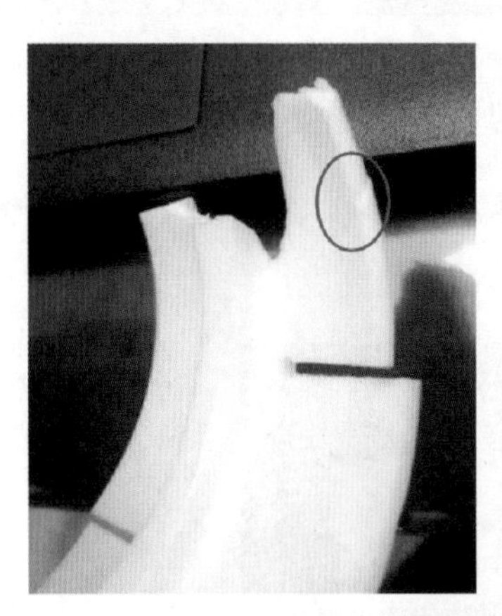
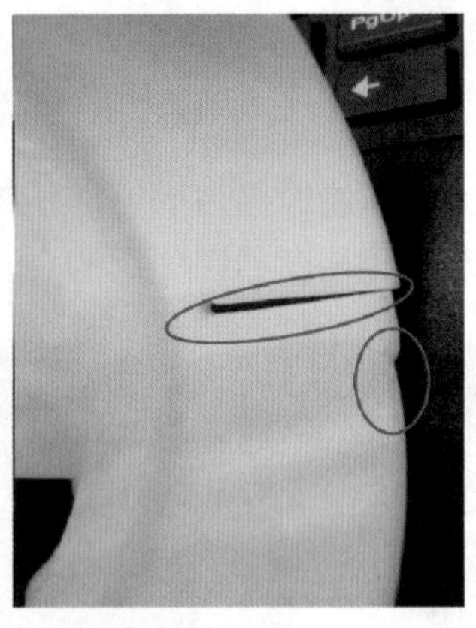

图 2－136　导向套靠近防护板侧撞击痕迹

导向套固定处有撞击痕迹，导向套固定处撞击痕迹如图 2－137 所示。

将导向套放入均压罩和防护板内，对比导向套变形方向及导向套撞击痕迹，初步判定是断路器在合闸时，导向套外沿与防护板碰撞，导致导向套脱落，导向套脱落如图 2－138 所示。

对导向套安装工艺进行校核。导向套在安装时，用手扳压机和尼龙工具，安装导向套到拉杆处，导向套安装过程如图 2－139 所示，确保聚四氟乙烯导向环安装在拉杆的槽内，密封环的大直径侧朝向销孔，挤压到位后，导向套发出“咔嗒”一声，自然入槽。导向套可在槽内自由旋转，此时导向套安装完毕。

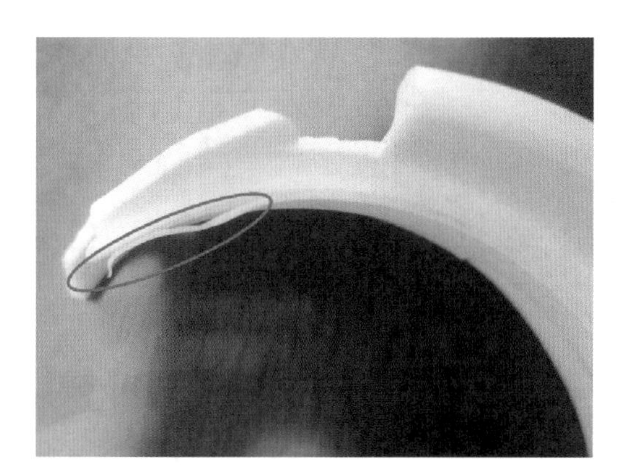

图 2－137　导向套固定处撞击痕迹

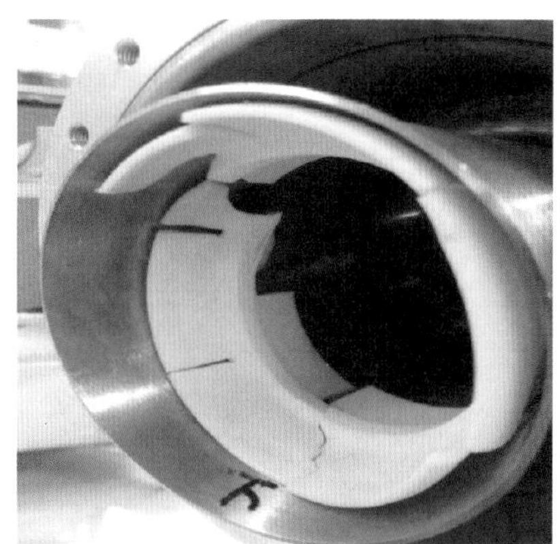

图 2－138　导向套脱落

导向套在挤压入槽前是过盈配合，如果出现导向套挤压不到位，且涨在绝缘拉杆的金属嵌件处，则导向套不能自由旋转，导向套处于被张开状态，且外形尺寸会变大，导向套安装不到位如图 2－140 所示。

从导向套的撕裂痕迹、变形方向、磕碰痕迹等迹象观察，有可能是导向套安装不到位，导向套外径尺寸变大，导致导向套与防护板碰撞，最终导向套脱落。

（2）导向套撕裂过程复现。对未安装到位且被涨开的导向套进行尺寸测量，发现导向套外径偏大，外径从ϕ107.5 增长至ϕ109.5，导向套尺寸测量如图 2－141 所示。

此时模拟断路器在合闸过程中，导向套与防护板发生撞击，导向套与防护板撞击过程模拟如图 2－142 所示。用尖利物敲击导向套靠近防护板的外径，首先从导向套开口处裂纹加长，同时有块状导向套碎片崩出，如图 2－142（a）、（b）所示。

图 2-139　导向套安装过程

图 2-140　导向套安装不到位

图 2-141　导向套尺寸测量

继续敲击导向套外径，导向套出现扭曲变形，同时导向套另一侧开口处出现撕裂，但并未完全断开，如图 2-142（c）、（d）所示。

继续敲击导向套外径，导向套从卡槽中窜出，同时裂纹贯穿，导向套撕裂，如图 2－142（e）、（f）所示。

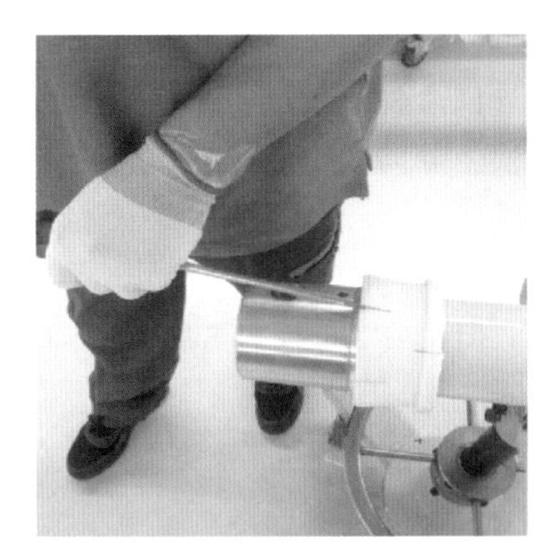

(a) 用尖利物敲击

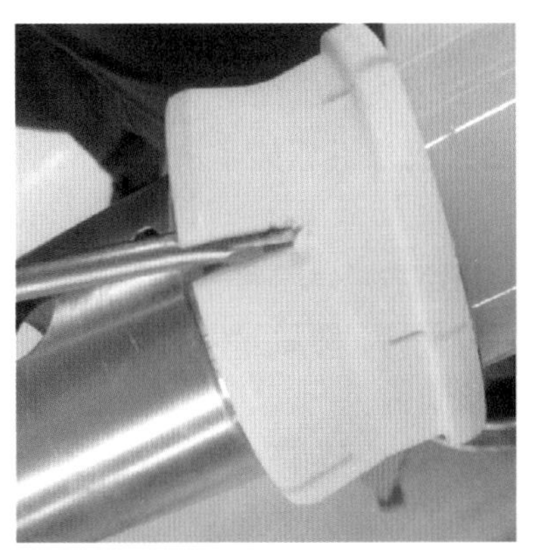

(b) 块状导向套碎片崩出

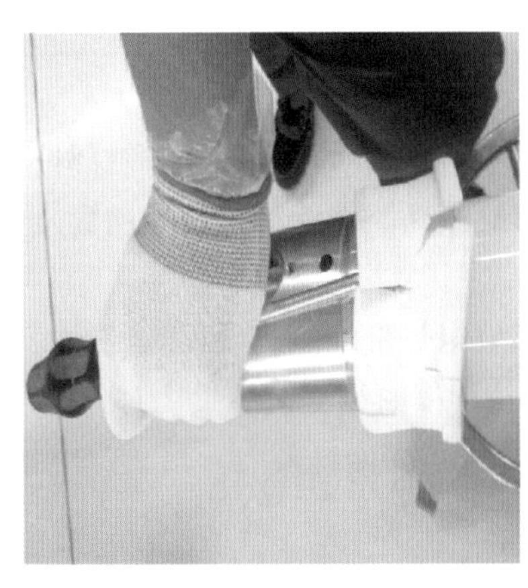

(c) 导向套扭曲变形

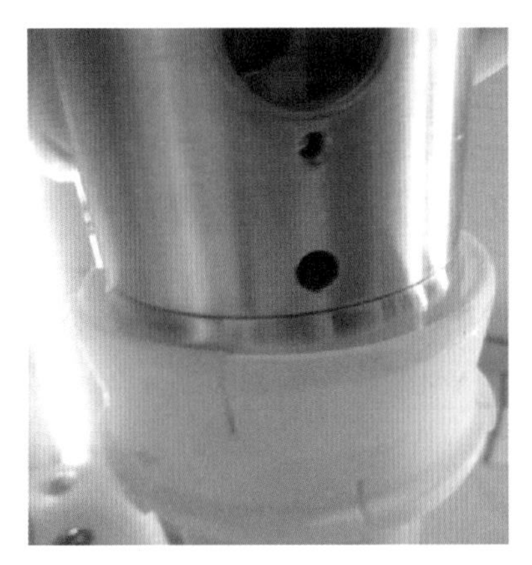

(d) 导向套整体未完全断开

(e) 导向套从卡槽中窜出

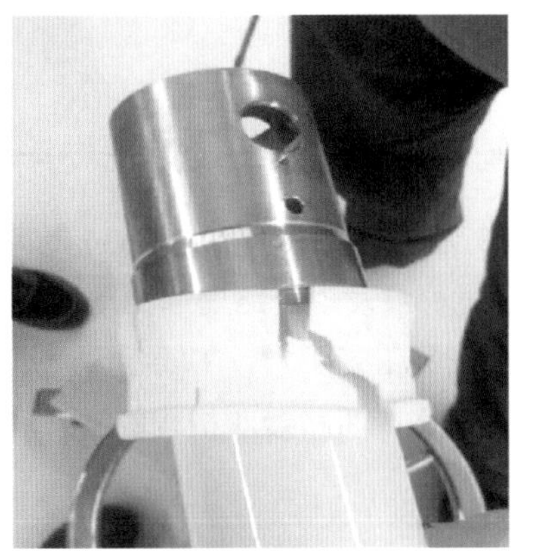

(f) 导向套撕裂

图 2－142 导向套与防护板撞击过程模拟

（3）结论。通过导向套脱落的复现试验发现，导向套的撕裂痕迹、变形方向、磕碰痕与现场发现的一相断路器导向套脱落痕迹基本吻合。

由于防护板安装后的尺寸是ϕ108～ϕ109，此时如果防护板安装后尺寸是下偏差ϕ108，同时导向套没有安装到位，未入卡槽，导向套处于涨开状态，外径ϕ109.5，就会出现导向套外径与防护板边沿刮蹭。多次刮蹭后，导向套外径变形，最终在合闸过程中，导向套外沿与防护板外沿相撞，由于合闸速度快，导向套与防护板相撞的一侧直接被切割开裂。

受到外力撞击后，导向套严重变形挤压，其中一个导向套的开口处与导向套脱离，掉落至机构侧绝缘筒内。随后导向套受卡槽阻挡，但又被防护板撞击后，从卡槽中脱出，掉落在机构侧绝缘筒内。

导向套脱落的原因为厂内安装过程中，导向套压接不到位，或铸件尺寸不满足工艺要求，断路器多次操作后，导向套与防护板撞击，导致导向套脱落。

2.2.2 提升措施

针对运维方面，提出以下提升措施：

（1）建议断路器厂内及现场安装严格把控安装工艺质量，确保各组部件安装到位。

（2）建议各站采用X射线检测方式，排查罐式断路器绝缘拉杆导向套是否存在破碎、脱落问题。

（3）日常加强交流滤波器罐式断路器局部放电等带电检测项目。

（4）加强断路器分合闸时间、分合闸速度及行程曲线测试结果比对分析，发现异常可结合X射线深入排查。

2.3 密封圈失效

2.3.1 某站“2018.3.7”5634断路器C相漏气

2018年3月7日，某换流站5634断路器C相压力低报警，该断路器为LW56－800型断路器，通过检漏发现断路器非操动机构侧套管底部法兰面存在漏气问题，故障原因为断路器密封圈安装工艺不当，在低温环境下缺陷进一步放大，进而产生漏气，对密封圈进行更换后恢复正常。断路器非机构侧套管底部法兰面缺陷如图2－143所示。

2.3.2 提升措施

1. 运维措施

（1）建议现场对断路器进行安装时，应注意做好防尘措施，保证安装质量合格。

（2）日常加强断路器气室压力监盘，如出现异常下降趋势，应找出泄漏点。

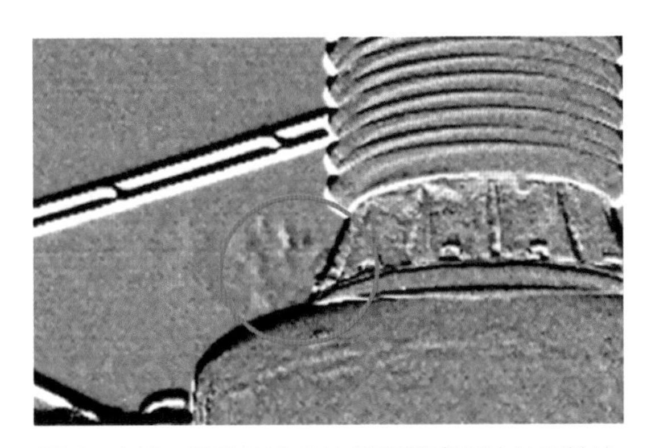

图 2-143 断路器非机构侧套管底部法兰面缺陷

2. 选型措施

（1）断路器气室法兰面密封圈建议选用环境耐受能力强、使用寿命长的材质，高寒地区宜选用氟硅橡胶等低温耐受能力强的密封圈。

（2）断路器气室密封结构建议采用双 O 形密封结构。

3　交流瓷柱式断路器内部异物放电故障

3.1　气室内部异物放电

2015 年以来，换流站瓷柱式断路器共发生 8 起由于内部异物导致断路器气室绝缘击穿问题，故障断路器为 LW15A－550 型瓷柱式断路器，且均为 2009—2010 年生产。

3.1.1　某站“2015.1.24”5623 断路器 C 相爆裂

1. 概述

（1）故障概述。2015 年 1 月 24 日 19 时 30 分，某换流站直流功率由 4000MW 降至 2800MW 过程中，5623 小组滤波器自动切除时，C 相断路器熄弧后电弧复燃，导致小组零序过电流保护动作，启动大组母线失灵，母线失灵保护动作，跳开 5051、5052 断路器，切除第二大组交流滤波器。

（2）设备概况。故障断路器（型号 LW15－550/Y4000－63）为常规瓷柱式高压六氟化硫断路器，双断口结构，2010 年 10 月 28 日投运，断路器负载为并联电容器，负载容性电流 200A，故障前该断路器已分合操作 934 次。5623 断路器工作原理如图 3－1 所示。

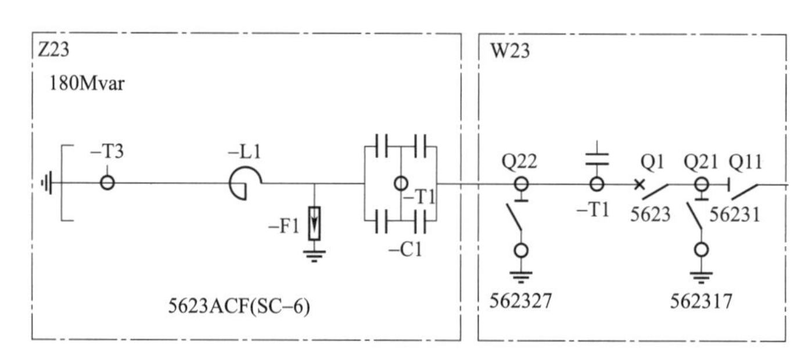

图 3－1　5623 断路器工作原理

根据断路器技术协议，空载操作机械寿命不小于 5000 次，额定开断短路电流（63kA）的电气寿命为 16 次。采购标准和技术协议中未对断路器开断容性额定电流的操作次数进行明确要求，断路器说明书中提出断路器额定电流开断次数为 2000 次，超过时需全面检修。该站断路器操作次数为 932 次（分合各算 1 次），未超过全面检修要求值。

2. 设备检查情况

（1）现场检查情况。通过分析故障录波波形发现，C 相断路器在成功开断后 70ms 电弧复燃（电流峰值 5700A），72.8ms 电流自然衰减消失；79ms 再次复燃（电流峰值 3000A），84ms 左右电流自然衰减消失；随后出现补气报警（400ms）及闭锁报警（600ms），2s 左右（此时瓷套已炸裂）出现稳态电流 200A（并联电容器负载电流），9s 时保护动作并切除故障断路器。断路器 C 相自分闸后重燃及报警时序如图 3－2 所示。

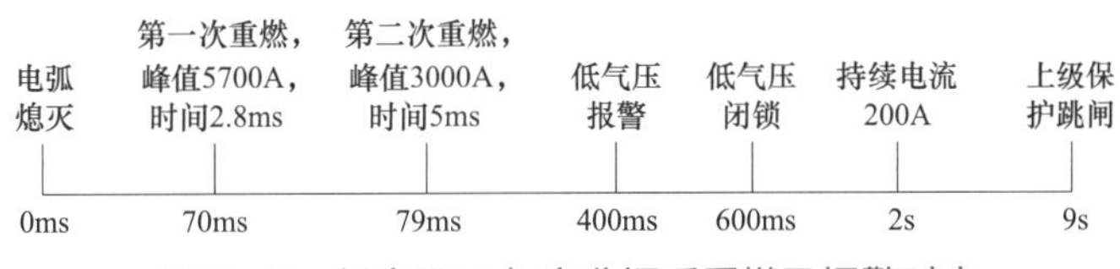

图 3－2　断路器 C 相自分闸后重燃及报警时序

现场检查 5623 断路器 C 相负荷侧灭弧室瓷套已完全爆裂，断路器本体处于分闸位置，动静触头裸露在空气中，静主触头上部与动主触头下部有明显电弧烧蚀痕迹；瓷套碎片散落在周围 20m 范围内（最大瓷片 300mm×400mm），除 5623 断路器 A 相支柱的上瓷套伞裙被炸裂的瓷片有轻微破损外，其余设备完好。5623 断路器现场检查情况如图 3－3 所示。

(a) 故障后整体情况

(b) 灭弧室故障情况

图 3－3　5623 断路器现场检查情况

1 月 26 日现场更换了 5623 三相断路器本体，对拆除的 A、B 相断路器进行了均压电容及介质损耗测量，断路器机械特性、SF_6 分解产物组分试验，试验结果正常。2012 年 5623 断路器例行试验时试验结果均正常。

（2）断路器返厂解体情况。

1）爆裂的断路器 C 相解体情况。滤波器侧灭弧室内的动、静触头有大片的电弧烧蚀痕迹，该侧灭弧室绝缘子已经爆裂；母线侧灭弧室绝缘子完好，动触头侧法兰上有明显的电弧烧蚀痕迹，并在该侧灭弧室内发现粉末和点状油迹，在瓷套下方内壁有发散性沿面放电痕迹。断路器 C 相解体情况如图 3－4 所示。

(a) C相滤波器侧灭弧室静触头

(b) C相滤波器侧灭弧室动触头

(c) C相母线侧灭弧室静触头

(d) C相母线侧灭弧室动触头

(e) C相母线侧灭弧室沿面放电痕迹

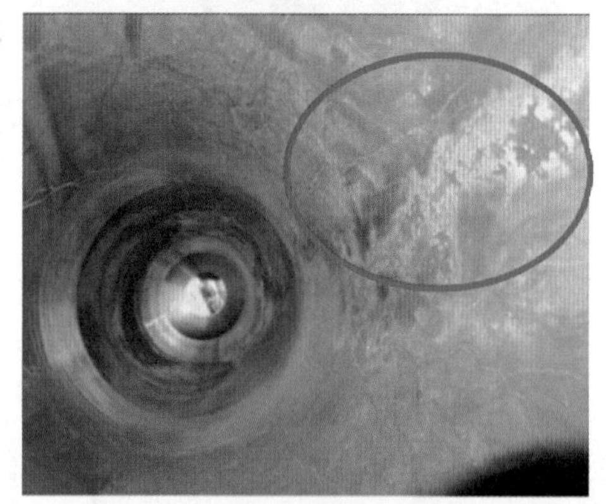

(f) C相母线侧灭弧室内异物痕迹

图 3-4　断路器 C 相解体情况

2）断路器 A 相解体情况。2 月 1 日，对 A 相进行解体检查，两侧灭弧室触头烧蚀正常，没有发现放电痕迹，在瓷套管内部有少量粉末和油迹。断路器 A 相解体情况如图 3-5 所示。

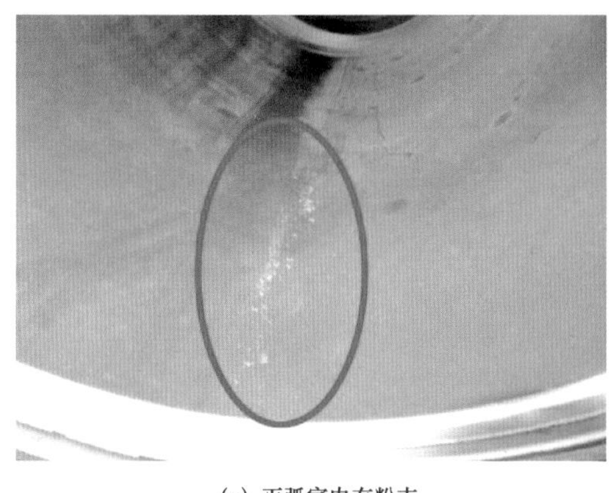
(a) 灭弧室内有粉末

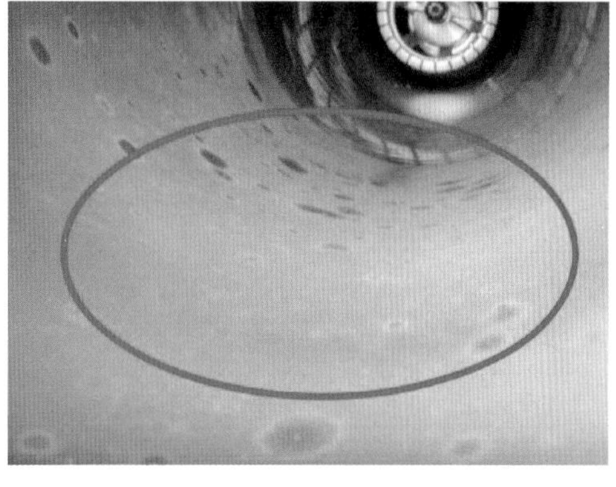
(b) 灭弧室内油迹

图 3-5 断路器 A 相解体情况

3）断路器 B 相解体情况。对 5623 断路器 B 相进行复装后进行了工频耐压试验，试验电压为 592kV（型式试验电压 740kV 的 80%），试验期间未发生放电现象。试验后对 B 相进行解体检查，在右侧灭弧室瓷套内发现少量粉末，左侧未发现异物。对触头检查，烧蚀情况正常，磨损也正常。断路器 B 相解体情况如图 3－6 所示。

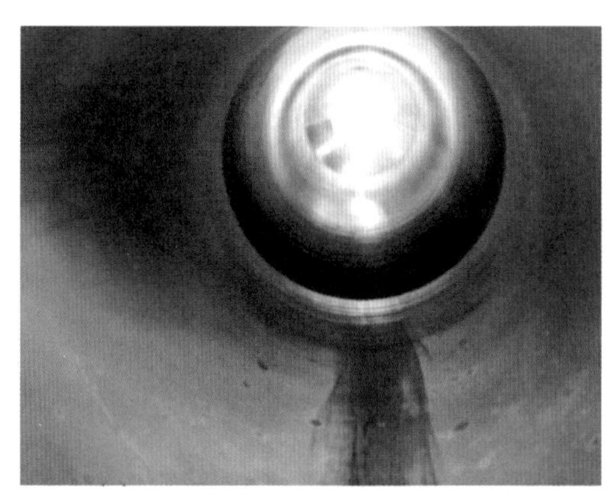
(a) B 相左侧套管（无粉末）

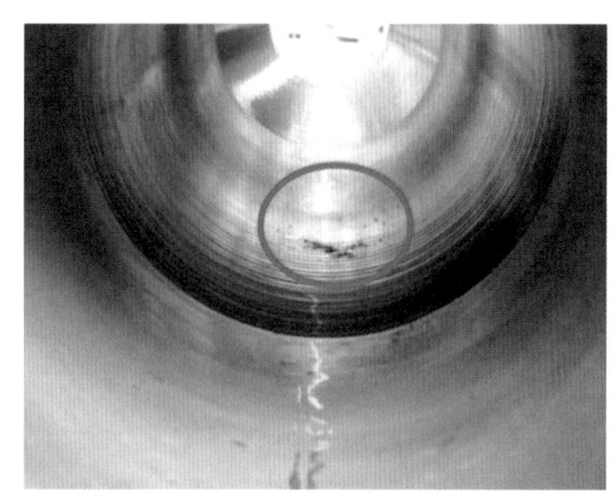
(b) B 相右侧套管（有粉末）

图 3-6 断路器 B 相解体情况

4）灭弧室内粉末和油迹比较与分析。通过解体后发现不同断路器灭弧室内的金属屑的多少有差异，A 相左侧灭弧室绝缘子内有粉尘、右侧有少量油迹；B 相左侧无粉尘、右侧有粉尘；C 相左侧有放电痕迹，右侧绝缘子已爆裂。灭弧室内粉末和油迹比较见表 3－1。

对灭弧室内的粉尘进行成分化验发现，粉末主要由 Si、Fe、Cr、Mn、Al、Ag 构成。根据断路器灭弧室结构可知，Si 主要来源为瓷套表面的釉和断路器内部的润滑脂；Fe 主要来源为灭弧室内活塞和拉杆的摩擦物；Cr 主要来源为触头材料，触头为 Cu 和 Cr 合金；Al 主要来源为灭弧室内气缸的摩擦物；Ag 主要来源为灭弧室内导电材料表面的镀银层，其他微量元素为杂材料。综上分析，灭弧室内的粉末主要为灭弧室内零部件经过长期操作后的摩擦物。

表 3-1　　灭弧室内粉末和油迹比较

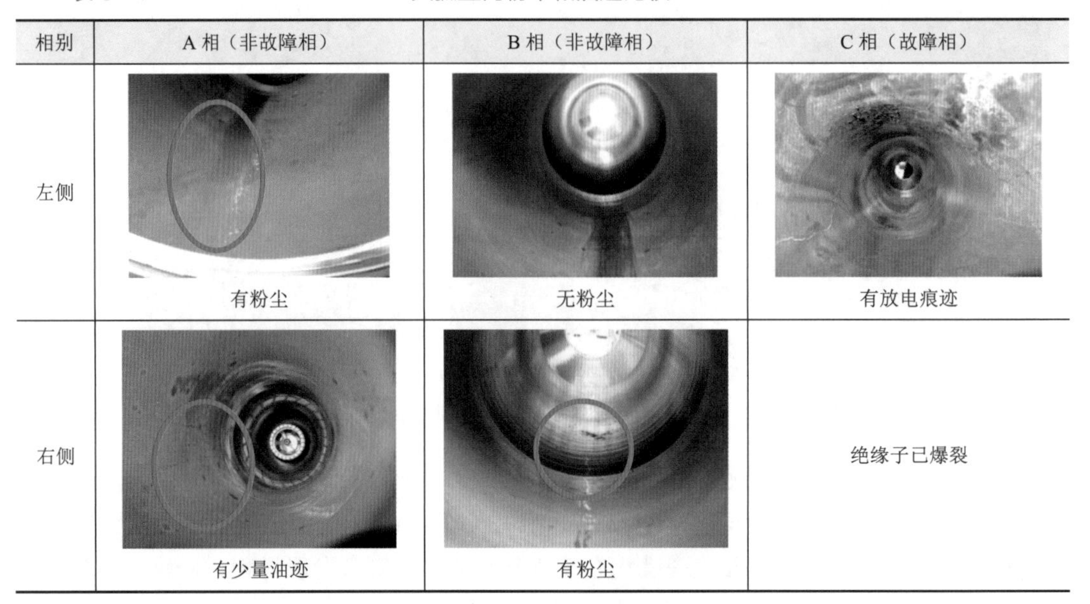

相别	A 相（非故障相）	B 相（非故障相）	C 相（故障相）
左侧	有粉尘	无粉尘	有放电痕迹
右侧	有少量油迹	有粉尘	绝缘子已爆裂

分析认为，灭弧室内粉尘为触头摩擦物，粉尘的多少与每台断路器内零部件的制造公差、装配差异、气缸内润滑油脂的涂抹方法及用量等断路器工艺控制有关。

a. 制造公差。每个零部件加工过程中，加工尺寸都有微小的差异，不完全相同，断路器由多个合格的零部件装配完成，差异的积累会造成每相断路器之间存在差异，例如原材料差异、触头压紧力、压气缸直径等。

b. 人员因素。在装配过程中由于每个工人的技能及熟练程度不尽相同，使用工装器具的习惯有差异，因此断路器装配结果也会产生差异，例如断路器的对中、中间触指夹紧力的调整等。

c. 润滑脂的使用。虽然厂家工艺文件对润滑脂的使用方法有严格控制，达到量化的要求，但在工人执行过程中，润滑脂涂抹方法不正确，会导致润滑脂在断路器分合闸过程中飞溅出来并落在绝缘瓷套的内部。

3. 故障原因分析

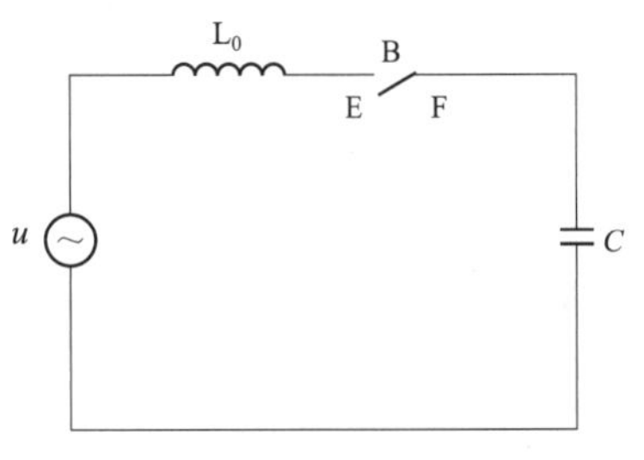

图 3-7　断路器等效电路

（1）原理分析。断路器等效电路如图 3-7 所示，由于断路器负载为并联电容器，按最严酷的情况下分析断路器的分闸过程，当断路器在母线峰值电压时分闸，电容器上的残余电荷为母线电压的峰值，断路器两端承受电压为母线交流电压和电容器直流电压之差。断路器电压波形如图 3-8 所示。

根据电路等效分析，电流切断后 70ms 第一次击穿重燃，断口间恢复电压达到最大值，最大值为相电压峰值的 2 倍，对于 550kV 断路器约 900kV。不考虑衰减，79ms 时第二次击穿重燃，断口间恢复电压达到最大值。

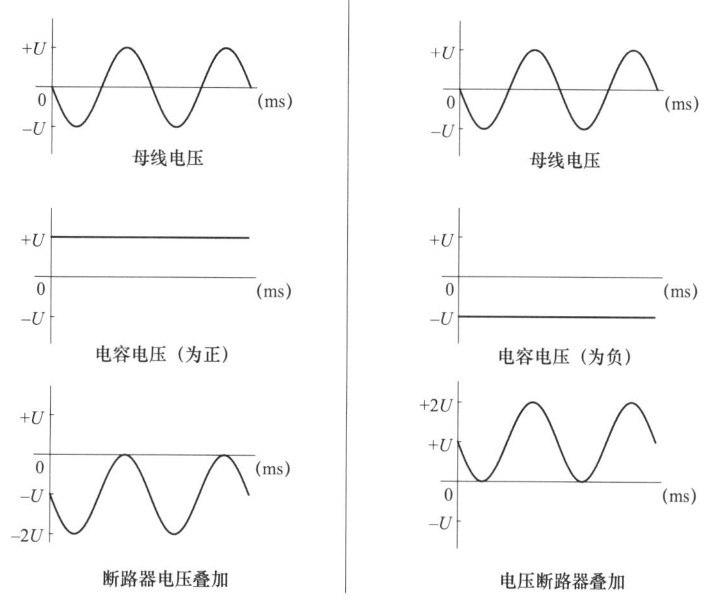

图 3-8 断路器电压波形

（2）过程及灭弧室爆裂原因分析。

1）灭弧室爆裂起因。由于断路器经过长期操作（操作次数为 934 次），一般情况下在正常操作时会产生金属屑，随着金属屑积累到一定程度，在断路器分闸运动过程中，由于断路器灭弧室在吹气过程中，在高压气流及电磁场作用下，金属屑的位置会随之变化，特别是断路器刚分闸后几十毫秒，主要集中在断口下方瓷套表面，类似存在尖端毛刺，引起电场畸变，使母线侧灭弧室套管从静主触头起沿瓷壁发生贯穿性击穿，滤波器侧灭弧室承受两倍（一个断口承受两个断口的电压）的电压，引起静触头对瓷壁的击穿，进而导致瓷套炸裂。

2）放电过程。5623 断路器接到分闸命令后，正常分闸并开断负载电流，电弧熄灭，假定电流熄灭时刻为 0ms，根据现场故障录波分析，5623 断路器在电弧熄灭后 70ms，母线电压接近峰值，同时由于电容器上存在残余电荷，电容器侧的电容和母线侧相反。两者电压叠加，在高电压作用下，由于存在金属粉末，母线侧灭弧室发生沿瓷壁放电，该侧导通，断路器两端电压全部施加在滤波器侧（绝缘子爆炸侧）灭弧室断口，该侧断口电压过高，造成断口击穿的同时对瓷壁放电（断口击穿点在灭弧室动侧左上方，瓷壁击穿点为母线侧静端主触头上部对瓷壁放电），短路电流 5700A，持续时间 2.8ms。断路器内部发生贯穿性击穿后，电容器侧充电，并且电压方向和母线侧电压峰值接近。放电过程击穿情况如图 3－9 所示。

由于已经形成了放电通道，在上次放电 9ms 后，母线电压翻转接近峰值，同时由于上次击穿放电，电容器侧电压又和母线侧电压相反，断路器两端电压再次叠加，在 79ms 断路器两端电压又接近最大值，在高电压作用下发生第二次击穿，短路电流 3000A，持续时间 5ms。

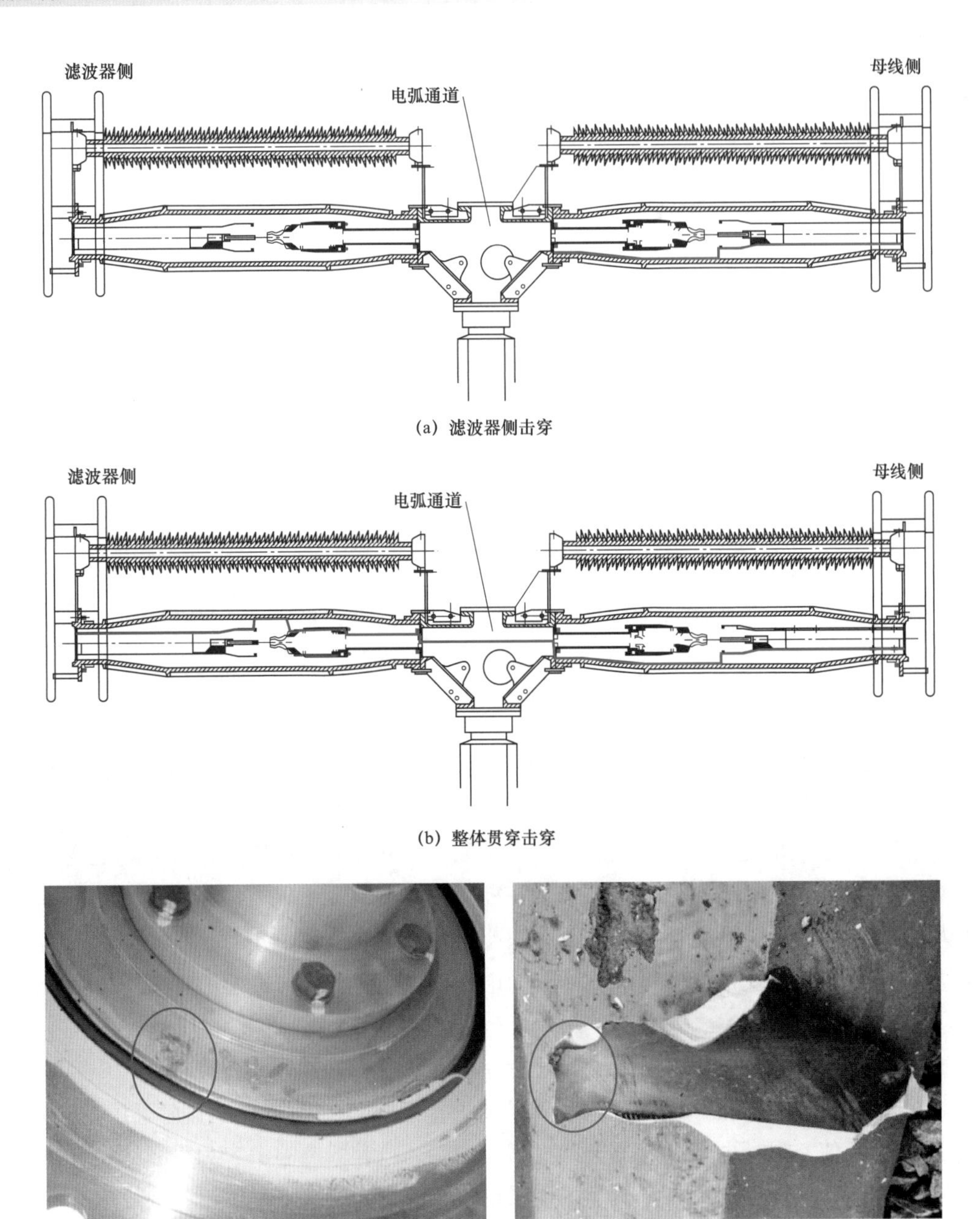

(a) 滤波器侧击穿

(b) 整体贯穿击穿

(c) 动侧法兰烧蚀点滤波器侧灭弧室瓷套击穿点

图 3-9 放电过程击穿情况

随后电弧熄灭，断路器出现漏气，补气报警和闭锁报警，在两次重燃后由于灭弧室瓷套高强瓷材料本身的脆硬性，滤波器侧瓷套粉碎性炸裂，断路器两端的电压为母线电压和滤波电容器上的电压叠加，5623 断路器 C 相滤波器侧触头裸露在空气中，母线侧灭弧室内仅有少量 SF_6 气体，两个断口绝缘性能已降到很低的程度。2s 时，触头间出现电弧击穿，瓷套内壁在多次高能电弧作用下出现放电痕迹，断路器两个断口击穿，通过持续电流约 200A，此时形成断路器爆裂后持续的放电通道，由于放电时间较长，在滤波器侧灭弧室静触头上部和动触头下部出现大片的烧蚀痕迹，母线侧灭弧室静触头和动触头也出现大片的烧蚀痕迹，瓷壁也有烧蚀痕迹及大量放电通道，9s 时大组滤波器保护动作切除故障断路器。二次击穿情况如图 3-10 所示。

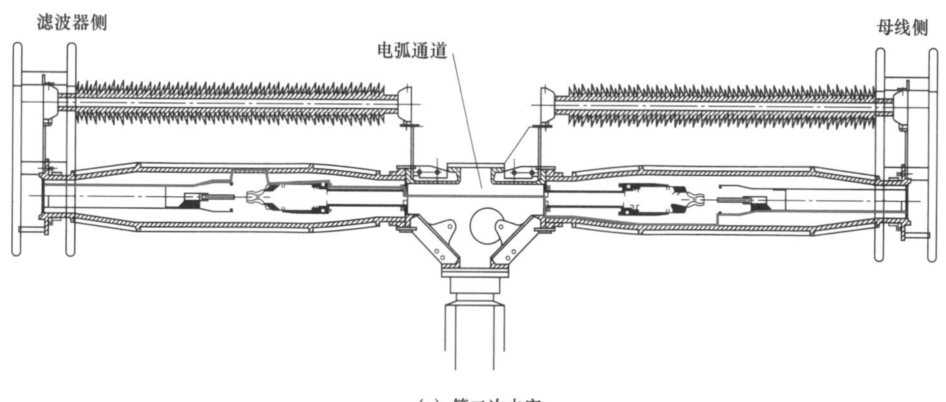

(a) 第二次击穿

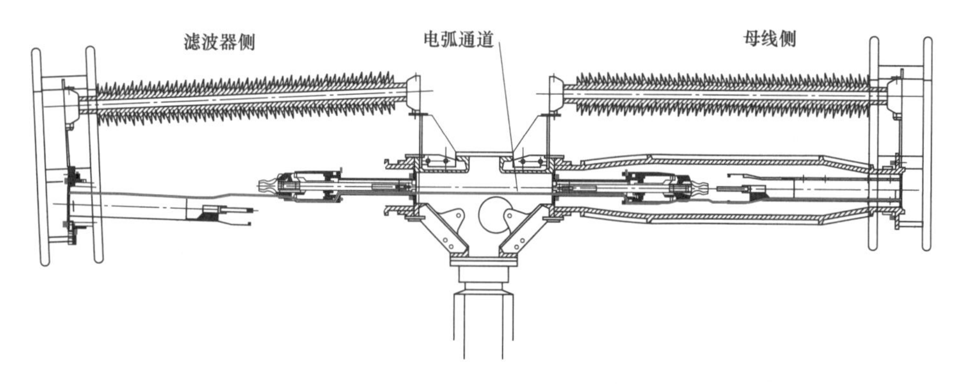

(b) 炸裂后的电弧通道

(c) 滤波器侧动触头断口击穿点

图 3-10 二次击穿情况

5623 断路器 C 相灭弧室瓷套炸裂的主要原因为灭弧室中存在异物，导致母线侧灭弧室瓷套内壁从静端主触头至动端法兰发生贯穿性沿面放电，使电场分布发生畸变，最终导致滤波器侧断口电压过高（是原来的两倍），灭弧室静端主触头对瓷套上部放电，致使具有脆硬性的灭弧室绝缘子发生爆裂。

3.1.2 某站“2016.4.14”5631 断路器 C 相重燃故障

1. 概述

（1）故障概述。2016 年 4 月 14 日 22 时 35 分 17 秒，5631 小组滤波器自动切除时，首开极断路器 C 相熄弧后 9ms 电弧复燃，复燃电流持续时间 0.8ms 后熄灭，峰值电流 7.244kA。5631 断路器故障如图 3－11 所示。

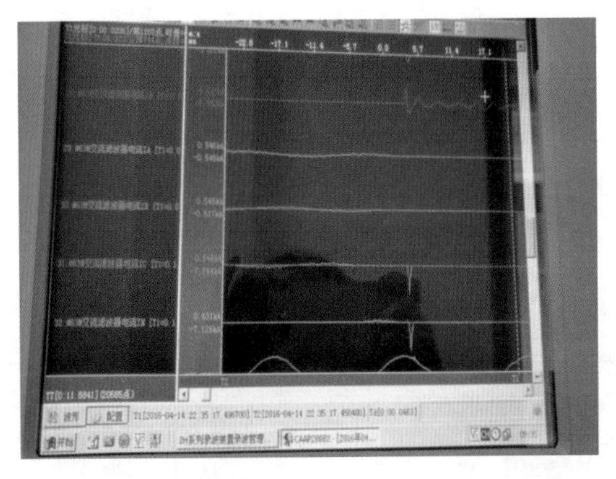

(a) 5631 断路器 C 相示波图

(b) 5631 断路器灭弧室放电点

(c) 灭弧室动主触头划痕

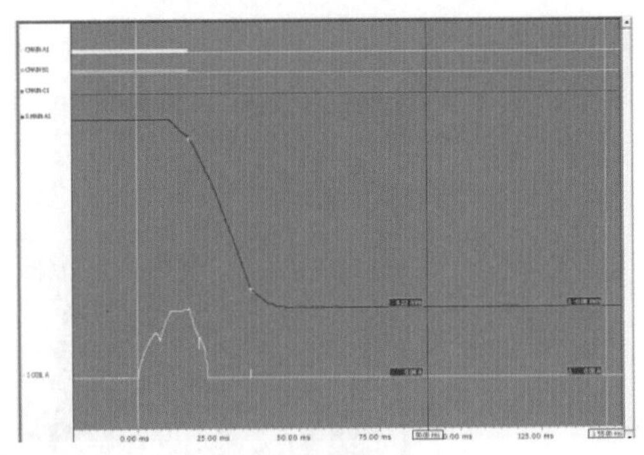

(d) 分闸特性曲线

图 3－11 5631 断路器故障

（2）设备概况。5631 断路器为 LW15A－550/Y5000－63 型瓷柱式滤波器专用断路器。自 2008 年结合某换流站工程，在成功通过背对背电容器组 C2 级型式试验验证后，有一定数量的断路器运行于直流输电交流滤波器 550kV 工况下。

2. 设备检查及原因分析

7 月 14 日 5631 断路器 C 相在厂内进行解体分析，确定原因如下：① 由于实际分闸速度较低，触头分开时距离偏小；② 润滑脂二硫化钼较多，干燥后变成粉末状；③ 触头镀银层银粉微量脱落；④ 触头对中不良。

断路器在运行过程中，随着断路器的不断操作，粉末在灭弧室内飘移，当断路器分断操作时，断路器分闸电弧熄灭后，在断口高电压的作用下，在熄弧后 9ms 时，断路器两端恢复电压接近最大值，而开距小于以往开距，并且受粉末影响，断口间绝缘下降，同时左侧喷口附近绝缘性能较差，附近由于电场比较集中，先发生左侧断口击穿，进而引发断路器整体重击穿。

3.2　容性电流开断能力偏低

3.2.1　某站“2015.7.10”5611 断路器 C 相重燃

1. 概述

根据某站反馈，2015 年 7 月 10 日 21 时 59 分，交流滤波器 5611 断路器在自动切除时，C 相出现电流复燃现象，电流峰值达 854A，引起特高压直流换相失败预测动作，直流电压、电流大幅调节，当时天气小雨，断路器操作 128 次。

2. 设备检查情况

（1）现场检查。7 月 27 日该站 5611 断路器停电，先对原 5611 断路器 C 相进行检测，检测完后进行灭弧室更换，旧灭弧室返厂检查分析，7 月 29 日 5611 断路器投入运行。5611 断路器主接线如图 3－12 所示。

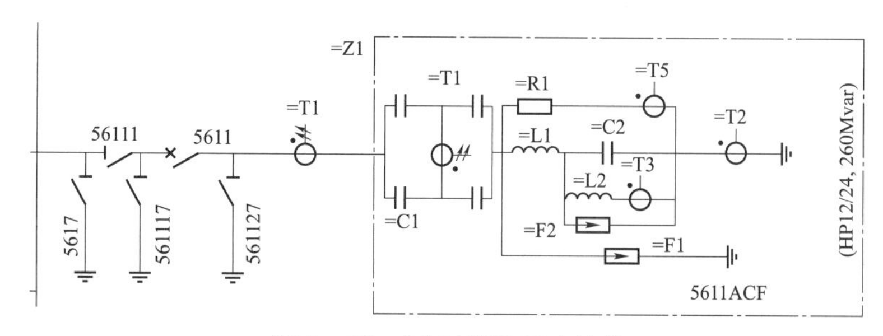

图 3－12　5611 断路器主接线

1）示波图分析。5611 断路器 C 相分闸异常示波波形如图 3－13 所示，从图中可以看出，C 相为首开极，在过零后约 4ms 发生复燃，电流峰值达 854A，电流持续约 3ms。

2）更换前检查。更换前检查项目及参数见表 3－2。

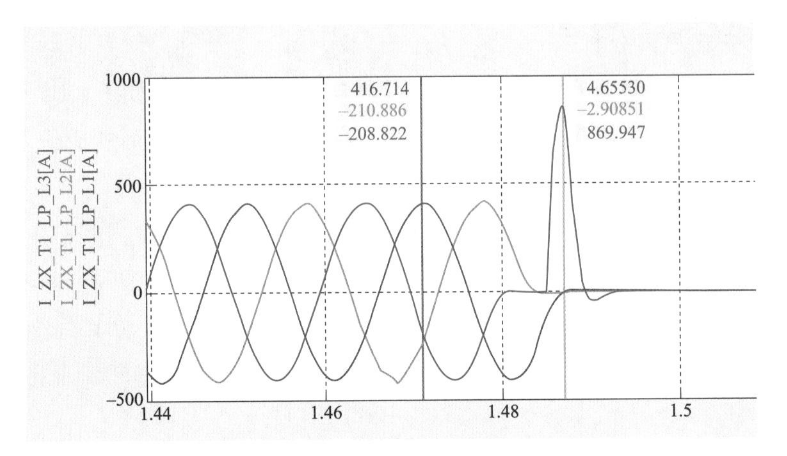

图 3-13　5611 断路器 C 相分闸异常示波波形

表 3-2　　更换前检查项目及参数

序号	检验项目		测量值	要求值
1	SF_6 气体	压力	0.73MPa	0.7MPa
		含水量	229μL/L	≤250μL/L（运行）
		纯度	94%	99%
2	机械特性	分闸时间	17ms	14～20ms
		分闸速度	8.74m/s	8.4～10.7m/s
		合闸时间	84.7ms	65～90ms
		合闸速度	3.09m/s	2.6～3.4m/s

拆除前对液压机构检查，机构油压正常，操作正常，断路器本体检查，灭弧室及电容外表面检查，没有发现明显的放电痕迹，但在两个灭弧室的两端都发现黑色油污。灭弧室油污如图 3-14 所示。

(a) 伞裙根部油污

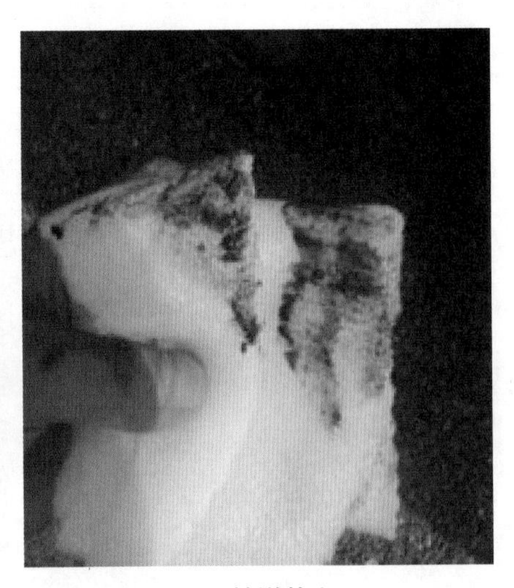

(b) 油污擦拭后

图 3-14　灭弧室油污

（2）厂内检查。8 月 9 日 5611 断路器 C 相灭弧室返厂检修，过程如下：

1）灭弧室整体绝缘及机械特性试验。将返厂的 5611 断路器 C 相灭弧室安装在厂内一相断路器的支柱上，配好尺寸将断路器动作至分闸位置，充 SF_6 到 0.6MPa，灭弧室一端加高压，另一端对地，进行 1min 断口间工频耐压试验，试验电压 740kV，试验结果通过。对断路器进行机械特性试验，机械特性试验项目及参数见表 3－3，试验结果正常。

表 3－3　　机械特性试验项目及参数

序号	试验项目	测量值（ms）		要求值（ms）
		断口 1	断口 2	
1	合闸时间	89.4	89.2	65～90
2	分闸时间	18.0	17.9	14～20

2）电容测量。断路器并联电容器为进口 MAXWELL 电容器，拆除电容后，对电容器逐个进行耐压、电容量、介质损耗试验，各项参数符合要求。电容试验结果见表 3－4。

表 3－4　　电 容 试 验 结 果

电容编号	试验项目	参数	要求值
0822631.11.025	耐压	530kV	530kV
	电容量	1971pF	2000±60pF
	介质损耗	0.127%	≤0.25%
0822631.11.029	耐压	530kV	530kV
	电容量	1978pF	2000±60pF
	介质损耗	0.115%	≤0.25%

3）解体检查。对灭弧室进行解体检查，拆除灭弧室动端和静端，断路器动静侧弧触头有少量烧蚀斑点，属于正常烧蚀；主触头无异常磨损。灭弧室解体检查如图 3－15 所示。

拆卸喷口，喷口内无放电痕迹，喷口如图 3－16 所示。

(a) 母线侧静触头

(b) 电容器侧静触头

图 3－15　灭弧室解体检查（一）

(c) 母线侧动触头

(d) 电容器侧动触头

图 3－15　灭弧室解体检查（二）

除了弧触头间有明显的电弧烧蚀痕迹，瓷套内及其他零部件没有发现放电痕迹，但在母线侧瓷套内部有较多异物粉末，对异物进行成分分析，根据分析结果可知主要成分为润滑脂二硫化钼及少量金属粉末。二硫化钼粉末如图 3－17 所示。

图 3－16　喷口

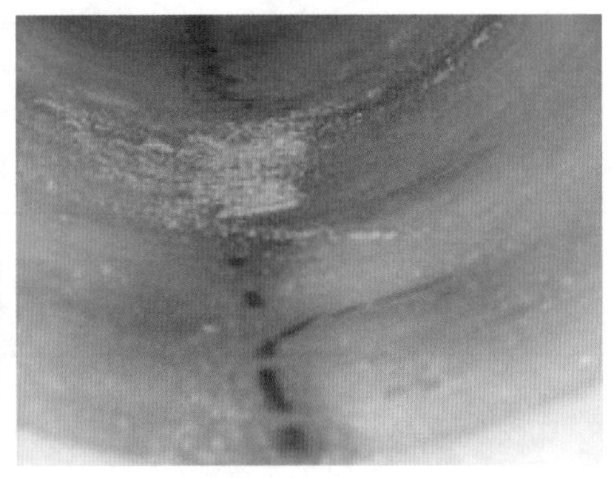

图 3－17　二硫化钼粉末

拆除气缸及拉杆，发现拉杆上有较多的二硫化钼润滑脂。气缸及拉杆如图 3－18 所示。

图 3－18　气缸及拉杆

3. 故障原因分析

（1）开断原理。容性电流开断等效电路如图 3－19 所示。

对于容性电流（假设为纯容性），电流的相位超前电压相位π/2，容性电流开断前后的电压、电流变化示意图如图 3－20 所示，当电流 i 在的 T_0 时刻过零，断路器开断，随后断路器负载侧 F 点的电压将保持为 $-U$；同时电源侧 E 点的电压随电源 u 继续变化，经过 1/2 周期（对 50Hz 的工频交流电源为 10ms）后，达到最大值 U；这期间断路器断口间的电压（即恢复电压）变化如图 3－20 中的 U_r 所示，T_0 经过 1/2 周期后也达到最大值 $2U$，之后将随着电源电压 u 的下降而下降。

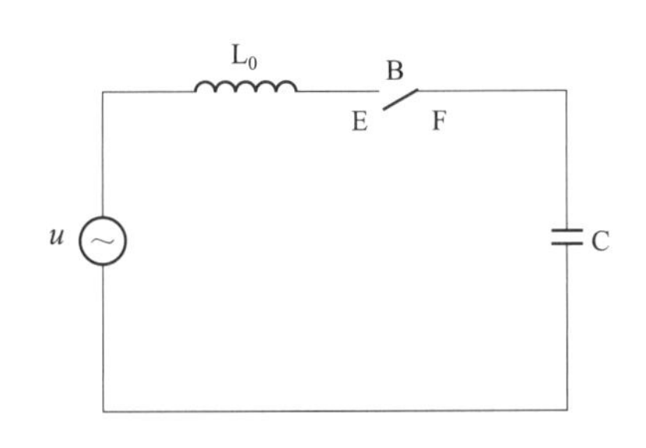

图 3－19 容性电流开断等效电路

u—交流电源；L_0—电源侧等效电感；
C—等效容性负载；B—断路器

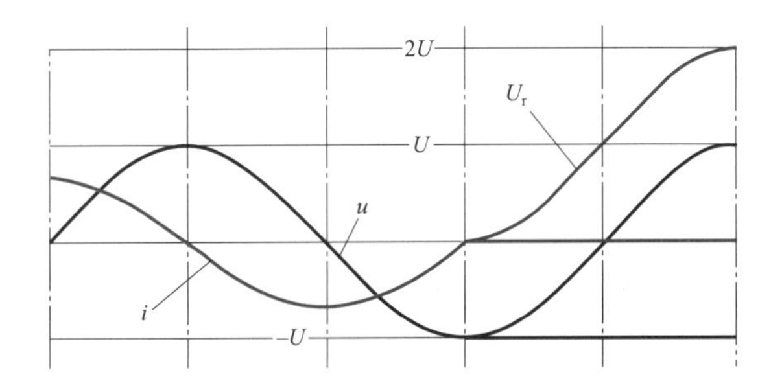

图 3－20 容性电流开断前后的电压、电流变化示意图

断路器在分闸后，相当于一边承受交流 AC 318kV，另一侧承受直流 DC 450kV 的混合耐压，对断路器绝缘要求较高。

（2）解体分析。灭弧室外表面没有明显的放电痕迹，灭弧室及电容器检测没有发现明显异常，排除灭弧室外部放电。在灭弧室内除弧触头外也没有发现明显的放电痕迹，所以放电发生在弧触头间，引起触头异常放电的只有二硫化钼粉末，据此推断复燃是由二硫化钼粉末漂浮在断口间引起的。

二硫化钼引起放电的具体过程如下：

1）为了增强拉杆与导向的无油轴套的滑动性，在拉杆上涂抹少量润滑剂二硫化钼，二硫化钼涂抹位置如图 3－21 所示。当个别零部件涂抹较多时，经过多次运动，二硫化钼在断路器的操作过程中发生挤压移动，一部分二硫化钼粘在拉杆上（图 3－21 位置 1）随着拉杆移动润滑；一部分二硫化钼会被无油轴套（图 3－21 位置 2）刮掉，留在无油轴套上；一部分被拉杆上的长孔刮掉（图 3－21 位置 3）。在分闸过程中，空心拉杆中的气流向左侧快速流动，并带着部分二硫化钼喷出，一部分喷溅在支持件上（图 3－21 位置 4），一部分喷溅在灭弧室瓷套上内（图 3－21 位置 5）；少部分拉杆上的二硫化钼分闸时随着气缸内的气流由喷口吹出。

2）瓷套内的二硫化钼干燥后变成粉末状，随着断路器的不断操作，这些二硫化钼粉末在灭弧室内飘移，当断路器分断操作时，这些粉末恰好漂移在断口间时，导致断口绝缘下降，断路器分闸电弧熄灭后，在断口高电压的作用下，断路器就会产生复燃。

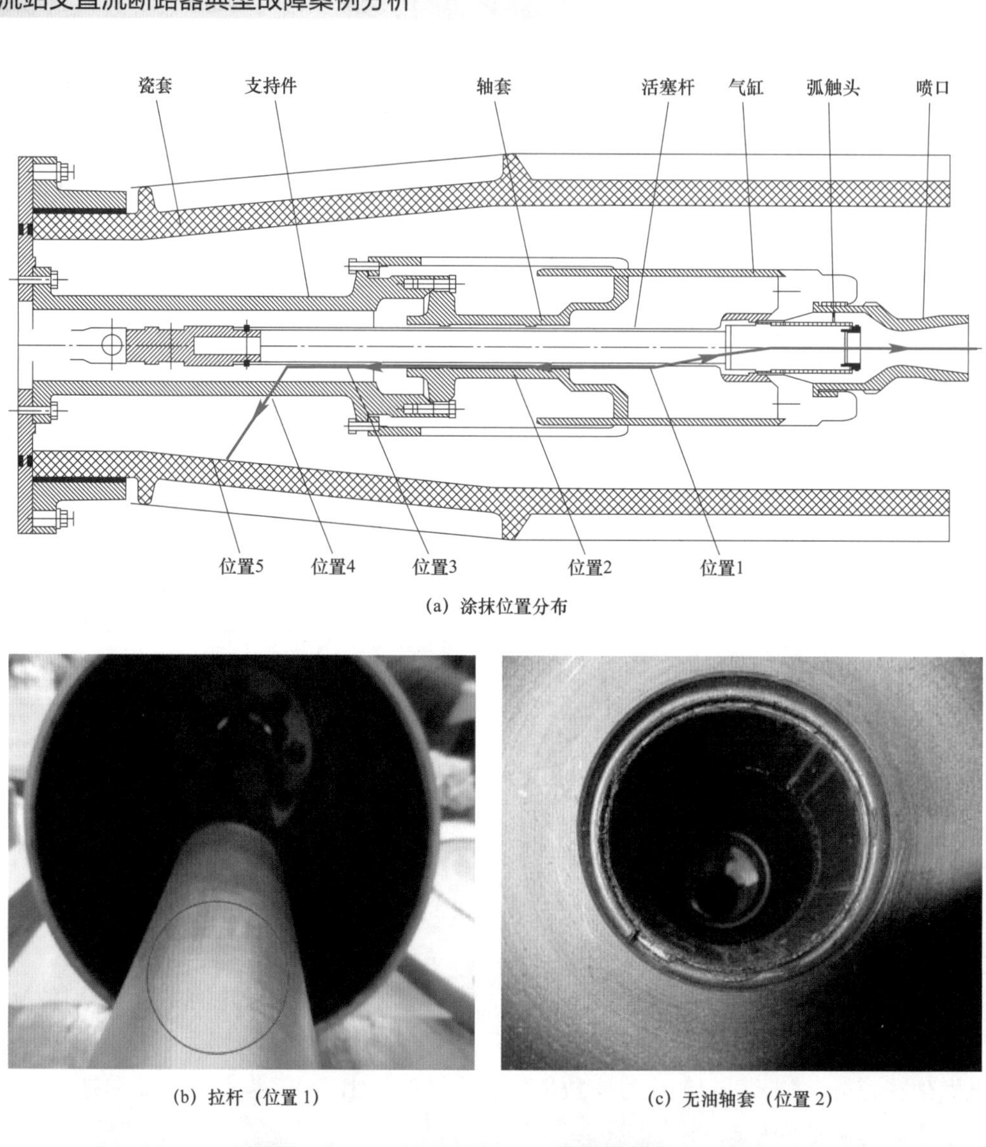

(a) 涂抹位置分布

(b) 拉杆（位置 1）

(c) 无油轴套（位置 2）

(d) 拉杆长孔（位置 3）

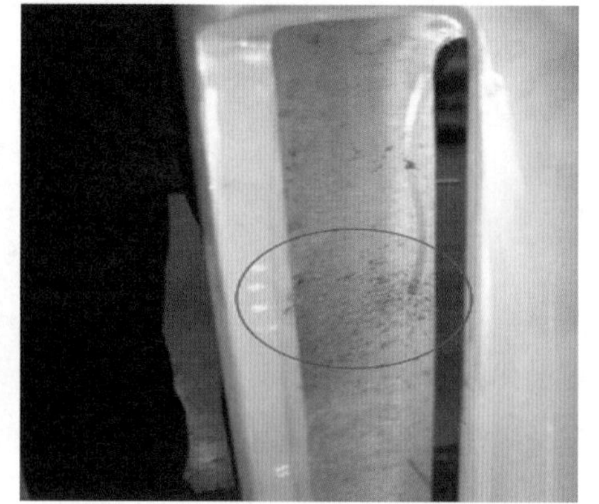

(e) 支持件（位置 4）

图 3-21 二硫化钼涂抹位置（一）

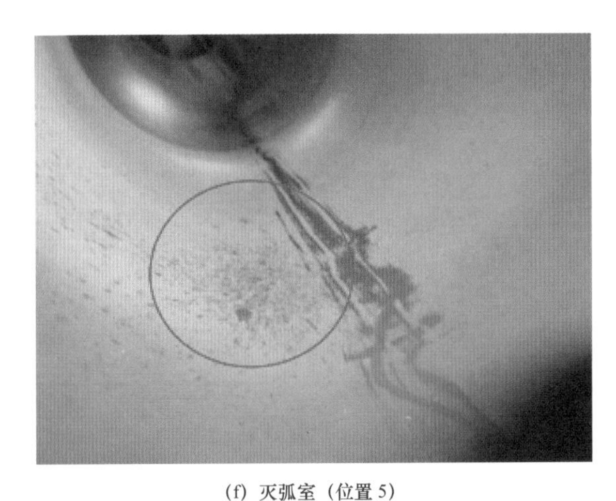

(f) 灭弧室（位置 5）

图 3-21 二硫化钼涂抹位置（二）

综上，应根据文件要求涂少量二硫化钼，涂完后用布擦掉，只留微量润滑剂，肉眼观察不到，但可以摸到，并可以看到零件本色。5611 断路器 C 相复燃是因为该断路器中的润滑剂二硫化钼涂抹过多引起，属于个别现象。

3.2.2 某站“2022.3.1”5623 断路器 B 相重击穿

1. 概述

2022 年 3 月 1 日，某换流站 5623 断路器（B 相），在电流过零后约 5.5ms 发生重击穿，电流持续 3.3ms 左右，重击穿高频电流接近 8000A，示波波形、现场接线分别如图 3-22、图 3-23 所示。

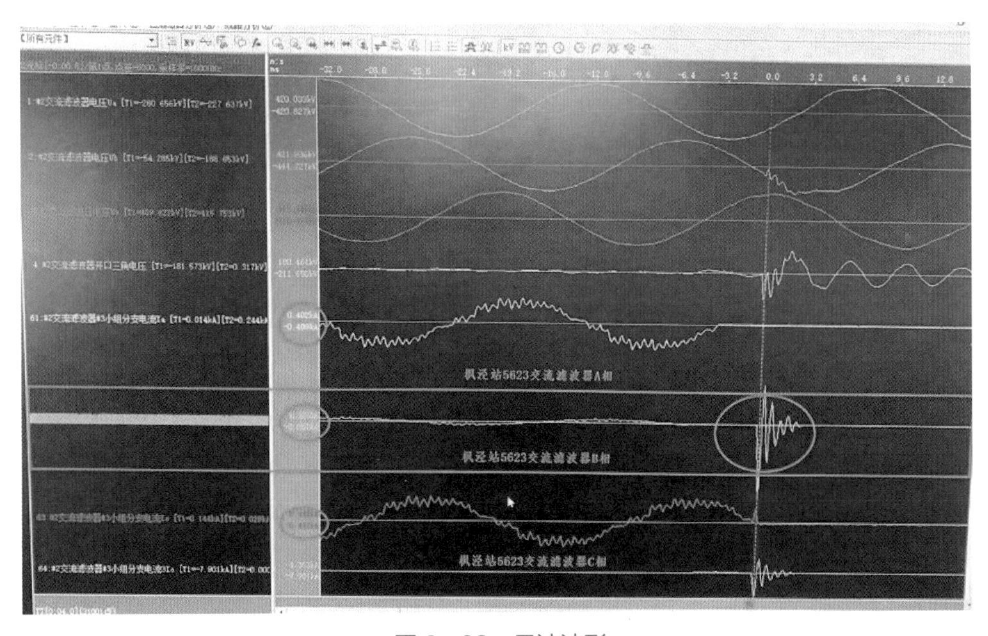

图 3-22 示波波形

图 3-23　现场接线

2. 设备检查情况

（1）现场检查情况。现场对 5623 断路器 B 相进行了主回路电阻测量、机械特性试验、电容器电容值测量及 SF_6 微水及分解物检查。现场及厂内复测情况显示，该相主回路电阻、机械特性、电容值及 SF_6 微水及分解物均符合断路器技术规范要求。SF_6 气体检测结果如图 3-24 所示。

SF6 电气设备气体综合检测仪

检测项目	检测值	单位	当前页数:	1
SO2	0.0	μL/L	总页数:	1
H2S	0.0	μL/L	2022-03-11	11:31:58
CO	1.4	μL/L	设备状态:断路器(预试)	
HF	0.0	μL/L	设备编号: A12345	
纯度	99.94	%V	温度(℃):	30.8
纯度	99.98	%W	P20(MPa):	0.61
露点	-50.3	℃	该气室正常.	
湿度	36.8	μL/L		
湿度20℃	18.5	μL/L		

打印
检测

图 3-24　SF_6 气体检测结果

（2）设备解体检查情况。4 月 6 日对返厂的 5623 断路器 B 相进行厂内解体检查。

1）灭弧室检查。

a. 瓷套检查。瓷套检查结果如图 3-25 所示，对灭弧室瓷套内外侧进行检查，没有发现放电痕迹。瓷套内壁有微量粉末，且断口 2（母线侧）的微量粉末略多于断口 1。

b. 灭弧室内部零部件检查。在静主触头、动主触头和喷口座上未发现放电点，弧触头铜钨表面未有皲裂现象，表明烧蚀比较正常，喷口喉道无明显烧蚀痕迹；动、静主触头、弧触头接触均匀，无对中不良情况；压气缸表面黑色痕迹为表面涂敷的微碳导电润滑脂，

(a) 断口 1

(b) 断口 2

图 3-25 瓷套检查结果

压气缸解体情况如图 3-26 所示，从痕迹上看中间触指与压气缸接触比较均匀，然而断口 2 的固体微粒略多于断口 1（见图 3-27）。

同时，对 5623 断路器的 A、C 相也分别解体。A、C 相解体结果显示其与 B 相基本一致，且其断口产生的固体微粒与 B 相断口 2 相比较少（见图 3-28）。

2）固体粉末化学成分分析。为了判断断路器重击穿原因，对断口 2 灭弧室的固体微粒进行相关检测、化验。断口 2 灭弧室内部的固体微粒在理化试验中心进行 X 荧光分析，理化试验中心对固体微粒中的金属颗粒和黑色物质分别进行了化验，根据化验结果分析如下：

a. 金属颗粒中铝元素含量较多，达到 58.75%，铝元素的产生是由中间触指与压气缸（铝合金材质）相对运动磨损产生。

b. 黑色物质中铅元素含量较多，达到 54.07%，铅元素的产生是由于活塞杆与活塞内部的无油轴套（内径为铅和聚四氟乙烯复合而成，导向作用，见图 3-29）相对运动磨损产生。

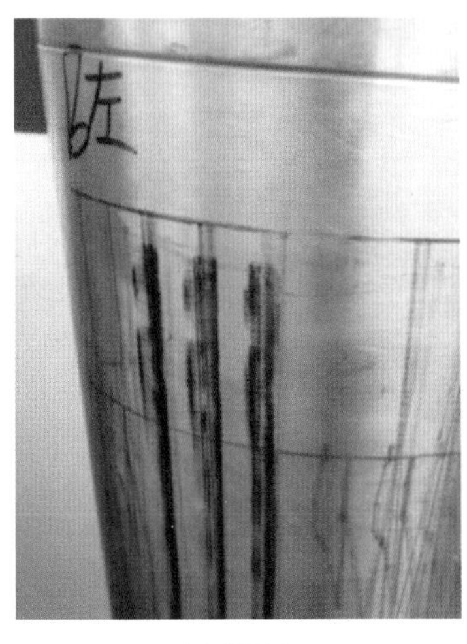

(a) 断口 1

(b) 断口 2

图 3-26 压气缸解体情况

(a) 断口 1

(b) 断口 2

图 3-27　动侧解体情况

(a) A 相断口 1

(b) A 相断口 2

(c) C 相断口 1

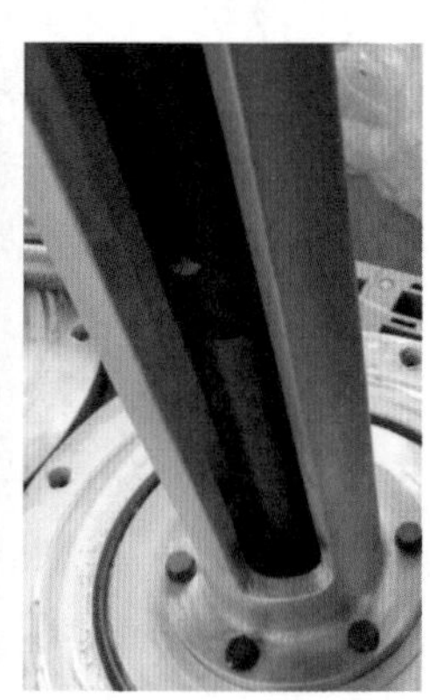

(d) C 相断口 2

图 3-28　A、C 相动侧解体情况

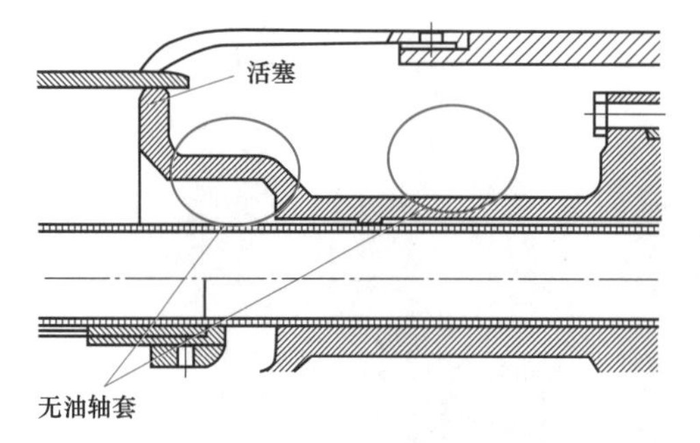

图 3-29　无油轴套位置示意

化验结果显示，固体微粒中金属元素含量所占比重较大，这些物质是在灭弧室频繁操作过程中磨损产生的。

3）电场仿真。对解体发现的固体微粒所在灭弧室位置进行电场仿真。设置固体微粒为ϕ1mm 的金属模型，将其分别设置于套管内壁、断口弧触头间、附着静弧触头和动弧触头上。

电场仿真结果见表 3-5，表中显示，金属微粒在灭弧室中所在位置不同，对灭弧室的绝缘性能的影响程度也不同。当金属微粒附着于静弧触头（或动弧触头）表面时，对灭弧室场强的影响较大；当金属微粒处于套管内壁和弧触头之间时，对灭弧室场强的影响很小。

表 3-5　　电场仿真结果

金属微粒所在位置	无金属微粒	瓷套内壁	弧触头间	附着静弧触头	附着动弧触头
灭弧室最大场强（kV/mm）	15.0145	15.6255	15.0129	27.8081	23.3673

3. 故障原因分析

（1）过程分析。5623 断路器（B 相），在电流过零熄弧后约 5.5ms 时发生重击穿，电流持续 3.3ms 左右，重击穿高频电流接近 8000A。由于测量中未接入分闸信号，无法估算此次分闸正常的燃弧时间。根据该断路器 C2 级背对背电容器组开合试验报告（No.08139），断路器最短燃弧时间为 1.4ms，最长燃弧时间为 11.2ms，断路器 B 相在熄弧后 7ms 时发生重击穿，该相分闸速度约为 9m/s，重击穿时为分闸后 8.4～18.2ms，开距为 72～164mm。断路器行程为 230mm，开距为 192mm，因此，发生重击穿时刻断路器处于分闸过程。

根据灭弧室断口位置（见图 3-30）和解体后固体微粒在套管中的附着的位置（见图 3-31，距离套管动侧端面 910～940mm），可以判断固体微粒主要附着在灭弧室断口位置。

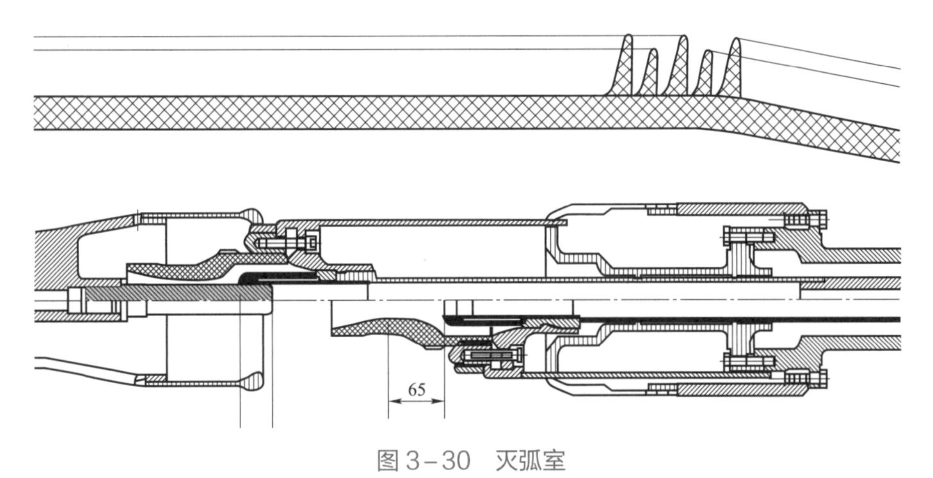

图 3-30　灭弧室

图 3－31　固体微粒在套管中的附着位置

（2）整体分析。根据过程分析和解体情况初步认为导致 5623 断路器 B 相重击穿的原因为：在分闸开断过程中，受绝缘气体湍流影响，固体微粒恰好漂浮于断口间，并附着于弧触头上，导致断路器断口击穿。具体分析如下：

1）瓷套外表面没有明显的放电痕迹，可以判断断路器未发生外闪。

2）瓷套内表面未发现放电痕迹，且灭弧室内除动、静弧触头外没有发现明显的烧蚀痕迹，因此判断放电发生在弧触头间，喷口和主触头未发生击穿。

3）弧触头和喷口关键尺寸复测结果表明，灭弧室内触头运动部件无机械损伤。

4）断口 2 解体后发现有多于其他断口的固体微粒产生。相比改进断路器，在运断路器更易产生固体微粒。在运断路器与改进断路器的比较见表 3－6。

表 3－6　在运断路器与改进断路器的比较

项目	在运断路器	改进后的交流滤波器断路器
静主触头触指变化	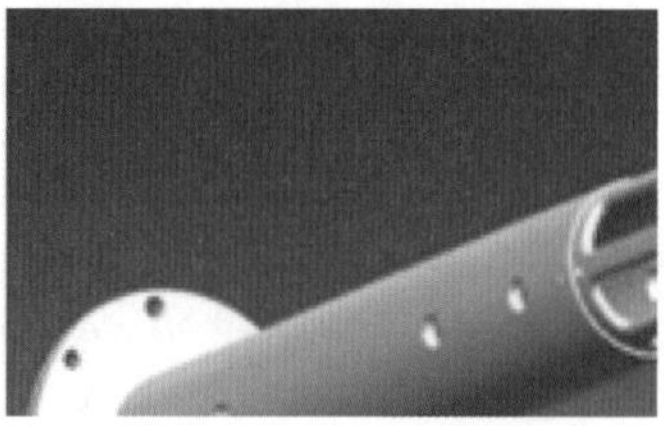	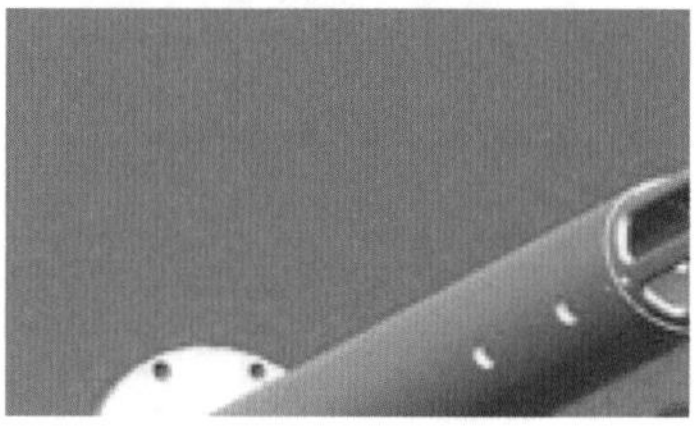
中间触指变化	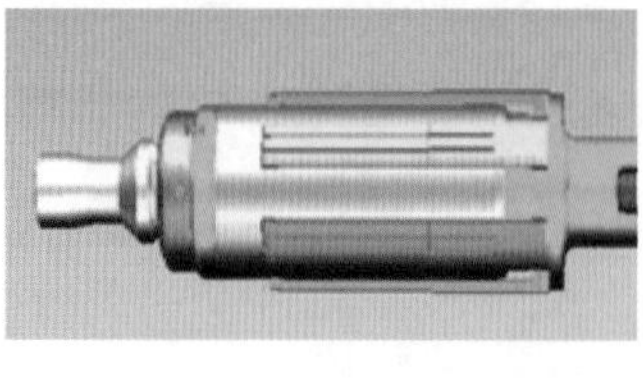	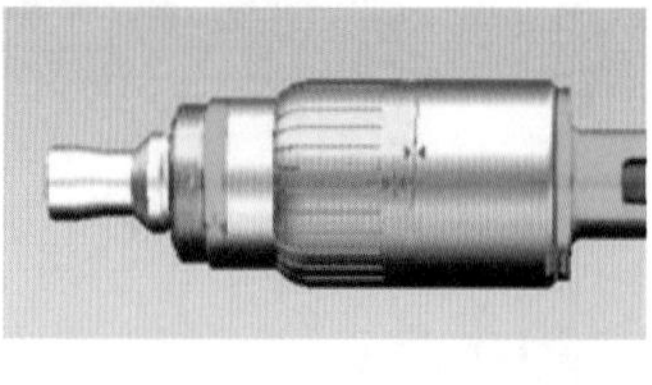

续表

项目	在运断路器	改进后的交流滤波器断路器
加工模具（保证触指圆度）	无加工模具	
机械磨合试验（进一步减少金属微粒的产生）	原出厂检验项目未包含	机械磨合试验已于 2016 年列入出厂检验项目中

根据固体微粒在灭弧室的分布位置和化学成分分析报告判断，断路器长期多次分合闸操作（392 次），运动部件的相互摩擦使得触头、压气缸及无油轴套的磨损加剧。灭弧室内产生了含有金属物质的摩擦物（如铝、铅等）。灭弧室分断操作时，电弧熄灭，熄弧后 5.5ms 时，受开断过程中绝缘气体湍流影响，使得固体微粒恰好漂浮在断口位置，并附着于弧触头上（主触头未见放电点），而固体微粒中的金属碎屑类似于尖端毛刺，使得灭弧室内电场产生畸变，极易导致断口击穿。

综上所述，结合 5623 断路器 A、C 相解体情况及断路器现场运行情况可以确定，装配环节存在的个例差异使 5623 断路器 B 相灭弧室产生较多的固体微粒，并导致断路器重击穿，该重击穿为个例偶发异常现象。

（3）设计优化。

1）断路器外绝缘性能提升。结合滤波器断路器现场重击穿情况，研究不同环境湿度及污秽度与断路器端口电压的分布的关系。经过仿真计算（见图 3－32、图 3－33），确定将灭弧瓷套和电容器瓷套加长，灭弧瓷套直径增加（见表 3－7）。灭弧瓷套长度的增加，可以提高外绝缘性能；灭弧瓷套内径的增加，降低了断口位置的瓷壁电场强度，同时降低了灭弧室磨损产生的金属粉末对断口绝缘影响。

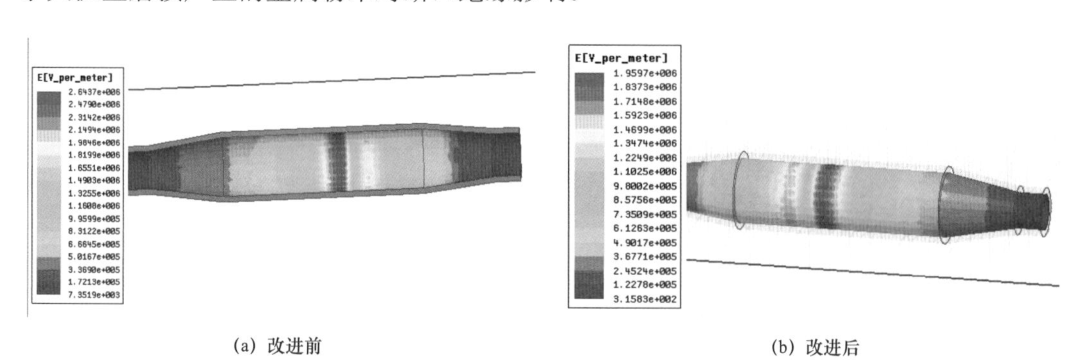

(a) 改进前　　(b) 改进后

图 3－32　改进前后瓷套内部沿面电场

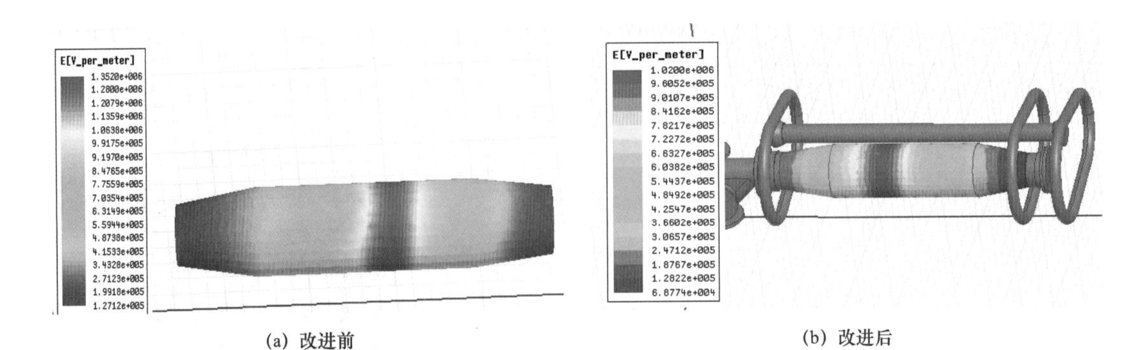

(a) 改进前　　(b) 改进后

图 3-33　改进前后瓷套外部沿面电场

表 3-7　瓷套改进前后参数比对

部件	总长（mm）	干弧距离（mm）	爬电距离（mm）
原灭弧瓷套	2300	2110	≥8470
改进灭弧瓷套	2500	2295	≥9075
原电容器	2380	2200	≥8320
改进电容器	2580	2410	≥9075

电容器与灭弧室由竖直面布置更改为水平面布置，防止雨淋时电容器瓷套和灭弧室瓷套因雨水在竖直方向上连成一片。电容器布置方式调整如图 3-34 所示。

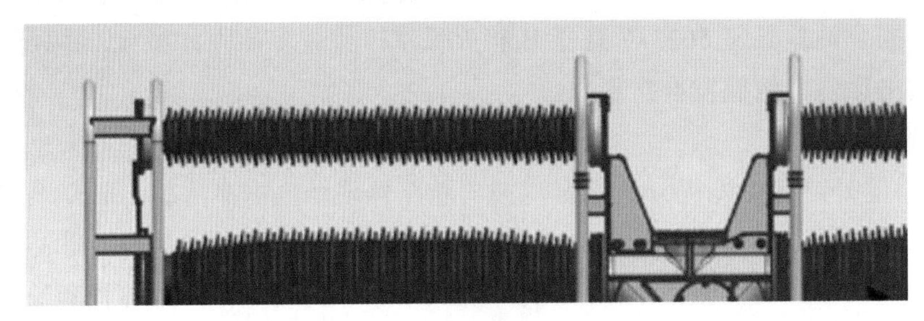

(a) 更改前

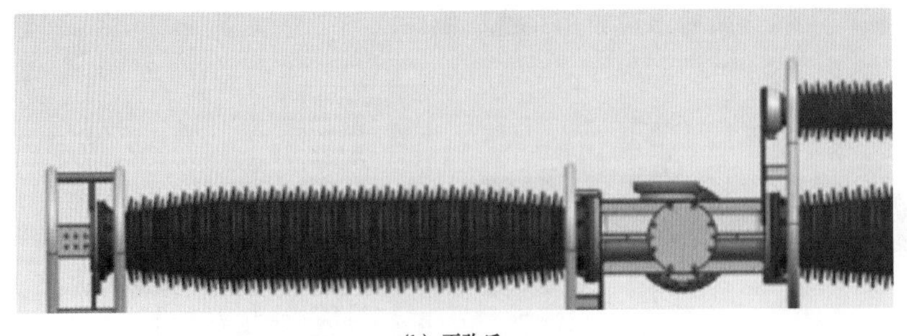

(b) 更改后

图 3-34　电容器布置方式调整

2）灭弧室内绝缘性能提升。根据以往故障断路器的解体情况发现，灭弧室断口间的重击穿大多发生在动、静弧触头间或者喷口与喷口座间。通过对喷口上游区、下游区和喉颈区之间及其与弧触头的电场仿真计算发现，在不改变灭弧室气流场的前提下，降低喷口和静弧触头场强分布，能够使其更有利于动、静弧触头分离后的绝缘建立并防止重击穿，弧触头、喷口改进如图 3－35 所示。

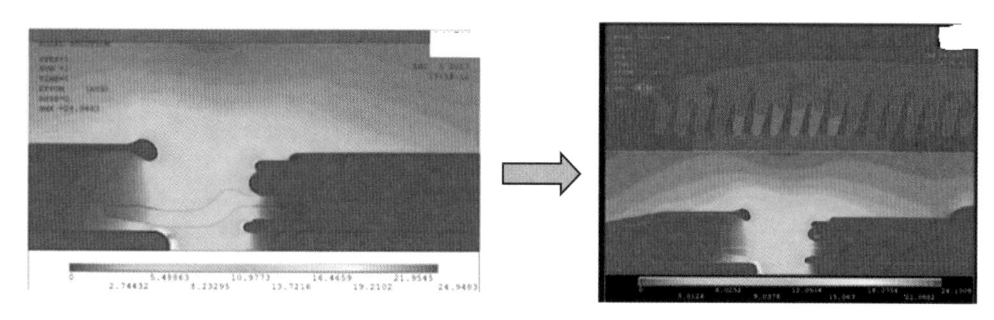

图 3－35 弧触头、喷口改进

同时，将断路器的 SF_6 额定气体压力从 0.6MPa 提高到 0.7MPa，内部绝缘可以提高约 10%。

3）机构特性优化。通过对灭弧室关键零部件不同时刻的场强分布情况进行仿真分析，确定灭弧室最优场强分布，并由此确定机构最优速度特性。灭弧室动态电场仿真分析如图 3－36 所示。

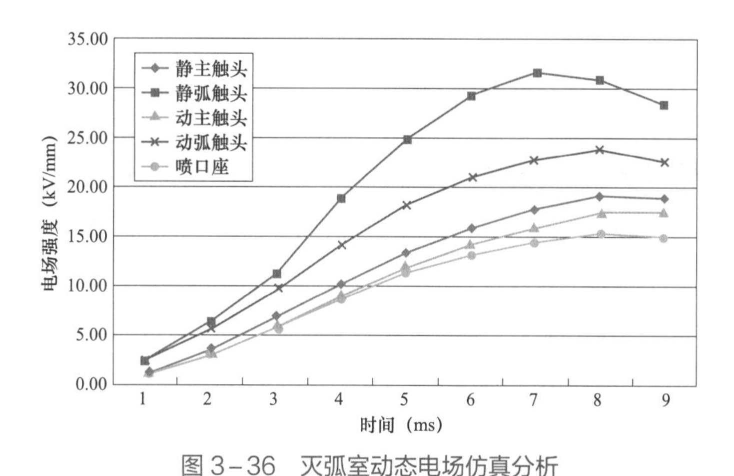

图 3－36 灭弧室动态电场仿真分析

根据机构最优速度特性，通过增大输出操作功，使分闸速度（刚分－刚分后 10ms）在满足标准要求的包络线的前提下有所提高，提升了极短燃弧时间开断时的开断性能。机构改进前后分闸速度对比如图 3－37 所示，从图中可以看出，动触头在刚分后 10ms 内的行程进行适当增大，短路开断所用的分闸过程后半段（缓冲阶段）基本没有变化。

4）减少导电异物的其他优化。为了减少断路器在运行过程中，因运动摩擦而产生导电异物，从触指结构上进行了优化。

a. 增加静触头触指开瓣数量。由原先的 24 片增加到 36 片，减小分散到每个触指上的压紧力，从而控制金属粉末掉落量。

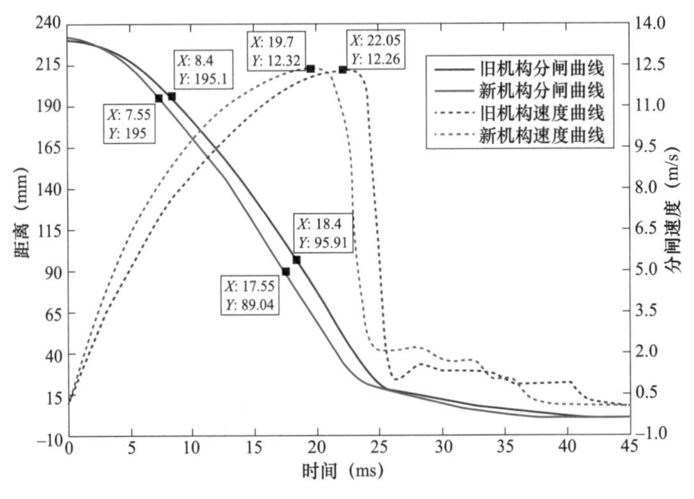

图 3－37　机构改进前后分闸速度对比

b. 将中间触指由原先的 6 片改为一体式结构（见图 3－38），确保触指压力基本不变的同时，改善了压气缸对中不好而引起的对压气缸的拉伤和磨损情况，减少运行过程产生金属异物。

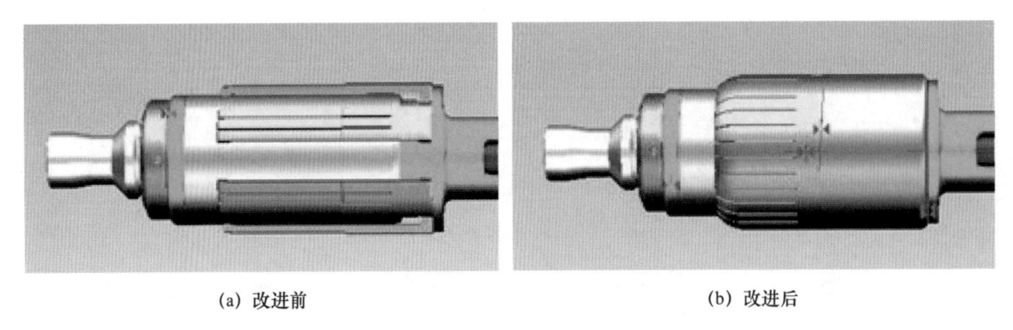

(a) 改进前　　(b) 改进后

图 3－38　中间触指改进

（4）工艺优化。根据故障断路器解体情况及仿真发现，灭弧室存在的金属微粒会引起场强畸变进而降低击穿场强。为了减少交流滤波器断路器灭弧室操作产生的固体微粒，在断路器装配中制定了严格的工艺管控措施。

1）触头类零件打磨清整工艺。编制《自力型触头类零件清整打磨作业指导书》，从打磨工具、工序、零件打磨位置等方面图文并茂地给出工艺要求，以做到工艺过程的文件固化。在实际装配过程中，严格按照文件要求执行。

2）装配工艺提升。为提升 LW15A－550（ACF）滤波断路器工程批量生产装配质量，针对滤波断路器更容易产生磨合粉尘及磨合异物的问题，从优化静触头、中间触头、压气缸加工工艺及提升压气缸部件、静触头与静弧触头装配对中精度两方面进行了优化改进（见图 3－39）。尤其是中间触头（静触头）加工工艺采用的全接触式触指开瓣工艺，设计了专用加工模具以保证触指与动触头（或压气缸）接触摩擦均匀，从而在一定程度上降低触指的摩擦力和校形工作量。装配过程中，压气缸对中装配检测及静触头与静弧触头对中检测等系列装配工艺提升了灭弧室对中精度，磨合试验后粉尘及异物明显减少，降低了解体后清理工作量，同时提升了断路器长期运行的稳定性。

(a) 改造前

(b) 改造后

图 3-39 触指接触圆角加工磨具

3）涂敷工艺改进。根据试验样机工艺涂覆经验，针对不同的润滑脂确定不同的涂覆用量，并根据零件涂敷面积计算各润滑脂的实际涂敷量，进而换算出所需涂敷润滑脂的厚度。同时，将涂覆工艺过程固化为工艺操作文件。

4）300 次机械磨合试验。为了进一步确保交流滤波断路器在机械操作过程中各部分组件配合性能良好，将多数微量粉末掉落控制在出厂前，在出厂试验前，增加 300 次机械磨合试验。工艺要求如下：

a. 断路器初次装配各密封面使用油脂密封，充 SF_6 气体至额定压力，机械特性调试合格，然后分、合闸操作 300 次。

b. 磨合完后回收气体。用记号笔对各解体面进行四点标记，对各组件进行相序标识，进行解体。

c. 对动、静触头、中间触指及压气缸进行检查，确保镀银面完好，无异物，然后按工艺要求再次清理。

d. 按照工艺要求进行断路器复装。严格按照解体标记及相序标识复位，保证复装后断路器形态与 300 次磨合操作后状态一致。

3.3 提升措施

1. 运维措施

（1）建议厂家严格把控断路器触头的对中性，减少机械磨损。

（2）应尽快组织开展在运老旧 LW15A-550 型断路器升级改造。

（3）交流滤波器断路器每次投切后，加强投切波形监测，发现异常及时处理。

（4）定期开展断路器分合闸速度检测，如不满足厂家标准，应及时对机构进行调整。

(5)建议结合断路器实际运行情况，对运行一定年限的断路器定期进行开盖检查清理。

2. 选型措施

（1）按照标准要求，投切交流滤波器的断路器必须选用C2级断路器。

(2)用于交流滤波器的断路器动静触头、活塞、压气缸等运动部件宜选用耐磨损材料。

（3）双断口瓷柱式断路器宜采用Y形布置，减少金属异物在断口处的堆积。

（4）交流滤波器断路器型式试验应按标准要求开展交、直流联合电压等绝缘试验，确保足够的绝缘耐受能力。

（5）用于投切交流滤波器的断路器宜通过加大操作功、加长灭弧室长度与外径、适当提升气室压力、优化灭弧室场强等方式提升瓷柱式断路器内绝缘耐受能力及电流开断能力。

4 交流瓷柱式断路器灭弧室组部件故障

4.1 灭弧室传动机构故障

4.1.1 某站“2017.4.19”5612 断路器 C 相炸裂

1. 概述

（1）故障概述。2017 年 4 月 19 日 8 时 32 分，某换流站直流功率由 3600MW 升至 4000MW 过程中，5612 小组滤波器自动投入，C 相断路器合闸约 1min 后母线侧气室炸裂，断路器触头间有电弧放电。运行人员立即向国调申请将功率降至 2800MW，将 5611、5613、5614、5615 小组滤波器由运行转为冷备用后，拉开 5041、5042 断路器，将 500kV 61 号母线停电后将 5612 小组滤波器隔离。

（2）故障前运行工况。某换流站直流双极大地回线运行，直流系统输送功率正在从 3600MW 升至 4000MW，故障时刻功率 3654MW。

2. 设备检查情况

（1）现场检查一次设备。现场检查一次设备情况如图 4-1 所示，运行人员到达现场后发现 5612 断路器 C 相母线侧灭弧室绝缘子完全炸裂，母线侧动、静触头之间有持续电

(a) 5612 断路器 C 相母线侧灭弧室放电

(b) 5612 断路器 C 相母线侧灭弧室

图 4-1 现场检查一次设备情况（一）

（c）5611 断路器 A 相破损情况

（d）5611 断路器 B 相破损情况

（e）5611 断路器 C 相破损情况

（f）5612 断路器 A 相破损情况

（g）5612 断路器 B 相破损情况

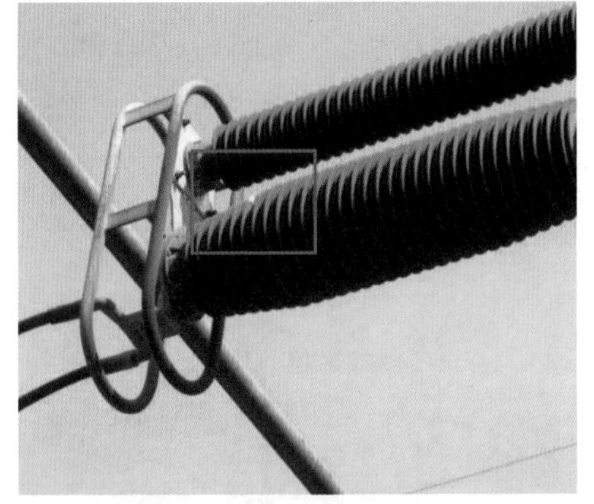

（h）5612 断路器 C 相破损情况

图 4-1 现场检查一次设备情况（二）

弧产生，拉开第一大组交流滤波器进线断路器 5041、5042 后，电弧熄灭。现场检查发现，由于灭弧室炸裂导致 5611 断路器 A、B、C 三相，5612 断路器 A、B、C 三相及 5013 断路器 A 相灭弧室、支柱外绝缘瓷套存在不同程度损伤。

（2）二次设备检查。现场检查 500kV 5612SC 并联电容器保护屏Ⅰ、Ⅱ保护装置运行正常，500kV 61 号母线保护屏Ⅰ、Ⅱ保护装置运行正常，无保护告警及动作信号。5612 断路器投入时由于断路器变位故障录波正常启动。

1）检查两套 5612 小组滤波器保护装置。现场检查 500kV 5612SC 并联电容器保护屏Ⅰ、Ⅱ保护装置运行正常，无保护告警及动作信号。500kV 5612SC 并联电容器保护屏如图 4-2 所示。

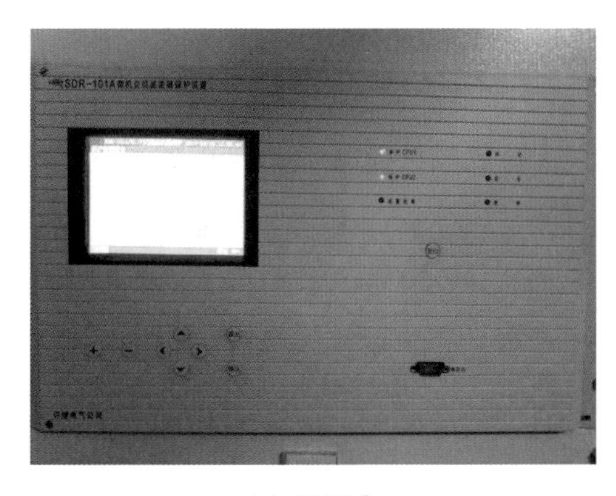

(a) 保护屏Ⅰ

(b) 保护屏Ⅱ

图 4-2 500kV 5612SC 并联电容器保护屏

2）检查两套 61 号母线保护装置。现场检查 500kV 61 号母线保护屏Ⅰ、Ⅱ保护装置运行正常，无保护告警及动作信号。500kV 61 号母线保护屏如图 4-3 所示。

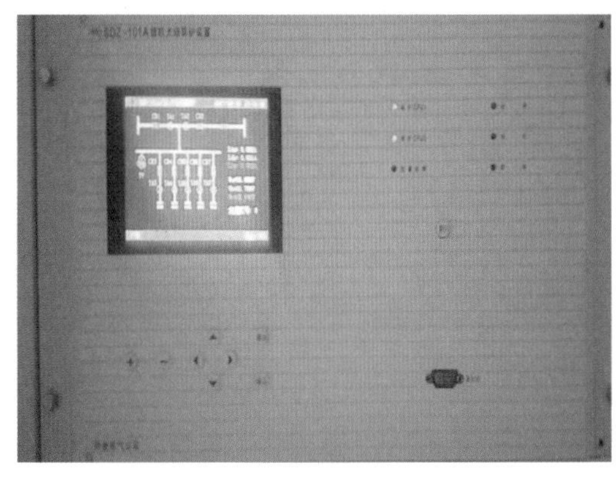

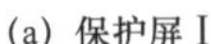

(a) 保护屏Ⅰ

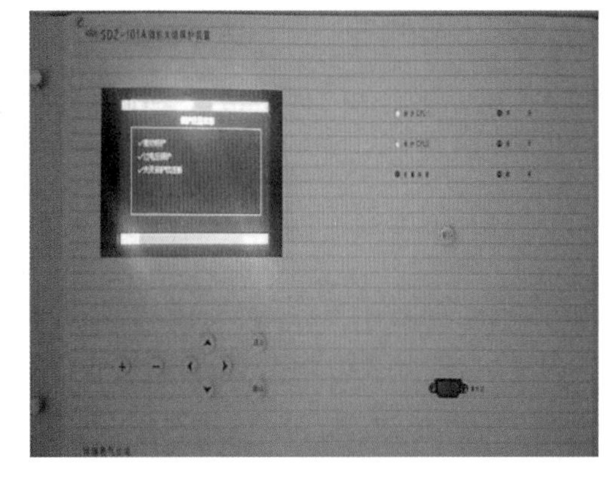

(b) 保护屏Ⅱ

图 4-3 500kV 61 号母线保护屏

3）检查故障录波器。

a. 8 时 31 分 18 秒，5612 小组滤波器投入时，5612 断路器三相合位命令下发顺序为 C→B→A。5612 断路器 C 相合闸命令下发时，故障录波由开关量变位启动。5612 合闸命令产生时刻录波如图 4－4 所示，由图 4－4 可以看出，5612 断路器 C 相和 B 相合闸命令下发时间差为 5ms，为正常状态，由此排除 5612 断路器合闸命令下发的问题。5612 三相合闸录波如图 4－5 所示，由图 4－5 可以看出，5612 断路器 C 相在 B 相合闸有电流的 50ms 后才实际合上有电流。由此初步推断为 5612 断路器 C 相本体机构原因导致该相合闸延时。

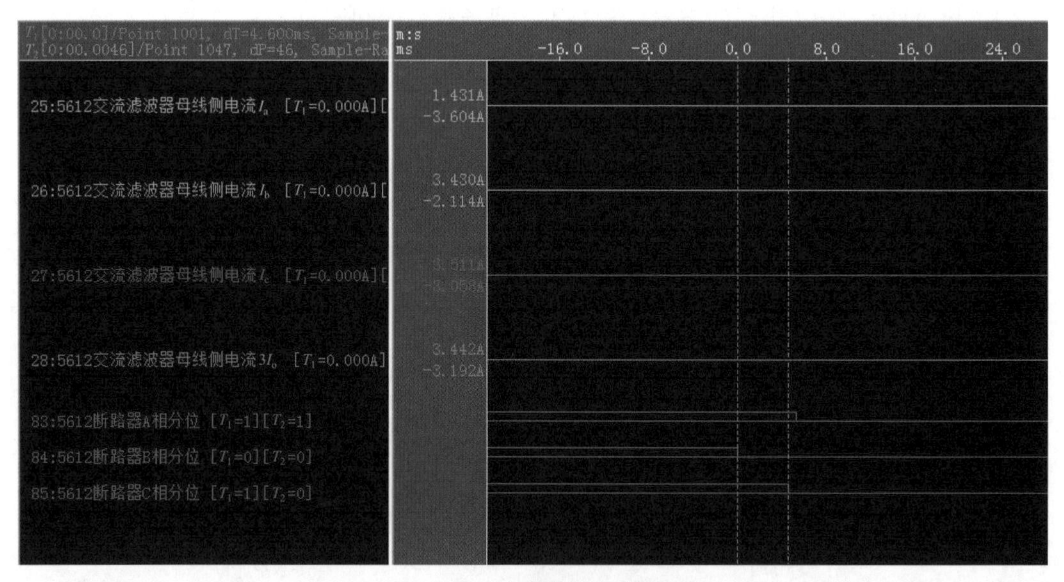

图 4－4　5612 合闸命令产生时刻录波

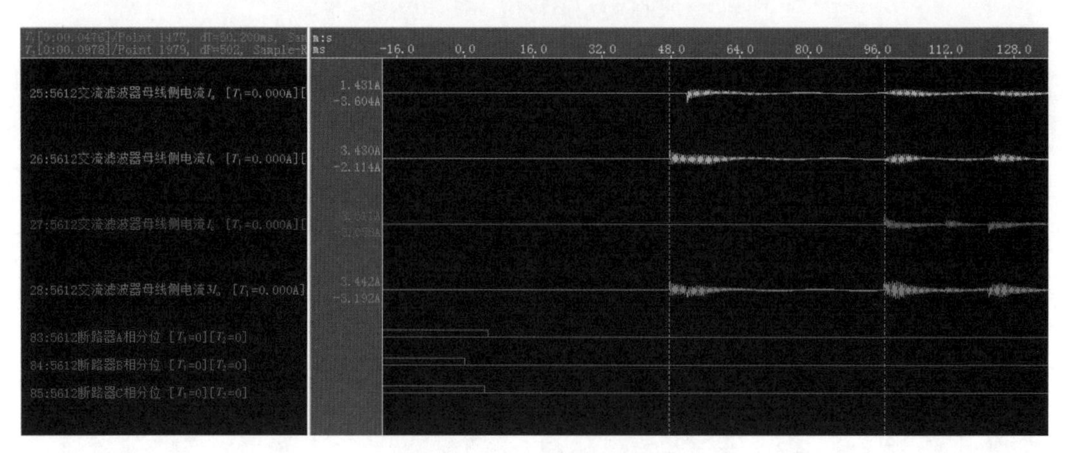

图 4－5　5612 三相合闸录波

b. 8 时 32 分 55 秒 13 毫秒，监控后台报“交流滤波器场 5612 断路器 SF_6 压力低闭锁”，此时故障录波启动，推断为 5612 断路器 C 相气室炸裂、电弧产生时刻。5612 断路器电弧产生时刻录波如图 4－6 所示，图中显示 5612 交流滤波器母线侧电流、5612 交流滤波器接地侧电流三相基本对称，母线侧、接地侧三相幅值均约为 211A，未有明显突变，此时没有差动电流，差动保护不会动作。同时，5612 高端电容器不平衡电流很小，未达到高压电容器不平衡保护定值，故高压电容器不平衡保护不会动作。

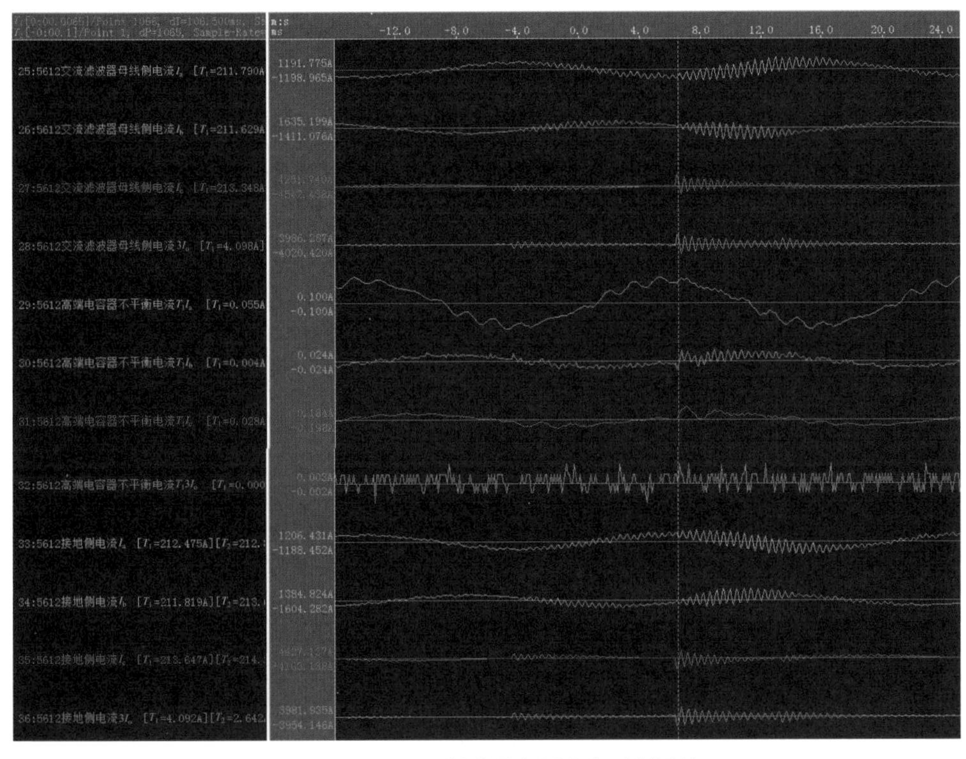

图 4-6　5612 断路器电弧产生时刻录波

3. 故障原因分析

故障原因为断路器 C 相传动机构拐臂断裂（见图 4-7），导致断路器合闸后，动、静触头未有效接触，持续发生放电，导致断路器绝缘子炸裂，对故障断路器更换后恢复运行。

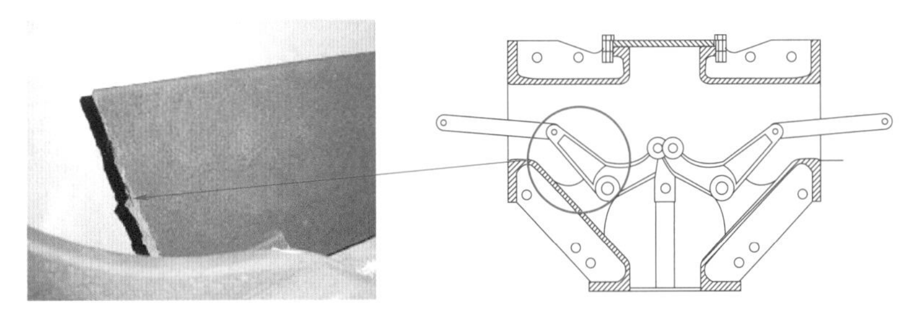

图 4-7　传动机构拐臂断裂情况

4.1.2 某站“2022.7.9”5622 断路器 B 相内部放电故障

1. 概述

（1）故障概述。2022 年 7 月 9 日 11 时 20 分 36 秒，双极直流功率从 2091MW 降至 1501MW 的过程中，无功功率控制正常下令切除 5622 交流滤波器，5622 断路器分闸后，极保护系统检测到双极换相失败。

（2）设备概况。某站 5622 交流滤波器断路器型号为 LW15A-550/Y，2011 年 5 月投运，总动作次数为780次，2022年1—7月动作次数86次。运行人员每日对交流滤波器和断路器进行巡视，每周记录断路器动作次数，5622断路器日常巡视结果正常。

（3）故障前运行工况。某换流站直流双极大地回线全压方式运行，天气晴。极1PCPB值班，极2PCPA值班。5611、5612、5621、5622、5632交流滤波器运行，其余交流滤波器热备用。

2. 设备检查情况

（1）故障录波分析。

1）5622断路器分闸录波。查看故障录波，发现5622断路器分闸273ms后，B相突然又产生了一个4878A的尖峰电流，持续时间约0.6ms，初步推断灭弧室内发生了重击穿。5622断路器分闸录波波形、尖峰电流波形如图4-8、图4-9所示。

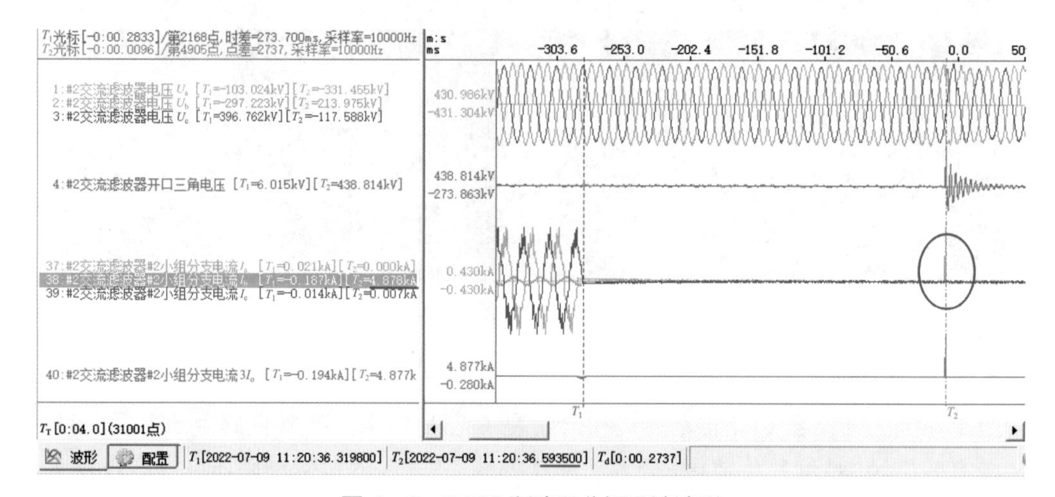

图4-8 5622断路器分闸录波波形

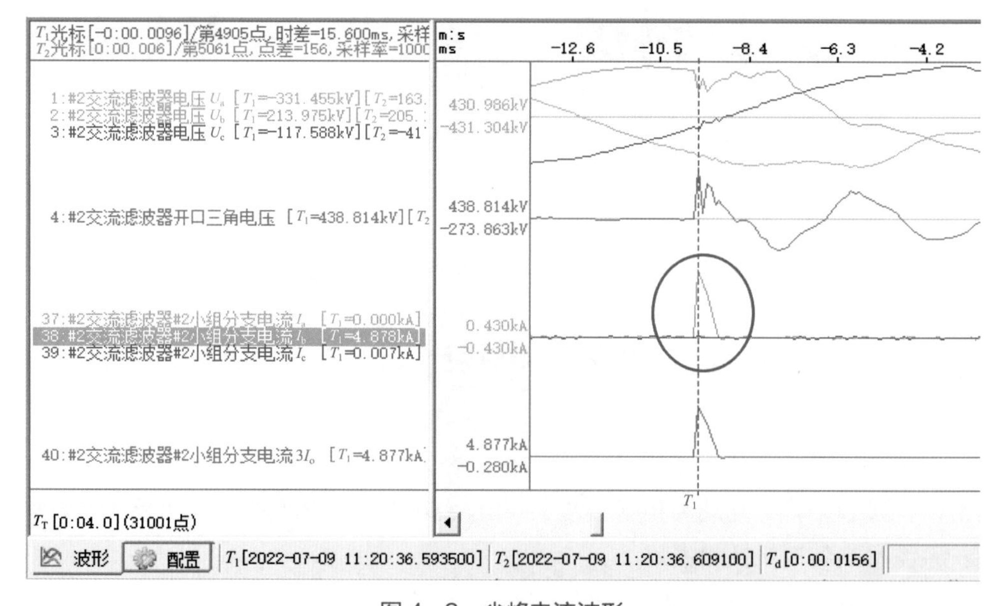

图4-9 尖峰电流波形

在 5622 断路器 B 相产生尖峰电流的同一时刻，5622 交流滤波器围栏内各 TA 电流也均出现抖动，5622 交流滤波器低压回路各 TA 电流波动如图 4－10 所示。交流场 1、2 号母线侧各断路器电流也均出现不同程度的尖峰电流，交流场断路器尖峰电流如图 4－11 所示。

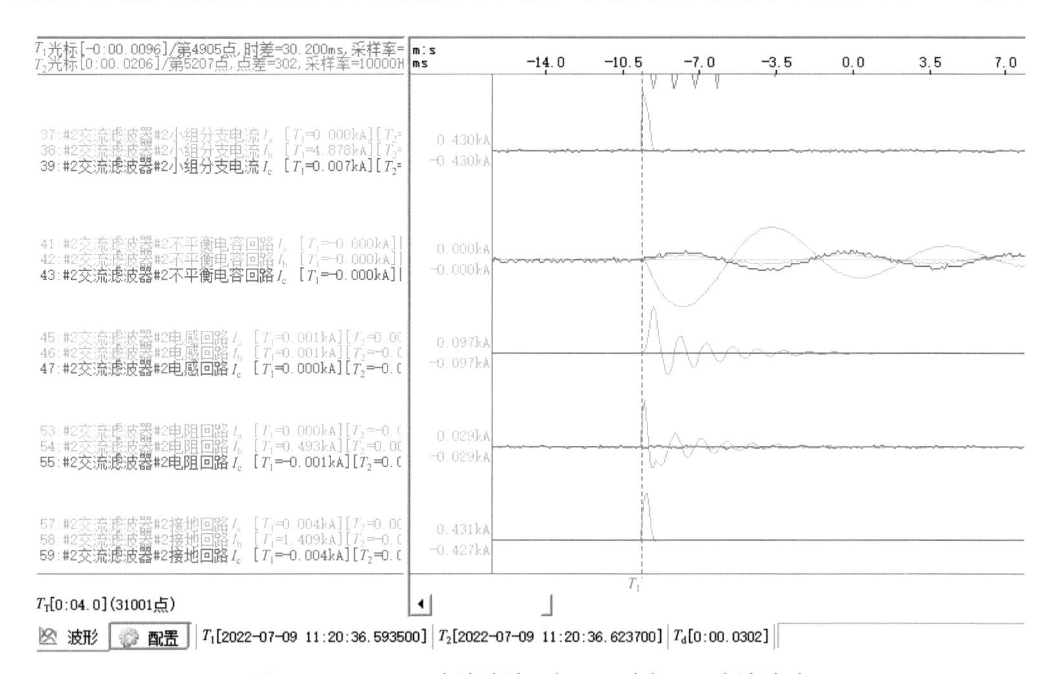

图 4－10　5622 交流滤波器低压回路各 TA 电流波动

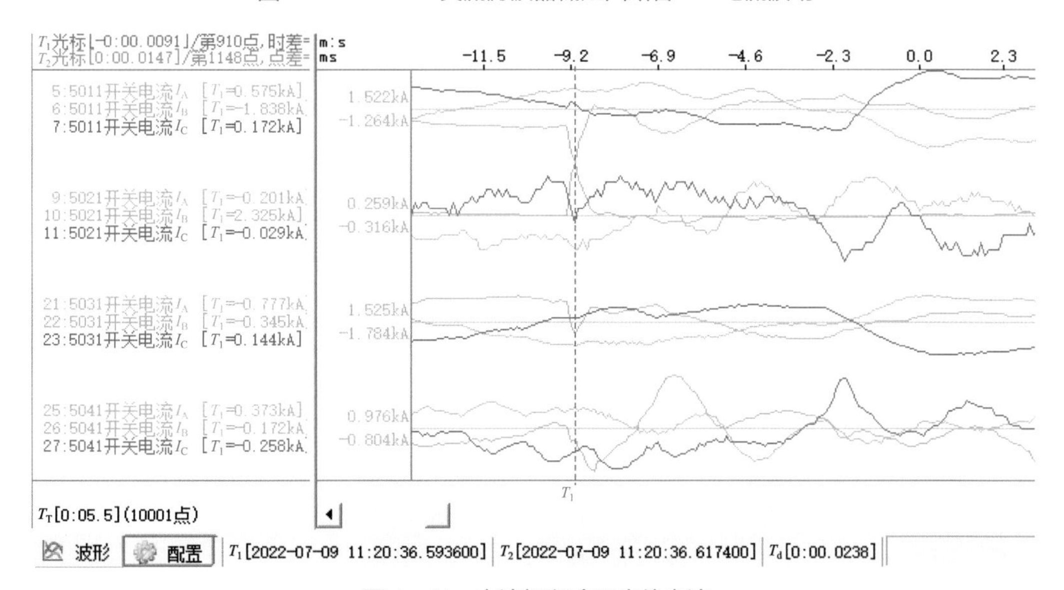

图 4－11　交流场断路器尖峰电流

5622 断路器 B 相产生尖峰电流的时刻，交流场各断路器 B 相、5622 交流滤波器围栏内各 TA 也均有不同程度的尖峰电流，表明 5622 断路器 B 相回路在分闸后 273ms 发生了重击穿。

2）极 1、极 2 换相失败录波分析。查看录波，极 1 为 D 桥换相失败，极 1 D 桥换相失败波形如图 4－12 所示，在 D 桥换相失败之前可见换流变压器网侧 B 相电压有明显畸变，B 相电压有效值从 301kV 降至 297.9kV。

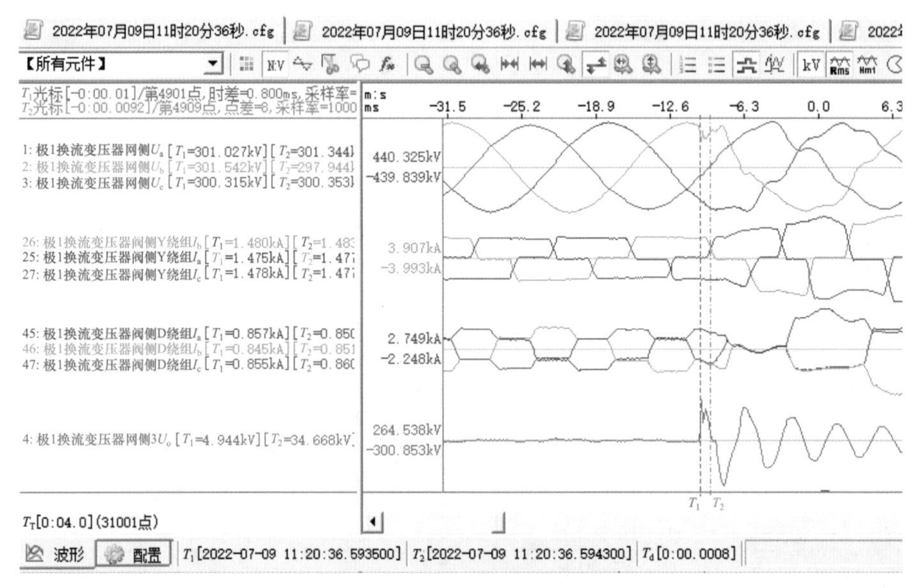

图 4－12　极 1 D 桥换相失败波形

在极 1 换相失败时刻，极控值班系统 P1PCPB 发出的竖琴脉冲波形正常，换相失败瞬间极控正确发出了减小触发角指令，熄弧角随之增大，直流电压下降、直流电流上升，符合换相失败典型波形，极 1 触发脉冲及增大熄弧角波形如图 4－13 所示。

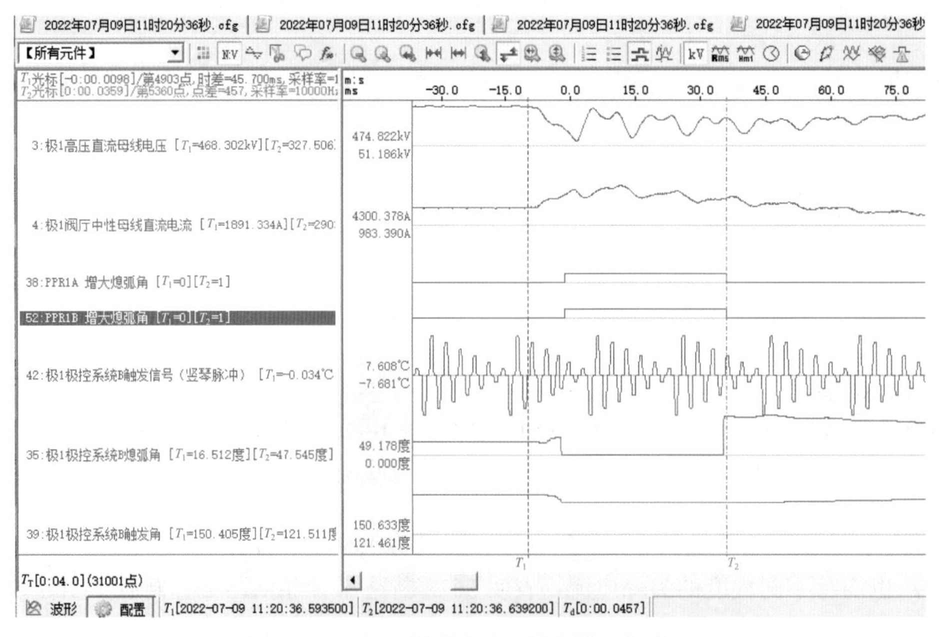

图 4－13　极 1 触发脉冲及增大熄弧角波形

极 2 为 Y 桥、D 桥均换相失败，极 2 D 桥、Y 桥换相失败波形如图 4－14 所示，D 桥先发生换相失败，在 D 桥换相失败之前可见换流变压器网侧 B 相电压有明显畸变，B 相电压有效值也从 301kV 降至 297.9kV。

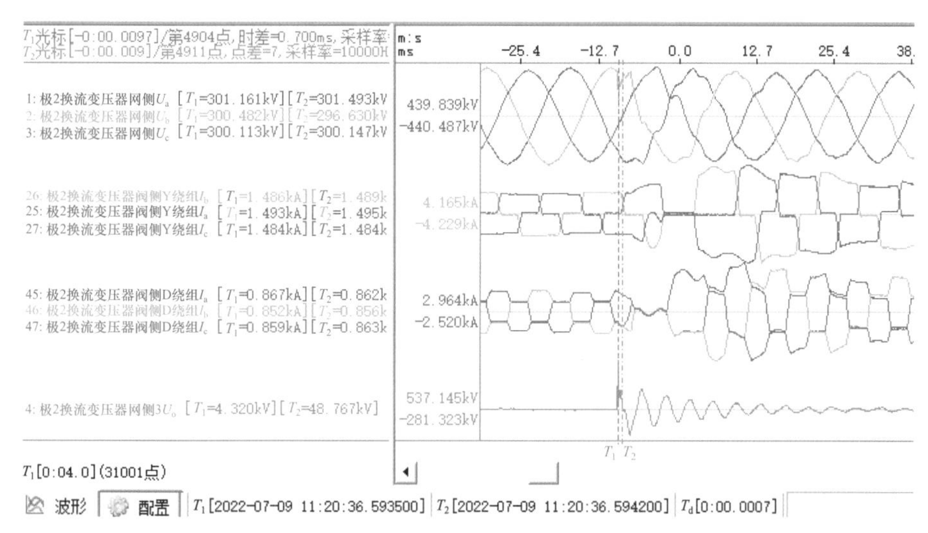

图 4－14　极 2 D 桥、Y 桥换相失败波形

由故障录波波形可知，换流变压器交流侧 B 相电压畸变引起极 1、极 2 发生换相失败。

（2）现场检查及试验情况。

1）现场检查。运行人员立即对现场进行检查，5622 断路器外观无异常，使用望远镜检查断口外表面，未发现异常，5622 断路器 B 相如图 4－15 所示。对 5622 交流滤波器围栏内设备进行检查，外观无异常。调取 5622 断路器分闸时间点的工业视频查看，5622 断路器分闸时外观无异常。检查 5622 交流滤波器保护、62 号母线保护均未动作。

图 4－15　5622 断路器 B 相

2022 年 7 月 16 日对 5622 断路器三相灭弧室进行更换，对拆解下来的 B 相灭弧室从躯壳处进行检查，发现躯壳内母线侧传动连接杆与活塞杆连接拉杆接头处断裂。5622 断路器 B 相灭弧室检查情况如图 4－16 所示。

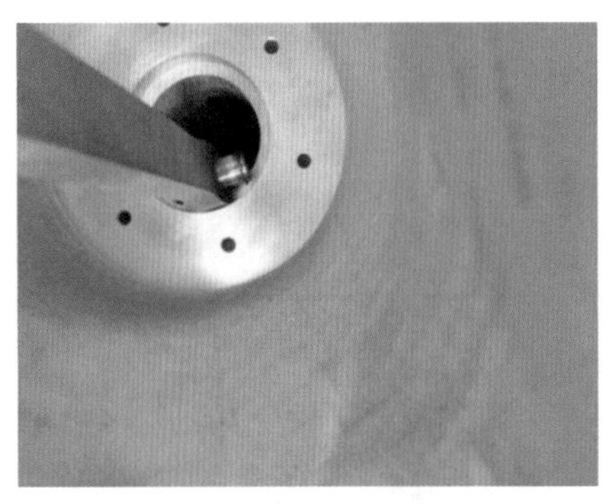

(a) 接头处断裂

(b) 断裂细节

图 4－16　5622 断路器 B 相灭弧室检查情况

2）现场试验情况。5622 交流滤波器转检修后，现场对 5622 断路器进行 SF_6 气体分解物测试，发现 B 相 SO_2 含量为 0.9μL/L，A、C 相 SO_2 含量为 0，SF_6 气体湿度及纯度正常。进一步印证 B 相灭弧室内有大电流通过。

在合闸状态进行 5622 断路器回路电阻测试，三相回路电阻数值正常。在进行断路器动作时间特性试验时，发现 B 相靠母线侧断口无数据，在分闸状态测试 B 相回路电阻为 66μΩ，判断在分闸状态下 B 相靠母线侧断口存在短接现象，即 B 相靠母线侧断口内触头未分开。

当 5622 断路器自动分闸时，由于 B 相靠母线侧断口内触头未分开，断路器分闸后的全电压施加在靠电容器侧断口上，导致该灭弧室出现重击穿。

（3）设备解体检查情况。7 月 25 日对返厂的 5622 断路器 A、B、C 三相进行厂内解体检查。

1）拉杆接头。在对 B 相右侧（母线侧）灭弧室解体过程中发现，动侧拉杆接头断裂，B 相左侧、A、C 相灭弧室内动侧拉杆接头完好。B 相右侧灭弧室拉杆接头如图 4－17 所示。

图 4－17　B 相右侧灭弧室拉杆接头

2）理化分析。在对5622断路器B相灭弧室解体过程中，收集了B相左侧灭弧室套管内壁上的固体微粒、动侧法兰上的固体微粒、动侧拉杆上附着的黑色物质，以及B相右侧断裂的拉杆接头，并送到相应的试验场所进行理化分析。

理化试验中心对固体微粒和黑色物质进行X荧光分析和化验，根据化验结果分析如下：

a. 固体微粒中硅元素含量较多，分别达到67.89%和63.73%，硅元素是由套管内壁瓷釉被电流击穿破碎成微粒而成的。

b. 黑色物质中铅元素含量较多，达到32.13%，铅元素是由于活塞杆与活塞内部的无油轴套（内径为铅和聚四氟乙烯复合而成，导向作用）相对运动磨损产生的，无油轴套结构如图4－18所示。

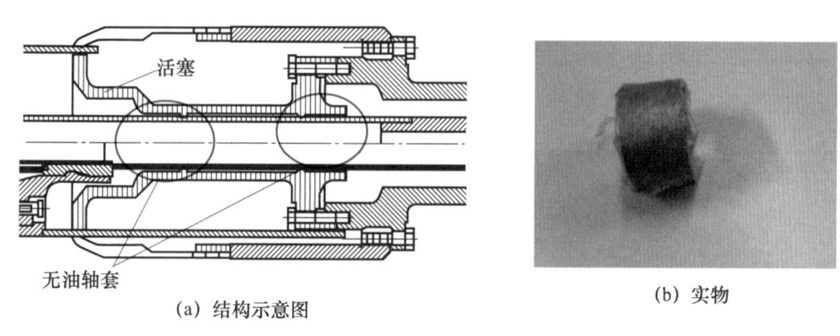

(a) 结构示意图 (b) 实物

图4－18 无油轴套结构

化验结果显示，固体微粒中硅属元素含量所占比重较大，这些物质应为灭弧室套管内壁被击穿过程中产生的。黑色物质中铅元素含量所占比重较大，这些物质应为灭弧室频繁操作过程中磨损产生的。

对断裂的拉杆接头进行检测，结果表明拉杆接头的化学成分合格，通过金相分析，判断断裂原因为使用过程中过载导致零件断裂。

3. 故障原因分析

从5622断路器B相右侧灭弧室解体情况可知，动侧拉杆接头断裂，在拉杆接头断裂之后，5622断路器B相右侧灭弧室一直处于合闸导通状态，在分闸命令发出后，仅有5622断路器B相左侧灭弧室进行分闸操作，本应加载在两个断口上的电压全部加载在5622断路器B相左侧一个断口上，所以5622断路器B相左侧发生重击穿。5622断路器B相左侧灭弧室套管内壁、静触头外表面（见图4－19）有明显的放电击穿痕迹。

对断裂的拉杆接头所在的传动链进行运动仿真模型构建，选取550断路器工程出厂试验数据中与5622断路器分闸速度相近的分闸速度曲线作为驱动，对传动链进行运动仿真分析，得出了分闸过程中拉杆轴销孔受力变化情况，仿真模型如图4－20所示。

通过仿真计算可知，在分闸起始加速过程中，断路器两个灭弧室拉杆（8KA.455.253）受力存在不均等性，拉杆接头在分闸过程中所受应力为128～280MPa，拉杆接头受力云图如图4－21所示。从图4－21看，拉杆8KA.455.253的材质为6A02－T6，此种材料的抗拉强度为 295MPa，因此使用 6A02－T6 作为原材料的拉杆结构强度裕度设计不足。

(a) B 相左侧静触头放电痕迹

(b) B 相左侧灭弧室套管上的放电痕迹

(c) B 相左侧灭弧室套管内壁的放电痕迹

图 4－19　5622 断路器 B 相左侧放电痕迹

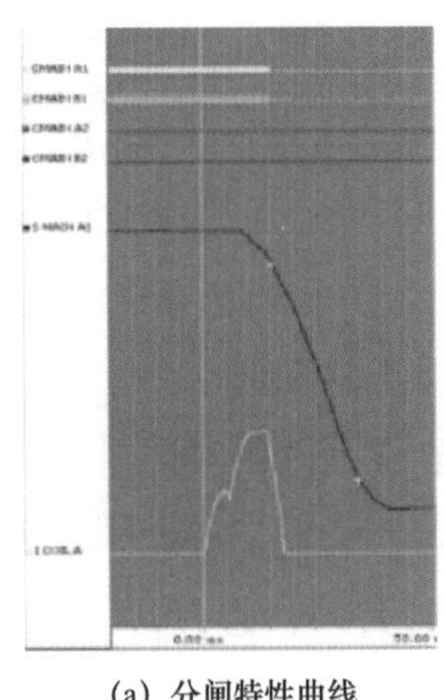

(a) 分闸特性曲线

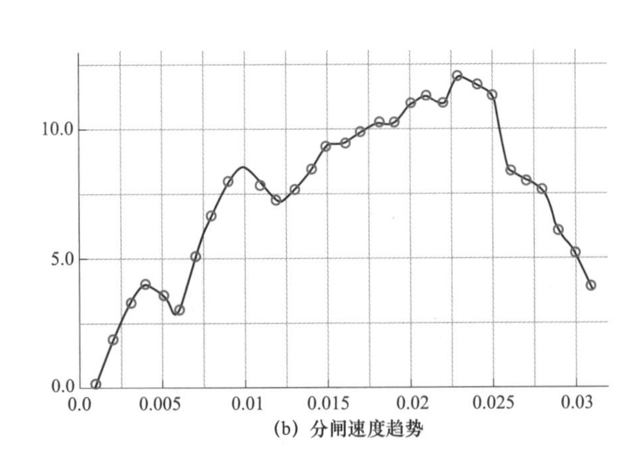

(b) 分闸速度趋势

图 4－20　仿真模型（一）

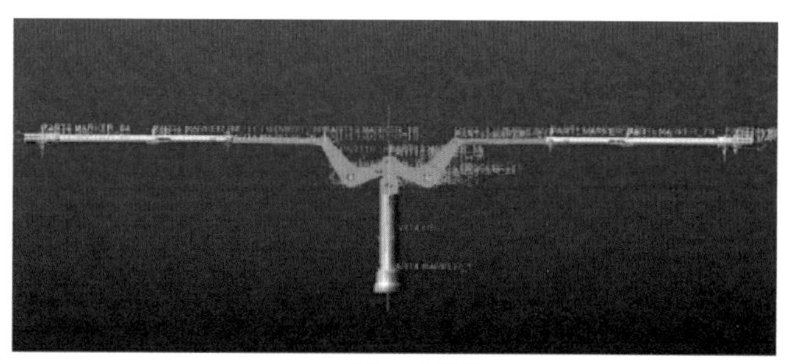

(c) 运动模型

图 4-20 仿真模型（二）

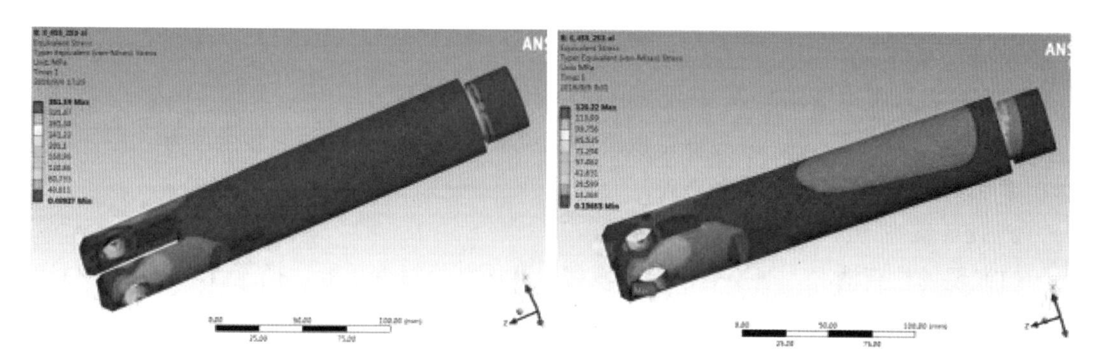

图 4-21 拉杆接头受力云图

综上所述，结合 5622 断路器 A、C 相解体情况可以确定，B 相右侧的拉杆接头断裂，致使 B 相右侧灭弧室一直处于合闸状态，当断路器再次进行分闸操作时，只有 B 相左侧灭弧室进行了分闸操作，全极的工频电压和直流电压全部加载在 B 相左侧断口上，最终导致 5622 断路器 B 相发生重击穿。

4.1.3 提升措施

1. 运维措施

（1）厂内应注意严格把控断路器灭弧室对中性，避免由于对中偏差导致传动机构异常受力进而断裂。

（2）交流滤波器断路器每次投切后，加强投切波形监测。

（3）加强交流滤波器断路器机械特性、回路电阻等测试数据比对分析。

2. 选型措施

（1）断路器传动机构材质应选取硬度高、抗撕裂性能良好的材质，避免材质问题导致拒动。

（2）传动机构设计时，应充分评估断路器操作时传动机构各部件受力情况，并针对性采取对应提升措施。

4.2 外绝缘闪络故障

4.2.1 某站“2021.12.25”5623断路器B相外绝缘闪络故障

1. 概述

（1）故障概述。2021年12月25日23时25分，某换流站OWS后台事件记录报“第2大组滤波器保护系统A/B大组母线差动保护A相跳闸_启动、第2大组滤波器保护系统A/B大组母线差动保护A相跳闸_动作”，5231、5232断路器跳闸，第二大组交流滤波器跳闸。

（2）设备概况。断路器为HPL550B2型瓷柱式断路器。

（3）故障前运行工况。故障前某换流站直流双极四换流器大地回线全压方式运行，输送功率914MW，故障后无功率损失。

2. 设备检查情况

（1）现场检查情况。现场对极Ⅰ区域和极Ⅱ区域换流变压器、换流阀、直流场、GIS室及交直流控制保护设备进行外观检查，未发现明显异常，检查5231、5232断路器跳开正常，5621小组交流滤波器退出状态正常（5622、5623、5624、5625小组故障前在退出状态）。检查OWS后台发现该地Ⅲ线有功功率数据降为0，与对应电厂核实，对侧距离保护Ⅰ段保护动作将该侧断路器跳开。

故障后现场检查第二大组五小组交流滤波器进线断路器均为分闸状态，由于夜间视线受限，一次设备未见明显异常，利用工业视频查看故障时刻第二大组交流滤波器区域存在放电异常，放电持续5s左右。放电异常画面如图4－22所示。

图4－22 放电异常画面

第二大组交流滤波器母线转检修后，现场立即开展该区域设备全面检查，发现5623小组滤波器断路器B相灭弧室伞裙存在沿面放电现象，5623断路器灭弧室放电烧蚀痕迹如图 4－23 所示。

图 4－23　5623 断路器灭弧室放电烧蚀痕迹

检查发现 5623 断路器 B 相上方管母和顶部 A 相软导线均存在不同程度烧蚀现象，母线和软导线放电烧蚀痕迹如图 4－24 所示。

(a) 母线表面

(b) 母线局部

(c) 软导线表面

图 4－24　母线和软导线放电烧蚀痕迹

（2）保护动作分析。

1）大组母线动差保护逻辑。保护分相检测流入保护区域内的电流的矢量和，并与设定值比较。该保护使用了差动电流 I_DIFF 和制动电流 I_STAB。当 I_DIFF 大于 I_STAB 时，保护出口，故障时刻录波波形如图 4－25 所示。

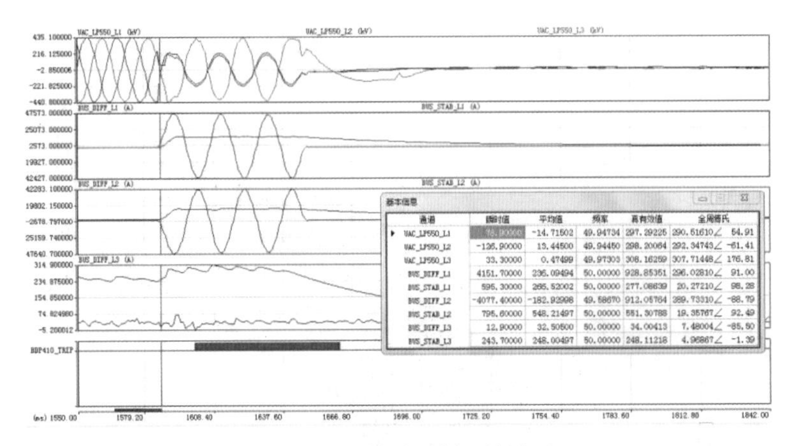

图 4-25　故障时刻录波波形

故障时，第二大组交流滤波器 C 相母线电压无明显波动，A、B 两相电压明显降低且幅值相等，符合 A、B 相间短路故障特征。

故障时，A 相差动电流 BUS_DIFF_L1 为 928.85A（一次有效值），A 相制动电流 BUS_STAB_L1 为 277.09A（一次有效值），BUS_DIFF_L1 大于 BUS_STAB_L1，满足动作条件，延时 15ms 保护出口，保护正确动作，A 相最大故障电流峰值约为 47573A。

B 相差动电流 BUS_DIFF_L2 为 912.06A（一次有效值），B 相制动电流 BUS_STAB_L2 为 551.31A（一次有效值），BUS_DIFF_L2 大于 BUS_STAB_L2，满足动作条件，延时 15ms 保护出口，保护正确动作，B 相最大故障电流峰值约为 47640A。

C 相差动电流 BUS_DIFF_L3 为 34.00A（一次有效值），C 相制动电流 BUS_STAB_L3 为 248.11A（一次有效值），BUS_DIFF_L3 小于 BUS_STAB_L3，不满足动作出口条件，C 相未动作。

2）零序保护及失灵保护未动作分析。5623 断路器拉开后，5623B 相电流降低后再次增大，5623 断路器 B 相电流异常外置录波如图 4-26 所示，单相电流保持时间约为 5.1s，零序保护及失灵保护未动作。

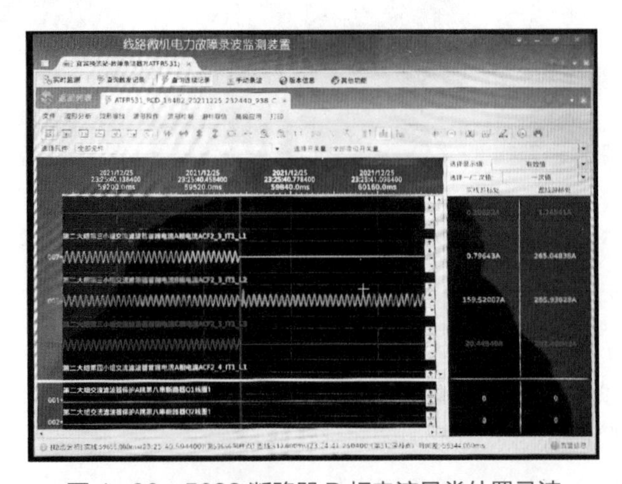

图 4-26　5623 断路器 B 相电流异常外置录波

零序保护原理：保护检测小组低压侧三相电流矢量和（零序电流），与设定值比较。交流滤波器零序电流保护跳闸定值为204.8A，延时6s动作；5623交流滤波器零序电流为265A已超过保护定值，但由于保持时间小于6s，因此未能出口，保护正确不动作。5623 B相电流录波波形如图4－27所示。

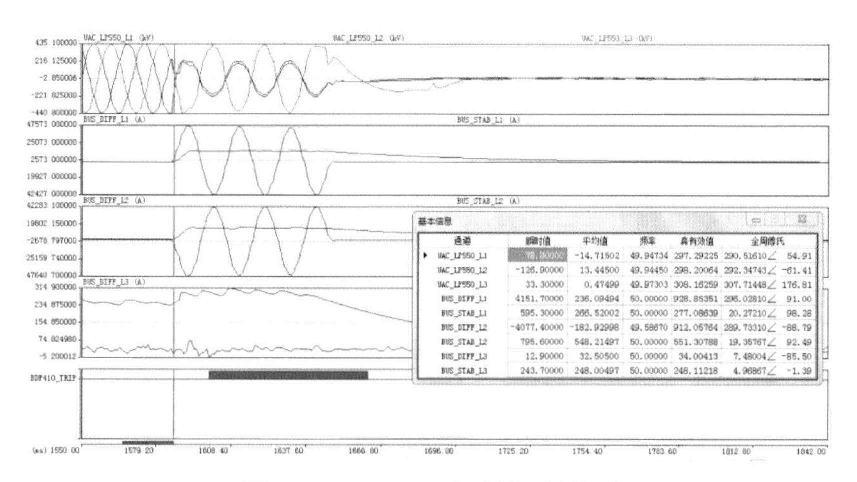

图4－27　5623 B相电流录波波形

失灵保护原理：该保护由小组滤波器跳闸触发，保护检测小组高压侧电流，如果在小组保护触发跳闸动作后，电流仍大于定值，则跳开本大组进线断路器，同时跳开该大组所有小组断路器。故障期间5623小组交流滤波器无任何保护跳闸动作，导致失灵保护无法出口，保护正确不动作。

综上所述，第二大组交流滤波器保护装置A、B相母线差动保护正确动作，电压电流波形均符合A、B相间短路故障特征。

3）某换流站Ⅲ线距离保护动作分析。故障时，某换流站Ⅲ线某侧第一套线路保护WXH－803A相间距离Ⅰ段动作，跳开某侧5152、5153断路器A、B、C三相，第二套线路保护未动作；某换流站Ⅲ线某站侧检查两套线路保护装置运行正常，均未动作。

经分析，发生区外故障时某换流站Ⅲ线A、B相电压谐波含量比例较高，某侧线路保护装置WXH－803A的A、B相计算阻抗落入距离Ⅰ段动作区边界，相间距离Ⅰ段动作出口。由于谐波分量影响、TV传变差异及装置滤波程度的不同，导致该侧两套保护动作行为不一致。

3. 故障原因分析

（1）故障过程梳理。梳理整个故障过程如下：

1）23时25分40秒，直流站主控B系统下发Q控制切除滤波组命令，5623小组滤波器退出运行，5623断路器分位，5623小组交流滤波器B相电流降低后迅速增大，同时工业视频系统显示交流滤波场母线区域开始放电。

2）23时25分45秒，某侧某换流站Ⅲ线第一套线路保护装置（WXH－803A）距离保护Ⅰ段动作，某侧断路器跳闸，同时第二大组交流滤波器保护装置母线差动保护动作，跳开进线断路器5231、5232，大组跳闸后5623小组交流滤波器B相电流降低，工业视频系统显示第二大组母线区域放电现象消失。

综上，结合现场天气、录波波形及现场检查情况分析，可以判断5623小组交流滤波器断路器B相灭弧室沿面放电为此次故障的直接原因，现场设备安装位置及放电路径如图4-28所示。5623小组交流滤波器断路器B相拉开后灭弧室沿面放电，电流通过伞裙表面流入滤波器，导致灭弧室伞裙灼烧并产生烟尘，5s后空气电离使得顶部的A相软导线与B相管母短路放电，大组交流滤波器差动保护动作跳闸。

图4-28 现场设备安装位置及放电路径

（2）原因分析。该类型瓷柱式断路器闪络的原因主要体现在以下方面：

1）交直流联合电压下双断口电场分布不均匀。交流滤波器断路器断开后瞬间，两断口承受母线交流电压与滤波器电容残留的直流电压。交流电压可由断口并联电容进行均压，直流电压则由断路器两断口及支柱绝缘子表面等效电阻决定，交直流联合电压下断口电压分布如图4-29所示。

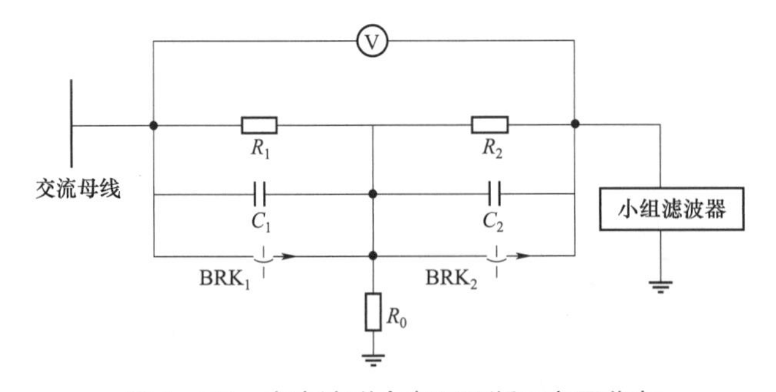

图4-29 交直流联合电压下断口电压分布

当支柱绝缘子表面受污秽严重，表面电阻 R_0 下降到一定程度，断路器滤波器侧断口承受的交直流电压将极易超过设计绝缘裕度，造成断路器绝缘击穿。

2）绝缘子表面污秽。如瓷柱式断路器绝缘子表面污秽度较高，灭弧室及并联电容绝缘子表面在低温、小雨作用下形成污秽高电导率区域，断路器开断后在交流母线电压和滤波电容器残留电压作用下，产生泄漏电流并反复击穿，导致外绝缘闪络。4 起外绝缘闪络故障发生时天气均为雨雾天气，且均未喷涂室温硫化硅橡胶（RTV）涂料或喷涂时间超过 6 年。

3）绝缘子干弧距离不足。

4）绝缘子厚度或瓷套外径不足。某换流站瓷柱式断路器曾出现过由于灭弧室与均压电容垂直布置，热备用断路器在雨水作用下灭弧室与均压电容径向击穿的事件，故障主要原因为绝缘子筒壁厚度及灭弧室气室半径不足，径向绝缘裕度偏低，在雨水天气下发生闪络。灭弧室与均压电容径向击穿如图 4－30 所示。

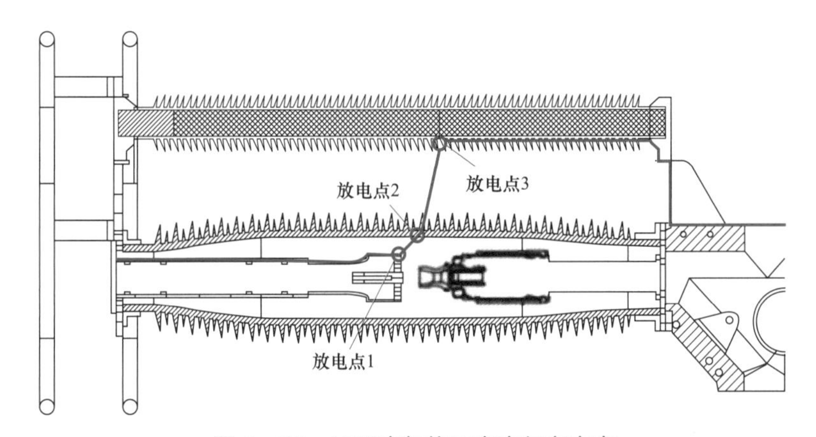

图 4－30 灭弧室与均压电容径向击穿

4.2.2 提升措施

1. 运维措施

（1）建议瓷柱式断路器验收时，严格按照技术规范书要求，测量断路器爬电距离等是否满足要求。

（2）处于污秽等级较高地区换流站瓷柱式断路器外护套及支柱绝缘子应定期喷涂 RTV，并每年开展清灰及盐密、灰密、憎水性检查，对不满足要求的断路器开展 RTV 复涂。

（3）雨雾天气来临前，加强换流站瓷柱式断路器紫外成像检测特巡。

（4）交流滤波器每次投切后，加强断路器投切波形监测。

2. 选型措施

（1）换流站交流滤波器瓷柱式断路器并联电容与灭弧室宜采用水平左右布置方式，并通过适当增加绝缘筒壁厚度，拓宽瓷套外径等方式，降低雨水桥接导致灭弧室与并联电容径向击穿风险。

（2）交流滤波器断路器型式试验应按标准要求，开展交、直流联合电压等绝缘试验，确保外绝缘耐受能力。

（3）气候湿润、污秽等级较高地区换流站交流滤波器瓷柱式断路器选型应考虑较高外绝缘裕度，可通过适当加长外护套长度、优化均压环结构等方式提升外绝缘裕度。

4.3 气室漏气

据统计，换流站瓷柱式交流滤波器断路器共发生20起气室漏气问题，其中HPL550B2型瓷柱式断路器漏气14起，LW10B型瓷柱式断路器漏气6起。

14起HPL550B2型交流滤波器断路器漏气缺陷中，密封圈老化6起，防爆膜漏气3起，绝缘子研磨面裂纹2起，绝缘子炸裂1起，瓷套金属法兰与瓷体产生位移1起，密封圈异物1起。

LW10B型交流滤波器断路器漏气缺陷6起，按照漏气原因划分，密封圈老化3起，绝缘子裂纹2起，机构三联箱砂眼1起。

4.3.1 某站“2016.9.6”5622断路器A相灭弧室漏气故障

1. 概述

（1）故障概述。2016年9月6日1时25分监控系统报5622交流滤波器断路器低气压报警，故障时告警信息如图4-31所示。低气压报警出现后，立即进行现场检查，5622断路器A相SF_6气压为0.52MPa，B相SF_6气压为0.61MPa，C相SF_6气压为0.64MPa。SF_6气压低告警定值0.52MPa，分合闸闭锁定值0.5MPa。

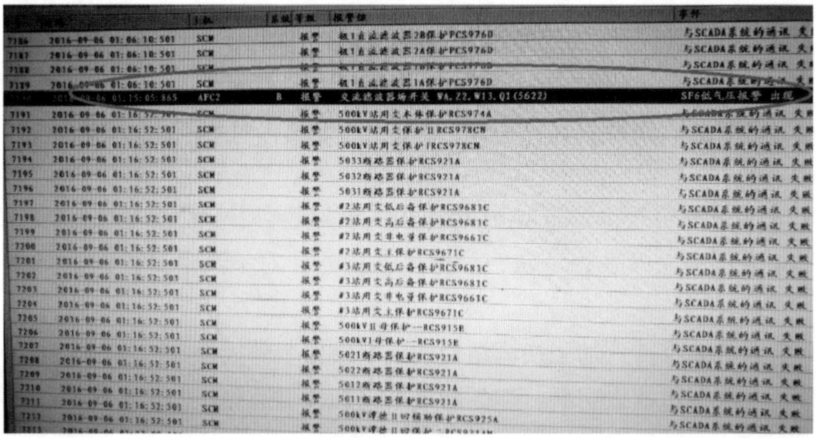

图4-31 故障时告警信息

根据现场检查情况，1时32分值班长汇报国调，申请将5622交流滤波器转冷备用；1时46分完成5622交流滤波器由热备用转冷备用操作。8时34分5622断路器气压低闭锁，故障时断路器现场SF_6压力情况如图4-32所示。现场检查5622断路器设备状况，

A 相气压为 0.50MPa，B 相为 0.61MPa，C 相为 0.64MPa。

（2）故障前运行工况。某换流站直流双极大地回线全压运行，极Ⅰ、极Ⅱ双极功率控制，双极直流功率 1070MW。

2. 设备检查情况

（1）现场检查情况。9 月 6 日下午，使用红外检漏仪对 5622 断路器 A 相进行检漏，检查发现 5622 断路器 A 相灭弧室下端部有明显漏点（三联箱与灭弧室连接部位），故障后断路器红外检漏情况如图 4－33 所示。

图 4－32 故障时断路器现场 SF_6 压力情况

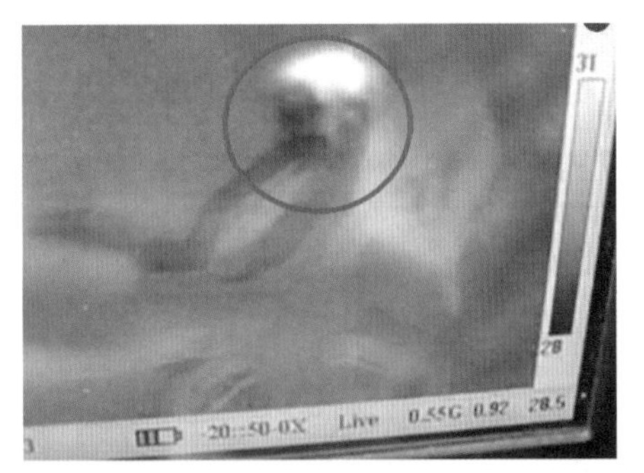
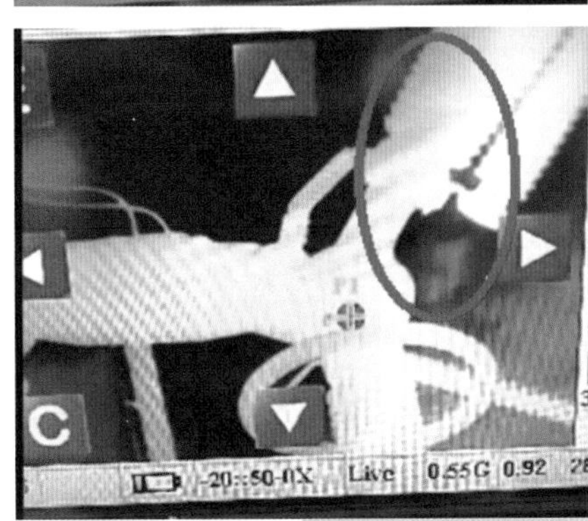
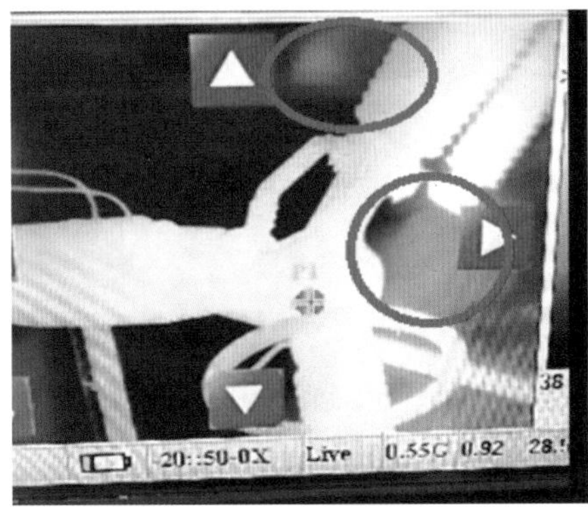

图 4－33 故障后断路器红外检漏情况

5622 断路器 A 相自投运共操作 389 次，故障前后 5622 断路器分合情况、2016 年 5622 断路器操作次数分别见表 4－1、表 4－2。

表 4－1 故障前后 5622 断路器分合情况

时间	5622 断路器动作情况	时间	5622 断路器动作情况
8 月 22 日 22 时 7 分	合	9 月 2 日 23 时 9 分	分
9 月 1 日 12 时 6 分	分	9 月 3 日 14 时 3 分	合
9 月 2 日 6 时 24 分	合	9 月 4 日 18 时 18 分	分

表 4-2　　2016 年 5622 断路器操作次数

时间	动作次数	时间	动作次数
1 月	1	6 月	1
2 月	0	7 月	5
3 月	7	8 月	2
4 月	0	9 月（截至 6 号）	5
5 月	5		

（2）故障处理过程。9 月 10 日上午，拆下 5622 断路器 A 相故障灭弧室，对故障灭弧室进行检漏，发现漏点在 5622 断路器靠滤波器侧灭弧室底部，灭弧室渗漏点现场检查如图 4-34 所示。

将故障灭弧室均压电容拆卸下来，对均压电容做电容量、介质损耗和绝缘试验，试验合格，将故障灭弧室的均压电容安装至灭弧室备件上。

将灭弧室备件重新吊装，对灭弧室及三联箱分别抽真空，充检验合格的 SF_6 气体，灭弧室压力充至 0.64MPa，之后恢复引线。

9 月 11 日上午，对 5622 断路器 A 相进行回路电阻试验和机械特性试验，试验数据合格；对 5622 断路器 A 相进行红外检漏测试，无异常，更换灭弧室后断路器红外检漏情况如图 4-35 所示。

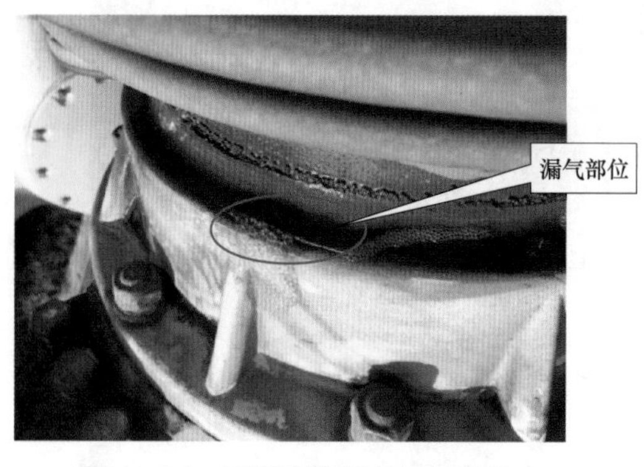

图 4-34　灭弧室渗漏点现场检查

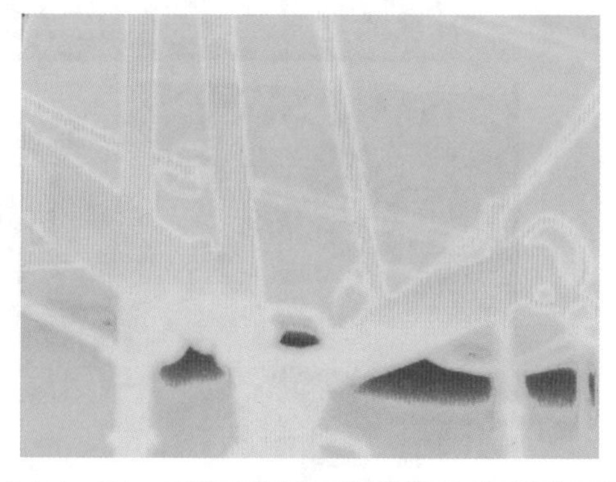
图 4-35　更换灭弧室后断路器红外检漏情况

9 月 12 日上午对充 SF_6 新气静置 24h 后的 5622 断路器 A 相做微水试验，试验数据合格，随后断路器转热备用。

（3）灭弧室解体检查。

1）瓷套内壁发现明显裂纹。检查发现，灭弧室瓷套内壁存在明显的贯穿性裂纹，瓷套裂纹如图 4-36 所示。

2）故障瓷套密封面内孔局部倒角发现有磨损痕迹。检查发现，故障瓷套密封面未发现裂纹但内孔局部倒角发现有磨损痕迹，瓷套密封面磨损痕迹如图 4-37 所示。

3）动触头缸体对应的轻微压痕。检查发现，在动触头缸体发现了对应的轻微压痕，动触头缸体压痕如图 4-38 所示。

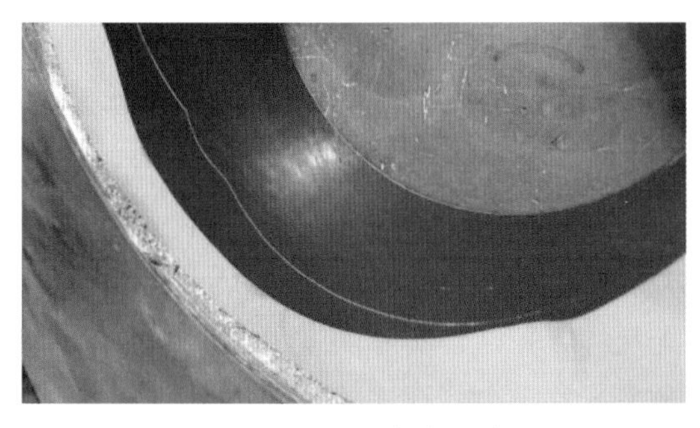

图 4－36 瓷套裂纹

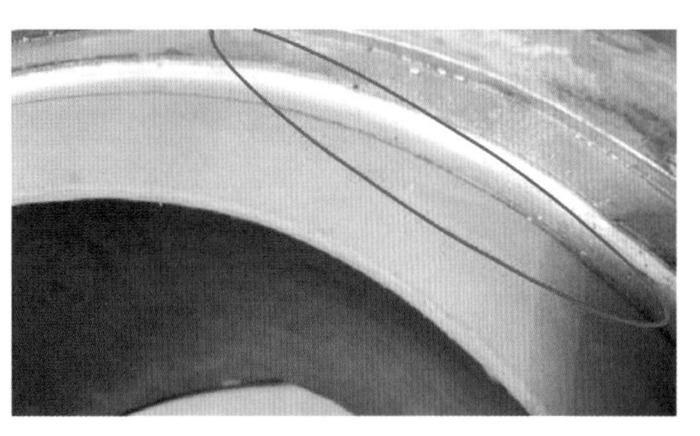

图 4－37 瓷套密封面磨损痕迹

经对照查看，瓷套内孔磨损位置同动触头缸体压痕位置按照装配关系刚好对应，瓷套内孔磨损位置及动触头缸体压痕位置如图 4－39 所示。

图 4－38 动触头缸体压痕

图 4－39 瓷套内孔磨损位置及动触头缸体压痕位置

3．故障原因分析

（1）灭弧室动触头与瓷套装配关系。灭弧室动触头与瓷套装配关系如图 4－40 所示。

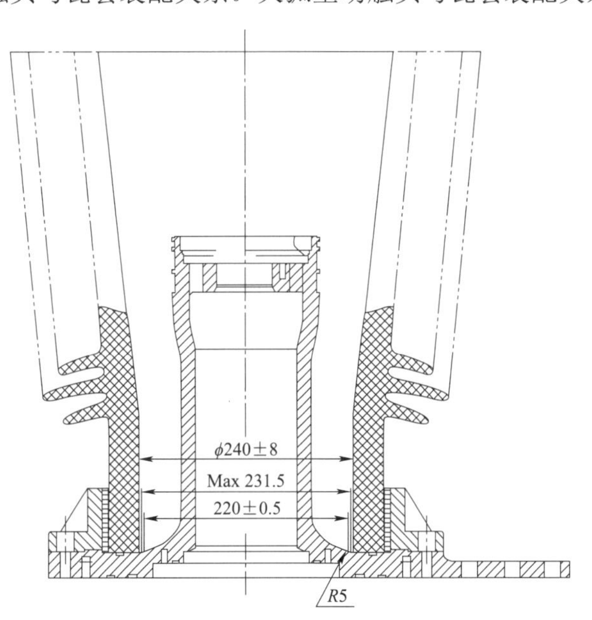

图 4－40 灭弧室动触头与瓷套装配关系

鼓型瓷套装配 514323000600 内径尺寸是$\phi 240\pm 8$mm，瓷套内孔尺寸最小应为$\phi 232$。动触头缸体 808209192001 突起部分尺寸要求$\phi 220\pm 0.5$mm，倒角按《未注公差的线性和角度的尺寸公差》的要求，R5 的未注公差为±0.5mm，缸体法兰面凸起部分的尺寸最大值为：$\phi[220+0.5+(5+0.5)\times 2]=\phi 231.5$mm。

经测量，故障断路器瓷套内孔尺寸为$\phi 227.5$mm，不符合图样$\phi 240\pm 8$mm 的要求。

（2）灭弧室裂纹原因分析。经对照图纸装配尺寸，并结合实际测量尺寸，怀疑该漏气断路器在装配后，瓷套内孔倒角处与动触头缸体圆角有接触，在螺栓紧固作用下，瓷套持续受到非正常的压力。

由于瓷套属于玻璃体，在断路器多年的运行过程中，反复受力，在长期应力作用下，瓷套内部最薄弱的部位达到疲劳极限后突然发生应力释放，产生贯穿性裂纹，SF_6气体通过瓷套内壁裂纹直接经过水泥胶装处泄漏。灭弧室裂纹及漏气示意如图 4－41 所示。

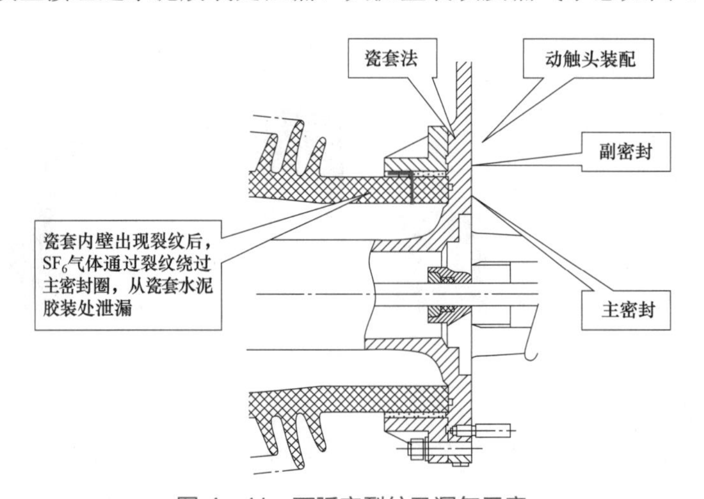

图 4－41　灭弧室裂纹及漏气示意

4.3.2　某站“2017.11.19”5634 断路器 C 相漏气故障

1. 概述

（1）故障概述。2017 年 11 月 19 日 12 时 8 分 23 秒 844 毫秒，ACP 1A/1B 系统发交流滤波器 5634 断路器 SF_6压力Ⅰ、Ⅱ段故障告警。AFP 3A/3B 系统发 5634 断路器 C 相继电器回路故障告警，事件记录及故障信息如图 4－42 所示，事件记录列表见表 4－3。

（2）故障前运行工况。±500kV 某换流站双极大地全压方式 1862MW 运行，控制方式为双极功率控制；500kV 交流场及站用电系统均为正常运行方式；第一大组交流滤波器 5611 运行正常，第二大组交流滤波器 5621、5622 运行正常，第三大组交流滤波器 5631、5632 运行正常。

2. 设备检查情况

（1）现场检查。现场检查发现 5634 断路器三相均在分闸位置，发现 5634 断路器 C 相密度继电器压力迅速下降，伴随有 SF_6 泄漏声。短时间内 5634 断路器 C 相 SF_6压力降

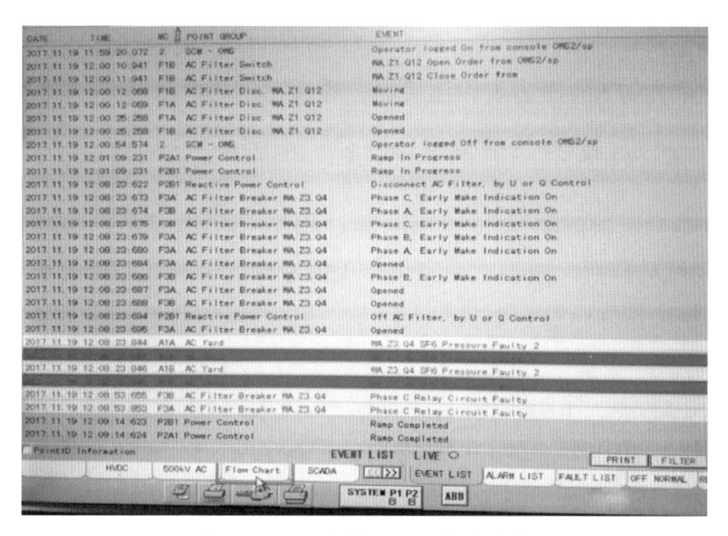

图 4-42　事件记录及故障信息

表 4-3　　事件记录列表

序号	时间	事件
1	12:8:23:844	5634 断路器 SF_6 压力故障 1
2	12:8:23:844	5634 断路器 SF_6 压力故障 2
3	12:8:23:846	5634 断路器 SF_6 压力故障 1
4	12:8:23:846	5634 断路器 SF_6 压力故障 2
5	12:8:53:655	5634 断路器 C 相继电器回路故障
6	12:8:53:853	5634 断路器 C 相继电器回路故障

低至 0MPa。5634 断路器现场如图 4-43 所示。

图 4-43　5634 断路器现场

（2）应急处置。将 5634 断路器控制方式打至 disconnect 状态，将 2 号继电器室内 5634 断路器两路操作电源全部断开，并悬挂“禁止合闸”标识牌。拉开 56341 隔离开关，将 56341 隔离开关控制方式打至就地位置。向国调申请对 5634 断路器进行紧急抢修。为保持灭弧室干燥，对灭弧室补充氮气保持微正压。

（3）故障处理。将 5634 断路器转为检修状态，对 C 相检查发现该相断路器本体与 SF_6 压力表相连接的三通阀存在严重漏气，C 相本体其他部位并未发现漏气点。更换 5634 断路器 C 相故障三通阀，对 5634 断路器 C 相进行本体抽真空、氮气冲洗和重新注入 SF_6 气体，并对设备进行检漏，未发现漏点。进行微水检测（实测：123μL/L＜150μL/L）、低电压试验、线圈绝缘测量、机械特性试验、断口电容相应试验、合闸直阻（实测：87μΩ＜90μΩ）、耐压试验，全部试验合格。

3. 故障原因分析

断路器 C 相本体与 SF_6 压力表相连接的三通阀存在严重漏气。

4.3.3 某站“2020.5.3”5631 断路器 C 相漏气故障

某换流站 500kV 交流滤波器 5631 断路器 C 相先后两次出现 SF_6 低气压报警，经过大组滤波器 63 号母线陪停后，发现主漏点位于灭弧室绝缘子与三联箱的安装法兰处，更换该相灭弧室后，缺陷消除。

1. 概述

（1）故障概述。

1）第一次漏气。2019 年 12 月 9 日 12 时 42 分，OWS 报 5631 断路器低气压报警（见图 4－44），现场检查（13 时 30 分）5631 断路器 C 相 SF_6 压力表显示 0.77MPa（报警值 0.77MPa、额定值 0.85MPa）、对比 A、B 相压力表分别为 0.83MPa，现场环境温度 15℃左右，按国调令 5631 断路器转至冷备用；17 时 30 分（未补气情况下）时，现场 C 相 SF_6 压力表显示自动恢复至 0.82MPa。现场 C 相表计压力如图 4－45 所示。

2019-12-09, 08:23:48:068	直流SER事件	从(B)	221202	直流站控系统	=WA.Z3.W31-Q1(5631)/断路器合
2019-12-09, 08:23:48:070	直流SER事件	主(A)	221202	直流站控系统	=WA.Z3.W31-Q1(5631)/断路器合
2019-12-09, 08:23:48:146	直流SER事件	从(B)	221212	直流站控系统	=WA.Z3.W31-Q1(5631)/断路器合闸弹簧未储能
2019-12-09, 08:23:48:147	直流SER事件	主(A)	221212	直流站控系统	=WA.Z3.W31-Q1(5631)/断路器合闸弹簧未储能
2019-12-09, 08:24:03:565	直流SER事件	主(A)	221212	直流站控系统	=WA.Z3.W31-Q1(5631)/断路器合闸弹簧未储能
2019-12-09, 08:24:03:567	直流SER事件	从(B)	221212	直流站控系统	=WA.Z3.W31-Q1(5631)/断路器合闸弹簧未储能
2019-12-09, 11:19:32:849	直流SER事件	从(B)	224477	直流站控系统	Q控制切除滤波器组
2019-12-09, 11:19:32:876	直流SER事件	主(A)	224477	直流站控系统	Q控制切除滤波器组
2019-12-09, 12:42:07:312	直流SER事件	主(A)	221209	直流站控系统	=WA.Z3.W31-Q1(5631)/断路器低气压报警
2019-12-09, 12:42:07:312	直流SER事件	从(B)	221209	直流站控系统	=WA.Z3.W31-Q1(5631)/断路器低气压报警
2019-12-09, 13:06:07:000	下发控制命令	[illegible]	[illegible]	[illegible]	[illegible]
2019-12-09, 13:06:08:828	直流SER事件	主(A)	224785	直流站控系统	[illegible]
2019-12-09, 13:06:08:858	直流SER事件	从(B)	224785	直流站控系统	[illegible]
2019-12-09, 13:06:09:954	直流SER事件	主(A)	221056	直流站控系统	=S1+AF13-12/W31-Q1(5631)第二组控制回路断线
2019-12-09, 13:06:09:954	直流SER事件	从(B)	221056	直流站控系统	=S1+AF13-12/W31-Q1(5631)第二组控制回路断线
2019-12-09, 13:06:09:955	直流SER事件	主(A)	221055	直流站控系统	=S1+AF13-12/W31-Q1(5631)第一组控制回路断线
2019-12-09, 13:06:09:955	直流SER事件	从(B)	221055	直流站控系统	=S1+AF13-12/W31-Q1(5631)第一组控制回路断线
2019-12-09, 13:06:09:959	直流SER事件	主(A)	221202	直流站控系统	=WA.Z3.W31-Q1(5631)/断路器合
2019-12-09, 13:06:09:959	直流SER事件	从(B)	221202	直流站控系统	=WA.Z3.W31-Q1(5631)/断路器合
[illegible]	[illegible]	[illegible]	[illegible]	[illegible]	[illegible]
[illegible]	直流SER事件	从(B)	221209	直流站控系统	[illegible]

图 4－44　OWS 报 5631C 压力低报警事件记录

(a) 报警时压力

(b) 自动恢复后压力

图 4－45　现场 C 相表计压力

后台一体化在线监测系统显示 5631 断路器三相 SF_6 压力变化趋势一致，C 相压力大小较 A、B 相偏小，未出现 C 相压力突降的情况。初步判断 C 相压力较 A、B 相低，随着温度高低变化 C 相最低压力值突破报警下限。后台一体化 5631A、B、C 压力曲线如图 4－46 所示。

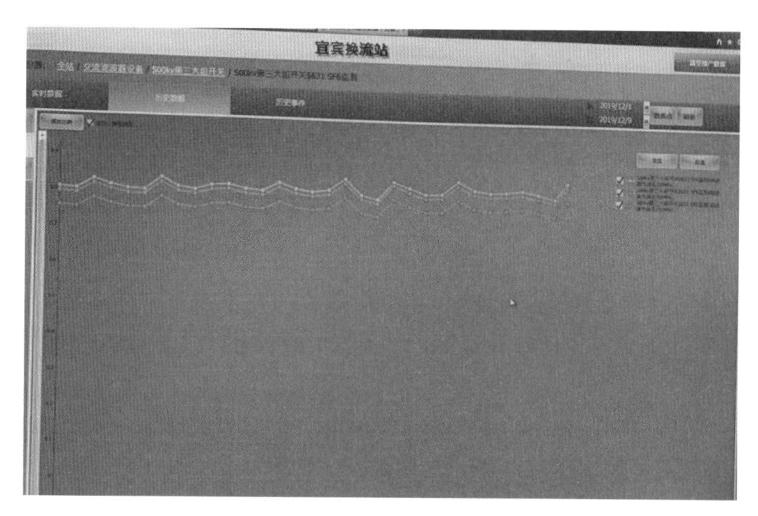

图 4－46　后台一体化 5631A、B、C 压力曲线

2）第二次漏气。2020 年 5 月 3 日 7 时 2 分，OWS 报 5631 断路器低气压报警，现场检查 5631 断路器 C 相 SF_6 压力表显示 0.77MPa（报警值 0.77MPa、闭锁值 0.75MPa），现场环境温度 21℃左右，按国调令 5631 断路器转至冷备用。OWS 报 5631C 压力低报警事件记录、现场检查 5631 断路器 C 相表计压力如图 4－47、图 4－48 所示。

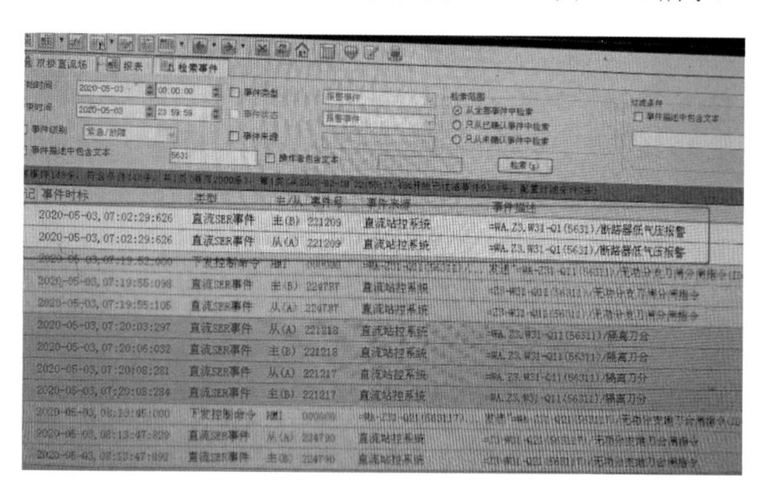

图 4－47　OWS 报 5631C 压力低报警事件记录

3）交流滤波器断路器 SF_6 压力监测配置情况。该站交流滤波器断路器基建阶段配置了就地压力表，无压力远传功能；2017 年对全部 20 组断路器加装了 SF_6 在线监测系统。

（2）故障前运行工况。直流系统：第一次故障时某换流站直流极Ⅰ高端、极Ⅱ高低端

图 4-48　现场检查 5631 断路器 C 相表计压力

换流器运行，极Ⅰ低端换流器在检修状态开展极Ⅰ低端 Y/Y－C 相换流变压器的更换工作；第二次故障时某换流站直流双极四换流器运行。

2. 设备检查情况

（1）第一次漏气后检查处理情况。现场使用红外泄漏成像仪和检漏液对断路器压力表接头（图 4－49 中红圈为表计校验口）、压力传感器接头（图 4－49 中黄圈为压力传感器的充气口）及轴盖（图 4－49 中绿圈）位置进行检漏，未发现漏气迹象。12 月 10 日现场对断路器 C 相进行补气，压力值补到 0.885MPa（见图 4－50），C 相压力未再出现突然下降情况（见图 4－51）；每周对现场表计读数进行抄录。

图 4－49　断路器底部检漏位置

图 4－50　C 相补气至 0.885MPa

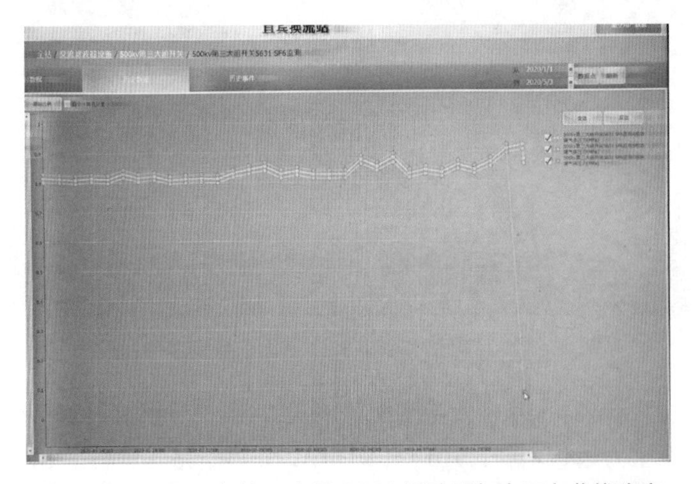

图 4－51　2020 年前 4 个月 5631 断路器气室压力曲线稳定

（2）第二次漏气后检查处理情况。发现表计压力突降后现场再次使用红外泄漏成像仪和 SF_6 定性检漏仪对断路器压力表、压力传感器的各接头及轴盖位置进行检漏，发现加装的压力传感器中间接口存在轻微漏气现象（见图 4－52）。

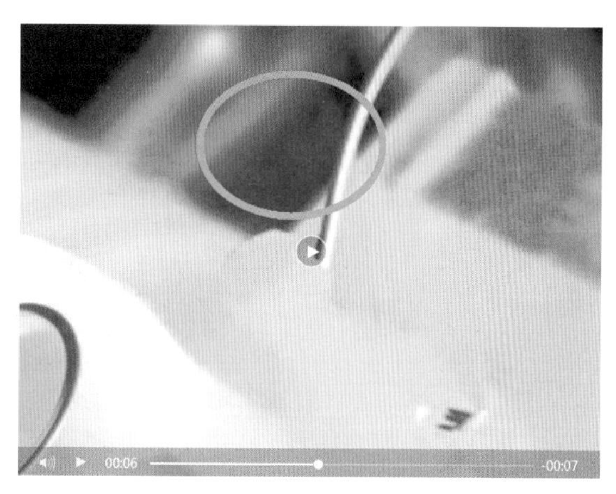

图 4－52 漏点（加装压力传感器接口位置）

对 C 相气室进行补气，补气后对 C 相气室压力跟踪一天，对比 A、B 相发现 C 相气室压力从 3 日晚上开始缓慢下降，到 5 月 4 日 11 时 37 分，C 相压力已降至 0.71MPa。

若要查找断路器本体支柱绝缘子、灭弧室上部法兰等区域的漏点需要借助升降车。经核查，断路器上方为交流滤波器 63 号母线的各小组管母线，断路器距离地面高度为 9.67m，上方管母距离地面 16.8m，安全距离不满足要求，若需登高对断路器本体进行检查和检修，需要 63 号母线陪停。

5 月 5—12 日，交流滤波器 63 号母线停电前，运维人员每天对 C 相表计压力进行查看，其压力一直稳定在 0.84MPa 左右。

5 月 13 日交流滤波器 63 号母线按计划停电，对断路器本体灭弧室、支柱绝缘子所有法兰面、气体密封面进行包扎，24h 后检漏，发现断路器靠小组滤波器侧灭弧室金属法兰面处的漏气点，灭弧室金属法兰漏气位置如图 4－53 所示。

图 4－53 灭弧室金属法兰漏气位置

（3）灭弧室更换情况。因不清楚该灭弧室内部可能存在的故障情况，为减少现场检查处置时间，提高处置效率，现场使用备品对该断路器的灭弧室进行更换，更换前需确认备用灭弧室内氮气为微正压避免设备受潮，更换后交接试验验证断路器性能。更换灭弧室主要步骤见表 4－4。

表 4－4 更换灭弧室主要步骤

序号	工作内容	配图
1	断路器分闸并完成弹簧的泄压	—
2	断开操动机构电机电源和操作电源	—

续表

序号	工作内容	配图
3	气室 SF_6 全部回收、一次断引	
4	手动调节（摇把、断路器底部顶丝配合）传动杆位置到半分半合，至手孔位置可以拆除卡销后松开T灭弧室与支撑绝缘子法兰螺栓	—
5	起吊故障灭弧室并将原来的均压电容拆装至新的灭弧室，所有螺栓厂家重新打力矩并画标记线	
6	安装新的灭弧室并复装手孔位置的传动杆卡销，紧固法兰螺栓	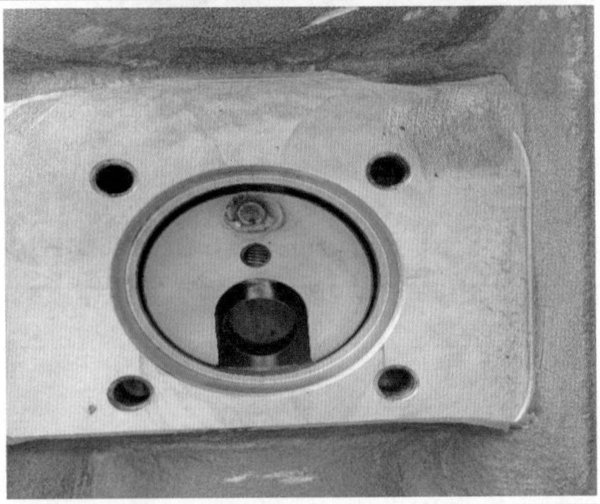

续表

序号	工作内容	配图
7	气室抽真空，充新的 SF_6 气体	—
8	气室气体分析[微水含量（20℃）23.8μL/L，小于交接试验标准的150μL/L]，检漏	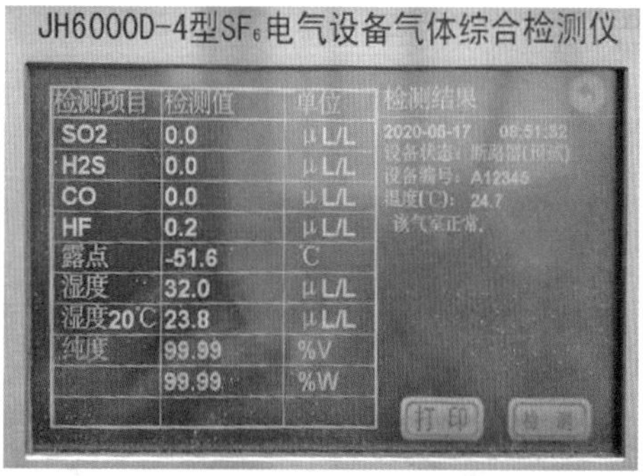
9	机械特性检测：若有弹簧压缩量与新灭弧室匹配不达标的，则调节弹簧的限位螺母	
10	复引	

更换灭弧室，试验合格后，5631 断路器投入运行正常。运行中对该组断路器红外测温和 SF_6 表计现场巡视，均无异常。

（4）返厂解体工作。2020 年 6 月 8 日对 5631 断路器 C 相灭弧室进行返厂解体，首先进行外观检查，发现故障侧瓷套的金属法兰与瓷体间二次浇筑的水泥沿有部分脱落（见图 4－54），该情况不影响瓷套的正常使用，与漏气故障也无关联。

另外，在检查过程中发现，一端绝缘子侧的光滑法兰密封面处有破损（见图 4－55），破损部位处于密封圈外侧，不影响密封性能，与漏气无关。

图 4－54　水泥沿部分脱落

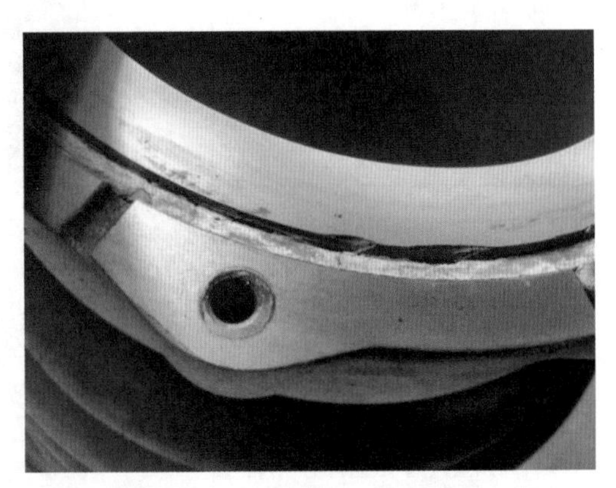

图 4－55　法兰密封面破损

随后拆解发现金属法兰面密封圈上有类似塑料材质白色异物，被密封润滑脂完全包裹，通过查询断路器漏气部位的组装过程［见图 4－56（c）］，该工作过程均为水平操作，组装过程中不存在接触异物并附着的可能。因此判断，该异物在灭弧单元出厂装配时就存在，且该异物所处位置和之前检出的漏气点一致。拆解检修情况如图 4－56 所示。

（a）金属法兰密封圈

（b）金属法兰密封圈整体情况

图 4－56　拆解检修情况（一）

步骤	操作内容	图片说明
5	将下部电流通道装入灭弧室： 将已组装好下部电流通道的T-机构放于工装上。要注意工装上定位销的方向。 按照技术要求1HSB732008-5、1HSB732008-7CN清洁润滑组装密封圈（项11）。 将灭弧室瓷瓶放在工装上，瓷套法兰端面涂抹润滑脂11714014-407，移动工装将灭弧室瓷瓶套在下部电流通道上。 组装时，瓷瓶缓慢移动，以防两者相碰。瓷套对中时，应注意螺栓不能碰到瓷面，触头不能碰到喷口。装上连接螺栓，使瓷套端面上沿略低于T-机构端面上沿。 T-机构与法兰之间装入连接螺栓（项10）和垫片（项9），力矩60N·m	

(c) 操作指导书操作内容

图4-56　拆解检修情况（二）

3. 故障原因分析

SF_6 敞开式断路器气体渗漏主要原因包含如下几个方面：① SF_6 断路器现场装配时环境控制不良，尘埃落入密封面导致密封不佳；② 密封老化导致密封不良引起渗漏；③ 焊缝渗漏，焊缝没有完全焊透，再加上对焊缝的检查不到位，因此把隐患带到现场，导致漏气；④ 表计渗漏，由于压力表质量不高或连接不佳，特别是接头处密封垫损伤，都可能引起渗漏；⑤ 瓷套管破损，在运输和安装过程中，由于外力作用，可能使瓷套管破损，导致漏气。另外，瓷套管与法兰胶合处胶合不良、瓷套管与胶垫连接处的胶垫老化或位置未放正等也会导致漏气。

灭弧室结构如图4-57所示，从图中可以看到，该灭弧室瓷套与断路器机构三联箱金属安装法兰面通过密封圈密封，此次检漏发现该处为渗漏点，该处密封圈可能存在老化失去密封效果，导致 SF_6 渗漏。

经灭弧室返厂解体后，确定故障原因为：在装配初期，白色塑料状异物混进了密封润滑脂中，导致其被刷到密封垫圈上，同时由于长时间运行，密封垫圈有老化现象导致弹性降低，加上密封圈上有异物存在，导致密封不严出现漏气现象。

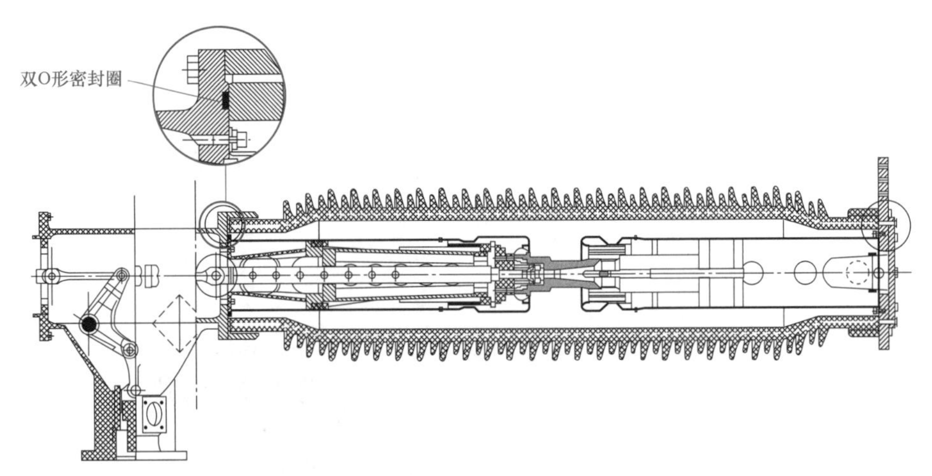

图 4-57　灭弧室结构

4.3.4　某站“2019.9.16”5621 断路器 C 相漏气故障

1. 概述

某换流站交流滤波器场断路器是敞开式组合断路器。2019 年 9 月 16 日，巡检时发现交流滤波器组 5621 断路器 C 相 SF_6 压力偏低，为 0.65MPa，已接近报警值。5621 断路器如图 4-58 所示。

(a) 5621 断路器

(b) C 相压力

图 4-58　5621 断路器

2. 设备检查情况

（1）现场检查。5621 交流滤波器场断路器（HPLCOMPACT550）气室的额定压力为 0.7MPa，报警压力值为 0.62MPa，闭锁压力值为 0.6MPa。自 2003 年 6 月投运以来一直平稳运行，未经历过解体检修，2017 年曾出现 5611 断路器 C 相、5622 断路器 C 相过手孔盖密封圈老化漏气的情况，经更换密封圈后恢复正常。5611 断路器现场检查情况如图 4－59 所示。

(a) 5611 断路器 C 相泄漏点

(b) 5622 断路器 C 相漏气位置

图 4－59　5611 断路器现场检查情况

检修人员现场检查，并进行三相对比分析，发现 C 相压力较前期确实有下降趋势。特别是 9 月，下降趋势明显，5621 断路器 C 相压力下降趋势如图 4－60 所示。

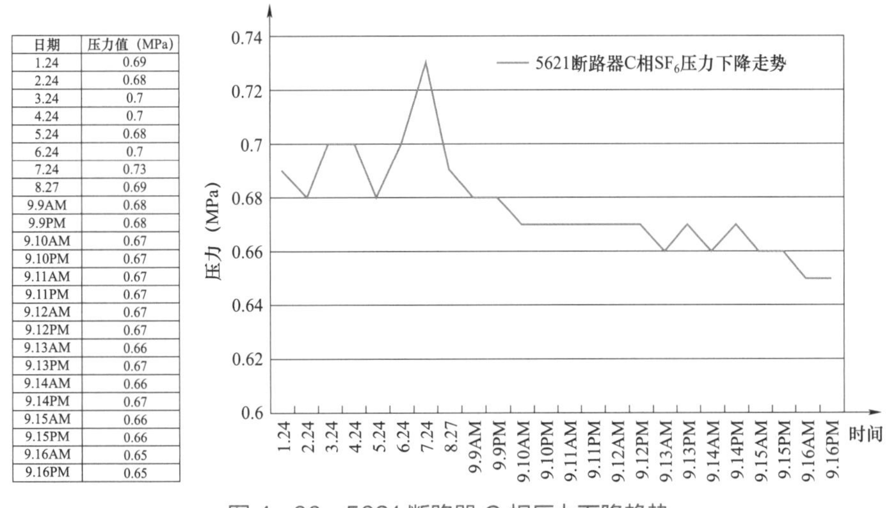

日期	压力值（MPa）
1.24	0.69
2.24	0.68
3.24	0.7
4.24	0.7
5.24	0.68
6.24	0.7
7.24	0.73
8.27	0.69
9.9AM	0.68
9.9PM	0.68
9.10AM	0.67
9.10PM	0.67
9.11AM	0.67
9.11PM	0.67
9.12AM	0.67
9.12PM	0.67
9.13AM	0.66
9.13PM	0.67
9.14AM	0.66
9.14PM	0.67
9.15AM	0.66
9.15PM	0.66
9.16AM	0.65
9.16PM	0.65

图 4－60　5621 断路器 C 相压力下降趋势

检修人员用手持式检漏仪在压力表及密度继电器附近检查未发现泄漏点。检修人员使用 SF_6 检漏仪对 5621 断路器 C 相进行实测，发现灭弧室间构件上方有烟缓慢冒出。5621 断路器 C 相泄漏点如图 4－61 所示。

(a) 泄漏点

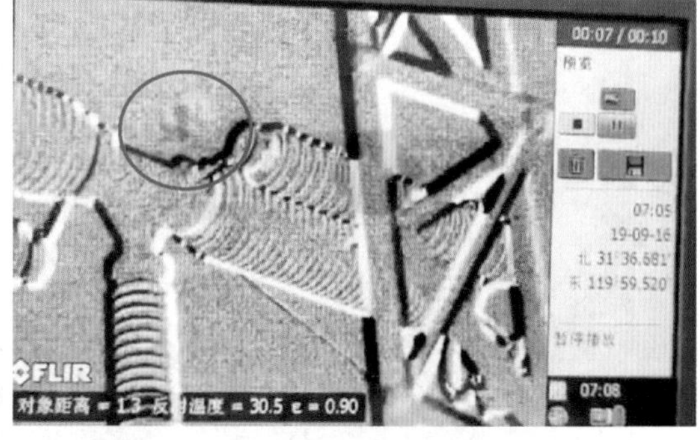

(b) SF_6 检漏仪实测情况

图 4-61　5621 断路器 C 相泄漏点

（2）故障分析。由于设备在运行状态，无法近距离确定设备渗漏点，现场给出三种预案：① 工艺盖及手孔盖漏气，需直接更换相应的密封圈；② 瓷套与三联箱法兰之间的密封面存在漏气，将灭弧室吊装至地面更换相应密封圈；③ 铸件漏气，更换整个灭弧室。

由于预案②、③工作均需吊装断路器灭弧室，考虑到 62 号母线带电，安全距离不够无法开展工作，故此次停电工作只考虑方案①，即手孔盖、电阻轴封盖漏气情况处理。待停电后近距离检查泄漏点，若是预案②或③情况，则考虑先补充 SF_6 气体至额定值，后续再申请交流滤波器大组停电进行检修消缺工作。断路器灭弧室与母线安全距离如图 4-62 所示。

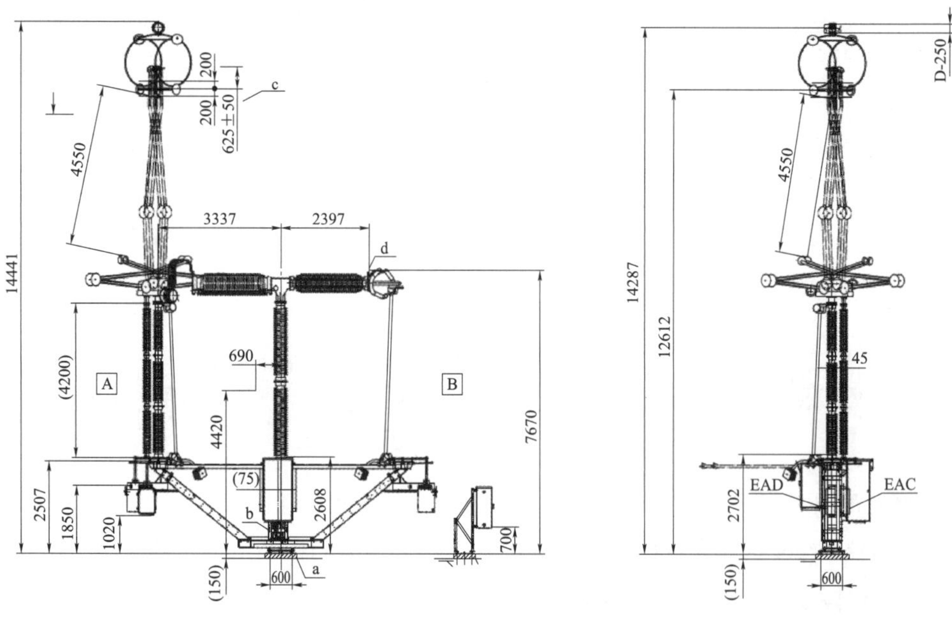

图 4-62　断路器灭弧室与母线安全距离

（3）故障处理。

1）材料及工作准备。材料准备：HPLCOMPACT550 断路器工艺盖及手孔盖密封圈，两端工艺盖板内干燥剂，真空泵，SF_6 新气，配套的气管及接头，微水测试仪。

9 月 23 日，运行申请将 5621 断路器滤波器小组停运。同时，检修人员将新到的 SF_6 气体进行微水、纯度、分解物检测，检测合格（微水小于 40μL/L），SF_6 新气纯度、湿度、分解物检测结果如图 4－63 所示。

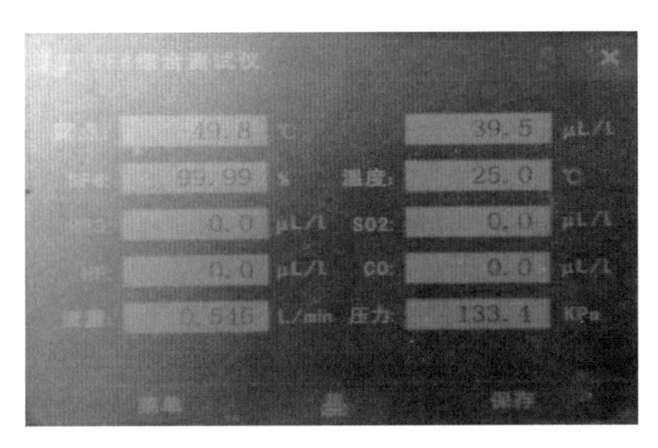

图 4－63　SF_6 新气纯度、湿度、分解物检测结果

2）查漏及工艺标准。使用肥皂泡对断路器南北侧工艺盖查漏，发现有微漏，南北侧工艺盖边气泡冒出情况如图 4－64 所示。对手孔盖及断路器东西侧工艺盖板查漏，均未发现漏点。

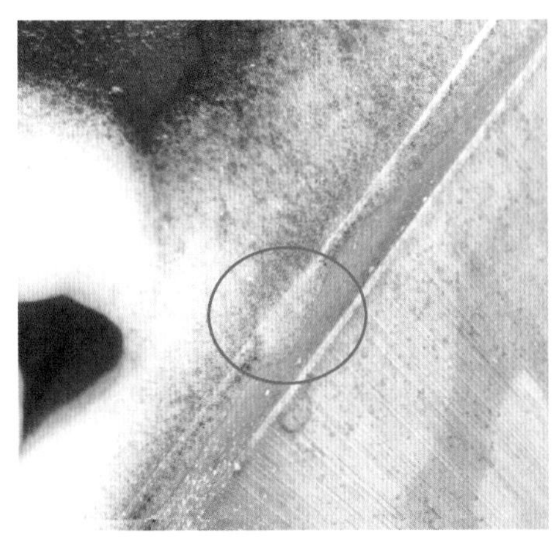

(a) 南侧工艺盖边

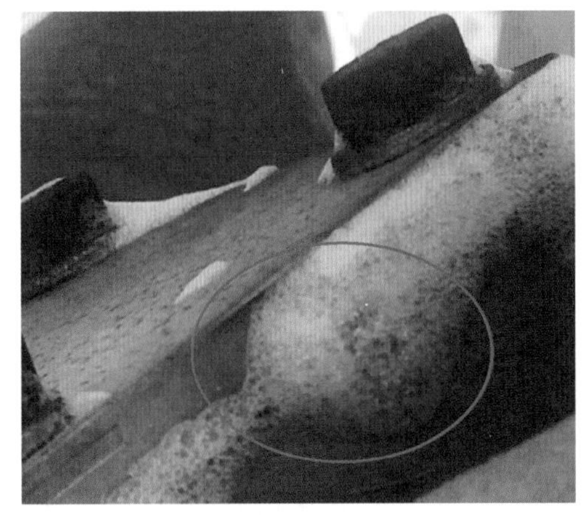

(b) 北侧工艺盖边

图 4－64　南北侧工艺盖边气泡冒出情况

3）SF_6 气体收集。拆除 5621 断路器 SF_6 密度表，装上排气管，对 SF_6 气体进行回收，整个排气过程 90min。压力表安装口排气示意如图 4－65 所示。

4）密封圈及干燥剂的更换。断路器南北侧工艺盖密封圈更换，工艺盖位置如图 4－66

所示。手孔盖密封圈更换，手孔盖位置如图 4－67 所示。灭弧室东西侧工艺盖板密封圈及干燥剂更换，工艺盖板位置如图 4－68 所示。

图 4－65　压力表安装口排气示意

图 4－66　工艺盖位置

图 4－67　手孔盖位置

图 4－68　工艺盖板位置

标准：更换工艺盖及手孔盖内密封圈，涉及排气，水汽可能进入断路器本体，因此，干燥剂必须更换。

5）抽真空。将排气管路连接至真空泵上，对断路器内部抽真空，压力要求抽至 100Pa 以下，并保压 1h，整个过程 90min。抽真空结束后，将压力表装回。需要注意的是，排气及抽真空均只能从压力表口接入，三通阀只能用于补气和检验。

6）充气。使用专用接头将三通阀下接口与充气管路连接，打开解压阀，将压力控制在 0.3MPa 以下，慢充 10min，待压力表有示数后，慢慢加大减压阀压力，将断路器压力充至 0.72MPa。整个过程 30min。补气过程如图 4－69 所示。

在压力表出现示数同时，即可开始查漏（见图 4－70），检查发现 SF_6 不再泄漏。

7）断路器分合闸检查。由于未动断路器机械回路，因此只需要进行断路器分合闸操作。

8）微水检查。静置后，对断路器进行 SF_6 气体微水测量。检查合格。

3. 故障原因分析

漏气原因为密封圈老化变形，更换密封圈后恢复正常。

图 4-69　补气过程

图 4-70　再次查漏

4.3.5　某站“2020.4.19”3635 断路器 A 相漏气故障

1. 概述

（1）故障概述。2020 年 4 月 19 日 11 时 22 分，某站 OWS 系统报，3635 断路器 A 相 SF_6 低气压报警出现，现场检查 3635 断路器 A 相 SF_6 压力为 0.54MPa、B 相 0.64MPa、C 相 0.63MPa（环境温度 16℃，该断路器额定值为 0.6MPa，报警值为 0.55MPa，闭锁值为 0.52MPa）。11 时 33 分，国调许可投入 3615 交流滤波器，退出 3635 交流滤波器。11 时 43 分，国调下令将 3635 交流滤波器由热备用转检修。16 时 34 分，3635 断路器 SF_6 低气压报警自动复归（环境温度 16℃）。

（2）故障前运行工况。换流站直流双极大地回线全压 500kV，3000MW 运行。3611、3612、3613、3614、3621、3622、3624、3625、3631、3632、3633、3634、3635 交流滤波器投入运行，3615、3623 交流滤波器热备用。

2. 设备检查情况

异常发生后，现场运检人员使用 SF_6 红外检漏仪进行检漏，发现 3635 断路器 A 相自封接头与三通阀座对接面处有漏气现象。

拆卸 3635 断路器 A 相 SF_6 密度继电器自封接头与三通阀座，发现接头内密封圈已有明显磨损（见图 4-71）。

现场对 3635 断路器 A 相自封接头密封圈、SF_6 表计进行更换，更换后对 3635 断路器 A 相进行补气、红外检漏，并与监控后台核对信息，结果均正常。

3. 故障原因分析

（1）3635 断路器 SF_6 压力突降。查阅运行记录，3 月 1 日至 4 月 18 日，3635 断路器 A、B、C 三相 SF_6 压力值均在 0.6MPa 以上，且未出现异常现象。根据 3635 断路器近期运行工况，结合现场检查情况判断，此次 3635 断路器 A 相压力突降原因为自封接头与三通阀座对接面密封圈磨损，造成密封不良漏气。

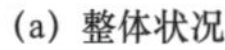

(a) 整体状况

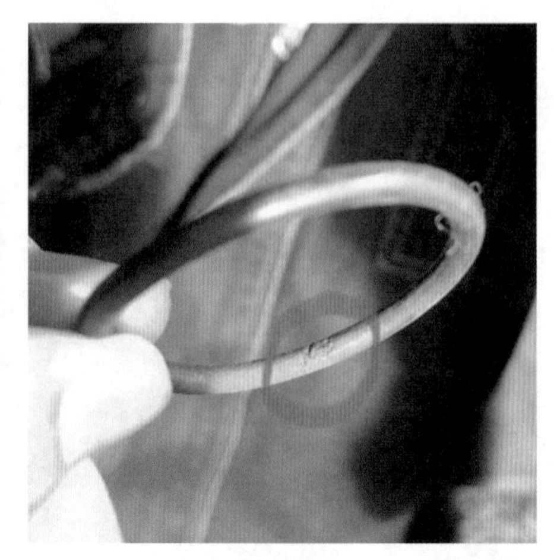

(b) 细节放大

图 4-71　3635 开关 A 相自封接头内密封圈磨损

（2）3635 断路器 SF_6 低气压报警复归。11 时 22 分，环境温度为 16℃，3635 断路器 A 相现场压力降为 0.54MPa；16 时 34 分，在环境温度无变化的情况下，3635 断路器 SF_6 低气压报警复归，A 相压力值 0.57MPa（见图 4-72）。

由此判断 3635 断路器 A 相 SF_6 压力表计中温度补偿装置异常，不能完全补偿环境温度变化对压力表压力值的影响。

图 4-72　16 时 34 分 3635 断路器 A 相现场压力

4.3.6　某站“2020.5.12”5613 断路器 C 相绝缘子漏气

1. 概述

（1）故障概述。2020 年 5 月 12 日，某换流站运行人员发现 5613 小组交流滤波器断路器 C 相 SF_6 气压由原来的 0.85MPa 降至闭锁值 0.75MPa。根据监盘记录，该断路器自 2020 年 5 月 5 日开始，SF_6 气压有下降趋势。

（2）设备概况。该站 5613 断路器型号为 HPL550B2 型瓷柱式断路器，额定电压 550kV，于 2018 年 12 月 9 日正式投入运行。

2. 设备检查情况

（1）现场检查情况。故障发生后，检修人员现场使用红外检漏仪检漏发现，T 型气室与灭弧室绝缘子间的对接面出现漏气现象。现场情况如图 4-73 所示，图中红圈内雾状气体为泄漏的 SF_6。

5 月 21—22 日更换故障相灭弧室，23 日完成断路器启动试验。

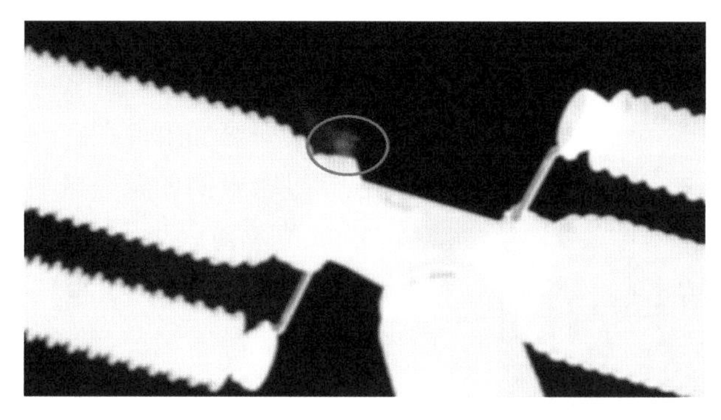

图 4-73　现场情况

（2）设备解体检查情况。

1）漏点检测。将故障断路器灭弧室进行返厂，将灭弧室置于实验室中，充额定压力的 SF_6 气体。通过 SF_6 气体测试仪检测，发现灭弧室 T 气室法兰与左侧绝缘子法兰连接面的底部排水孔有急促报警声，其余密封位置均无报警，可以确认漏气点位于灭弧室 T 气室法兰与左侧绝缘子法兰的连接面（见图 4-74）。

图 4-74　漏气点确认

2）灭弧室解体。密封圈无异常，未见损伤、开裂等情况（见图 4-75）。

(a) 设备整体

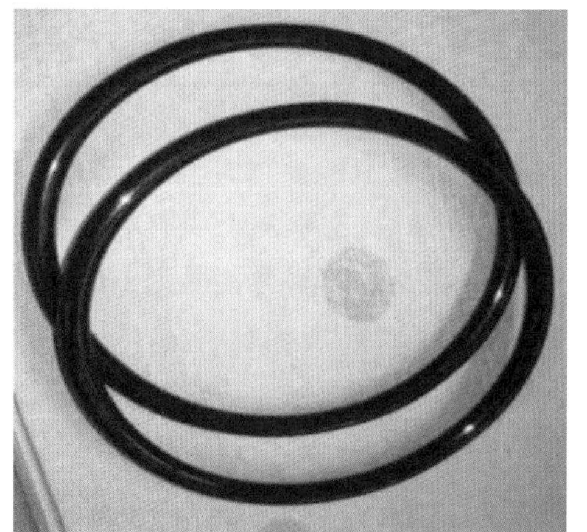

(b) 细节

图 4-75　密封圈

图 4－76　密封槽

密封槽内外壁无异常，无划痕、磕伤等情况（见图 4－76）。

绝缘子研磨面上部存在一处细微的裂纹。裂纹范围已超过密封圈的覆盖区域（见图 4－77）。

3. 故障原因分析

经返厂解体检查，T 型气室铸件的密封面、O 型密封圈均无异常情况，绝缘子端部研磨面有一条裂纹，裂纹从靠近内壁处向外横向延伸，两端均未达到绝缘子壁，但正好贯穿了密封面覆盖区域，用手触摸，有凹陷感，且出现油脂沿裂纹聚集现象，该处裂纹是导致断路器漏气的直接原因，绝缘子裂纹的原因可能为瓷件本身质量问题，或后期安装工艺不当产生。

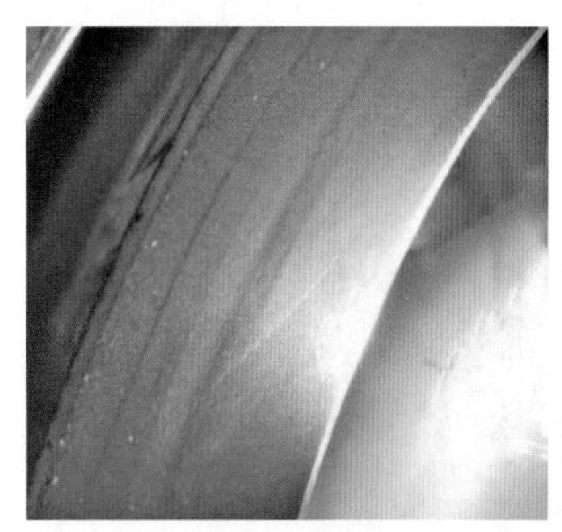

(a) 整体

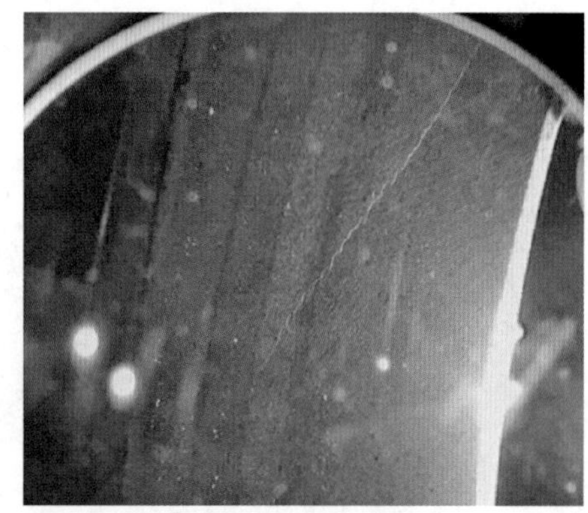

(b) 局部放大

图 4－77　绝缘子研磨面裂纹

4.3.7　某站“2021.5.25”T622 断路器 B 相漏气故障

1. 概述

（1）故障概述。2021 年 5 月，某站根据一体化在线监测平台数据记录发现 1000kV 滤波器场 T622 断路器 B1 柱气体压力下降趋势明显，现场检查表计压力为 0.55MPa，较上月 0.58MPa 略有降低。5 月 25 日补气至 0.63MPa，截至 6 月 5 日该气室压力降至 0.6MPa。

（2）设备概况。该断路器型号为 LW10B－1100，为两柱串联，断口数量为 4 个，额定电压 1100kV，额定电流 4000A，出厂日期为 2017 年 6 月，投运日期为 2017 年 12 月。

2. 设备检查情况

5 月 25 日，现场对表计及其与气室连接管路周围使用 GF306 红外检漏仪、TIF 便携定性检漏仪进行检漏，未发现明显漏气点。随后对该气室补气至 0.63MPa，同时对表计进行包扎，进一步检测也未见异常。6 月 5 日检查该气室压力降至 0.6MPa，漏气速率约为 0.003MPa/天。

6 月 5 日，现场使用 GF306 红外检测仪对断路器进行漏气检测未见异常，排除风吹影响，当日晚再次检测并使用检测仪 HSM 高清模式发现断路器灭弧气室 T 型气室铸件西侧下部有明显漏气现象。其他部位未见异常。漏气检查情况如图 4－78 所示。

(a) 柱1气室漏气位置　　(b) 红外检测图像

图 4－78　漏气检查情况

2021 年 10 月，年检停电期间对该断路器外壳打磨并使用金属胶堵漏处理，堵漏处理结果如图 4－79 所示。

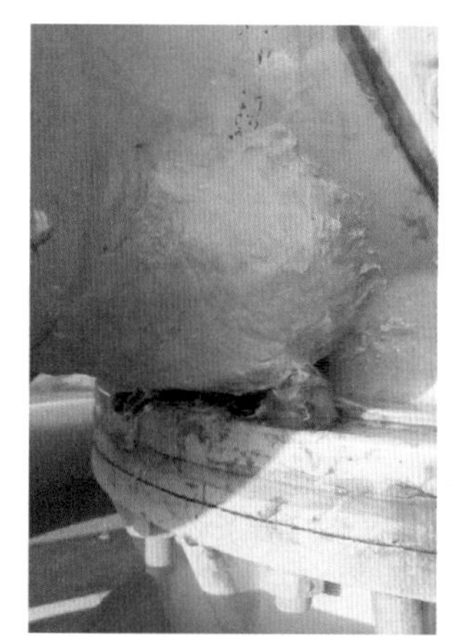

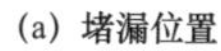

(a) 堵漏位置　　(b) 堵漏后

图 4－79　堵漏处理结果

3. 故障原因分析

经分析，漏气的原因为三联箱外壳铸造过程中存在砂眼，在运行一段时间后出现漏气。

4.3.8　某站“2021.8.3”5631 断路器 A 相漏气故障

1. 概述

（1）故障概述。2021 年 8 月 3 日 8 时 30 分，某换流站运行人员在开展日对比过程中发现 5631 断路器 A 相存在气室压力下降情况，现场检查气室压力由额定压力 0.85MPa 下降至 0.805MPa（报警压力 0.77MP，闭锁压力 0.75MPa），11 时 30 分现场完成带电补气工作，压力恢复至 0.85MPa。

（2）设备概况。该断路器为 HPL550B2 型断路器，出厂编号为 1360389360－02，2014 年 7 月投入运行。

（3）故障前运行工况。直流系统：双极大地回线运行，功率 5026MW。

2. 设备检查情况

（1）现场检查情况。

1）在线监测后台检查。现场对在线监测后台历史数据进行检查，发现 5631 气室压力在 8 月 3 日凌晨突然出现持续下降。断路器 SF_6 气体压力曲线如图 4－80 所示。

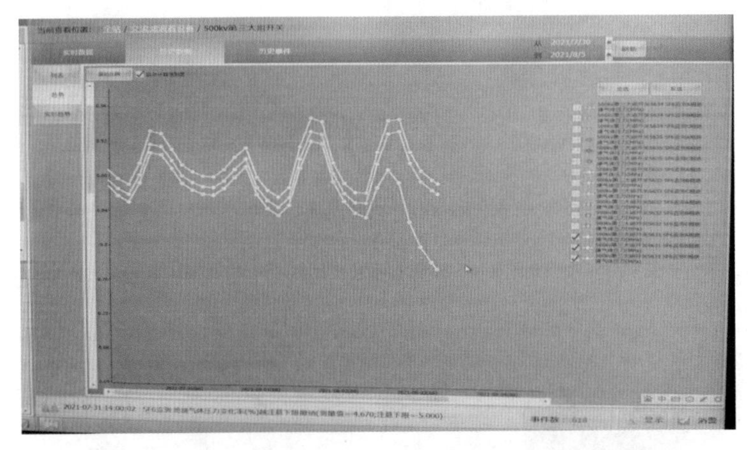

图 4－80　断路器 SF_6 气体压力曲线

2）现场检查情况。现场使用红外泄漏成像仪对断路器压力表接头、压力传感器接头及轴盖位置进行检漏，未发现漏气迹象。后对断路器本体进行检漏，发现气室左侧灭弧室绝缘子与传动箱连接密封面处存在漏气。漏气位置如图 4－81 所示。

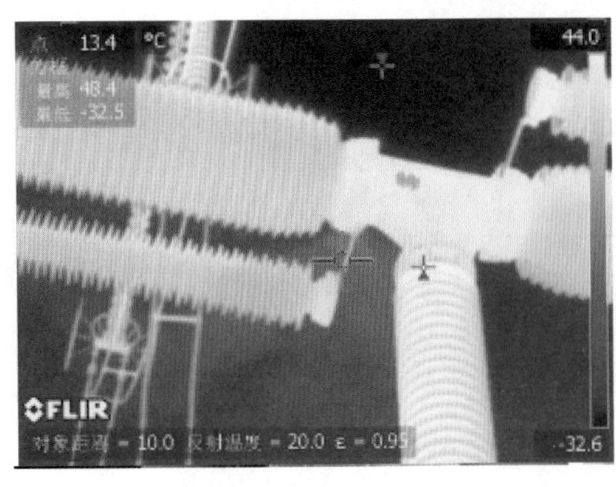

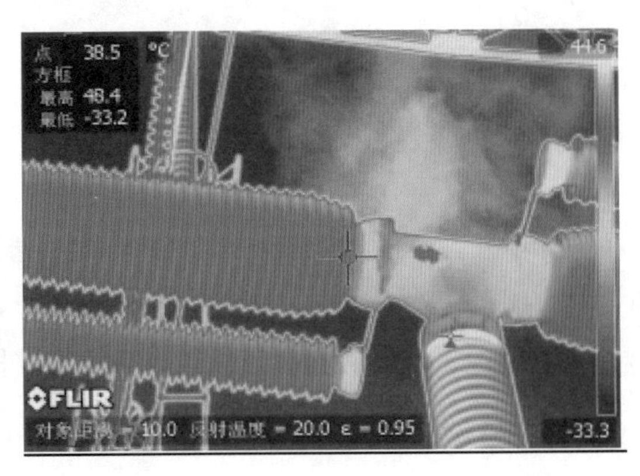

图 4－81　漏气位置

3）现场处置情况。由于该断路器气室泄漏量较大，达 0.01MPa/h，且存在继续扩大的可能，现场决定对5631断路器A相灭弧室进行更换。8月5日，交流滤波器63号母线转至检修状态，0时44分现场检漏工作发现5631断路器A相左侧灭弧室金属法兰面处存在漏气点（见图4－82）。

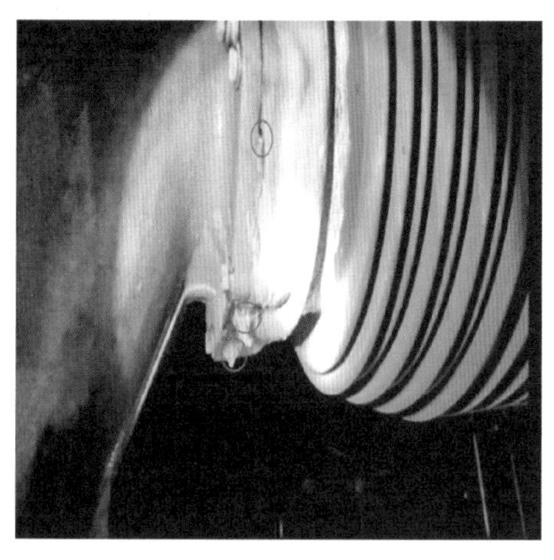

(a) 整体

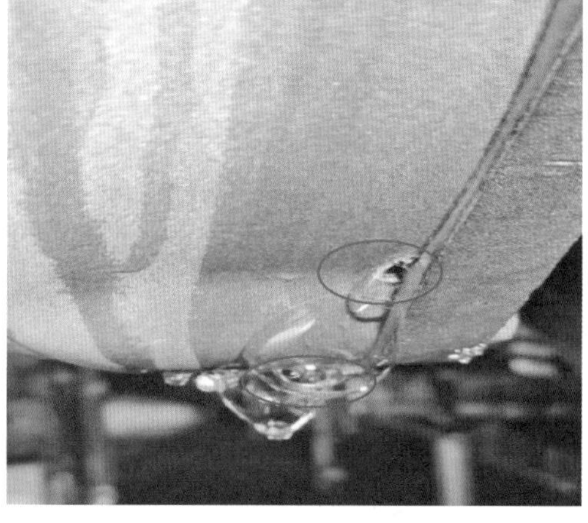

(b) 局部放大

图4－82 5631断路器A相漏气点

现场使用新的灭弧室对漏气气室进行更换，并重新进行断路器特性试验及气体试验，数据均合格。新旧灭弧室对比如图4－83所示。

(a) 旧灭弧室

(b) 新灭弧室

图4－83 新旧灭弧室对比

4）初步原因分析。HPL550型灭弧室瓷套与断路器机构三联箱金属法兰面通过内部双O形密封圈密封，漏气点结构如图4－84所示。现场通过X光探伤发现该断路器双O形密封圈漏气处有波浪形纹路，初步判断为密封圈产生形变导致漏气，需进一步解体查看密封圈状态。X光探伤图如图4－85所示。

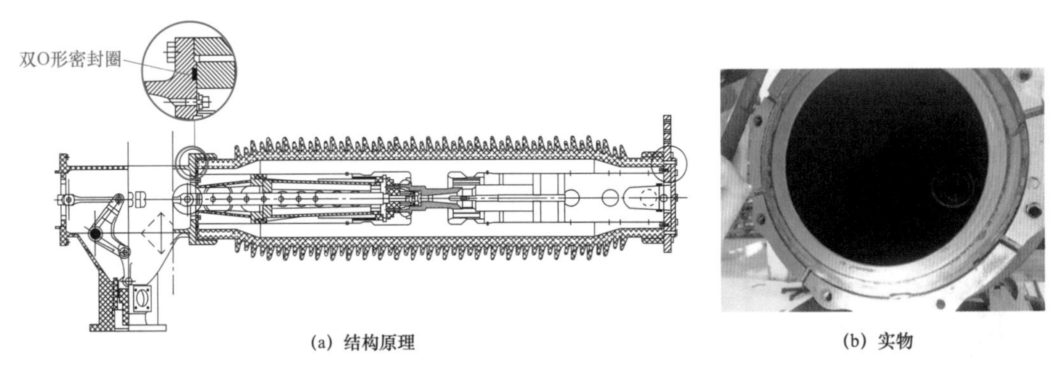

(a) 结构原理　　(b) 实物

图 4-84　漏气点结构

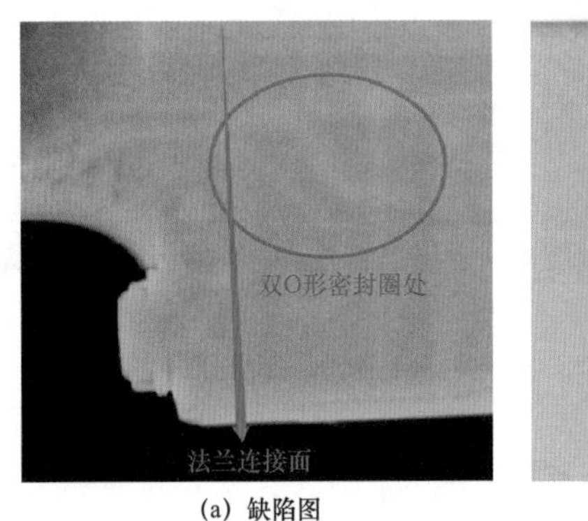

(a) 缺陷图　　(b) 完好位置图

图 4-85　X 光探伤图

（2）故障灭弧室返厂解体情况。对 5631C 相灭弧室进行场内解体，重点检查故障点金属密封面、瓷面、密封圈，均未发现异常。

将该灭弧室部件进行旧件回装，进行检漏试验，抽真空至 70Pa 后充气 0.2MPa，在原漏气点的漏气故障复现。

再次解体，使用专用氦气检漏设备检查灭弧室金属 T 型机构箱（见图 4-86），使用原密封圈及专用检漏工装，抽真空至 100Pa，注氦至 0.16MPa 结果正常未发现漏气。注氦检漏实验如图 4-87 所示。

图 4-86　T 型金属机构箱工装密封

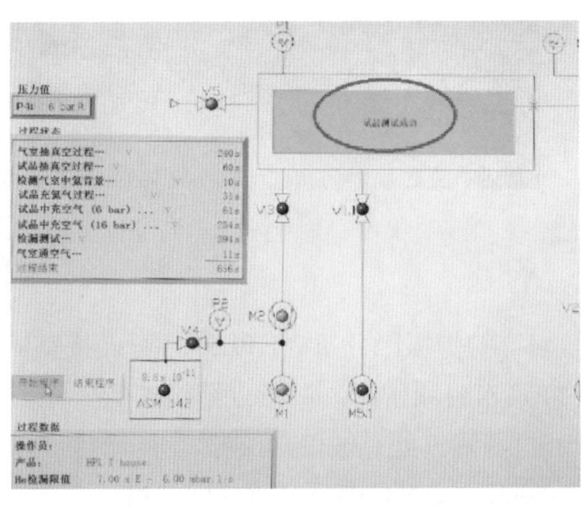

图 4-87　注氦检漏实验

测量T型金属机构箱连接件的密封槽尺寸，与图纸对比结果正常。T型金属机构箱密封面金属槽尺寸如图4－88所示。

检查密封圈外观，与新密封圈对比，存在一定挤压形变，但无老化损坏，测量尺寸，经过计算可知正常情况下能够满足密封要求，标准密封圈尺寸如图4－89所示。测量故障侧密封圈发现有不均匀形变（3.11～4.67mm），灭弧室母线侧外端部密封圈则无此现象，故障侧密封圈测量结果如图4－90所示。

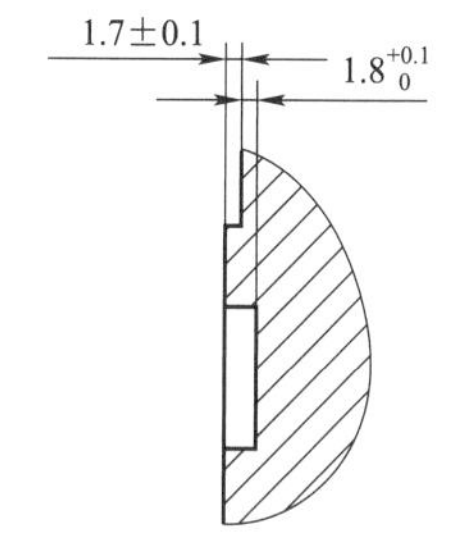

图4－88　T型金属机构箱密封面金属槽尺寸

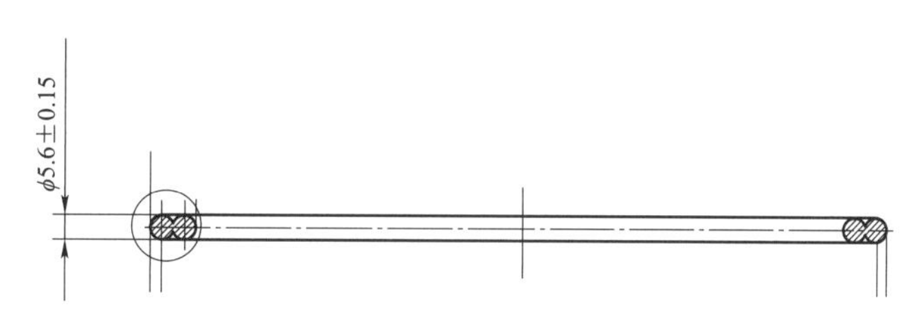

图4－89　标准密封圈尺寸

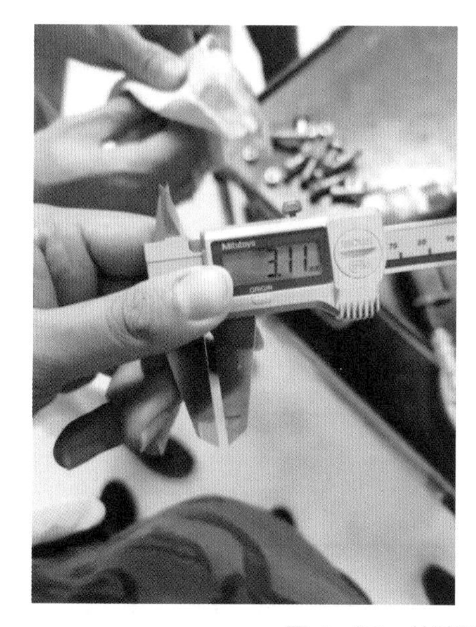

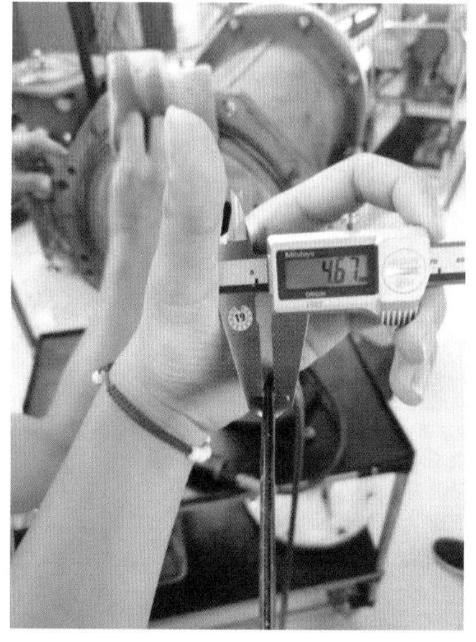

图4－90　故障侧密封圈测量结果

检查故障绝缘子漏气侧金属法兰与瓷套的相对尺寸（见图4－91），发现漏气连接面绝缘子与法兰的相对位置尺寸最大为3.17mm，最小为2.17mm，超出图纸规定的2±0.15mm，存在明显超差，并且3.17mm偏差处水泥黏结出现明显间隙（见图4－92）。

检查非故障绝缘子内侧金属法兰与瓷套的相对尺寸（见图4－93），发现漏气连接面绝缘子与法兰的相对位置尺寸最大为2.94mm，最小为2.11mm，也存在不同程度超差。

检查两个绝缘子上端面金属法兰与瓷套的相对尺寸（见图4－94），存在微小运行偏差不影响密封面密封。

图 4-91　漏气侧密封面金属法兰与瓷套相对尺寸

图 4-92　漏气侧密封面水泥黏接间隙

图 4-93　非漏气侧密封面金属法兰与瓷套相对尺寸

图 4-94　母线侧密封面金属法兰与瓷套相对尺寸

3. 故障原因分析

故障绝缘子漏气侧金属法兰与瓷体发生松动和偏移，导致密封圈压缩量大幅减小，发生漏气。漏气绝缘子、对侧未漏气绝缘子编号如图 4－95、图 4－96 所示。

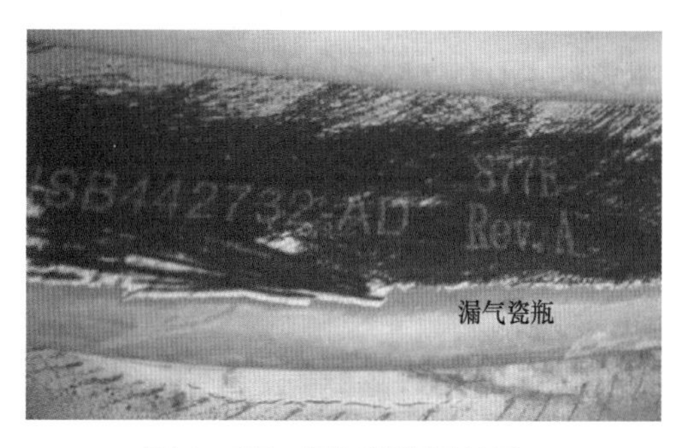

图 4－95 漏气绝缘子编号

图 4－96 对侧未漏气绝缘子编号

4.3.9 某站“2022.9.11”5633 断路器 C 相绝缘子炸裂

1. 概述

（1）故障概述。2022 年 9 月 11 日 9 时 54 分，某换流站 500kV 第一大组（63 号母线）交流滤波器保护 A/B 报“大组母线差动保护 C 相跳闸_启动、动作”，500kV 第一大组交流滤波器大组进线断路器 5152、5153 三相跳开并锁定，小组断路器 5631、5632、5633、5634、5635 锁定，现场检查 5633 断路器 C 相外观破损。

（2）设备概况。5633 断路器，设备型号为 HPL550B2，出厂日期为 2016 年 10 月，投运日期为 2017 年 10 月，上次检修日期为 2022 年 6 月 12 日，上次投入时间 9 月 5 日 9 时 22 分，退出时间 9 月 8 日 16 时 7 分。

（3）故障前运行工况。故障发生时，换流站双极四换流器全压大地回线方式运行，输送功率 4000MW。故障前站内无操作，500kV 第一大组交流滤波器 63 号母线小组滤波器均处于热备用状态，系统无异常告警，故障后 5633 断路器报 SF_6 低气压报警和低气压分闸闭锁信号。

2. 设备检查情况

（1）现场检查情况。该站 500kV 滤波器场 5633 断路器 C 相故障前处于分闸状态，该间隔处于热备用状态，现场天气晴，无大风和降雨。现场检查 500kV 第一大组交流滤波器保护 A/B 系统装置检查无异常，5152、5153 断路器操作箱均显示三相跳开，断路器分位。现场检查实际断路器位置，5152、5153 断路器均在分位。

利用工业视频查看故障时刻前后 500kV 第一大组交流滤波器区域，发现 5633 断路器 C 相灭弧室突然出现白烟，断路器灭弧室发生爆炸（未发现弧光），碎裂绝缘子向四周炸裂开；断路器静触头侧及引线掉落至隔离开关处发生接地，产生电弧。工业视频检查情况如图 4－97 所示。

现场检查 5633 断路器 C 相带电侧灭弧室、并联电容断裂，地面散落外壳碎片（见图 4－98、图 4－99），最远的碎片距离故障断路器约 30m。

(a) 断路器本体突然冒烟

(b) 断路器本体瓷套炸裂

(c) 断路器引线接地发生电弧

图 4-97　工业视频检查情况

图 4-98　5633 断路器 C 相灭弧室、并联电容断裂

图 4-99　5633 断路器 C 相均压电容芯子散落

对损坏的5633断路器C相残余部件进行整理与检查，情况如下：

1）压气缸和喷口检查。压气缸和喷口检查结果如图4－100所示。

(a) 压气缸和喷口完好无明显烧蚀痕迹

(b) 喷口内部完好无明显烧蚀痕迹

图4－100 压气缸和喷口检查结果

2）上下电流通道检查。上下电流通道检查结果如图4－101所示。

(a) 上电流通道完好无明显烧蚀痕迹

(b) 下电流通道完好无明显烧蚀痕迹

图4－101 上下电流通道检查结果

3）弧触头及触指检查。弧触头及触指检查结果如图4－102所示。

(a) 主触头和触指完好无明显烧蚀痕迹

(b) 弧触头完好有轻微正常烧蚀痕迹

图4－102 弧触头及触指检查结果

4）均压电容检查。均压电容检查结果如图 4－103 所示。

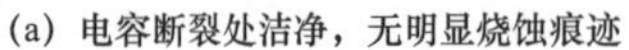

(a) 电容断裂处洁净，无明显烧蚀痕迹

(b) 电容内部填充油和油纸掉落

图 4－103　均压电容检查结果

5）绝缘子碎片检查。绝缘子碎片检查结果如图 4－104 所示。

(a) 绝缘子断面洁净

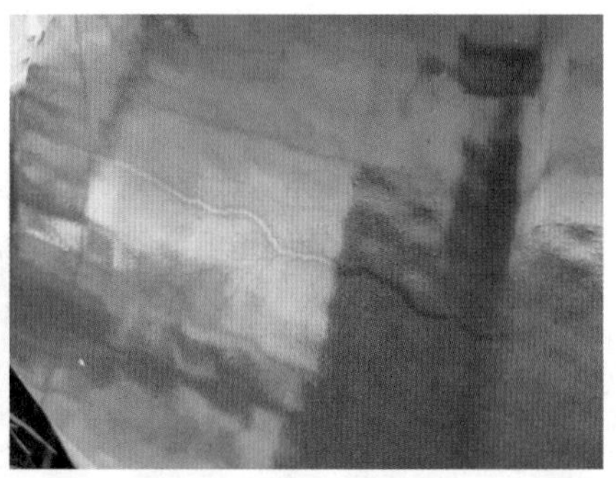

(b) 绝缘子内表面有爬电痕迹

图 4－104　绝缘子碎片检查结果

现场对附近其他设备进行受损情况检查：检查 5631、5632、5633、5634、5635 围栏内设备外观正常、电容器瓷柱正常。

（2）保护动作分析。交流滤波器大组母线保护配置如图 4－105 所示，5633 小组交流滤波器进线 TA 参与 63 号母线差动保护。

63 号母线保护范围为 5152、5153、5631、5632、5633、5634、5635 断路器 TA 内区域，大组母线差动保护采用比率制动式差动保护，保护分相检测流入保护区域内的电流的矢量和，与整定值比较，动作方程如下：

$$\begin{cases} I_{op} > 3000\text{A}, \text{当} I_{res} \leqslant 6000\text{A} \\ I_{op} \geqslant 3000+0.5+(I_{res}-6000), \text{当} 6000\text{A} < I_{res} \leqslant 200000\text{A} \\ I_{op} \geqslant 100000\text{A} \end{cases} \tag{4-1}$$

式中：I_{op} 为差动电流；I_{res} 为制动电流（取各支路电流最大值）。

式（4－1）为比率制动式差动段动作方程。当满足动作条件时，经动作 10ms 延时后，跳大组及小组断路器并锁定、启动失灵保护。大组母线差动保护动作曲线如图 4－106 所示。

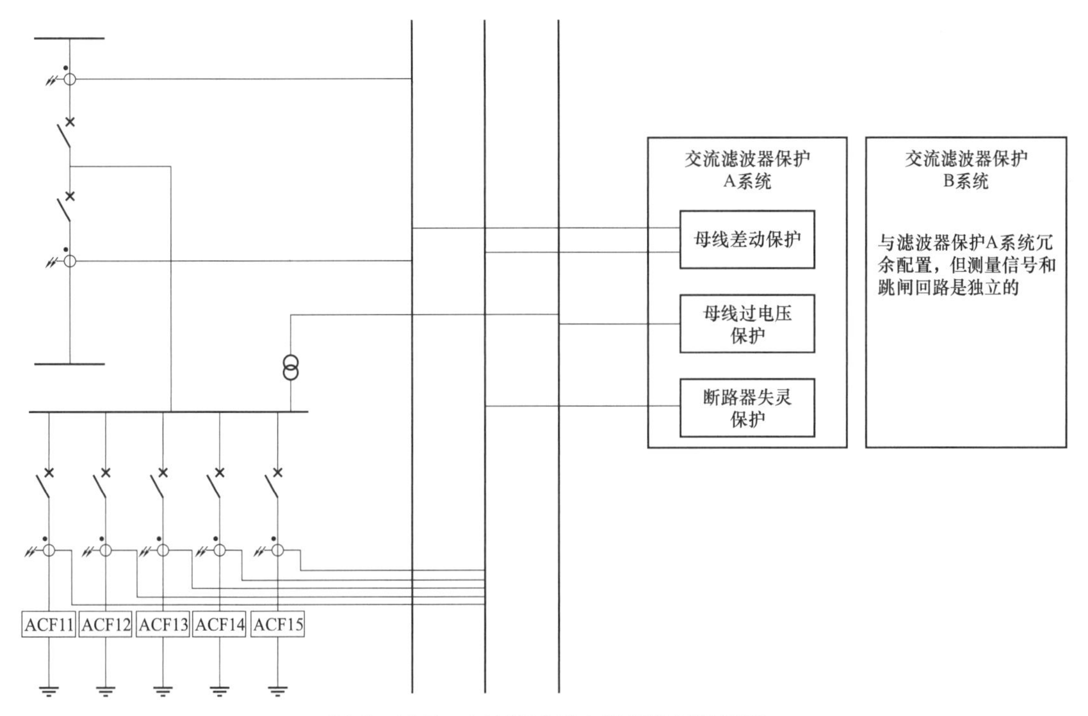

图 4-105 交流滤波器大组母线保护配置

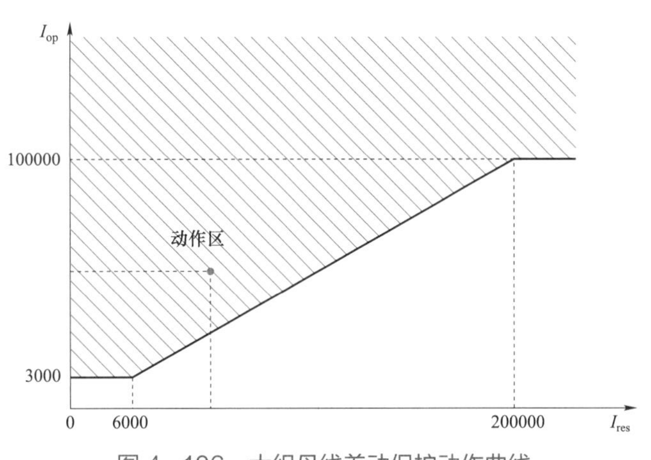

图 4-106 大组母线差动保护动作曲线

检查故障时的保护 A 系统内置故障录波波形（见图 4-107），9 时 54 分 41 秒 898 毫秒，5152、5153 断路器 C 相产生故障电流，C 相母线电压突变为 0（对应 5633 断路器 C 相靠母线侧引线脱落接地），该时刻前，5152、5153 断路器及 5633 小组 TA 电流均无故障电流（63 号母线热备用）。

故障时，C 相制动电流取各个支路有效值约为 19343A，此时 C 相差动电流有效值为 31454A，满足保护动作条件，保护 B 系统内置录波波形大体相似，两套保护均正确动作。

3. 故障原因分析

结合断路器运行情况及现场各部件检查情况，判断此次故障直接原因为 5633 断路器

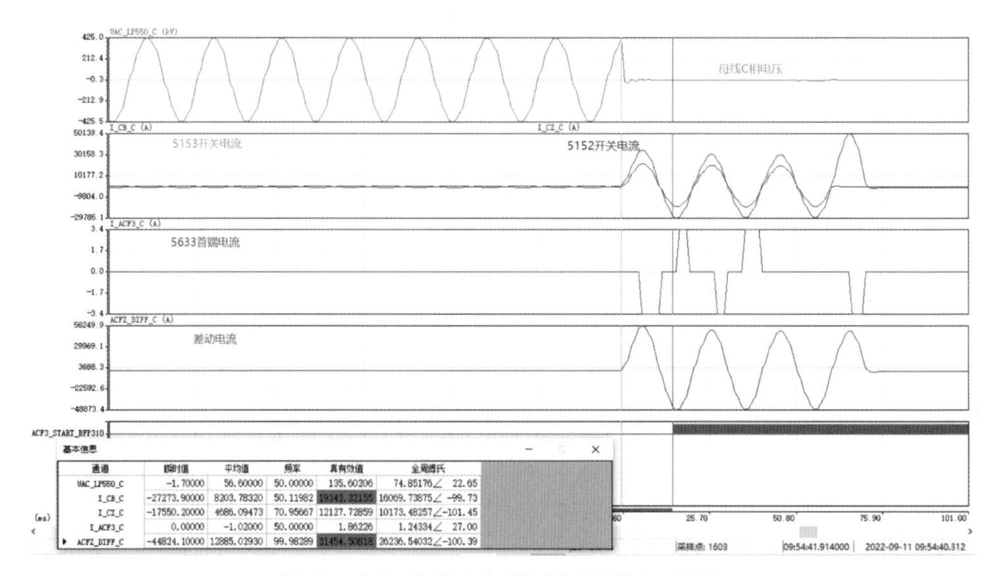

图 4-107　保护 A 系统内置故障录波波形

C 相母线侧灭弧室在热备用状态下突然炸裂，碎片造成均压电容瓷套损伤后断裂，同时静触头及连接导线不再受瓷套支撑而下坠，接触到本相接地断路器发生放电。绝缘子炸裂原因分析如下。

（1）设备解体情况。

1）金属部件检查。检查 5633 断路器 A、B、C 相（共 6 个灭弧室）金属部件，除 C 相母线侧喷口因爆炸瞬间气流冲击导致变形外，各相金属部件均完好，未发现异常放电烧蚀点，说明断路器内部未发生金属部件间剧烈放电。5633 断路器金属部件检查结果见表 4-5。

表 4-5　　5633 断路器金属部件检查结果

检查项目	C 相母线侧	C 相电容侧	A、B 相
喷口	变形	正常	正常
上、下电流通道	无放电点	无放电点	无放电点
主触头、弧触头	无放电点	无放电点	无放电点
压气缸运动行程	两侧一致，无异常		两侧一致，无异常

2）瓷套检查。检查 5633 断路器 A、B、C 相瓷套（C 相母线侧瓷套碎裂），发现 C 相母线侧瓷套内表面有爬电痕迹，但爬电痕迹未延伸至法兰金属端面（见图 4-108），说明瓷套爆炸前内部未发生贯穿性放电。

A、B 相和 C 相电容侧瓷套内表面均未发现爬电痕迹，说明断路器正常运行和投切不会在瓷套内表面出现放电痕迹。

因此，故障 C 相瓷套内壁爬电痕迹是爆炸瞬间空气进入灭弧室造成绝缘下降，导致带电的静触头侧部件与瓷套之间的空气间隙击穿，在瓷套内壁形成的沿面闪络。由此，可以排除内部击穿放电造成瓷套炸裂的可能性。

3）瓷片拼接复原。对碎裂瓷片进行拼接复原，以从母线侧看向电容侧视角顺时针方向标记，发现 1～4 点钟方向缺少近 1/3 碎片，9 点钟方向（并联电容器侧）有纵向平整裂纹，由于爆炸瞬间瓷套内部气压对起爆点两侧瓷套内壁压力等大且反向，对起爆点对侧形成旋转力矩，从而产生纵向直线平齐断面，推测起爆点位于 3 点钟方向（即平整断面对侧），瓷套复原及破裂示意图如图 4－109 所示。

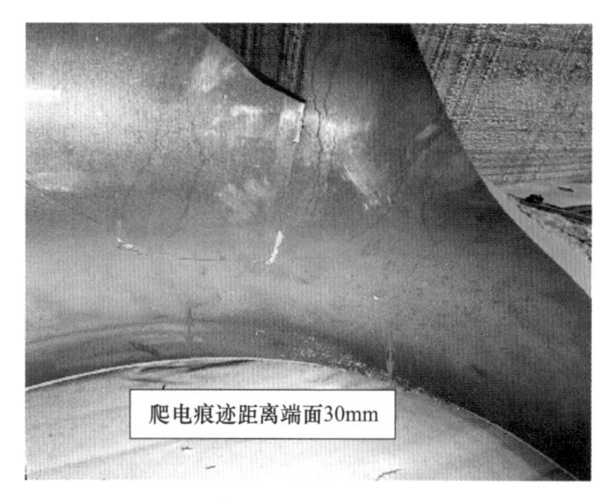

图 4－108　碎裂侧瓷套根部内壁爬电痕迹

(a) 从电容侧看向母线

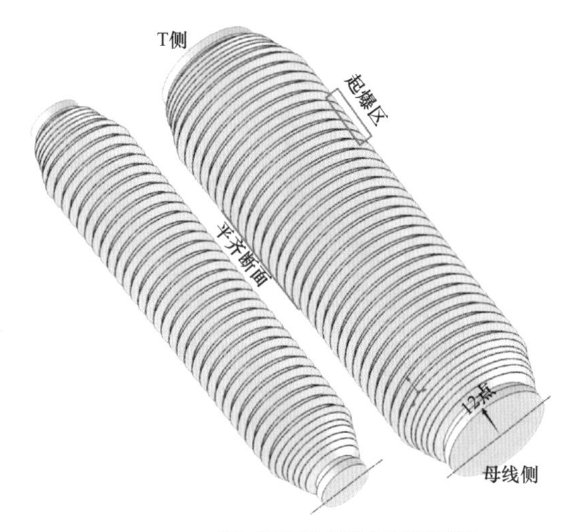

(b) C相母线侧瓷套破裂示意图

图 4－109　瓷套复原及破裂示意图

仔细分析发现，C 相瓷套部分碎裂瓷套断面有开裂棱（见图 4－110），拼接后发现开

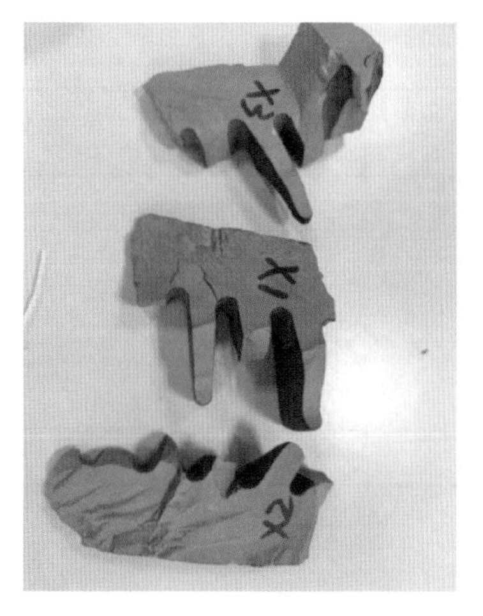

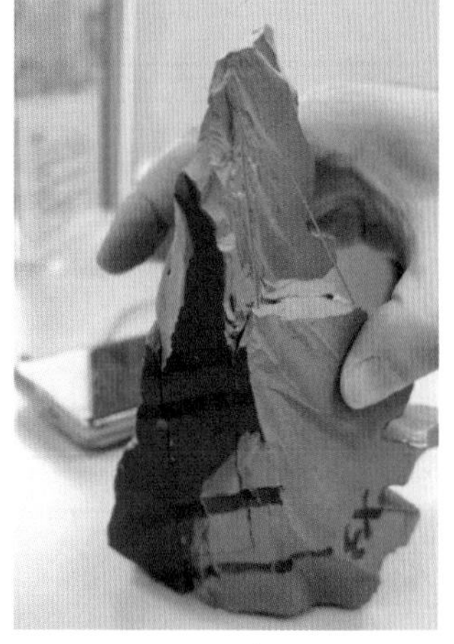

图 4－110　碎裂瓷片开裂棱及拼接情况

裂棱痕迹指向一点钟方向，开裂棱方向类似放射状，推断断面有开裂棱的瓷块为瓷套起爆点。

结合瓷套破碎情况和碎片表面撕裂棱走向形貌，推断瓷套破裂点在距离 T 侧法兰约 1/3～1/2 长度处。瓷套起裂点推测如图 4－111 所示。

（2）瓷套性能试验分析。

1）整只瓷套检测试验。经试验，瓷套超声波探伤、瓷壁耐压试验、温度循环试验、抗弯试验均符合标准要求；水压破坏试验表明 A 相瓷套承压能力大于 6.7MPa，B 相电容器侧瓷套承压能力为 7.72MPa；B 相两只及故障 C 相瓷套法兰切开后，未见异常（见图 4－112），整只瓷套检测试验结果见表 4－6。

图 4－111　瓷套起裂点推测

图 4－112　故障 C 相母线侧瓷套上端切割后形貌

表 4－6　整只瓷套检测试验结果

试验项目	A 相电容侧	A 相母线侧	B 相母线侧	B 相电容侧
超声波探伤	合格	合格	合格	合格
瓷壁耐压试验（55kV/5min）	—	—	合格	合格
温度循环试验（温差 45℃）	—	—	合格	合格
水压试验（3.4MPa）	合格	合格	—	合格
水压破坏试验	＞7.6MPa	＞6.7MPa	—	7.72MPa
抗弯试验	—	—	合格 36.105kN 破裂	—
法兰渗水性检查	—	—	无异常	无异常

2）瓷材理化性能分析。

a. 成分分析。由 A、B、C 三家单位对瓷套样品进行成分检测分析，瓷材成分分析试验结果见表4-7。

表4-7 瓷材成分分析试验结果

质量分数：%

化学成分	C相母线侧（故障）			A相电容器侧 A单位	B相母线侧 C单位	B相电容器侧 C单位
	A单位	B单位	C单位			
Al_2O_3	54.22	52.90	52.78	46.16	45.25	45.46
SiO_2	37.43	35.39	35.42	47.25	44.86	45.10
Fe_2O_3	1.28	1.28	1.25	1.37	1.38	1.39
TiO_2	2.04	2.09	2.09	1.74	1.76	1.78
CaO	0.31	0.39	0.38	0.24	0.33	0.32
K_2O	3.03	3.15	3.14	2.31	2.41	2.41
Na_2O	0.58	0.61	0.59	0.31	0.43	0.35
MgO	0.31	0.27	0.20	0.32	0.24	0.24

注：同一套管多处测量的取平均值。

数据分析表明，炸裂瓷套（C相）和非故障A、B相瓷套成分存在显著差异。经厂家查证，5633断路器三相6只瓷套中，炸裂瓷套为干法等静压成型，其他5只采用湿法挤压成型。由于成型工艺不同所以配方存在差异，但成分均符合制造厂家配方质量标准。

干法等静压成型工艺工序少、生产效率高，但工艺控制难度大、生产成本较高。湿法挤压成型属于传统成熟工艺，效率低、成本低。

b. 物相组成。C相母线侧（故障）和A相电容侧套管瓷材的物相组成符合高铝瓷物相的特征，但物相含量存在较大差异，源于两只瓷套配方不同。C相瓷套的氧化铝含量高于A相，二氧化硅含量低于A相，所以C相物相中刚玉多于A相，莫来石少于A相。两只套管物相中的无定型含量（玻璃相）含量相当，表明烧制工艺，尤其是烧结温度无明显差异。瓷材物相分析试验结果见表4-8。

表4-8 瓷材物相分析试验结果

质量百分比：%

物相	物相含量	
	C相母线侧（故障）	A相电容侧
刚玉	41.51	27.11
莫来石	17.87	26.41
石英	0.95	3.5
金红石	0.97	0.79
无定型含量（玻璃相）	38.7	39.5

c. 微观形貌。将故障C相母线侧瓷套样品和正常的A相电容器侧瓷套进行微观形貌

对比，C 相瓷套样品和 A 相样品气孔形貌对比如图 4－113 所示，由图可见：① C 相母线侧瓷套气孔分布不均，气孔尺寸较 A 相电容器侧样品明显大，多见大气孔（>50μm，见图 4－114）、狭长贯通性气孔（130μm 左右，见图 4－115）；② C 相母线侧瓷套样品中多见不规则气孔聚集，同时存在多个聚集性群，尺寸达 600μm（见图 4－116）。

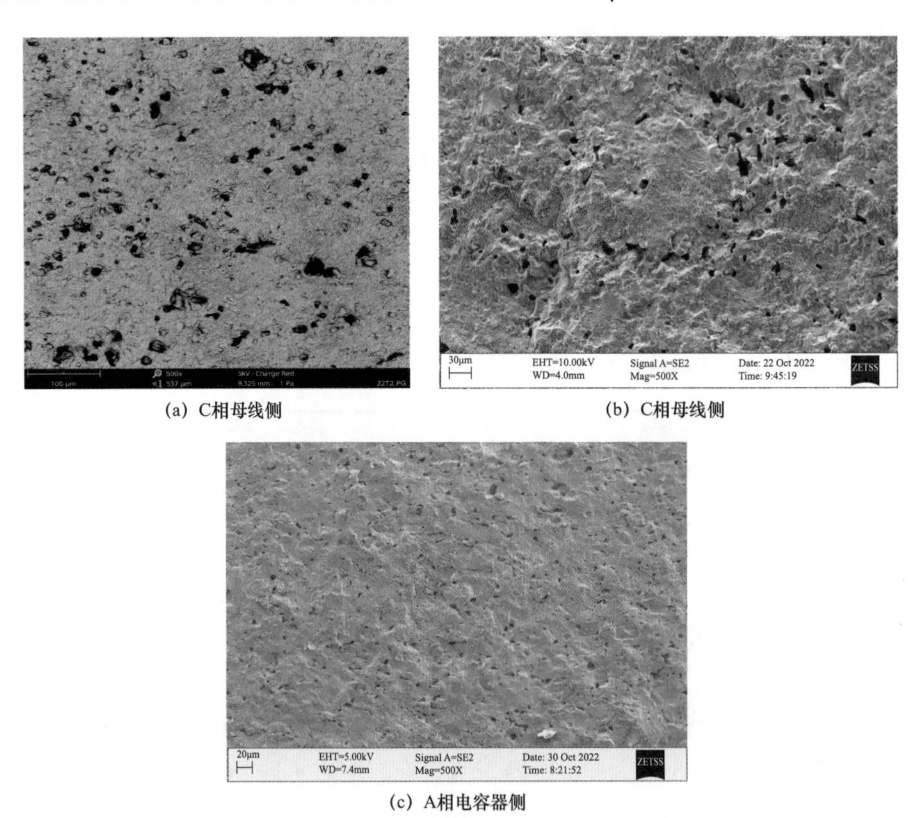

(a) C相母线侧　　(b) C相母线侧

(c) A相电容器侧

图 4－113　C 相瓷套样品和 A 相样品气孔形貌对比（500 倍）

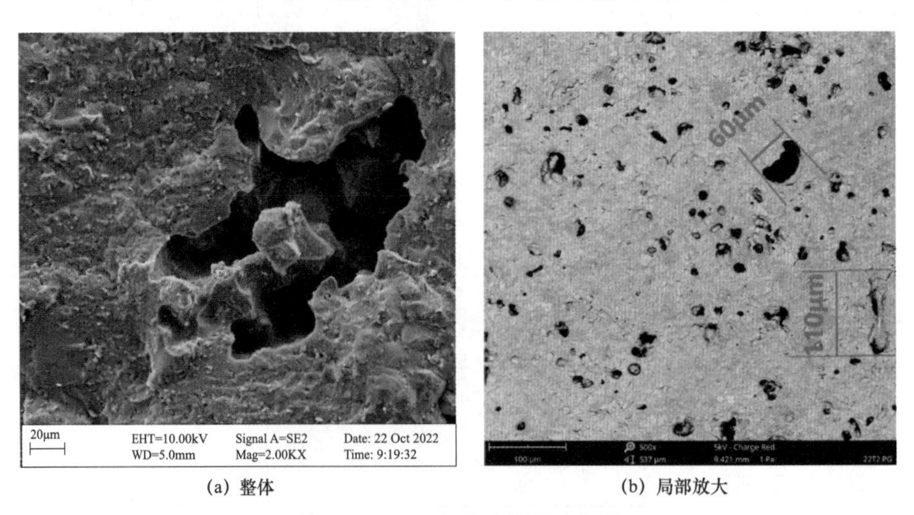

(a) 整体　　(b) 局部放大

图 4－114　C 相瓷套样品大气孔

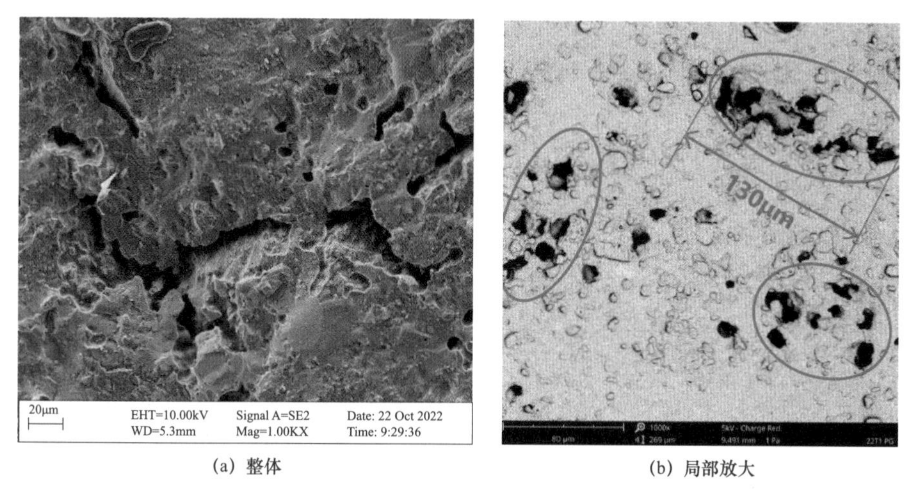

(a) 整体　　(b) 局部放大

图 4－115　C 相瓷套样品贯通性气孔

(a) 整体　　(b) 局部放大

图 4－116　气孔聚集现象

大尺寸气孔、狭长贯通性气孔和聚集性气孔必然会降低材料机械性能及材料均匀性，尤其是狭长贯通性气孔和聚集性气孔，在投运后设备内部压力、机械载荷、温差应力等外力作用下，会逐渐形成裂纹扩展，当扩展到一定尺寸后瓷套会因强度不足而产生破裂。

d. 体积密度、孔隙率。瓷套厂家提供资料显示，瓷套材质为 C130 铝质高强度瓷。根据 GB/T 8411.3《陶瓷和玻璃绝缘材料　第 3 部分：材料性能》，C130 铝质瓷体积密度应不小于 2.5 g • cm^{-3}，开口孔隙率小于 0.1%。

经测试，C 相母线侧套管样品的体积密度三家单位的检测结果略有差异。部分样品指标不符合标准主要是由于样品材质存在分散性，取样部位存在气孔聚集。故障 C 相瓷套样品体积密度、孔隙率见表 4－9。

e. 染料渗透性试验。故障 C 相母线侧瓷套、B 相母线侧和电容器侧瓷套样品均无异常，染料渗透性试验如图 4－117 所示。

表 4-9　　故障 C 相瓷套样品体积密度、孔隙率

试样		体积密度（$g \cdot cm^{-3}$）	孔隙率（%）
故障 C 相母线侧	A 单位	2.13/2.31/2.34/2.45	0.06/0.15/1.11/0.03
	B 单位	2.80/2.80	5.72/6.04
	C 单位	2.83/2.84/2.83	0.07/0.08/0.07
B 相母线侧		2.57/2.57/2.57	0.13/0.10/0.06
B 相电容器侧		2.55/2.55/2.56	0.09/0.09/0.08

(a) 故障 C 相

(b) 母线侧 A 相和电容器侧 A 相

图 4-117　染料渗透性试验

（3）结论。

1）5633 断路器 A、B、C 相金属部件均无异常放电烧蚀点，说明断路器内部未发生金属部件间剧烈放电；除 C 相母线侧瓷套外，其余瓷套内表面均无爬电痕迹，C 相母线侧瓷套内表面的爬电痕迹未延伸至法兰金属端面，是爆炸瞬间空气进入灭弧室造成绝缘下降，导致空气间隙击穿，说明瓷套爆炸前内部未发生贯穿性放电。由此判断，5633 断路器 C 相母线侧瓷套（故障）炸裂前内部未发生贯穿性放电，此次瓷套炸裂非电气原因导致。

2）超声波探伤、瓷壁耐压试验、温度循环试验、水压试验、水压破坏试验、抗弯试验、法兰渗水性检查结果表明，5633 断路器非故障 A、B 相瓷套性能均满足要求。C 相母线侧瓷套（故障）和非故障 A、B 相瓷套的成分、物相、染料渗透性均符合相关要求。

3）C 相母线侧炸裂瓷套的微观形貌显著差于非故障相瓷套。C 相母线侧瓷套瓷材气孔多见 50μm 以上的大气孔和 130μm 以上的狭长贯通性气孔，同时存在多个聚集性群，最大尺寸达 600μm。A 相电容器侧瓷套内部的气孔尺寸普遍在 5μm，偶见 20μm 左右的气孔，分布较为均匀，气孔形态较为规则。由此判断，5633 断路器 C 相母线侧瓷套（故障）炸裂的直接原因是瓷材内部局部存在尺寸大、狭长贯通性的气孔，运行中气孔扩展为裂纹最终造成瓷套强度不足发生炸裂。

5633 断路器 C 相母线侧瓷套（故障）为干法等静压成型工艺制造，C 相电容器侧和

A、B 相瓷套由湿法挤压成型工艺制造。其中湿法成型工艺成熟，干法成型为新兴技术，工艺控制难度大。同时，成分分析表明，故障相瓷套与非故障相瓷套的成分差异较为显著，分析原因为厂内原料配方差异或原材料质量把关不严。由此判断，5633 断路器 C 相母线侧瓷套（故障）瓷材内部微观结构不良（存在较多的尺寸大、狭长贯通性的气孔和聚集性气孔）产生原因为原材料配方选型不当、质量把关不严或成型工艺控制不合理。

4.3.10 提升措施

1. 运维措施

（1）日常注意加强断路器气室压力监盘，如出现异常下降趋势，及时检查处理。

（2）断路器绝缘子交接或怀疑存在异常受力时，应对绝缘子开展超声波探伤，避免绝缘子本身质量问题导致漏气。

（3）建议结合断路器实际运行情况，按批次对运行较长年限的断路器密封圈进行更换。

2. 选型措施

（1）断路器气室法兰面密封圈建议选用环境耐受能力强、使用寿命长的材质，高寒地区宜选用氟硅橡胶等低温耐受能力强的密封圈。

（2）断路器气室密封结构建议采用双 O 形密封结构。

（3）断路器防爆口安全动作值应不小于规定动作值，并采取防雨水进入措施。

（4）厂家应加强对断路器绝缘子的选材把关，选取质量优良的断路器，变更供货链需进行深入评估测试。

（5）瓷柱式交流滤波器断路器宜选用复合硅橡胶外套，避免爆炸造成人员及设备损伤。

5 交流断路器操动机构故障

近年来，换流站交流滤波器断路器机构缺陷共计 70 起，其中液压操动机构缺陷 56 起，机械弹簧操动机构缺陷 14 起。各类型液压操动机构缺陷数量统计如图 5–1 所示。

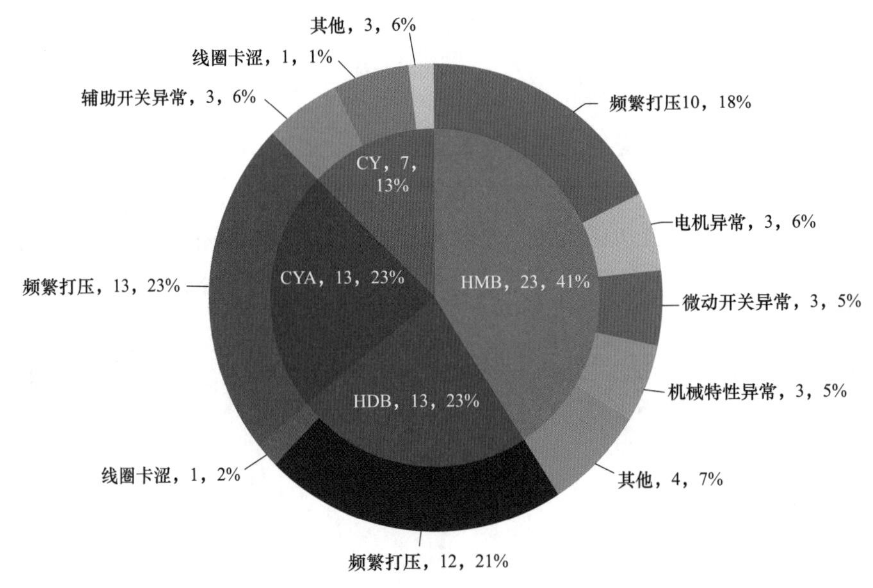

图 5–1 各类型液压操动机构缺陷数量统计

断路器液压操动机构缺陷主要包括液压机构频繁打压、微动开关故障、电机故障、机械特性不满足要求等问题。56 起液压操动机构缺陷中，HMB 型液压操动机构缺陷 23 起，CYA 型液压操动机构 13 起，HDB 型液压操动机构 13 起，CY 型液压操动机构 7 起。

机械弹簧操动机构是构件的组合体，各构件之间具有确定的相对运动，以完成有用功或实现能量的转换。其构件是由一个或几个零件刚性地连接在一起，作为一个整体而运动的单元。要使机构保持指定的工作运动状态，则必须保证每个零件的公差、相对运动配合、转换间隙、材质和性能等都控制在严格的制造标准内。如机构中某些零件存在松脱、卡涩、断裂等现象，极易导致机构出现拒动、误动或者分、合闸不到位的情况。交流滤波器断路器 15 起机械弹簧操动机构缺陷中，FA5 型机械弹簧操动机构缺陷 6 起，BLG1002A 型机械弹簧操动机构缺陷 6 起，FK3 型机械弹簧操动机构缺陷 3 起。

5.1 HMB 型液压操动机构故障

据统计，HMB 型液压操动机构缺陷共计 23 起，其中频繁打压缺陷 10 起，电机缺陷 3 起，微动开关缺陷 3 起，机械特性异常 3 起，其他各类型缺陷 4 起。

5.1.1 某站“2019.1.27”5633 断路器 C 相频繁打压

1. 概述

2019 年 1 月 27 日，某换流站 OWS 后台频繁报 5633 断路器 C 相电机启停报警。

2. 设备检查情况

对 5633 断路器 C 相操动机构进行现场检查，操动机构外观、电气回路均无异常、无渗漏油迹象。由于断路器处于运行期间，经分析决定，对操动机构进行排气重新打压处理，处理后恢复正常。

2019 年 4 月，将断路器操动机构储能缸拆开检查，发现 5633 断路器 A 相操动机构 3 个储能缸活塞杆密封圈均有划痕，故障活塞杆如图 5－2 所示。

图 5－2 故障活塞杆

现场将所有故障活塞杆进行更换，将储能缸及相关连接位置清理干净，重新复装，对各位置螺栓进行紧固检查。对操动机构进行抽真空注油，在分合闸位置各观察一天，储能碟簧组释放量均不大于 1mm，未发现频繁打压情况，设备恢复正常。故障处置情况如图 5－3 所示。

3. 故障原因分析

液压机构出现频繁打压故障现象，一般从机构外泄漏、内泄漏等两大方面查找，但现场对机构外部检查发现无液压油泄漏，可以确定为内漏现象。内漏是由于阀块内高压和低压分界面的相关部件出现密封不严问题。

(a) 机构解体后

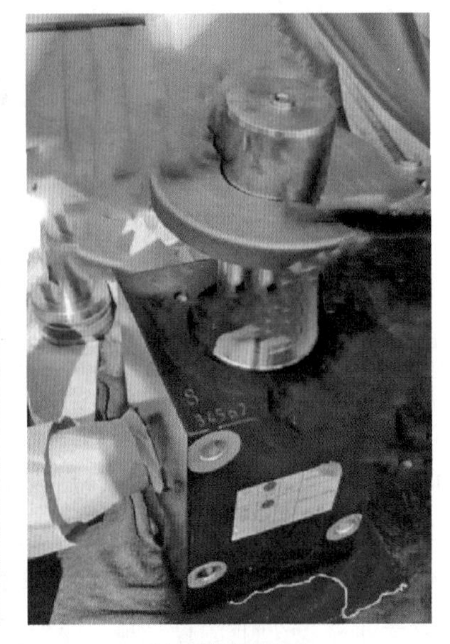
(b) 储能模块检查

图 5-3　故障处置情况

现场打开故障断路器进行检查均发现储能缸活塞杆密封圈有划痕迹象，密封受损对储能缸密封效果减弱，致使液压油在高压端与低压端之间无法保持正常压力，发生内漏，从而导致频繁打压。

5.1.2　某站“2019.4.23”5631 断路器 A 相分闸速度异常

1. 概述

（1）故障概述。4 月 23 日，某换流站 5631 断路器停电检修进行断路器机械特性试验时，发现 A 相分闸速度低于技术要求值（要求 7.8～9.2m/s，实际测试数值为 7.72m/s）。

运维人员现场对机构箱内传动部件进行检查，未发现异常。随后组织对液压操动机构进行调试。

（2）故障前运行工况。某换流站年度检修，直流系统停运。

2. 设备检查情况

（1）现场检查断路器机构箱内传动系统。依次对断路器直动密封杆、传动拐臂、连板、轴销、挡圈、液压机构传动杆进行检查，未发现有零件磨损异常、变形等异常情况，未发现轴销挡圈脱落现象。

（2）检查液压操动机构。打开外罩，液压操动机构外部未见渗漏油痕迹；检查油位，油位处观察窗 1/3 位置，油位正常（正常状态：机构满压断路器合闸状态下，油位至少可见，至多不超过观察窗一半）；检查液压操动机构传动杆组件，未发现零件变形损坏情况；检查发现机构表面有点状白渍，应为机构罩内水汽干涸所致。

（3）测量液压机构分合闸线圈电阻进。现场对 1、2 组分闸线圈进行了电阻测量，测量结果合格。随后对其他两相也进行了测量，分闸线圈电阻测量结果见表 5-1。

表 5-1　　分闸线圈电阻测量结果

线圈	直流电阻（Ω）		
	A	B	C
合闸线圈	148.0	146.3	145.2
分闸 1 线圈	145.3	148.5	146.8
分闸 2 线圈	149.1	148.7	146.0

3. 故障原因分析及处理

现场对 5631 断路器 A 相液压操动机构节流阀进行了调整（调整液压油流速），调整后断路器机械特性试验合格。根据分析，造成分闸速度低的原因如下：

（1）该断路器使用 HMB-8.3 型液压操动机构。机构由厂家调试完毕后装配在断路器上，由设备厂家对断路器进行测试，该相断路器调试时，分闸速度可能偏下限。

（2）液压操动机构作为一种机械装置，在正常使用过程中会在油腔中产生金属磨屑，造成液压油品质下降，液压油品质下降会造成分合闸速度降低。

5.1.3 某站“2019.5.13”5622 断路器 A 相打压超时

1. 概述

（1）故障概述。2019 年 5 月 13 日 1 时 45 分，某换流站 500kV 交流滤波器场 5622 断路器发“打压超时”告警。

现场检查发现 5622 断路器机构 A 相弹簧未储能，其余外观检查正常；试分合 A 相油泵电机电源，电机仍未打压；在汇控箱内测量电机电源正常，A 相打压时间继电器及其他继电器动作均正常，后台告警正确。

（2）设备概况。该换流站 500kV 交流滤波器场 5622 断路器采用 LW10B-550W/YT4000 型六氟化硫断路器，该断路器采用 HMB-8 型操动机构，于 2009 年 12 月 29 日投入运行。

（3）故障前运行工况。事件发生时，5622 断路器处于运行状态。

2. 设备检查情况

（1）初查情况。故障发生后，对现场故障设备的状态、保护装置的运行情况及监控信号等各类信息进行检查。

现场检查发现 5622 断路器机构箱外观未见异常，无渗漏油痕迹，A 相储能弹簧未储能，B、C 相机构均正常储能。断路器汇控箱内 A 相打压时间继电器超时告警，其余继电器未见异常。

（2）详查情况。首先核查机构箱及汇控箱各设备状态，经核实发现 A 相设备及汇控柜内电气回路状况与前期人员检查结果一致。之后打开断路器机构箱外罩检查发现，电机

图 5－4　机构箱内电机及相关附件

外观正常，放油阀无渗漏油，传动及从动齿轮外观正常，机构箱内部端子排至电机引线连接良好，其余元器件外观均正常。机构箱内电机及附件如图 5－4 所示。

在完成机构箱内部元器件检查无异常后采用电压降法检查二次回路。合上汇控柜内电机电源空气断路器 QF1 后发现电机未运转，用万用表测得汇控柜 308、310 号端子电压为 232V，机构箱内 X3 端子排 3、4 号端子测量的对地电压为 231V。电气控制回路如图 5－5 所示。

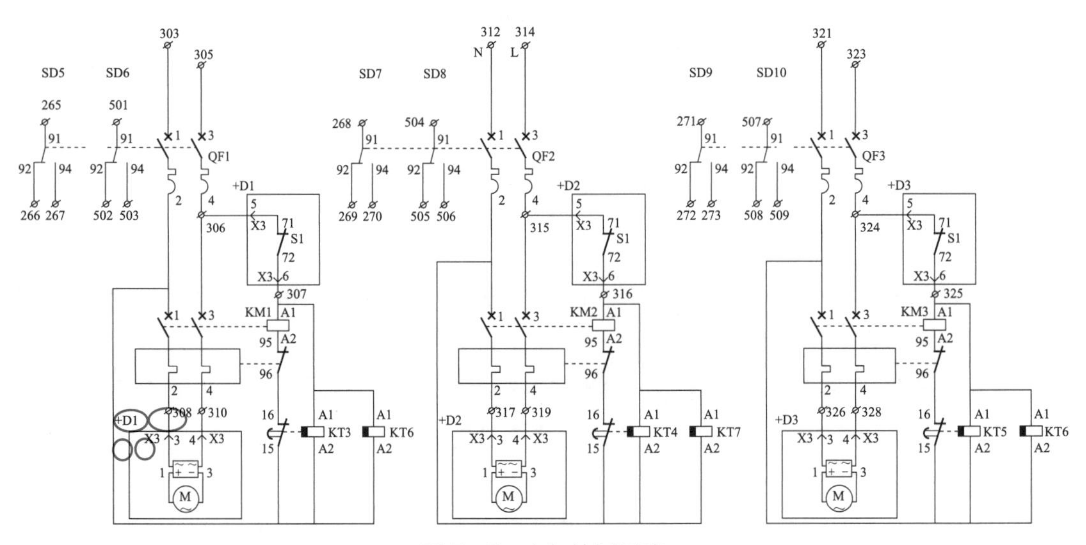

图 5－5　电气控制回路

结合检查情况，初步推断电机打压超时故障原因为电机内部故障或电机回路故障。

（3）缺陷处理情况。考虑到机构箱内电机及其连接附件在机构箱内位置不适宜，检修人员对其进行处理，现场采用将其拆除下来检查处理的方案。拆除后检查发现电机直流电阻为 3.5Ω，电刷连线及状态正常。由于现场不满足电机及硅整流模块解体检查条件，无法检查其内部结构，故用备品代替。电机直流电阻检查如图 5－6 所示。

电机更换后再次检查其回路，发现机构箱内电机电源电压变为 51V，再测又变为 61V，结合设备检修前的测试数据，将缺陷范围进一步缩小到汇控柜与机构箱间二次电缆接线。

在排查到电缆槽盒内航空插头时，发现在拔下插头后测试插头与汇控柜间线缆通断情况时，中性线通断时断时续。进一步拆开航空插头，发现中性线接头电缆压接部分有折叠且该导线连接松动（见图 5－7），3 号端子有损坏迹象（见图 5－8）。

图 5-6 电机直流电阻检查

图 5-7 中性线折叠

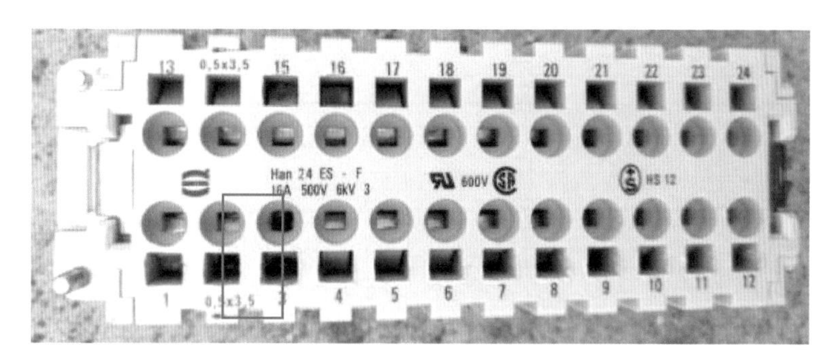

图 5-8 3 号端子损坏

在更换航空插头并重新配线后，机构箱内电机电源电位恢复正常。在合上电机电源空气断路器后，电机正常打压。

3. 故障原因分析

对更换下来的电机及电机电源整流模块进行试验，发现电机运转正常，排除了电机和整流模块的问题。

故障原因为汇控柜至机构箱间的电机电源线缆所在航空插头在中性线端子处存在缺陷，接线端子安装质量不符合要求，导致该端子连接处虚接。考虑到事发当晚正在下雨，分析为外界环境变化影响电机电源电压，导致电机电压达不到正常动作要求，故产生电机“打压超时”报警。

5.1.4 某站“2020.3.2”5632 断路器 B 相低油压合闸闭锁

1. 概述

2020 年 3 月 2 日 17 时 14 分，某站升降功率过程中投入 5632 滤波器后，报“5632 断路器低油压合闸闭锁”告警，现场检查 B 相弹簧储能未到位，A、C 两相正常。检查后发现 B 相本体微动开关 S1 未导通，导致打压回路未正常启动。

2. 设备检查情况

（1）现场一次设备检查情况。运行人员检查 5632 断路器本体未见异常；检查 5632

断路器操动机构 A、C 两相碟簧位置储能正常，B 相储能未到位。

（2）现场二次设备检查情况。运行人员检查 5632 断路器汇控柜，低油压合闸闭锁继电器吸合，油泵电机回路正常，电机启停控制回路未导通。

3. 故障原因分析

现场检查低油压合闸闭锁继电器动作，KB4 断路器低油压合闸闭锁继电器动作时发出“断路器低油压合闸闭锁”信号。断路器低油压合闸闭锁信号回路如图 5-9 所示。

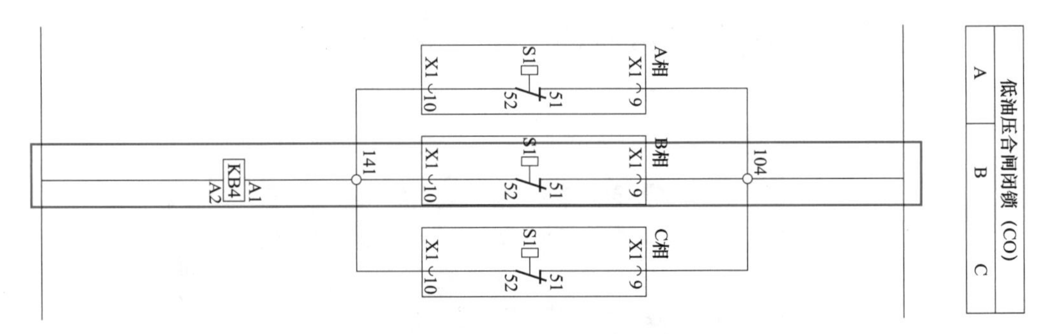

图 5-9　断路器低油压合闸闭锁信号回路

现场检查电机启停控制回路不导通，但是现场弹簧储能未到位，该回路在储能不到位的情况下应该导通，并通过油泵电机进行打压。通过对电机启停控制回路分段检查测量，发现 S1 微动开关触点未导通，导致无法启动油泵电机进行打压。

5.2　HDB 型液压操动机构故障

HDB 型液压操动机构缺陷共计 13 起，其中由于渗油导致的频繁打压缺陷 12 起，分合闸线圈顶杆卡涩缺陷 1 起。

5.2.1　某站“2018.6.6”7632 断路器 C 相拒动

1. 概述

（1）故障概述。2018 年 6 月 6 日 7 时 26 分，某换流站无功控制自动投入 7632（BP11/13）小组交流滤波器，7632 断路器 C 相合闸不成功，本体三相不一致保护动作，导致 7632 小组交流滤波器跳闸，7623 小组交流滤波器按照无功控制逻辑自动投入，直流功率保持 4100MW 运行，功率无损失。

（2）设备概况。该站 750kV 交流滤波器场 7632 断路器型号为 LW56-800，2016 年 8 月 24 日投运，属国内运行的该工况首台首套设备，额定电压 800kV，额定电流 5000A，额定短路开断电流 63kA，断路器配合闸电阻为 AB410-14R28±5%型，阻值为 1500Ω。断口均压电容为 CDOR2648B10 型，电容量为 2000±40pF。该断路器是 4 月 1 日从 7631

断路器C相转移过去的，更换完成共计完成合闸4次，分闸3次。断路器工作原理如图5－10所示。

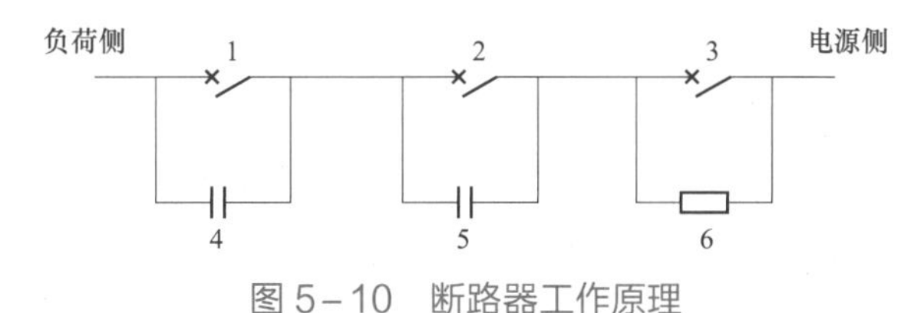

图5－10 断路器工作原理

1、2—主断口；3—合闸电阻断口；4、5—并联电容；6—合闸电阻

（3）故障前运行工况。直流系统：系统运行方式为双极四阀组运行，直流输送功率4100MW，功率正送，极Ⅰ、极Ⅱ直流滤波器均在运行状态，无功控制方式为自动控制。

2. 设备检查情况

（1）保护装置检查。检查监控后台报文，交流滤波器保护报7632（BP11/13）零序过电流Ⅰ段启动、1分支L1电抗热过负荷启动、2分支L1电抗热过负荷启动、1分支电阻热过负荷启动、2分支电阻热过负荷启动和零序过电流Ⅱ段启动，约500ms复归。

检查故障录波，7632断路器合闸命令发出后，A、B相动作结果正常，C相分位消失滞后A、B相2～3ms，C相电流滞后于A、B相15ms出现（合闸电阻一般投入8～11ms），且C相电流持续54ms左右后消失，随后断路器C相分位再次出现，7632断路器合分闸暂态波形如图5－11所示。

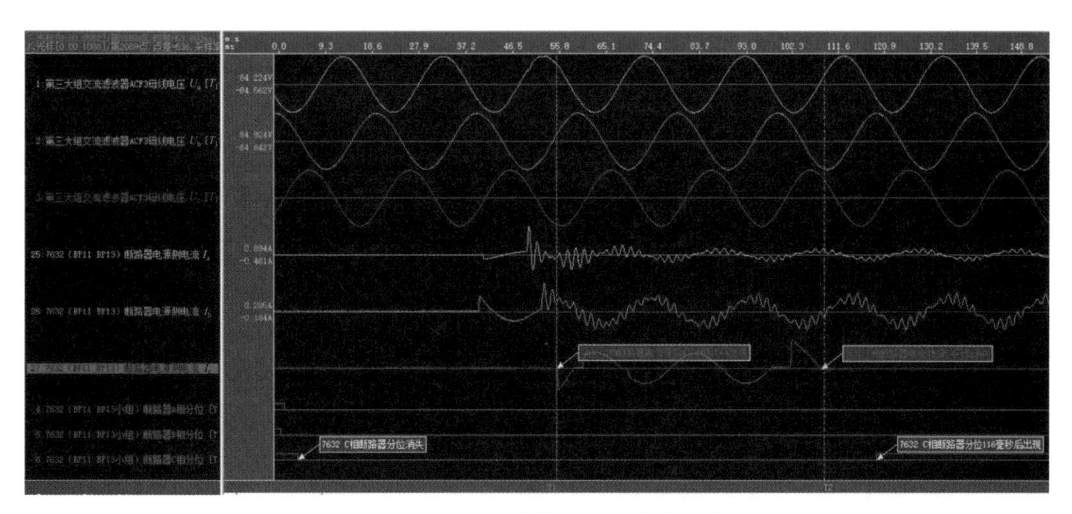

图5－11 7632断路器合分闸暂态波形

检查断路器操作箱、本体非全相继电器及二次回路，状态指示均正常，未见异常。对7632断路器合分闸全过程波形进行检查分析，断路器A、B相合闸成功，C相分位消失116ms后再次出现，满足本体三相不一致保护动作条件，2500ms后A、B相相继跳闸，延时与保护定值一致，7632断路器三相合分闸全过程波形如图5－12所示。

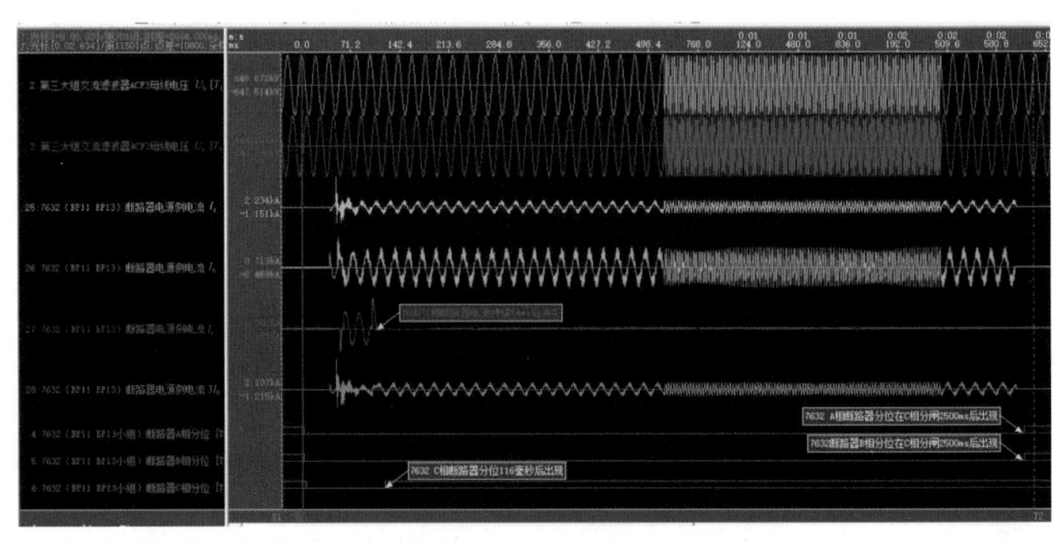

图 5－12　7632 断路器三相合分闸全过程波形

（2）现场检查及试验情况。

1）外观检查。现场检查 7632 断路器外观无异常，气室压力正常，外部及接地引下线部位没有发现明显的放电点，周围环境无异物、无烧蚀放电后的异常气味，一次设备无明显异常。对围栏内一次设备本体及外观进行检查，未发现异常。

2）气体成分检测。对 7632 断路器 C 相气室进行 SF_6 气体分解物检测，CO 含量 4.3μL/L，其他各项指标均为 0μL/L，检测结果合格，说明断路器内部未发生放电故障。

3）检修试验。

a. 断路器机构检查。对机构的辅助断路器连杆及其二次接线进行检查，位置指示及回路接线均正常。

对机构进行慢合试验，机构各级换向阀正常动作，但在活塞杆合闸过程缓慢，并且在接近合闸到位时出现停滞，机构无法正常建立压力，在此情况下对机构进行慢分操作，机构分闸动作正常，并且能够进行建压储能。当碟簧压缩量达到约 65mm 时进行合闸操作，机构出现合闸后立即自动分闸现象，与故障时动作情况相符。断路器合闸位置油压示意图如图 5－13 所示。

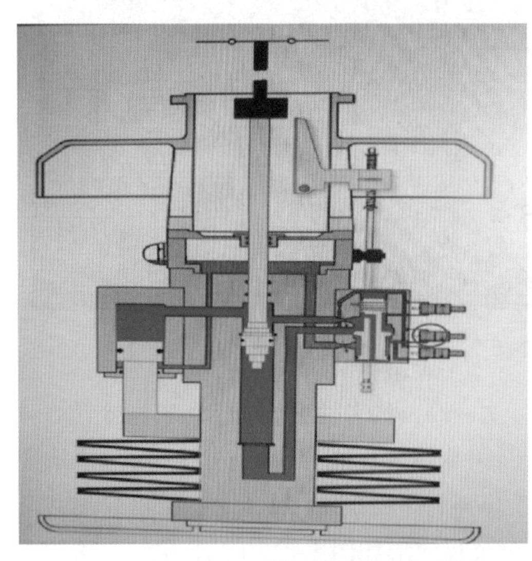
图 5－13　断路器合闸位置油压示意图

对分闸换向阀进行仔细检查，发现第二套分闸换向阀阀杆有轻度卡滞，如图 5－13 所示红圈位置。对阀杆进行人为复位后，再次对断路器进行分合闸操作，断路器分合闸操作正常。将卡滞的第二组分闸换向阀进行整体更换后，进行分合闸操作，断路器分合闸操作正常。

b. 断路器机械特性检查。对7632断路器机械特性进行测试检查，结果显示，断路器更换分闸换向阀后，机械特性基本合格。

c. 合闸电阻阻值检查。在断路器C相分闸状态下，现场进行慢合操作，当断路器主断口主触头刚合时，合闸电阻断口处于分闸状态，合闸电阻接入主回路。用万用表通过两端套管测量合闸电阻断口电阻，实测值为255Ω，正常为1500Ω。用同样方法对断路器B相合闸电阻阻值进行测试，结果为1512Ω。

d. 回路电阻阻值检查。测量7632断路器回路电阻，均小于220μΩ，结果合格。

（3）设备解体检查情况。在现场检查断路器合闸失败后再次分闸的原因时，发现第二套分闸线圈阀杆存在空行程问题，为进一步检查线圈故障原因，对分闸线圈进行解体检查，发现该线圈的顶杆和阀座卡滞磨损，内部弹簧无法复位，最终导致分闸油路一直导通。

3. 故障原因分析

根据现场故障录波和返厂解体情况，7632 断路器合闸命令发出后，三相分位消失且监控后台报出三相分位移动中，断路器A、B相合闸流过电流后15ms内，断路器C相未通过电流，15ms后断路器C相合闸，但合闸54ms后自动分闸，C相分闸后2.5s，三相不一致保护动作，A、B相跳闸。

通过分析认为，由于7632断路器分闸线圈的顶杆和阀座存在磨损，内部弹簧无法复位，导致阀口无法完全闭合，当机构处于合闸状态时，高压油通过未封闭严的阀口返回至低压油箱，导致合闸功不足，出现合闸滞后且不到位的现象；当断路器合闸状态结束后，由于分闸线圈阀口未完全封闭，导致高压油直接流向低压油箱，出现自动分闸。

5.2.2 某站“2020.2.11”7613断路器C相频繁打压

1. 概述

（1）故障概述。某800kV换流站现场发现7613罐式断路器C相机构打压频繁，根据现场情况初步判断储能模块装配或油泵内部密封出现异常，2月11日，将该设备转检修状态进行维修处理，对机构的储能模块进行全部更换，并经重新注油后进行保压验证，机构状态良好，未再出现打压频繁现象。

（2）设备概况。该换流站所运行的800kV断路器为LW56－800型罐式断路器，断路器所配操动机构为HDB－8B型液压弹簧操动机构。

2. 设备检查情况

现场对更换下来的储能模块进行解体，解体后发现处于机构最下端的储能模块活塞及缸体内部均有划伤，其中活塞密封圈划痕非常明显，其余两个储能模块解体后未发现储能活塞密封圈及缸壁有明显划痕缺陷，活塞金属表面只有正常的轻微摩擦痕迹。7613断路器C相机构最下端储能模块、右侧储能活塞及缸体、左侧储能活塞及缸体解体情况如图5－14～图5－16所示。

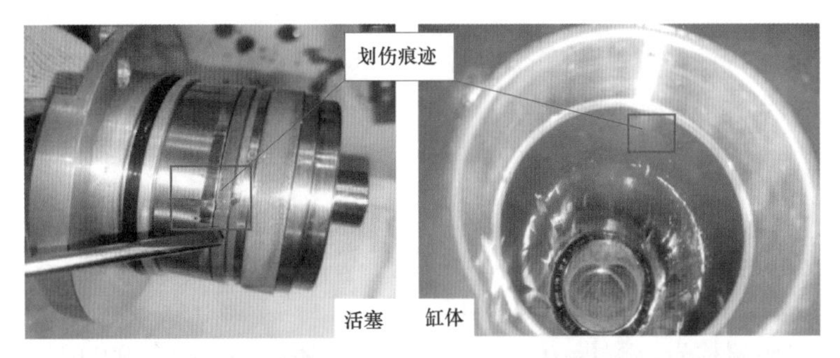

图 5-14　7613 断路器 C 相机构最下端储能模块解体情况

图 5-15　7613 断路器 C 相机构右侧储能活塞及缸体解体情况

图 5-16　7613 断路器 C 相机构左侧储能活塞及缸体解体情况

经分析可知,此次频繁打压故障是由最下端储能模块活塞密封圈和缸体内壁严重划伤所致。

3. 故障原因分析

（1）机构动作原理分析。

1）合闸操作原理。合闸操作原理如图 5-17 所示。机构的分合闸由二级换向阀控制，二级换向阀有三个出口：① P 口：常高压出口，与储能缸及工作缸分闸腔相通；② T 口：常低压出口，与油箱相通；③ Z 口：压力变化出口，与工作缸和闸腔相通。

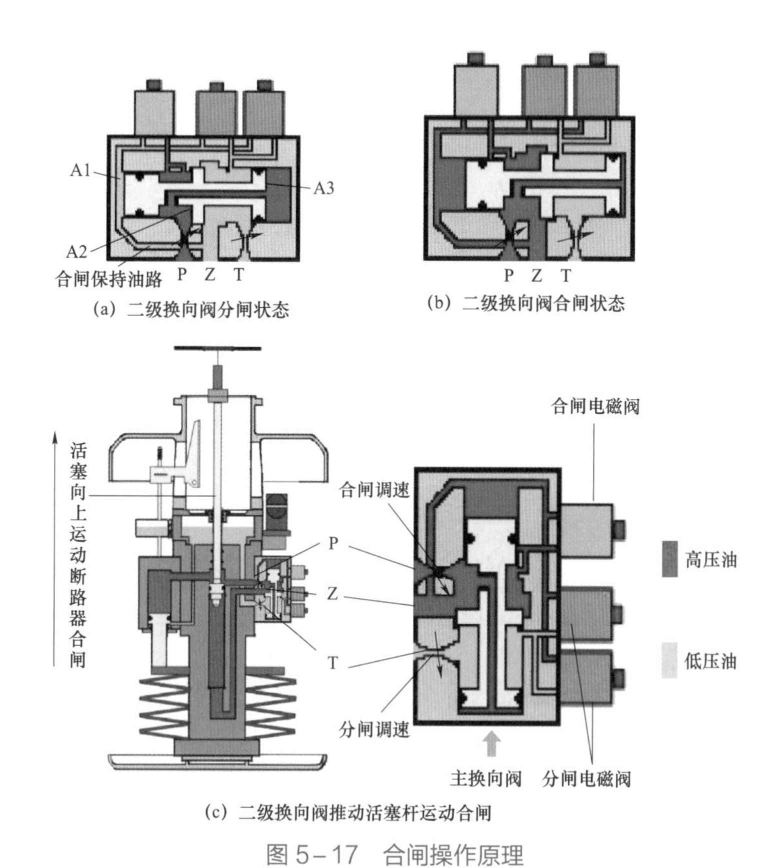

图 5－17　合闸操作原理

P、Z 口相通时工作缸合闸腔接高压油，机构合闸操作。T、Z 口相通时工作缸合闸腔接低压油，机构分闸操作。

二级换向阀的工作原理为差压工作原理，其中 A_1 为换向阀杆的左端面积，A_2 为换向阀口的左端面积，A_3 为换向阀活塞杆的右端面积，面积关系满足 $A_3 > A_2$（分闸），$A_1 + A_2 > A_3$（合闸）。

合闸操作时，合闸电磁阀动作，高压油进入二级换向阀杆左端，A_1 接通高压油，施加压力的面积为 A_1、A_2 和 A_3，$A_1 + A_2 > A_3$。二级换向阀杆向右运动，P、Z 口相通，工作缸合闸腔接高压油机构合闸操作。合闸操作后，辅助断路器切断合闸回路，合闸电磁阀复位，由于合闸保持油路使 A_1 一直保持高压油，二级换向阀活塞和工作缸活塞一直保持在合闸位置。

合闸保持油路内置于二级换向阀阀体内，其另一项重要功能是当机构合闸位置失去压力至零时，油泵重新打压，高压油将同时进入 A_1、A_2、A_3 腔，二级换向阀杆保持在合闸位置，防止机构失压慢分。

2）分闸操作原理。分闸操作时，分闸电磁阀动作（两个电磁阀具有相同的功能），A_1 腔高压油被释放，二级换向阀杆左端 A_1 变为低压油，施加压力的面积满足 $A_3 > A_2$。二级换向阀杆向左运动，Z、T 口相通，工作缸合闸腔接低压油机构分闸操作。

当机构分闸位置失去压力至零时，油泵重新打压，高压油通过 P 口同时进入 A_2、A_3 腔，且满足 $A_3 > A_2$，二级换向阀杆保持在分闸位置，防止机构失压慢合。分闸操作原理如图 5－18 所示。

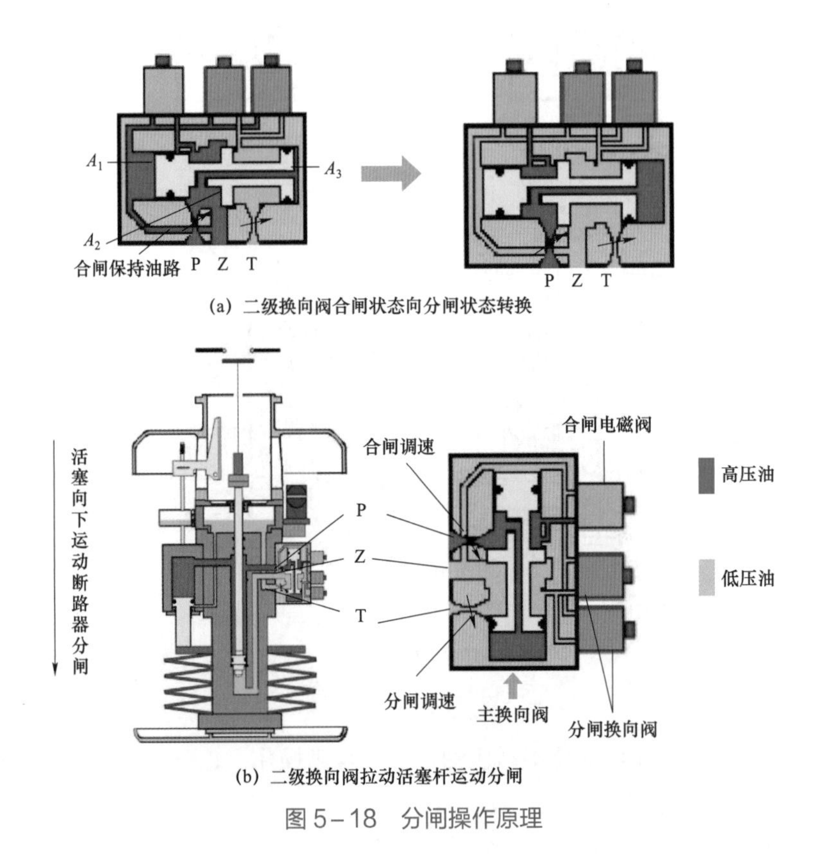

(a) 二级换向阀合闸状态向分闸状态转换

(b) 二级换向阀拉动活塞杆运动分闸

图 5－18 分闸操作原理

（2）原因分析。根据上述动作原理可以看出，机构内部建压结束后，无论处于分闸位置还是合闸位置，储能模块均为常高压状态，且储能模块的高压密封主要依靠储能活塞上的组合密封圈，一旦该密封圈因杂质异物等原因磨损划伤就会出现高压油内部渗漏问题，即分、合闸位置出现打压频繁故障。

根据现场对储能模块解体的情况来看，只处于机构最下端的储能模块内划伤严重，分析认为是机构内部出现了金属颗粒杂质，因为金属杂质在机构操作时会伴随液压油在系统内部运动，最后沉积在机构最低点即最下端储能模块内，在储能活塞往复运动时杂质划伤密封圈和缸壁产生缺陷影响密封，从而出现高压渗漏，油泵电机为了弥补渗漏就会启动建压，导致打压频繁。

内部杂质的来源，一方面可能是在机构装配前各零部件清理清洗得不够彻底，导致金属杂质附着在内部死角处，最后在高压的作用下脱落运动到储能模块内造成损伤，出现打压故障；另一方面可能为装配时部件间没有规范装配，造成部件间出现较重的剐蹭产生金属杂质，最后运动到储能模块内形成划伤故障。

5.2.3 某站“2021.7.20”5644 断路器 C 相液压机构渗漏油

1. 概述

（1）故障概述。7 月 20 日 4 时 48 分，某换流站后台频发 500kV 交流滤波器场第四大组第四小组滤波器 5644 断路器 C 相打压信号，现场运检人员通过观察窗发现储能机构低压油室油位为零（分闸状态下）且储能碟簧位置略低于正常储能状态。

（2）设备概况。500kV 交流滤波器场第四大组第四小组（BP11/BP13）5644 断路器型号为 LW56－550/4000－63，2013 年 4 月出厂，2014 年 1 月投运，出厂编号为 016，断路器机构为 HDB－5 型液压碟簧操动机构。

2. 设备检查情况

现场检查，通过油位观察窗发现油位明显降低，将储能机构外壳拆下，发现储能机构外壳已积聚大片液压油，源头位于断路器 C 相远离 B 相侧的储能模块与工作缸连接面，将该储能模块拆下，发现高压油连接套的挡圈和密封圈受到明显的挤压损坏变形。设备检查情况如图 5－19 所示。

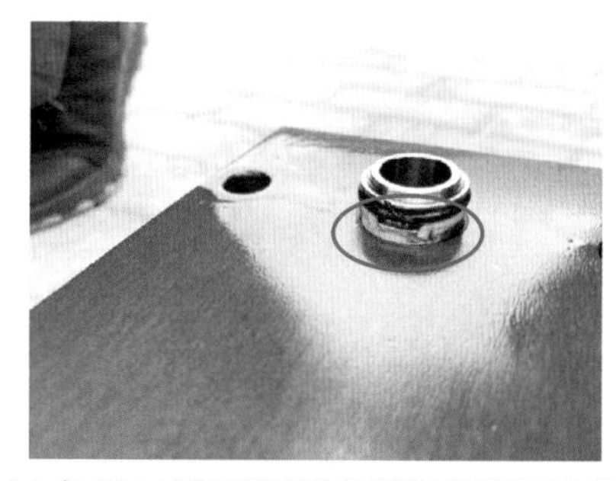

(a) 轴套与工作缸连接侧的密封圈及挡圈挤压破损

(b) 高压油轴套损坏情况对比

图 5－19 设备检查情况

3. 故障原因分析

通过对拆卸的挡圈和密封圈进行分析，推断造成挡圈和密封圈损坏的原因可能有以下几种：

（1）挡圈和密封圈生产加工时存在一定工差，挡圈和密封圈即使已经安装到了连接套凹槽内，仍有一定程度的外凸。在挡圈和密封圈安装在储能模块上到将储能模块对接安装至工作缸的过程中，由于角度、对接方式等原因，挡圈和密封圈与连接套内斜面导向结构挤压产生位移（见图 5－20），在后续储能机构安装后调试和运行过程中，由于断路器分合操作和储能机构建压过程中产生的震动导致挡圈和密封圈多次受到挤压变形，导致密封性能降低。

（2）连接套内斜面导向结构可能存在某处尖锐凸起，导致将挡圈和密封圈安装到储能模块的过程中，密封圈和挡圈被该凸起结构划伤（见图 5－21），安装到储能模块上时，密封圈和挡圈已经受到一定程度破坏，而随着设备运行，该损伤因振动、液压油冲击的原因进一步扩大，最终造成密封圈失效，液压油外渗。

（3）储能模块内工件之间配合不良，密封圈和挡圈与机构非同一批次断路器，且厂家反馈对连接套进行过工艺改良，改良后的断路器之间配合不佳。

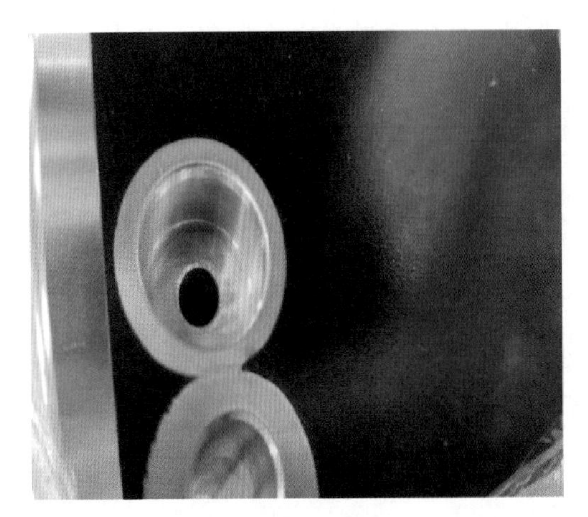

图 5-20　安装槽上端为呈一定角度的斜面导向结构

图 5-21　挡圈没有完全抱紧安装在凹槽内，有一定程度的外凸

5.3　CYA 型液压操动机构故障

据统计，CYA 型液压操动机构频繁打压缺陷共计 13 起，其中机构渗油 10 起、行程断路器异常 3 起。

5.3.1　某站“2019.9.29”7624 断路器 C 相液压机构渗漏油

1. 概述

（1）故障概述。2019 年 9 月 29 日，某换流站现场发现，7624 断路器 C 相 CYA8 液压机构发生频繁打压现象，从 13 时 40 分开始，平均 20min 打压 1 次，1 次持续时间约 3s。

（2）设备概况。该断路器为交流滤波器断路器，长期处于分闸热备用状态，初步分析认为是高压系统某部位内漏所致。

2. 设备检查情况

故障机构于 2019 年 12 月 20 日返厂，2020 年 1 月 2 日，对故障机构进行解体检查。解体油箱、活塞杆发现，工作缸油箱底部有少量杂质沉淀；检查活塞杆发现，耐磨环单侧 1/4 区域出现划伤现象，痕迹发黑，对应部位密封圈有轻微划痕；检查工作缸内孔发现，与活塞杆对应部位存在轻微划伤，其余部位正常。活塞杆耐磨环及密封圈划伤如图 5-22 所示。

3. 故障原因分析

（1）原理简介。根据问题描述，认为该相机构在分闸状态存在高压内漏现象。为准确判定内漏点，需根据该液压机构结构原理进行分析、排查，以便针对性地进行处理。

图 5–22　活塞杆耐磨环及密封圈划伤

液压机构分合闸及密封原理示意图如图 5–23 所示，由图 5–23 可知，高压内漏主要分布于高压系统与低压系统的分割界面，其密封结构主要包括动静密封圈密封或金属阀口接触密封两种型式。对液压机构高压内漏形式、部位与状态进行对照并分析，液压机构内漏状态对比见表 5–2。

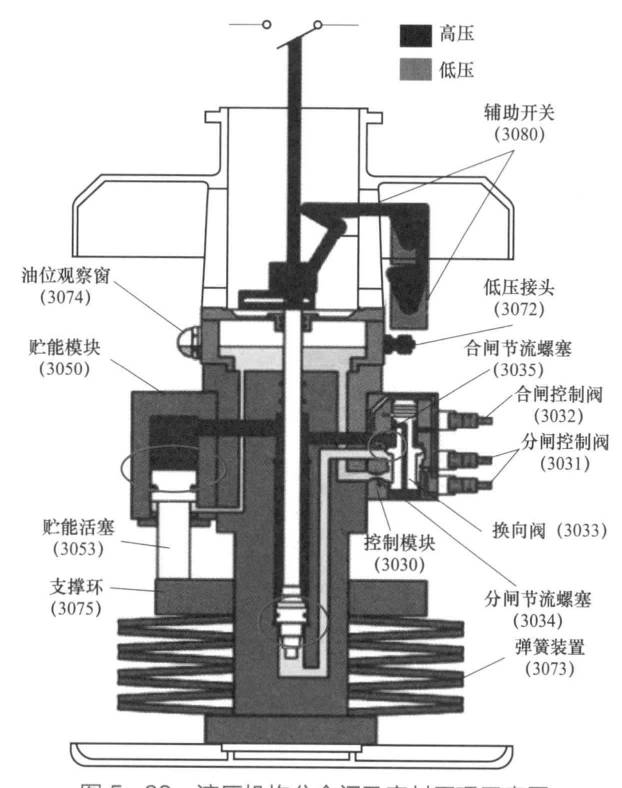

图 5–23　液压机构分合闸及密封原理示意图

表 5–2　液压机构内漏状态对比

序号	可能的内漏点	内漏表现		现场处理方案
		分闸状态	合闸状态	
1	储能器活塞密封部位	√	√	更换储能器
2	活塞杆、工作缸划伤	√	—	更换机构
3	换向阀分闸位置密封部位	√	—	更换换向阀
4	换向阀合闸位置密封部位	—	√	更换换向阀

（2）原因分析。根据现场频繁打压情况，结合液压机构原理分析及机构返厂解体检查情况分析，认为：① 造成该机构分闸位置内漏及频繁打压的原因为活塞杆耐磨环及对应工作缸孔的划伤，导致密封圈受损，进而导致机构分闸位置内漏；② 造成活塞杆耐磨环及对应工作缸孔的划伤的原因应为系统清洁度不够，装配前液压零件清洁不到位，残余颗粒物杂质随油液流动到导致活塞杆与工作缸配合部位，导致零件划伤、密封圈受损，从而导致机构在分闸位置内漏。

5.3.2 某站“2019.9.14”5644 断路器 C 相液压机构打压超时

1. 概述

（1）故障概述。2019 年 9 月 14 日，某站后台 OWS 报“5644 断路器机构打压超时”，热偶继电器动作跳开电动机回路。

（2）设备概况。该断路器是由某厂生产的 LW13A－550/Y4000－63 型，使用的机构为 CYA 型。

2. 设备检查情况

现场检查发现碟簧到位行程开关连杆调整不到位，调整后恢复正常。同时发现电动机打压超时时间继电器为空气阻尼式机械继电器，长时间运行后抽气口堵塞导致时间精度不够出现偏差。当前站内应对所有断路器电机打压超时继电器进行检查校准，后期准备进行技改，将所有该类型继电器换为电子式时间继电器。行程开关结构如图 5－24 所示。

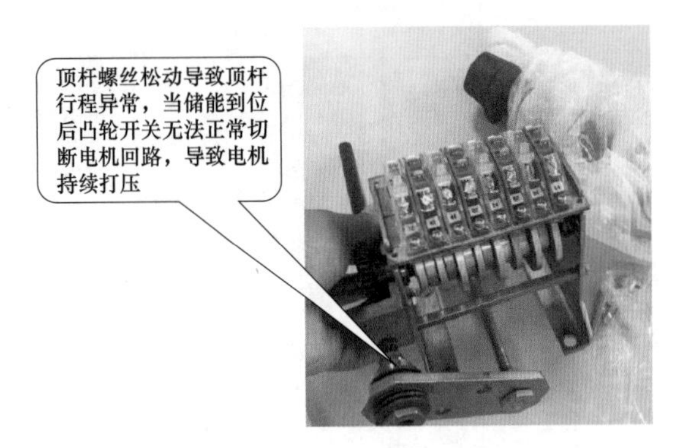

图 5－24　行程开关结构

3. 故障原因分析

碟簧到位行程开关连杆调整不到位，电机打压超时时间继电器为空气阻尼式机械继电器，长时间运行后抽气口堵塞导致时间精度不够出现偏差。

5.4　CY 型液压操动机构故障

据统计，CY 型液压氮气机构缺陷共计 7 起，其中辅助断路器异常 3 起，油压断路器故障 1 起，拉杆断裂 1 起，合闸电磁铁行程不足 1 起，线圈卡涩 1 起。

5.4.1 某站“2020.11.8”3604 断路器 C 相合闸异常

1. 概述

（1）故障概述。2020 年 11 月 8 日 17 时 41 分 31 秒，某站单元Ⅰ330kV 侧无功控制功能自动投入 3604 SC 并联电容器过程中，3604 断路器 C 相未合闸。控制系统检测到 3604 未正常投入后，17 时 41 分 32 秒自动投入 3601 ACF 交流滤波器；17 时 41 分 33 秒，3604 断路器 A、B 相分闸，期间单元Ⅰ直流功率保持不变。

检查发现 3604 断路器合闸电磁铁行程间隙偏小，当合闸命令下发后合闸电磁铁行程动能不足，导致合闸异常。现场对该断路器合闸电磁铁行程间隙重新调整并开展了动作特性及动作电压试验，结果均合格，开展了断路器远方及就地试验分合，均正常。

（2）设备概况。3604 断路器型号为 LW10B－363/Y，采用 CY 型液压操动机构，2004 年 5 月出厂，2005 年 7 月投运。

（3）故障前运行工况。输送功率为 1110MW，运行方式为单元Ⅰ、单元Ⅱ直流系统满功率运行。

2. 设备检查情况

现场完成 3604 断路器 C 相操动机构检查，其液压机构无明显渗漏，分、合闸线圈外观无异常，线圈阻值均合格（38.1Ω，正常值 38±0.5Ω）。3604 断路器 C 相机构箱如图 5－25 所示。

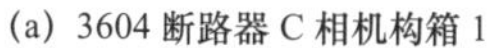

(a) 3604 断路器 C 相机构箱 1

(b) 3604 断路器 C 相机构箱 2

图 5－25　3604 断路器 C 相机构箱

现场对 3604 断路器进行 10 次远程操作，其中 2 次出现 C 相合闸滞后现象，C 相合闸动作时间晚于 A、B 相约 700ms（标准值不大于 5ms），其余操作过程均正常。对该断路器进行 15 次就地分、合闸操作，结果均正常。

对 3604 断路器操作箱合闸插件外观进行检查，未发现异常，3604 断路器操作箱 C 相合闸插件如图 5－26 所示。

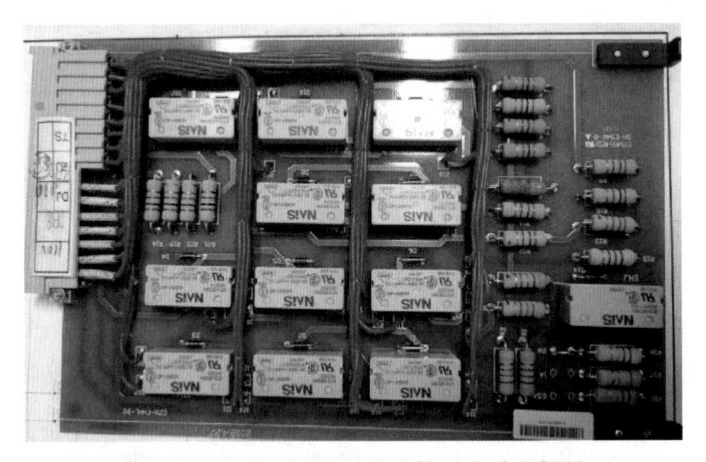

图 5-26　3604 断路器操作箱 C 相合闸插件

现场分别在 3604 断路器汇控柜内断路器分、合闸指令端子（见图 5-27、图 5-28）上加装故障录波器，监视该断路器操作箱控制脉冲信号。录波器显示操作箱控制脉冲信号正常，记录 A、B、C 三相波形，3604 断路器三相控制脉冲录波波形如图 5-29 所示。

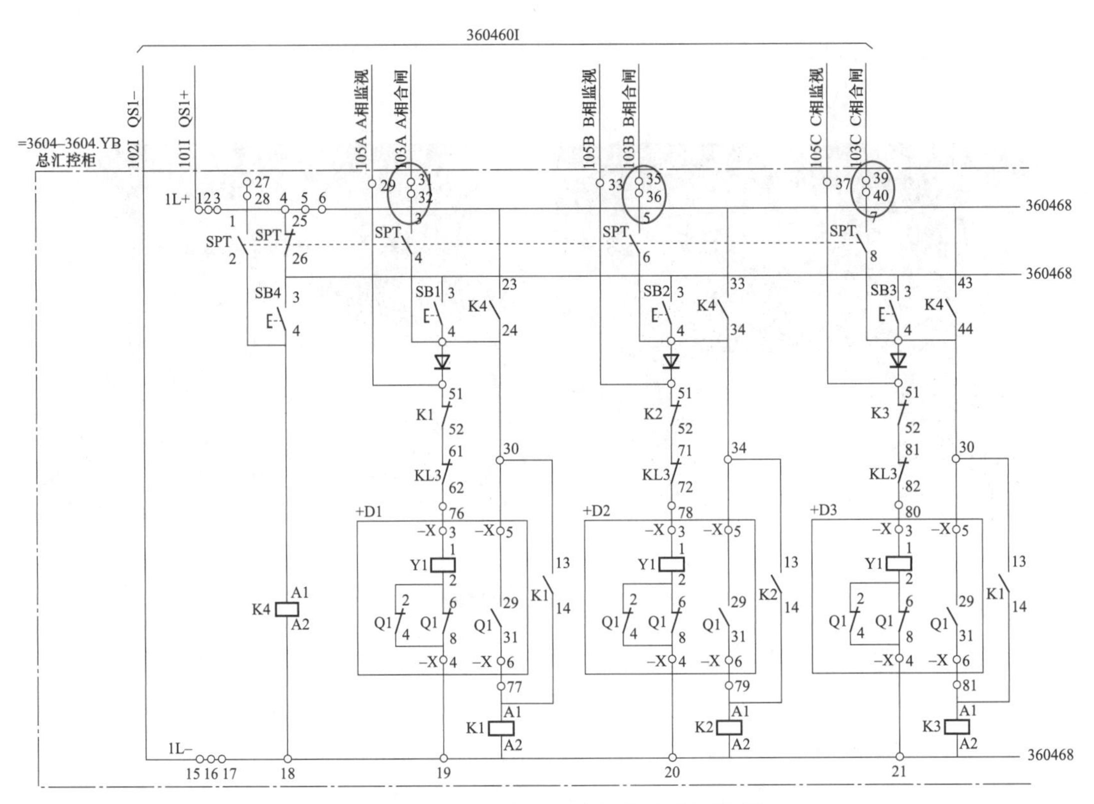

图 5-27　3604 断路器合闸指令监测位置

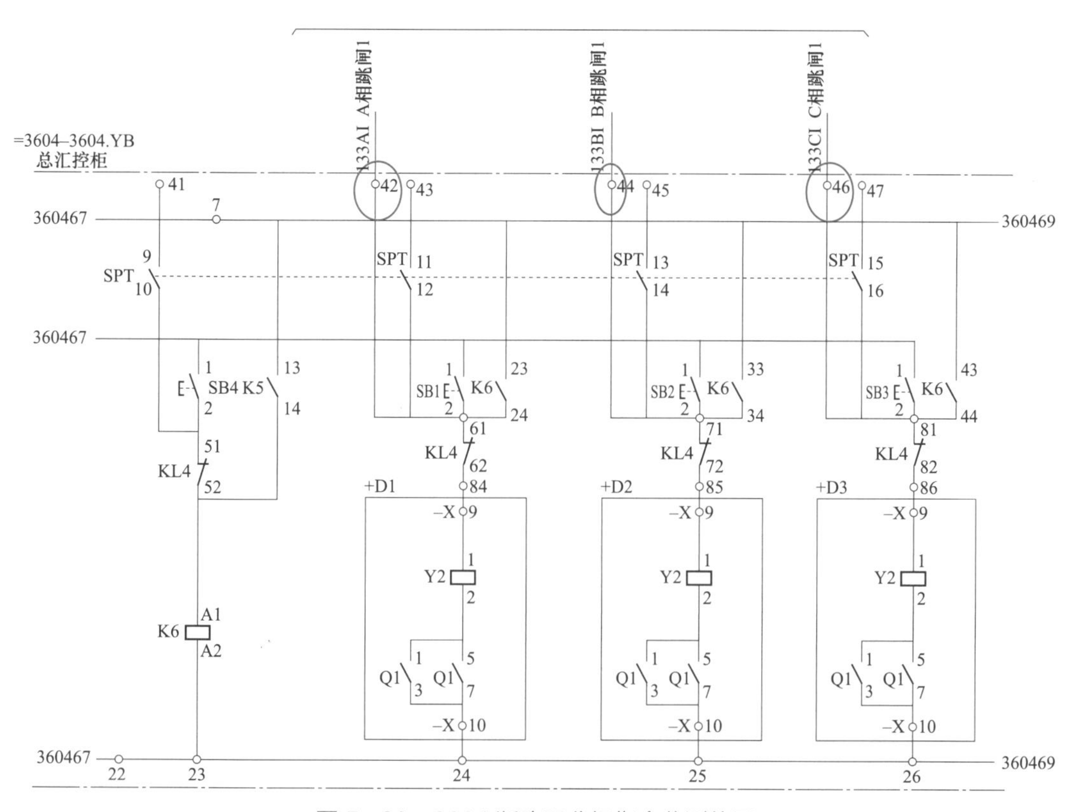

图 5–28　3604 断路器分闸指令监测位置

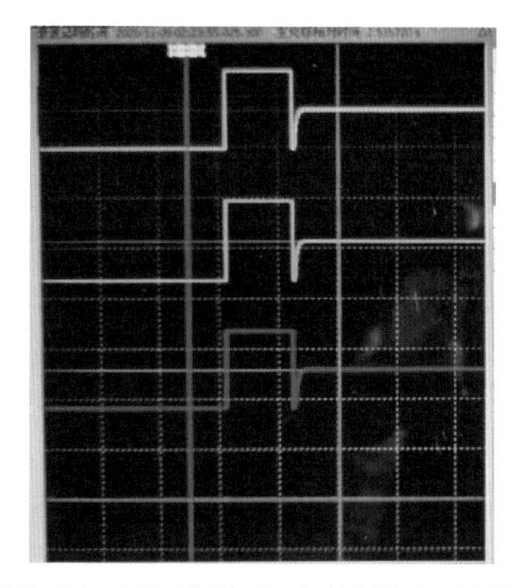

图 5–29　3604 断路器三相控制脉冲录波波形

3. 故障原因分析

CY 型液压操动机构分、合闸电磁铁如图 5–30 所示，分、合闸电磁铁对应安装在分、合闸一级阀上方，且分、合闸电磁铁顶杆与一级阀顶杆之间存在一定的行程间隙，可以用来调整断路器分、合闸动作时间。电磁铁间隙调整可通过图中标记处定位螺母进行，调整完毕后，通过顶丝（见图 5–31）进行位置固定。

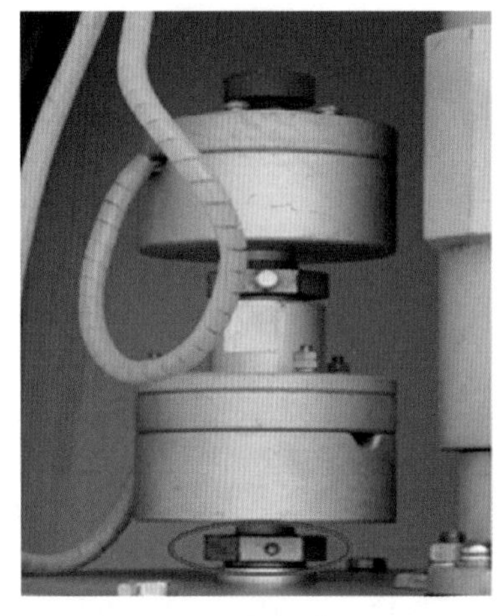

(a) 分闸电磁铁

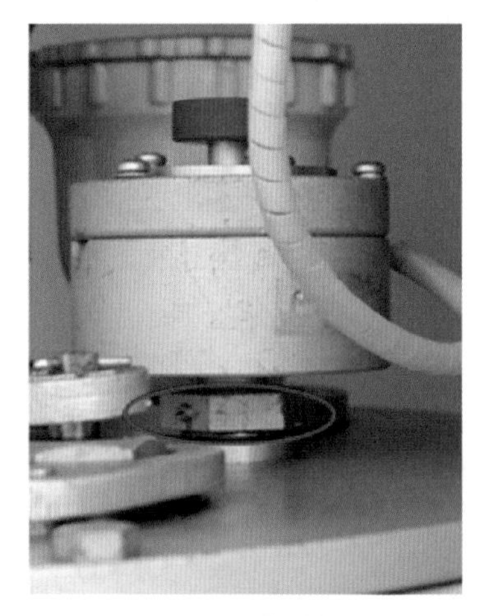

(b) 合闸电磁铁

图 5-30　CY 型液压操动机构分、合闸电磁铁

图 5-31　定位螺母固定顶丝

该断路器合闸异常的主要原因为其合闸电磁铁行程间隙偏小（处于临界位置），行程间隙变小的主要原因是断路器分合闸动作时产生的振动（2020 年 6 月至今该断路器共计动作 14 次）引起合闸电磁铁定位螺母偏移。

当合闸命令下发后合闸电磁铁行程动能不足，一级阀承受冲击后内密封结构处于中间位置（此状态下高压密封打开，低压密封未可靠封闭），引起断路器合闸异常，同时，内部高低压油路暂时连通，引起油泵启动打压。

5.4.2　某站“2022.3.27”3603 断路器 A 相金属拉杆断裂

1. 概述

（1）故障概述。2022 年 3 月 27 日 22 时 10 分，某站单元Ⅰ降功率操作时，无功控制自动切除 3603 SC 并联电容器，双套保护零序过电流Ⅱ、Ⅲ段动作，跳开 B、C 相断路器，保护正确动作，无功率损失。

现场检查发现，3603 断路器 A 相灭弧室外观、油压、SF_6 压力均正常，打开机构箱发现箱内绝缘拉杆与连接座之间的拉杆断裂，拉杆仍在合闸位置。

（2）设备概况。3604 断路器型号为 LW10B-363/Y，采用 CY 型液压操动机构，2004 年 5 月出厂，2005 年 7 月投运。

2. 设备检查情况

现场检查发现机构箱内绝缘拉杆与连接座之间的拉杆断裂，拉杆仍在合闸位置，绝缘拉杆断裂情况对比如图 5-32 所示。

该型号断路器每个灭弧室上并联有均压电容，3603 断路器于 2021 年 6 月进行年度检修，检修后共动作 170 次，故障前一周动作 5 次，断路器的本体结构由灭弧室、均压电容、三联箱、支柱组成，断路器结构如图 5-33 所示。

(a) 3603 断路器 A 相拉杆断裂

(b) 3603 断路器 B 相拉杆正常

图 5-32 拉杆断裂对比

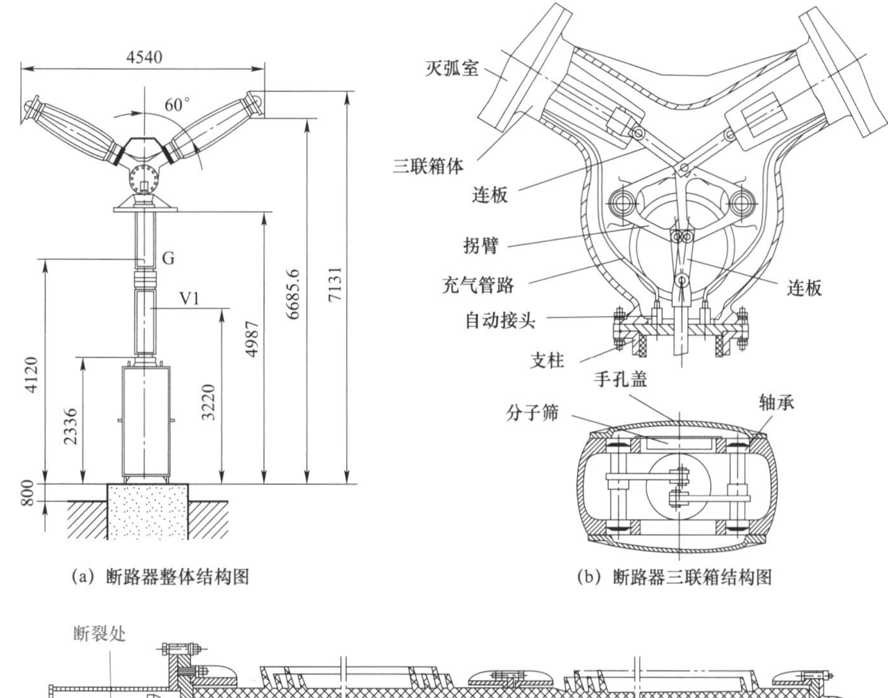

(a) 断路器整体结构图

(b) 断路器三联箱结构图

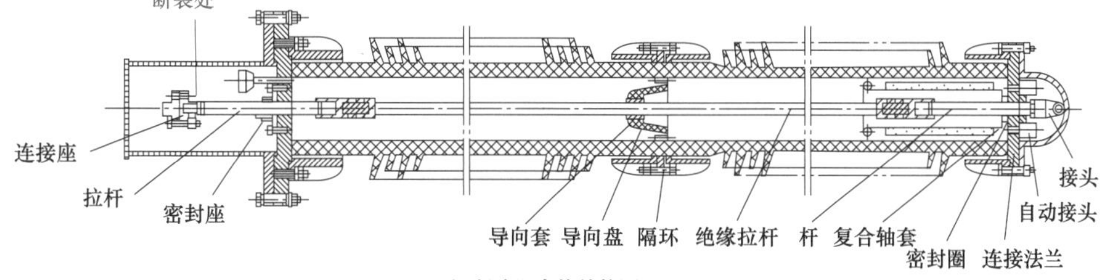

(c) 断路器支柱结构图

图 5-33 断路器结构

3. 故障原因分析

在该断路器运行期间，由于螺栓与孔径不匹配导致紧固力不足，距裂纹源区较远的两个螺栓随着动作次数的增加先发生了松动现象。其次，断路器反复投切过程中，螺栓松动造成拉杆与法兰连接的交界面处受力状态变化，由单一拉应力转变为拉应力与弯曲应力共同作用，诱发了疲劳裂纹，疲劳裂纹逐步沿拉杆横截面向内部扩展。最后，由于拉杆金相组织和硬度与其设计的调质热处理工艺要求不符，当疲劳裂纹发展至一定程度时，导致拉杆最终断开。

综上所述，此次拉杆断裂属于弯曲疲劳断裂，一方面由于螺栓松动造成拉杆异常受力，另一方面由于金相组织和硬度与其设计的调质热处理工艺要求不符。螺栓松动的主要原因是螺栓与孔径不匹配。

5.5 FA5 型机械弹簧操动机构故障

据统计，近年来换流站西门子断路器 FA5 型机械弹簧操动机构缺陷异常共计 6 起，其中减速齿轮箱弹性销断裂 2 起，凸轮轴承外圈开裂 1 起，分闸掣子轴承缺少滚针 1 起，辅助断路器连杆松脱 1 起，机械闭锁螺栓松动 1 起。

5.5.1 某站“2017.12.30”5632 断路器 C 相机构电机弹性销断裂

1. 概述

（1）故障概述。2017 年 12 月 30 日 7 时 32 分，某换流站直流功率升降操作过程中，5632 断路器合闸后（5632 交流滤波器转运行），后台主从系统报“5632 断路器合闸弹簧未储能”，现场检查合闸弹簧未储能。9 时 45 分，5632 交流滤波器转冷备用后，现场检查机构箱内电气、机械部分无明显异常。

（2）设备概况。断路器型号为 3AP2FI－550kV，编号为 16/k40037375，额定电流为 5000A，额定短路开断电流为 63kA，投运日期为 2017 年 1 月 15 日。

2. 设备检查情况

现场检查 5632 断路器 C 相储能控制回路和电机驱动回路均正常，手动启动复位。复位后，机构箱内储能电机空转，电刷处存在火花，合闸弹簧无法正常储能（见图 5－34）。

12 月 31 日上午，对机构进行解体检查。拆开减速齿轮箱后发现断裂的弹性销（见图 5－35）。经检查，该弹性销用于固定电机轴与动力输出齿轮，断裂后造成电机空转，无法带动传动机构给合闸弹簧储能。由于电机空转，过快的转速导致电刷处产生火花。减速齿轮箱内部结构如图 5－36 所示。

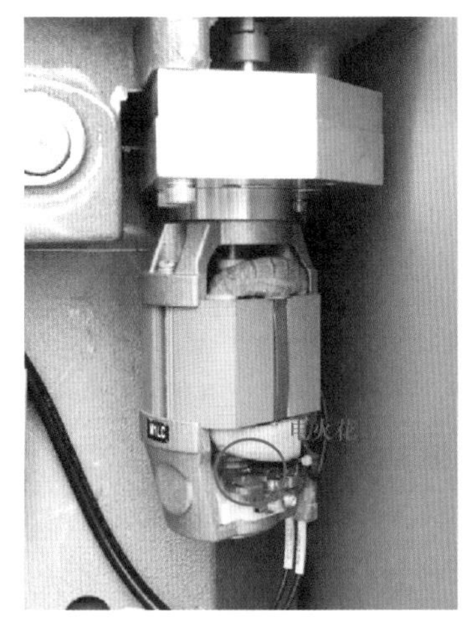

图 5－34 储能电机打火、空转

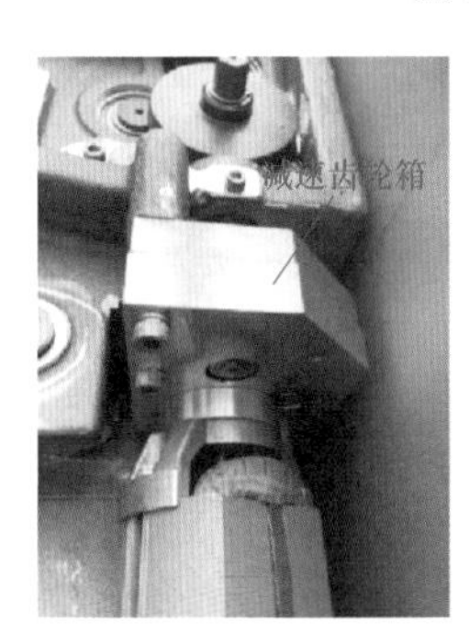
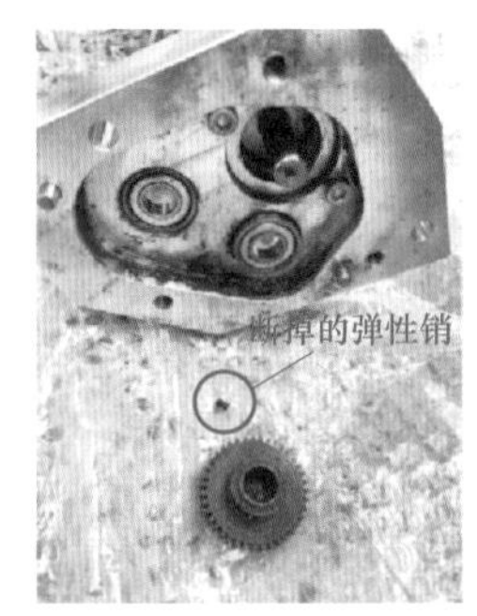

图 5－35 拆开减速齿轮箱发现弹簧销断裂

图 5－36 减速齿轮箱内部结构

3. 故障原因分析

此次故障断路器储能电机与齿轮连接采用的是弹性圆柱销连接，开口销图号为 950－26898－000，全称弹性圆柱销直槽重型$\phi 3\times 20$mm（DIN1484），为进口件。

将断裂的弹性销与同一批次断路器送去第三方机构进行金相检测，检验方法依据为 GB/T 13683《销 剪切试验方法》，对照标准为 GB/T 879.1《弹性圆柱销 直槽 重型》。三个检测样品中最小的剪切力为 7.257kN，大于标准中的 6.32kN，最终检测结果为合格。

经以上分析，弹性销断裂的原因一方面可能为弹性销本身质量问题，其材质质量难以长期频繁承受应力；另一方面可能为弹性销在装配时受到不当载荷，有可能影响开口销的剪切强度进而导致电机储能过程中弹性销产生断裂。

5.5.2 某站“2019.1.29”5621 断路器 B 相分闸异常

1. 概述

（1）故障概述。2019 年 1 月 29 日 21 时 49 分，某换流站直流功率由 4000MW 降至 3475MW 过程中，某站 5621 并联电容器由无功控制自动切除，B 相未正确分闸，A、C 相分闸成功，2.6s 后，三相不一致保护动作，仍未跳开断路器 B 相；7s 后，5621 并联电容器保护 1、2 零序过电流保护Ⅱ段动作，启动 62 号母线保护 1、2 失灵保护，62 号母线保护动作跳闸，跳开进线 5051、5052 断路器及 5622、5623、5624、5625 小组滤波器断路器，过程中未有功率损失。0 时 46 分，恢复 62 号母线运行，5622、5623、5624、5625 小组滤波器恢复热备用，5621 并联电容器转检修进行检查处理。

（2）故障前运行工况。某换流站直流系统双极大地回线全压运行，功率正送，双极手动功率控制，输送功率由 4000MW 降至 3475MW。

2. 设备检查情况

（1）保护装置动作情况。

1）5621 并联电容器保护动作情况。现场 5621 并联电容器保护 1、2 装置“跳闸”红灯亮，5621 操作箱“A 相跳闸”“B 相跳闸”“C 相跳闸”红灯亮，5621 并联电容器双套保护动作，报零序过电流Ⅱ段动作，动作时刻，接地侧零序电流 0.414A（TA 变比 500:1，折算一次电流 207A，为 B 相运行额定电流值），大于零序Ⅱ段动作定值 0.323A，两套保护正确动作。

2）62 号母线保护动作情况。现场 62 号母线保护 1、2“跳闸”红灯亮，装置报文“小组一失灵跟跳”“小组一失灵保护动作”，动作相别为 B 相，动作电流 0.206A，大于小组一失灵电流定值 0.101A，两套保护正确动作。

3）保护动作分析。并联电容器小组保护配置保护按双重化配置，采用 SDR－101A/R1 保护装置。配置主要保护有电容器差动保护、过电流保护、电容比值不平衡保护、电阻谐波过负荷保护、电抗谐波过负荷保护、零序过电流保护。零序过电流保护监测并联电容器组接地侧（如图 5－37 的 TA3）在装置外部合成的零序电流，保护分两段，Ⅰ段延时 10s 告警（定值 0.121A），Ⅱ段延时 7s 跳闸（定值 0.323A）。

交流滤波器小组断路器三相不一致保护采用断路器本体三相不一致保护，时间整定为 2.5s。当出现断路器三相分合位状态不一致时，延时 2.5s 发跳闸命令跳本断路器。

交流滤波器大组母线保护装置保护按双重化配置，采用 SDZ－101A/R1 保护装置，配置主要保护有差动保护、过电压保护、过电流保护、小组断路器失灵保护。失灵保护对每个滤波器小组都有“失灵启动开入”用来启动失灵保护。任何需跳开小组断路器的保护动作都应同时开关量输入到母线保护来启动失灵保护。失灵保护判断失灵启动开关量输入的同时，判断故障支路电流，延时 0ms 跟跳故障断路器，延时 250ms 跳所连母线的所有断

路器。交流滤波器大组母线保护失灵保护逻辑如图 5－38 所示。

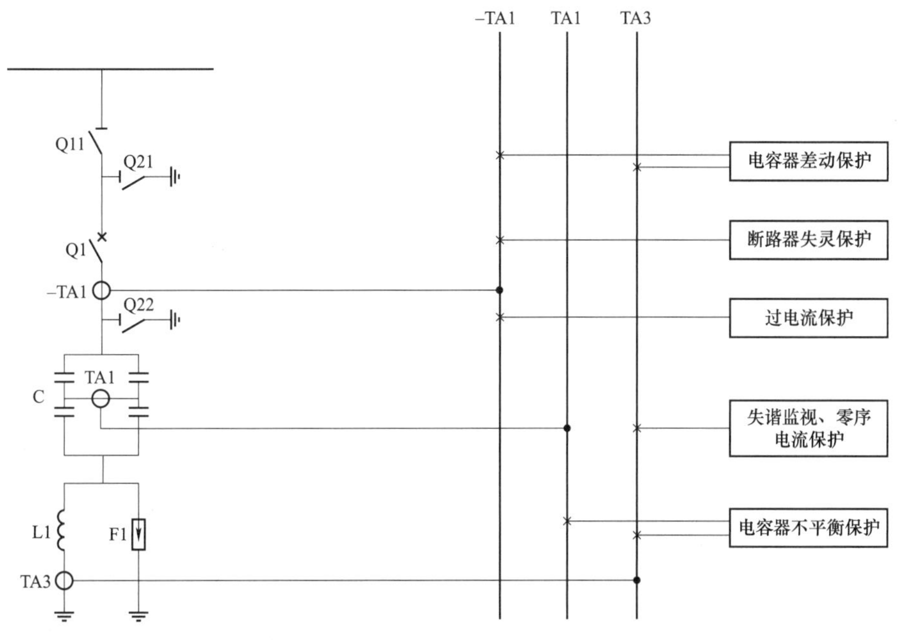

图 5－37 并联电容器小组保护配置

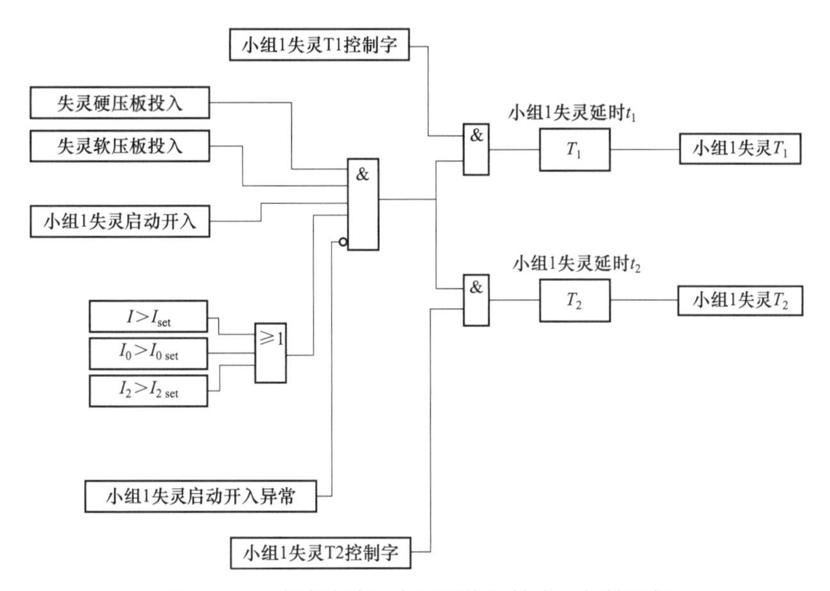

图 5－38 交流滤波器大组母线保护失灵保护逻辑

分析故障时刻故障录波波形，21 时 49 分 18 秒 939 毫秒，无功控制切除 5621 并联电容器时，A、C 相成功分闸，B 相一直保持合闸状态，B 相电流一直存在，零序电流为 B 相额定电流。7025ms 后，零序过电流Ⅱ段动作；52ms 后，62 号母线保护失灵跟跳 5621 断路器；240ms 后，62 号母线保护失灵跳闸。故障录波与保护装置动作时序一致。无功控制切除 5621 并联电容器录波波形、62 号母线保护动作跳闸录波波形如图 5－39、图 5－40 所示。

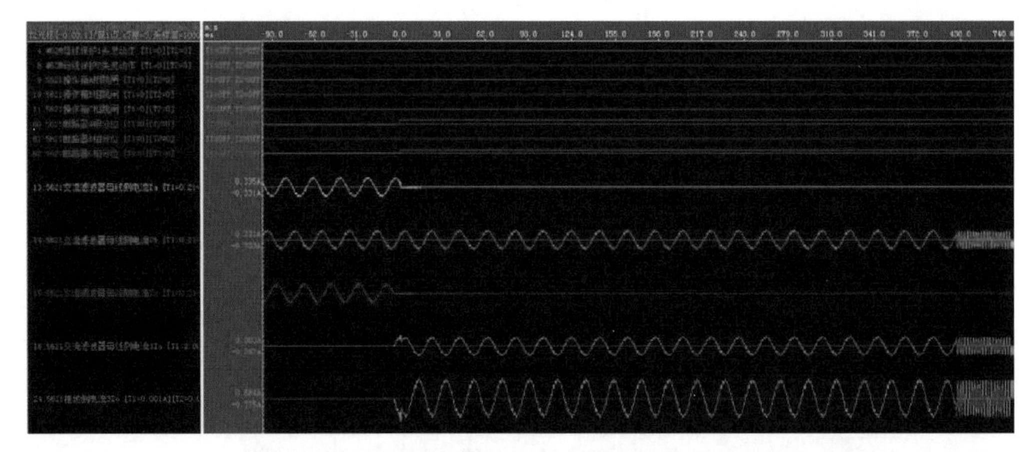

图 5-39　无功控制切除 5621 并联电容器录波波形

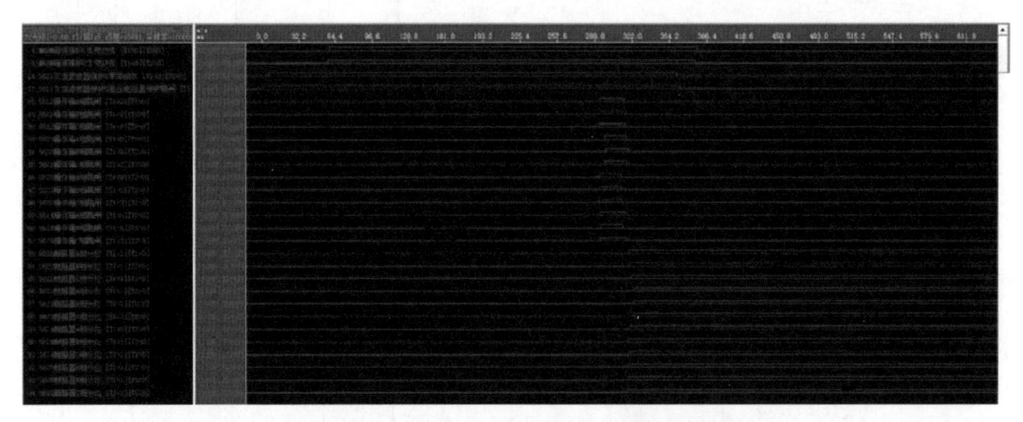

图 5-40　62 号母线保护动作跳闸录波波形

（2）二次回路检查情况。现场检查 5621 断路器控制电源正常，三相不一致分闸命令仍然存在，测量 B 相分闸回路 1、2 均在导通状态，经测量分闸线圈 1、2 与限压电阻并联阻值均为 1kΩ，对比测量 A、C 相阻值为 52Ω左右，正常值为 56Ω左右，判断分闸线圈 1、2 已损坏。二次回路检查情况如图 5-41 所示。

（3）一次设备检查情况。

1）故障后检查。检查 5621 断路器 A、C 相在分闸状态，B 相在合闸状态，检查 5621 断路器三相 SF_6 压力、弹簧储能均正常，控制电源、储能电源断路器在合位，检查电容器、电抗器、避雷器、管母等电气设备外观，均未发现明显放电痕迹或其他异常现象。检测 5621 断路器气体组分无异常。

2）停电后检查情况。断路器机构示意图如图 5-42 所示，现场将机构箱内分闸脱扣器拆除，通过机械力无法推动分闸脱扣器杠杆（图 5-42 中的 18.9.2），处于卡死状态；将分闸脱扣器杠杆（图 5-42 中的 18.9.2）松动下移后，机械力能够推动分闸脱扣器杠杆（图 5-42 中的 18.9.2），断路器能够正常分闸。拆除分闸脱扣器杠杆（图 5-42 中的 18.9.2）后，发现分闸脱扣器棘爪杠杆（图 5-42 中的 18.9.1）转轴一端脱出，两者表面均存在不同程度的机械损伤。

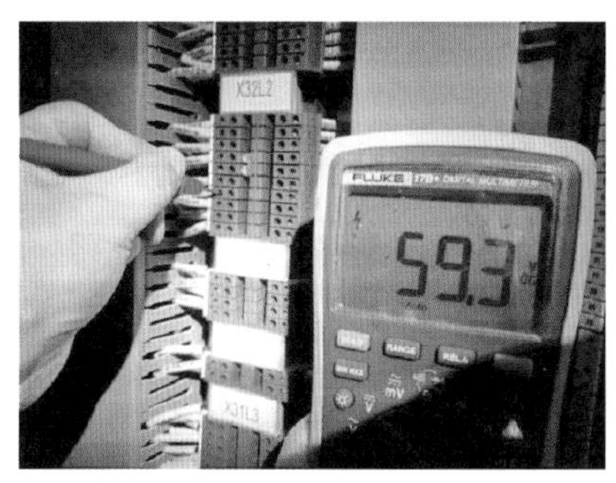

（a）三相不一致分闸命令正电

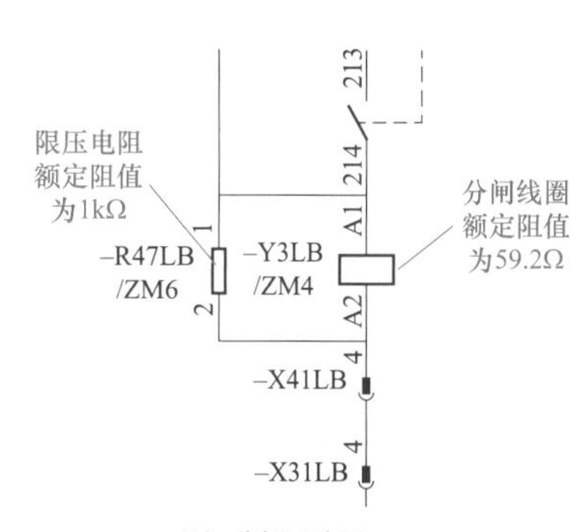

（b）分闸回路图

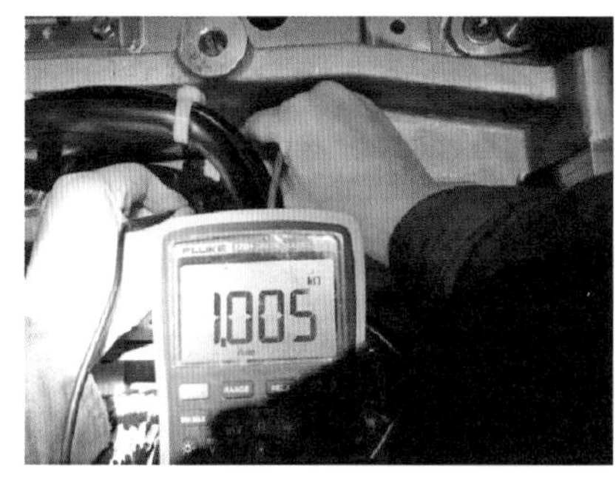

（c）5621 B相分闸线圈与限压电阻并联阻值

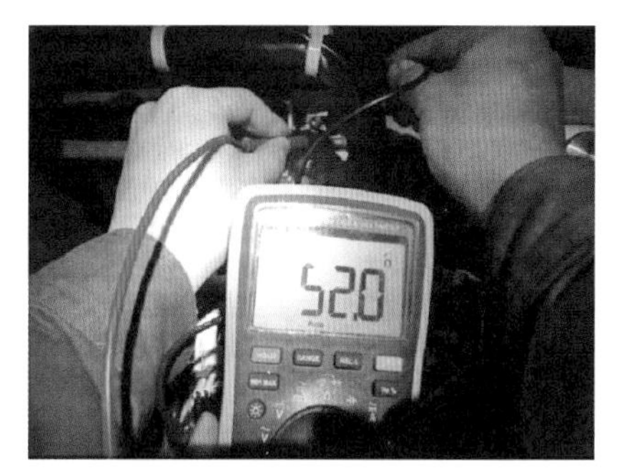

（d）5621 C相分闸线圈与限压电阻并联阻值

图 5–41　二次回路检查情况

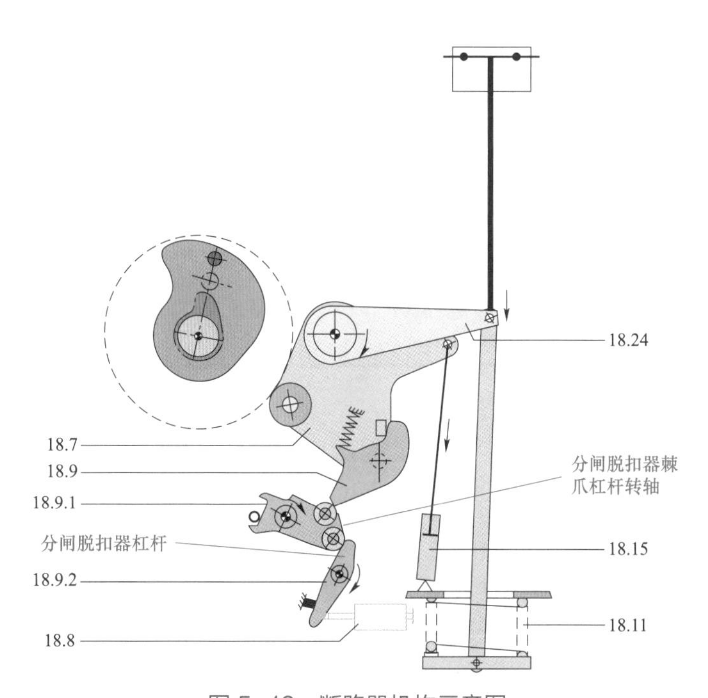

图 5–42　断路器机构示意图

18.7—转动杠杆；18.8—分闸脱扣器；18.9—分闸棘爪；18.9.1—棘爪杠杆；18.9.2—杠杆；18.11—分闸弹簧；18.15—分闸缓冲器；18.24—操动杠杆

拆除断路器机构箱与本体灭弧室传动连杆的连接销后，手动分合断路器无异常，判断断路器本体传动部件正常。停电后检查情况如图 5－43 所示。

(a) 分闸脱扣器杠杆实物图

(b) 棘爪杠杆转轴实物图

图 5－43 停电后检查情况

3. 故障原因分析

5621 断路器 B 相未分闸的直接原因为机构箱内分闸脱扣器棘爪杠杆（图 5－42 中 18.9.1）与杠杆（图 5－42 中 18.9.2）卡死，无法正常脱扣分闸。卡死原因为分闸脱扣器棘爪杠杆传动转轴厂内装配不到位，现场多次分闸后，转轴不断偏移、脱出。

5.5.3 某站“2021.5.8”5643 断路器 C 相机构电机弹性销断裂

1. 概述

（1）故障概述。2021 年 5 月 8 日 13 时 23 分，某站直流功率升降操作过程中，投入 5643 小组交流滤波器，随后直流站控主从系统报“5643 断路器合闸弹簧未储能”“5643 电动机运行时间监控”告警，现场检查合闸弹簧未储能，机构箱内电气、机械部分外观无明显异常。

（2）设备概况。该断路器型号为 3AP2FI－550kV，编号为 16/k40037381，额定电流 5000A，额定短路开断电流 63kA，投运日期为 2017 年 1 月 15 日。

2. 设备检查情况

检修人员检查 5643 断路器 C 相储能控制回路和电机驱动回路均正常，手动启动复位后，机构箱内储能电机空转（见图 5－44），但无法带动机构运行，储能齿轮输出轴不运转。

5 月 9 日，拆开减速齿轮箱后，发现断裂的弹性销（见图 5－45）。经检查，该弹性销用于固定电机轴与动力输出齿轮，断裂后造成电机空转，无法带动传动机构给合闸弹簧储能。

现场对电机和减速齿轮箱进行了整体更换，储能功能已恢复，就地进行分合试验功能正常。

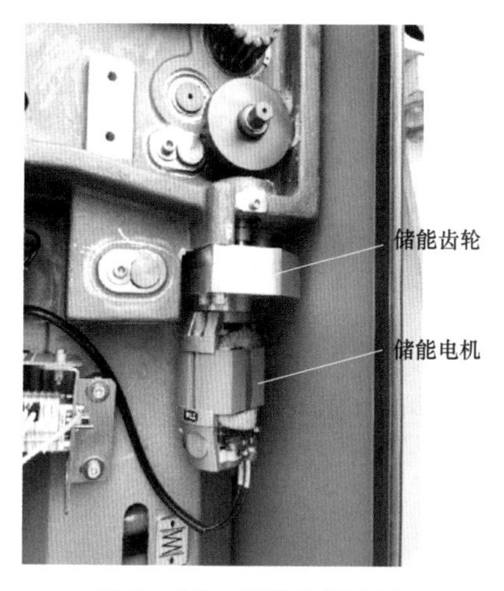

图 5-44 储能电机空转

图 5-45 拆开减速齿轮箱发现弹簧销断裂

3. 故障原因分析

该次故障断路器储能电机与齿轮连接采用的是弹性圆柱销连接，开口销图号为 950-26898-000，全称弹性圆柱销直槽重型$\phi 3\times 20$mm（DIN1484），为进口件。

该站同型号断路器共 16 组，FA5 型操动机构弹性销均为同一批次。2017 年 12 月 30 日，该站 5632 断路器 C 相机构出现同样故障，故障现象与此次一致，分析故障原因为该类型弹性销在装配过程中有弹性形变，需要用工装进行定位和配打，在配打过程中弹性销受到不当载荷，影响开口销的剪切强度进而导致电机储能过程中弹性销产生断裂。另外，该弹性销设计尺寸细小，材料自身强度不高，也是导致此次故障的原因。

5.5.4 某站“2021.6.30”5622 断路器 A 相合闸异常

1. 概述

（1）故障概述。2021 年 6 月 30 日 21 时，某换流站进行功率升降过程中，5622 交流滤波器自动投入时，直流站控 A/B 系统报“5622 断路器三相不一致动作，5622 断路器三相跳闸”，5642 交流滤波器自动投入，现场检查 5622 断路器 A 相未合闸成功。

（2）设备概况。断路器型号为 3AP2FI-550kV，出厂日期为 2016 年 8 月 30 日，投运日期为 2017 年 1 月 15 日，上次检修日期为 2021 年 5 月 21 日。

（3）故障前运行工况。故障前换流站直流双极额定电压大地回线 3683MW 运行，5614、5632、5643、5644 交流滤波器投入，500kV 交流场全接线方式运行。

2. 设备检查情况

（1）现场检查。

1）断路器基本情况检查。现场检查 5622 断路器三相分位，三相储能正常，SF_6 压力正常，汇控柜及机构箱密封严实，温湿度正常，无凝露受潮。查看故障录波 5622 断路器合过程中 A 相未动作，三相不一致保护回路出口继电器 K61、K63 均为吸合状态，确认三相不一致保护正确动作。交流滤波器 5622 断路器故障录波波形如图 5-46 所示。

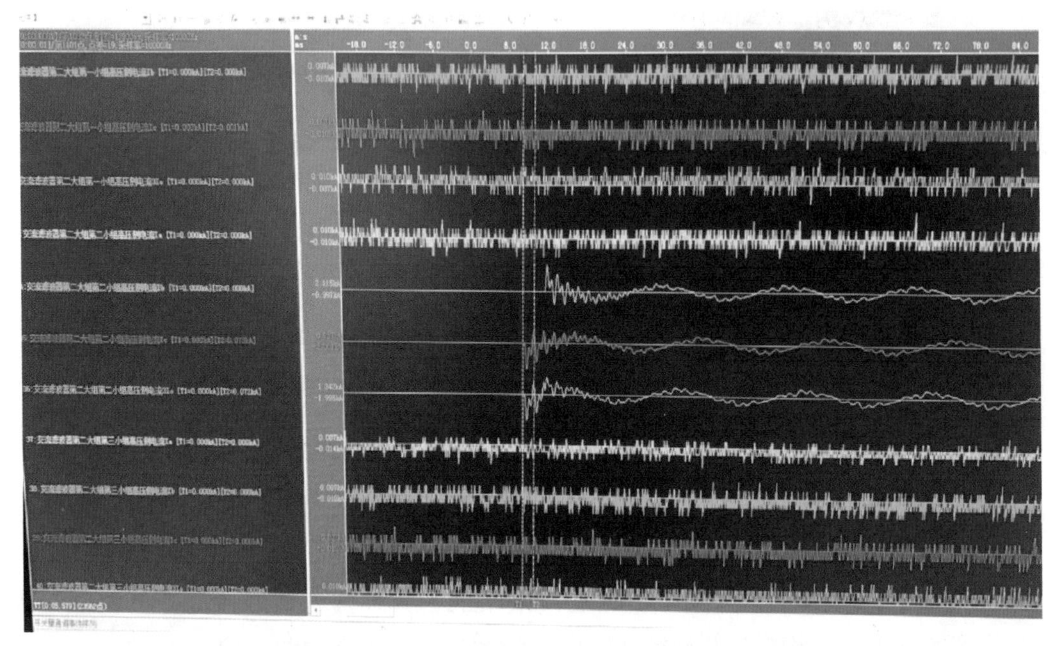

图 5-46　交流滤波器 5622 断路器故障录波波形

2）控制回路检查。现场对 5622 断路器 A 相分合闸控制回路进行排查，确认各回路节点电压和继电器状态均正常，测量 A 相合闸线圈阻值为 50Ω，与 B、C 相一致，合闸线圈得电时正确动作，可以确认 5622 断路器 A 相控制回路无异常，但合闸弹簧机构依然无法释放动作。

3）断路器机构检查。进一步检查 5622 断路器 A 相合闸机构启动器，在合闸弹簧储能到位且机械连杆位置正常情况下，发现 A 相合闸线圈后的合闸触发撞杆传动至触发行程后，无法有效触发合闸弹簧机构释放（B、C 相合闸触发撞杆动作后均可正常触发），现场通过反复手动操作合闸线圈和传动轴试验确认合闸机构无法正常触发。5622 断路器 A 相合闸触发撞杆位置动作前后对比如图 5-47 所示。

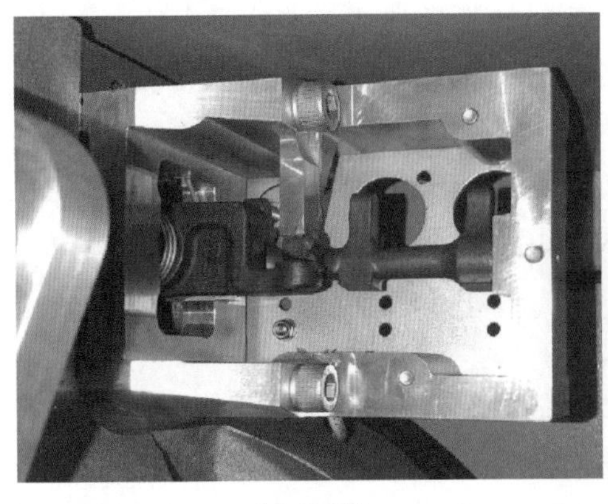

(a) 动作前

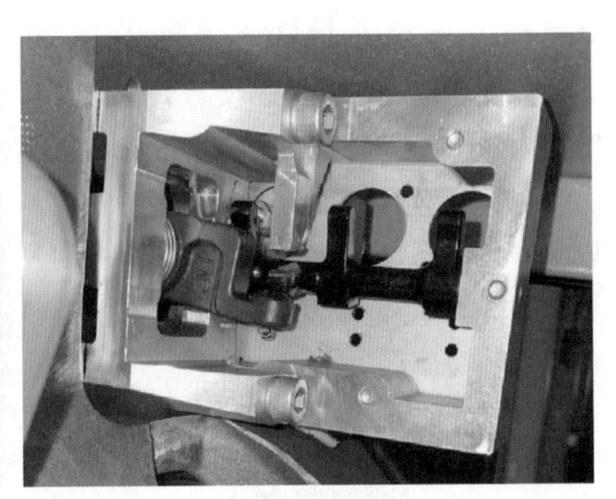

(b) 动作后

图 5-47　5622 断路器 A 相合闸触发撞杆位置动作前后对比

通过现场各方面检查分析，基本判定5622断路器A相无法正常合闸的原因为合闸触发撞杆动作后无法有效触发合闸弹簧机构释放能量。

（2）返厂检查。返厂检查发现机构合闸触发大凸轮上的轴承外圈开裂，形态为贯穿性裂纹。轴承受损情况如图5-48所示。

图5-48 轴承受损情况

3. 故障原因分析

弹簧操动机构、合闸棘爪原理示意图如图5-49所示，根据弹簧操动机构的动作原理，合闸时合闸线圈得电推动杠杆［图5-49（b）中18.17.1］顺时针旋转，此时大凸轮组件在合闸弹簧的拉力作用下通过滚轴［图5-49（a）、（b）中18.23］滑过合闸棘爪［图5-49（a）、（b）中18.17］接触面，开始合闸动作。滚轴［图5-49（a）、（b）中18.23］与合闸棘爪［图5-49（a）、（b）中18.17］之间的脱扣形式为滑动摩擦加滚动摩擦。

故障滚轴［图5-49（a）、（b）中18.23］结构采用满装圆柱滚子组件（密封迷宫），型号为NUTR1747，轴承内部采用双排圆柱滚子。轴承外圈的贯穿性裂纹说明轴承外圈已经变形，内部圆柱滚子因受力不均异常磨损，轴承卡涩。

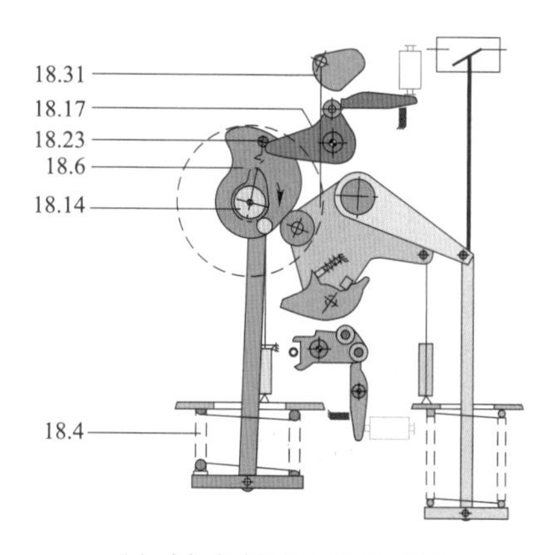

(a) 合闸和分闸棘爪工作原理图：断路器分闸状态，合闸弹簧储能

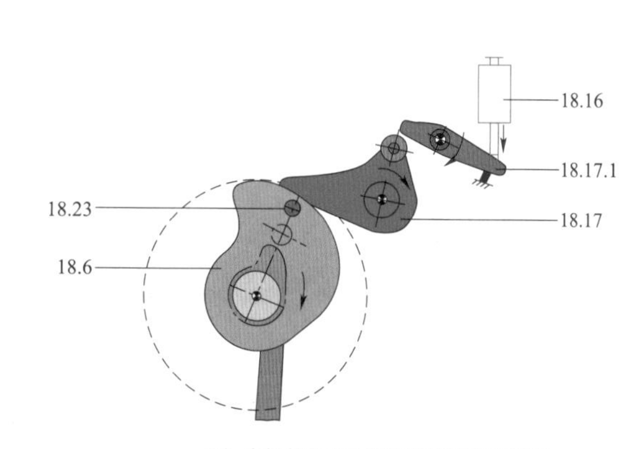

(b) 合闸棘爪和分闸棘爪的工作原理图：合闸棘爪的释放

图5-49 弹簧操动机构、合闸棘爪原理示意图

18.4—合闸弹簧；18.6—盘形凸轮；18.14—储能轴；18.16—合闸脱扣器；18.17—合闸棘爪；18.17.1—杠杆；18.23—滚轮；18.31—合闸机械闭锁

机构储能完成后，当合闸棘爪与大凸轮轴承的扣接面落在轴承外圈的贯穿性裂纹区域时，机构下一次合闸的脱扣阻力会急剧增加，大凸轮组件无法划过合闸棘爪，机构无法合闸。分析此次现场合闸故障的直接原因为轴承外圈裂纹，轴承存在裂纹的原因可能为该轴承本身质量问题。

5.5.5 某站“2021.11.3”5653断路器A相辅助断路器传动连杆松脱

1. 概述

（1）故障概述。2021年11月3日12时2分，某换流站直流功率由3407MW升至4473MW过程中，500kV 5653小组滤波器由无功控制自动投入。投入后，后台事件报文显示，B、C相合位出现（A相合位未出现）。2.5s后，5653断路器本体三相不一致保护动作，5653断路器B、C相跳开，5631小组滤波器自动投入。7.5s后，5653小组滤波器零序过电流保护Ⅱ段动作，0.25s后，500kV 65号母线保护失灵动作跳闸，跳开进线5091、5092断路器及5651、5652小组滤波器。5632、5633小组滤波器自动投入正常，过程中未有功率损失。

现场检查为5653断路器A相辅助断路器传动连杆松脱异常，导致辅助断路器无法正确动作，进而引起相关保护动作。

（2）设备概况。5653断路器型号为3AP2/3DT－FI，弹簧机构，2019年1月投运，累计动作560次。

（3）故障前运行工况。直流系统双极大地回线全压运行，功率正送，双极功率控制，输送功率由3407MW升至4473MW。

2. 设备检查情况

（1）一次设备检查情况。现场检查5653断路器B、C相在分闸位置，A相在合闸位置，5653断路器三相压力、弹簧储能均正常，控制、储能电源正常，一次设备外观均未发现明显放电痕迹及其他异常现象。

检查5653断路器A相机构箱内发现辅助断路器传动连杆松脱，辅助断路器主轴及轴套有位移现象。B、C相机构箱内辅助断路器未见异常。5653断路器A相辅助断路器状态如图5－50所示。

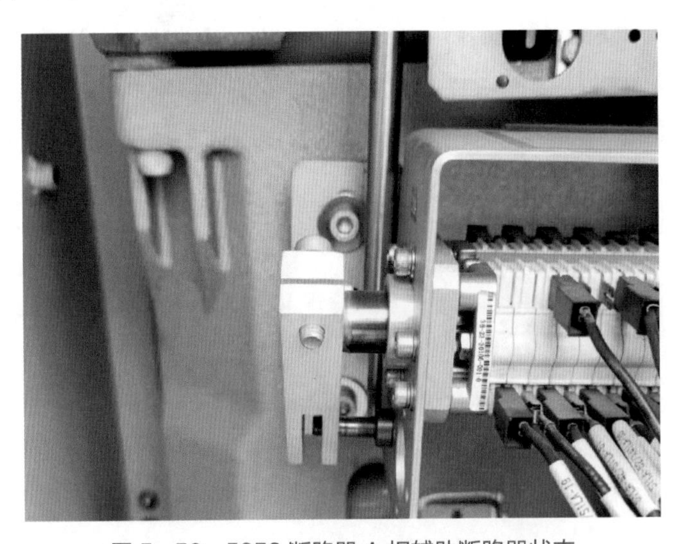

图5－50 5653断路器A相辅助断路器状态

（2）保护装置动作情况。

1）65 号母线交流滤波器及大组母线保护装置动作情况。5653 小组滤波器双套保护动作，装置“ACF3 保护动作”“失灵保护”红灯亮，报零序过电流Ⅱ段动作，动作时刻零序电流为 296A，大于零序Ⅱ段动作定值 224.352A，两套保护正确动作。5653 小组滤波器保护装置如图 5－51 所示。

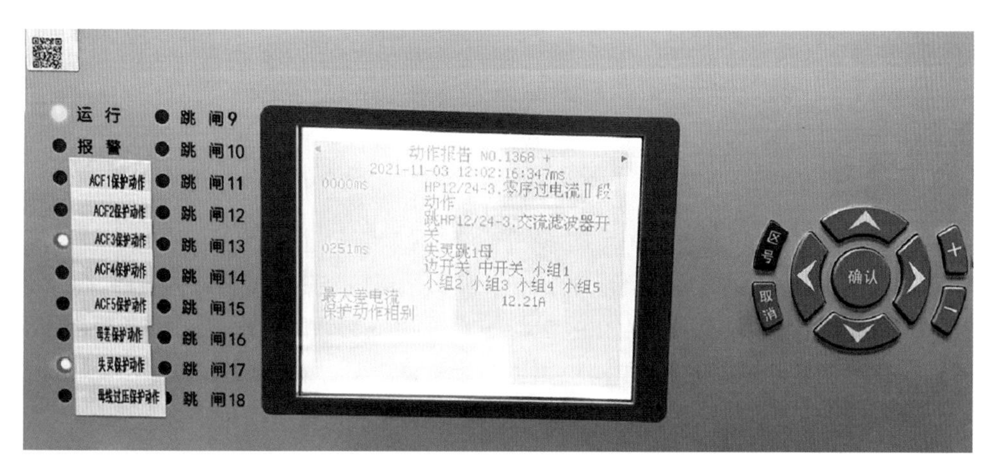

图 5－51 5653 小组滤波器保护装置

检查 5653 小组滤波器操作箱“跳闸回路监视”“合闸回路监视”“跳闸信号”指示灯均不亮。

2）保护动作时序。保护动作时序如下：

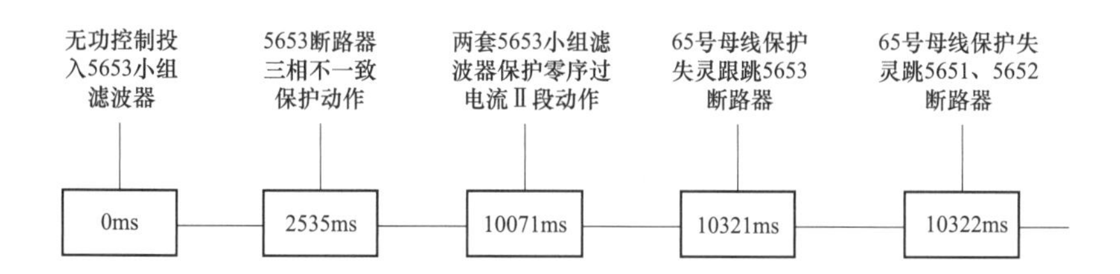

3）保护动作分析。大组交流滤波器配置两套完全相同的保护装置，交流滤波器保护、母线保护在同一装置实现，采用 PCS976A 保护装置。

交流滤波器小组断路器三相不一致保护采用断路器本体三相不一致保护，时间整定为 2.5s。当出现断路器三相分合位状态不一致时，延时 2.5s 发跳闸命令跳本断路器。

（3）录波检查分析。12 时 2 分 6 秒 91 毫秒，无功控制投入 5653 小组滤波器，B、C 相正常合闸，A 相上送位置仍为分位，2.5s 后断路器三相不一致动作，跳开 B、C 相断路器。A 相电流一直存在，零序电流为 A 相电流。7.5s 后，5653 零序过电流Ⅱ段动作，零序电流未切除，0.25s 后，65 号母线保护失灵动作跳开进线 5091、5092 断路器及 5651、5652 小组滤波器断路器，无功控制自动投入 5632、5633 小组滤波器。5653 断路器投入、切除波形如图 5－52 所示。

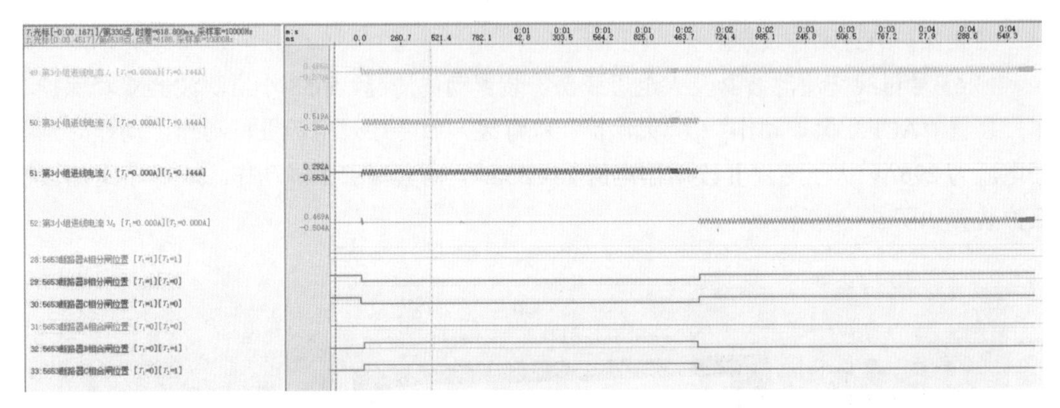

图 5－52　5653 断路器投入、切除波形

3. 故障原因分析

辅助断路器与机构通过垂直连杆和曲柄（夹块）连接，曲柄（夹块）与辅助断路器芯轴采用紧固螺栓紧固（紧固力矩为 20±2N·m）。曲柄（夹块）与垂直连杆通过卡销连接，卡销轴向通过右侧辅助断路器固定挡板限位。紧固螺栓无防松动措施，若螺栓松动，在操作振动影响下将引起曲柄（夹块）横向位移，因为连杆卡销缺少限位措施，连杆卡销向右脱出导致连杆脱落。辅助断路器状态如图 5－53 所示。

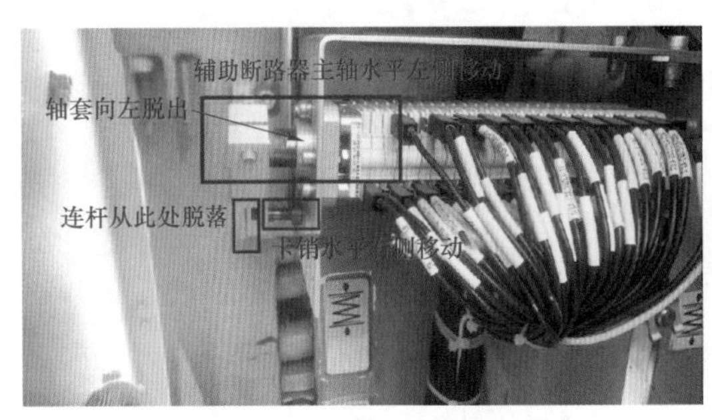

(a) 5653断路器辅助断路器传动连杆脱出

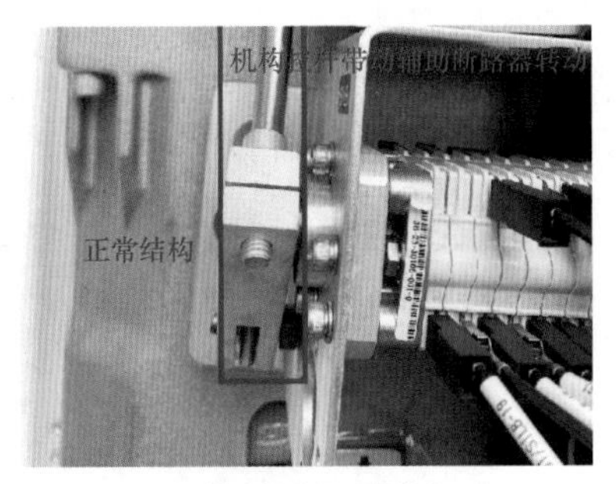

(b) 辅助断路器正常状态

图 5－53　辅助断路器状态

连杆脱落后，断路器 A 相虽已由分位变为合位，但辅助断路器未变位，造成本体三相不一致动作（A 相动断触点导通、BC 相动合触点导通），同时由于断路器分闸回路串入辅助触点导致分闸控制回路不通，造成断路器拒动，A 相断路器电流持续存在，造成 65 号母线跳闸。

5.5.6　某站“2022.7.13”5645 断路器 B 相机构机械闭锁装置螺栓脱落

1. 概述

（1）故障概述。2022 年 7 月 13 日 14 时 20 分，某换流站 5645 断路器 B 相分位信号异常。利用内窥镜检查发现断路器机械闭锁装置螺栓脱落，导致断路器机械部件卡住。

（2）设备概况。5645 断路器型号为 3AP2DT－FI，断路器编号为 16/K40038458，生产日期为2017年3月30日，投运日期为2017年12月31日，截至2022年7月13日累计动作次数为875次。2021年5月16日进行年度检修例行试验，试验结果正常。

（3）故障前运行工况。直流系统运行方式：直流双极（全压）大地回线四换流器3020MW运行。

2. 设备检查情况

对5645断路器外观、气体压力进行检查，未发现异常。对断路器机构进行检查，发现断路器机构被螺栓卡死（见图5－54），导致断路器分位异常。使用内窥镜进一步检查发现断路器机械闭锁装置螺栓脱落，最终导致断路器机械部件卡死损坏。闭锁装置结构如图5－55所示。

图5－54　机构内螺栓卡涩位置

(a) 正常闭锁装置结构

(b) 螺栓脱落后闭锁装置

图5－55　闭锁装置结构

将机构拆下后进一步进行检查，发现机构内部有1只M8×45螺栓卡在机构内部平衡杠杆与壳体之间，平衡杠杆零件表面有螺牙咬合痕迹。掉落的螺栓用于合闸机械闭锁部件与壳体之间的紧固。合闸机械闭锁部件里的限位板（用于合闸棘爪销轴的限位）由于螺栓松脱而掉落在机构上部。机构零部件如图5－56所示。

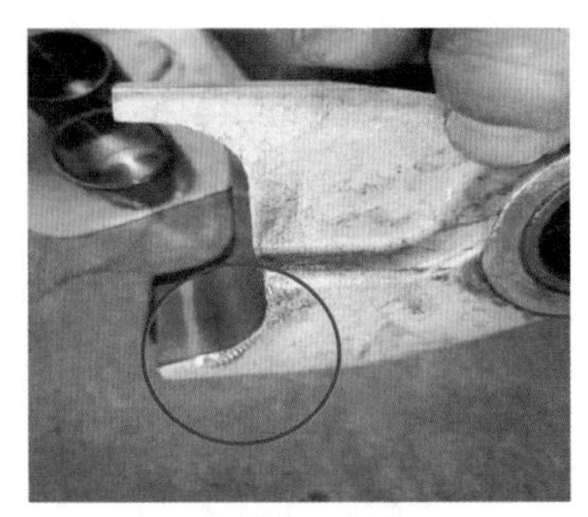

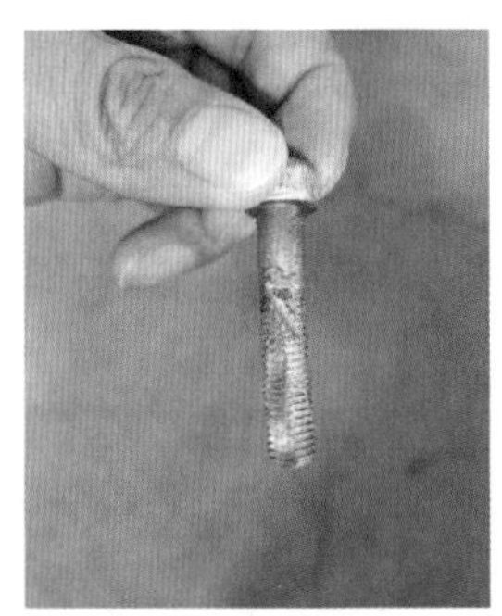

(a) 机械闭锁部件里的限位板　　(b) 平衡杠杆零件　　(c) 卡涩螺栓

图 5-56　机构零部件

3. 故障原因分析

根据弹簧操动机构合分原理可知，机构合闸过程中合闸弹簧推动机构合闸及分闸弹簧储能。合闸操作期间，分闸棘爪逆时针旋转最后扣在平衡杠杆的双肩轴（起轴承作用）上达到平衡，机构保持合闸状态。分闸操作期间，当分闸棘爪顺时针划过平衡杠杆双肩轴之后，平衡杠杆在分闸启动器扭簧的作用下复位。因此，机构合分过程中，平衡杠杆必须旋转配合机构合分。分合闸工作原理如图 5-57 所示。

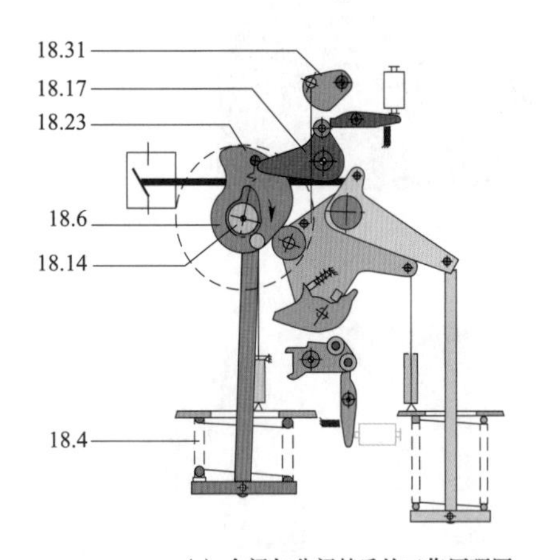

(a) 合闸与分闸棘爪的工作原理图

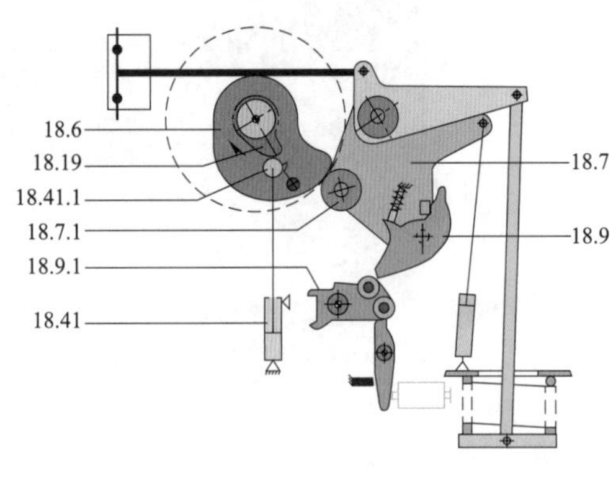

(b) 合闸位原理图

图 5-57　分合闸工作原理

18.4—合闸弹簧；18.6—盘形凸轮；18.7—转动杠杆；18.7.1—滚轮；18.9—分闸棘爪；18.9.1—支撑棘爪；18.14—储能轴；18.17—合闸棘爪；18.19—凸轮；18.23—滚轮；18.31—机械合闸闭锁；18.41—合闸缓冲器；18.41.1—缓冲滚轮

结合现场检查的情况，螺栓掉落在平衡杠杆与壳体之间并卡死，无法在分闸启动器扭簧的作用下复位旋转，导致分闸启动器一直处于脱扣状态（机构合闸完成后分闸棘爪无法扣上平衡杠杆的双肩轴，无法保持平衡），机构分闸后出现异常，无法再次合闸。初步判断此次缺陷的原因有：① 该断路器合闸机械闭锁装置（见图 5-58）螺栓在厂内装配期间未紧固到位，且出厂前未进行力矩检查校核，断路器频繁动作导致螺栓松脱；② 合闸机械闭锁装置动作期间，用于联动该装置限位板的连杆往复运动（该断路器已动作800余次），产生振动，导致螺栓松动；③ 断路器动作时产生振动，导致螺栓松动。机构合闸位置及螺栓掉落示意图如图5－59所示。

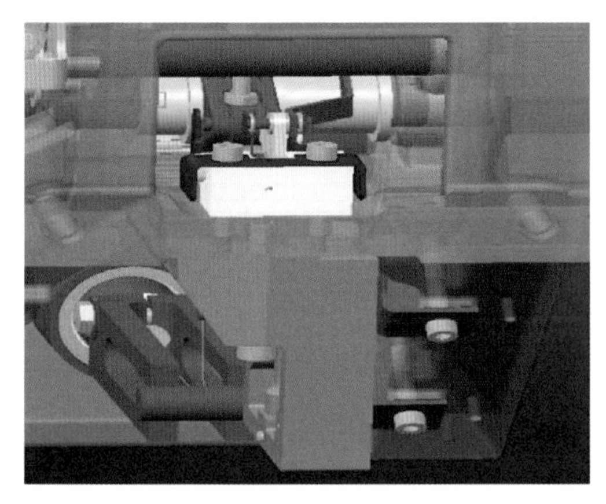

图5－58 机械合闸闭锁装置

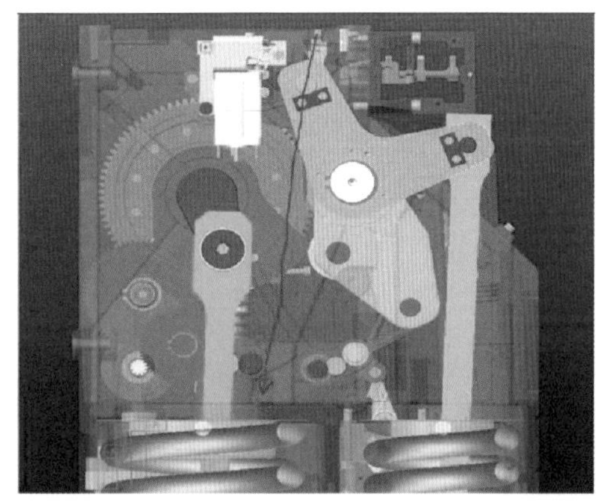

图5－59 机构合闸位置及螺栓掉落示意图

5.6 BLG1002A型机械弹簧操动机构故障

据统计，近年来换流站ABB断路器BLG1002A型机械弹簧操动机构缺陷异常共计6起，其中传动轴变形1起，螺栓断裂1起，合闸弹簧异常1起，分闸衔铁固定螺栓松动1起，分闸掣子存在配合公差1起，机械闭锁联动杆螺栓松脱1起。

5.6.1 某站“2021.6.4”5611断路器C相分闸异常

1. 概述

（1）故障概述。2021年6月4日，某换流站5611交流滤波器组因无功功率调整退出运行，后台A、B相分闸信号正常，C相发不同步分闸信号，100ms后，5611断路器三相不一致保护动作，后台发5611断路器三相不一致跳闸信号，但5611断路器C相仍未正常分闸，约5s后，5611交流滤波器零序电流保护动作，5611断路器C相分闸，且断路器锁定。

（2）故障前运行工况。故障前，某换流站直流双极功率 1700MW，直流双极大地回线全压运行。

2. 设备检查情况

（1）保护动作情况分析。根据故障时刻的故障录波，6月4日0时43分10秒774毫秒之前，5611断路器A、B相的首端电流基本为0，但C相的首端电流约为255A，超过了交流滤波器零序电流保护跳闸段的整定值 51A（DEL_TRIP_GNDF_ORIG），距离断路器分闸时刻0时43分5秒768毫秒延时5s后，零序电流保护动作。保护动作正确。故障时刻电流波形、滤波器零序电流保护动作逻辑如图 5－60、图 5－61 所示。

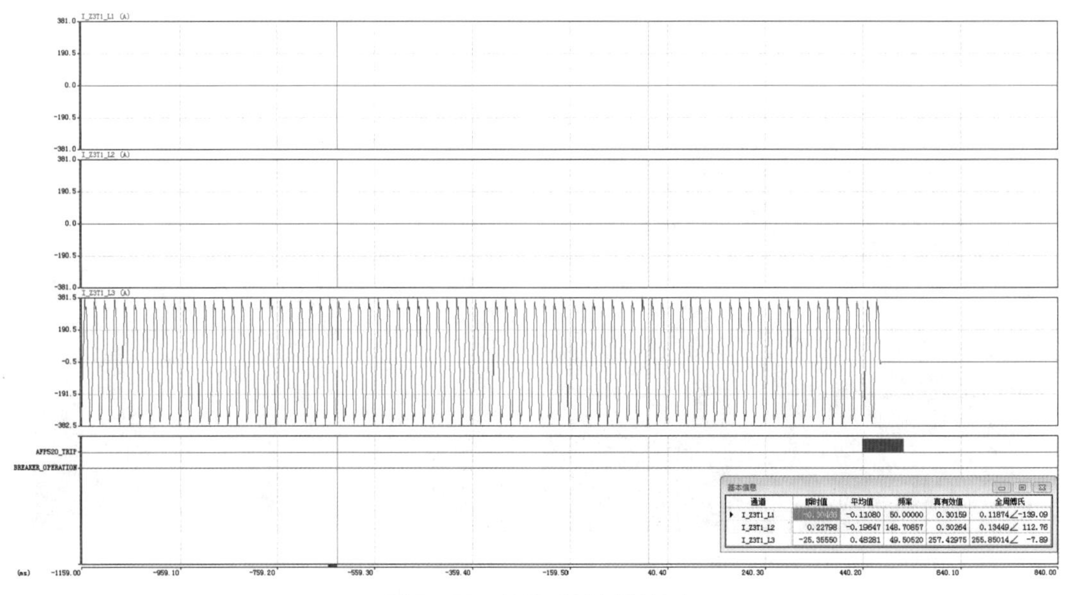

图 5－60　故障时刻电流波形

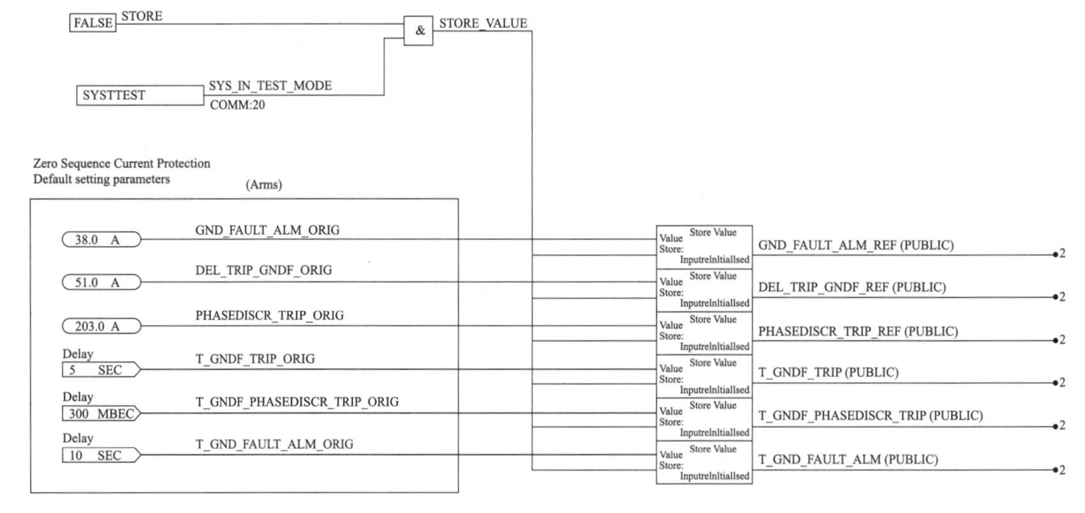

图 5－61　滤波器零序电流保护动作逻辑

故障时，由于 AFP112 在 ACTIVE 状态，仅有 B 系统出口断路器的分闸命令，在三相不一致跳闸出口时（见图 5－62），仍只有 ACTIVE 的 B 系统能出口分闸命令（见图 5－63），此时 5611 断路器 C 相未能正常分闸，而在零序电流保护动作后，根据 TRIP_SEND_ENABLE 信号（见图 5－64），两套系统均会出口断路器分闸信号，此时 5611 断路器 C 相分闸成功。

由于 A 套控制保护系统对应 5611 断路器 C 相的分闸线圈 1，B 套控制保护系统对应 5611 断路器 C 相的分闸线圈 2，二次回路相互独立，因此初步判断 B 相的分闸回路存在故障导致断路器拒动，而 A 相的分闸回路正常。

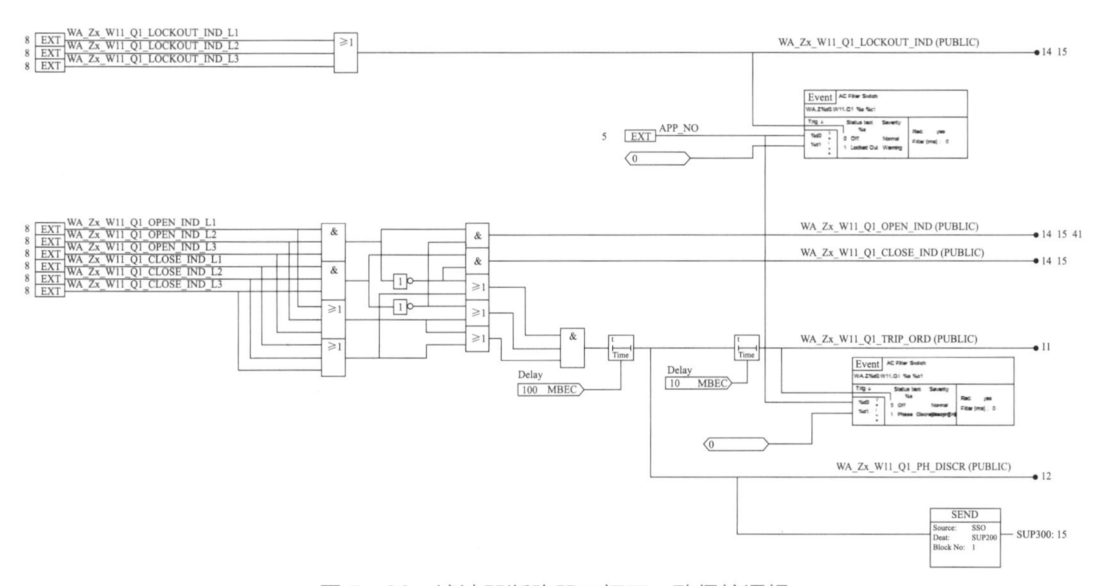

图 5-62 滤波器断路器三相不一致保护逻辑

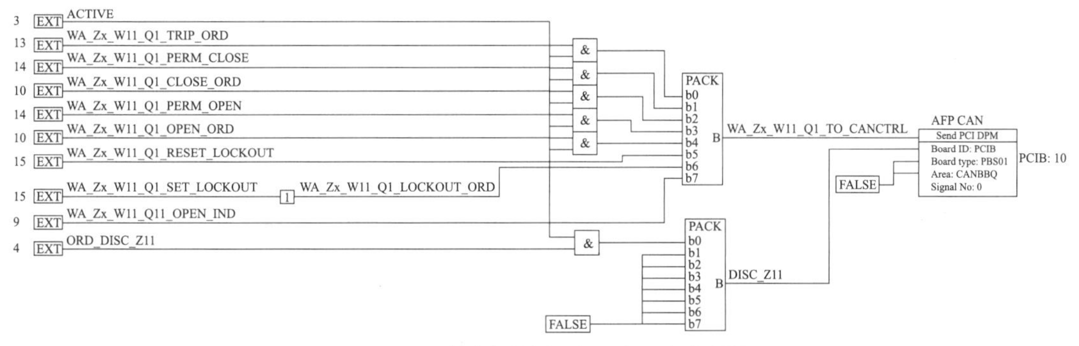

图 5-63 控制系统断路器出口命令逻辑

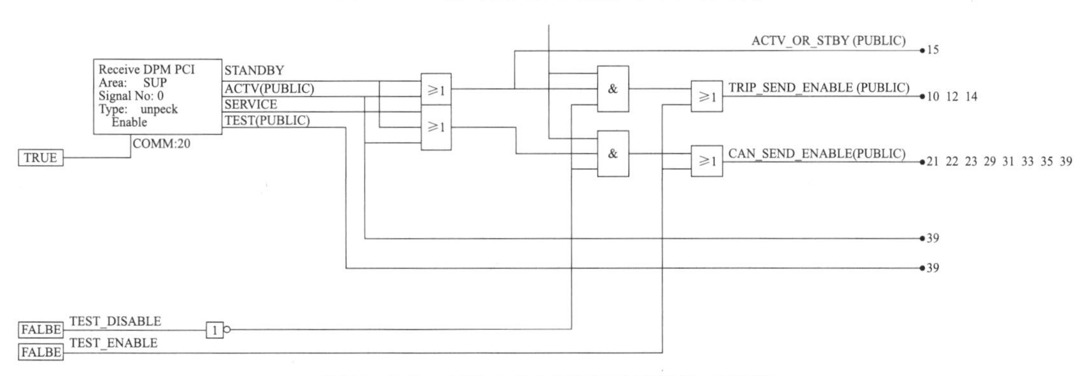

图 5-64 保护动作时两套系统的出口逻辑

（2）一次设备检查情况。

1）现场验证。现场断开 5611 断路器的第二路操作电源，仅保留第一路操作电源，就地分合 5611 断路器数次，断路器分合闸正常。

现场断开 5611 断路器的第一路操作电源，仅保留第二路操作电源，就地分合 5611 断路器，发现断路器无法正常分闸。5611 断路器分闸回路 2 如图 5-65 所示。

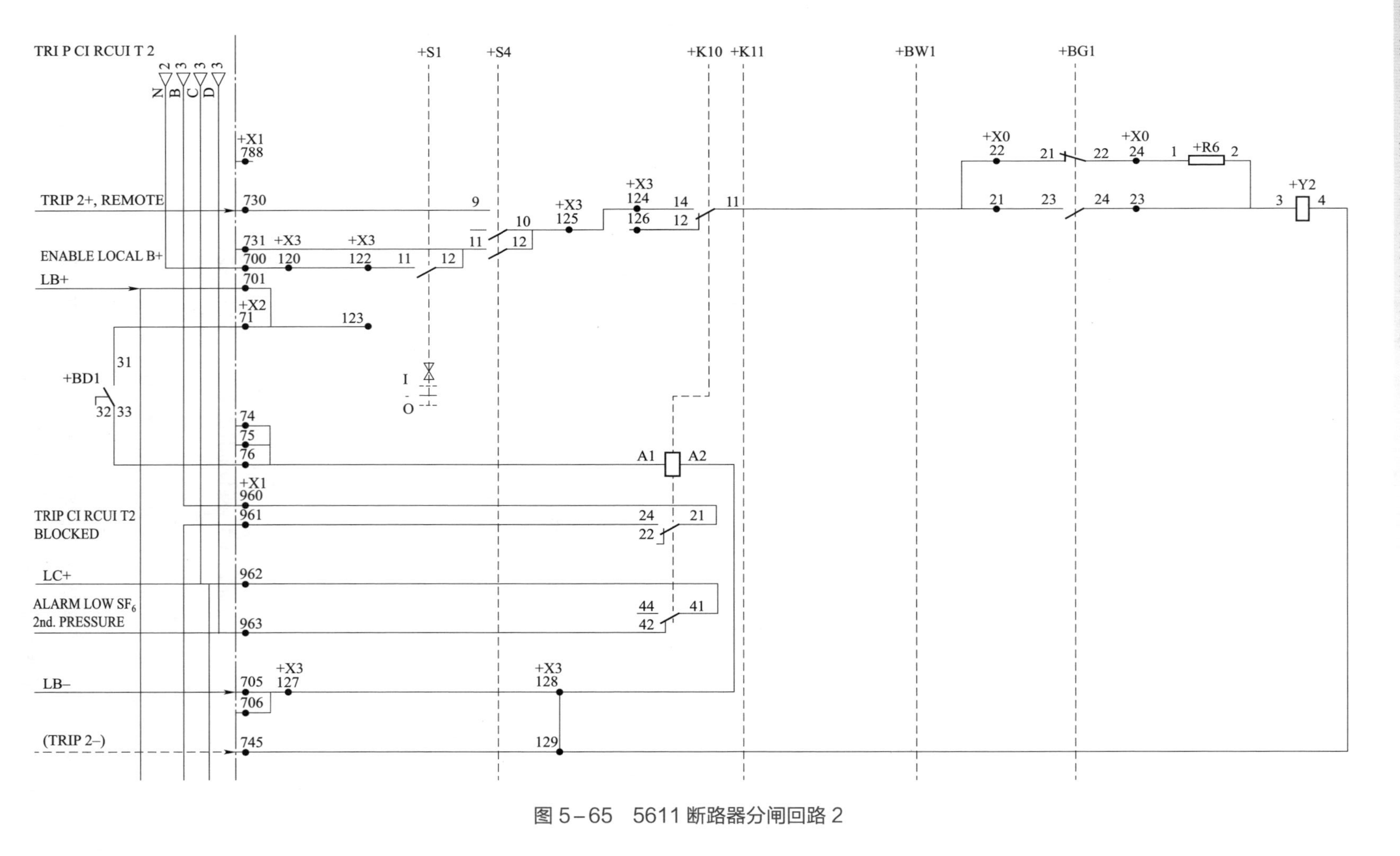

图 5-65 5611 断路器分闸回路 2

2)机构箱继电器排查。仅保留第二路操作电源，对5611断路器C相机构箱（见图5－66）内分闸回路进行逐段排查，经详细检查，发现柜内第二路操作电源正常，分闸回路继电器正常，检查分闸线圈Y2的内阻约为54Ω，在正常范围内。就地合闸时，分闸线圈2两端得电正常，但断路器无法正常动作。

图5－66　5611断路器C相机构箱

3）分闸线圈检查。打开机构箱上盖对分闸掣子进行检查，发现分闸线圈2衔铁底部紧固螺钉由于螺纹胶老化松动（见图 5－67），导致衔铁与脱扣装置的距离增大，进而使脱扣装置无法完成脱扣动作，无法使弹簧装置储能释放，因此断路器分闸失败。

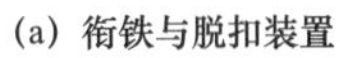
(a) 衔铁与脱扣装置

(b) 紧固螺钉

图5－67　5611断路器C相机构箱分闸线圈2衔铁底部紧固螺钉

将分闸线圈2衔铁底部紧固螺钉进行紧固后，对5611C相断路器进行试验，分合闸功能恢复正常。

3. 故障原因分析

分闸线圈 2 衔铁底部紧固螺钉由于螺纹胶老化松动，导致衔铁与脱扣装置的距离增大，进而使脱扣装置无法完成脱扣动作，无法使弹簧装置储能释放，导致断路器分闸失败。

5.6.2 某站“2022.5.9”5613 断路器 A 相分闸异常

1. 概述

（1）故障概述。2022 年 5 月 9 日，某换流站按照功率曲线将某换流站直流输送功率从 2880MW 降至 2658MW 过程中，无功自动控制功能在退出第一大组交流滤波器 5613 时，5613 断路器 A 相分闸不成功，三相不一致保护动作，零序电流保护动作，5613 断路器 A 相分闸失败，5613 断路器失灵保护启动动作，跳开该站第一大组交流滤波器 61 号母线进线断路器 5011、5012，跳闸后无负荷损失。

（2）设备概况。5613 断路器为 HPL550B2 型断路器，2004 年 6 月投运。

2. 设备检查情况

（1）保护动作检查。该站交流滤波器保护为 ABBMACH2 控制保护一体化工控机，双套冗余配置，调度命名为 61 号交流滤波器大组保护 1、2，包含了大组和小组保护。

当 5613 断路器 A 相未分闸，B、C 相分闸后，5613 断路器三相不一致保护跳闸、5613 交流滤波器零序保护跳闸均未分开 5613 断路器 A 相负载电流，最终 5613 断路器失灵保护跳 5613 断路器失败，跳开 5011、5012 断路器，切除第一大组交流滤波器。

（2）故障录波。故障录波波形如图 5－68 所示，查看故障录波波形可知，在断路器分闸指令发出后，B、C 相电流降为 0，但 A 相电流持续存在（峰值约 250A），300ms 后零序电流跳闸动作，并启动断路器失灵保护，100ms 后断路器失灵保护动作跳开 5011、5012 断路器，5613 断路器 A 相电流降为 0，交流滤波器保护正确动作。

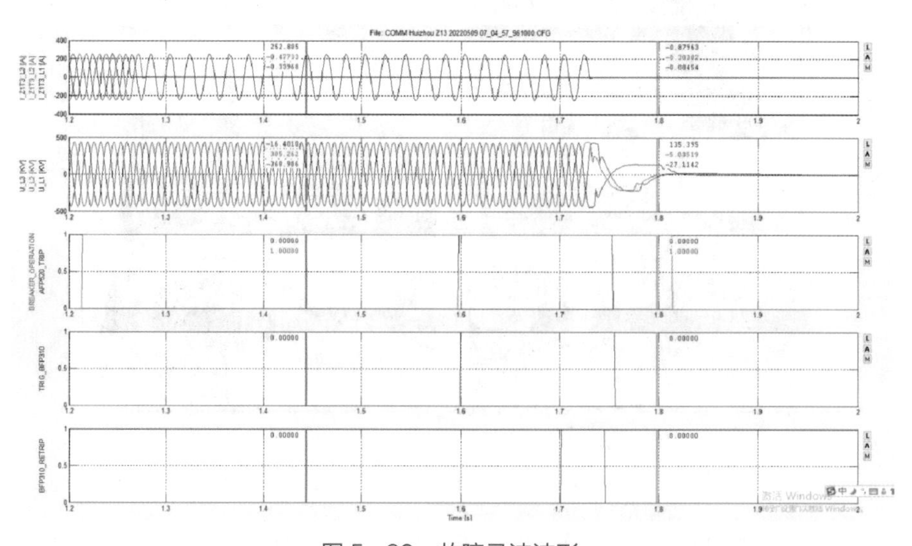

图 5－68 故障录波波形

（3）一次设备检查。现场检查 5613 断路器 A 相在合位，B、C 相在分位，将 5613 断路器控制方式切换至“就地控制”，就地电动操作无法拉开 5613 断路器 A 相，通过就地机构箱紧急分闸按钮操作，仍旧无法拉开 5613 断路器 A 相。

进一步检查发现，断路器分闸弹簧及连接部位均正常，分闸弹簧处于压缩状态，能量未释放，分闸线圈能正常励磁，但分闸脱扣器未能正常脱扣，初步怀疑机构存在问题。

3. 故障原因分析

（1）断路器分闸原理。断路器机构动作原理如图 5－69 所示，通过激励分闸线圈释放分闸掣子的锁舌，分闸弹簧通过拉杆拉着分闸操作拐臂向左运动。在分闸的最后阶段，由分闸缓冲器将分闸能量吸收，使断路器终止于分闸位置，此时分闸操作拐臂停靠在凸轮盘上，合闸弹簧仍在储满能状态。

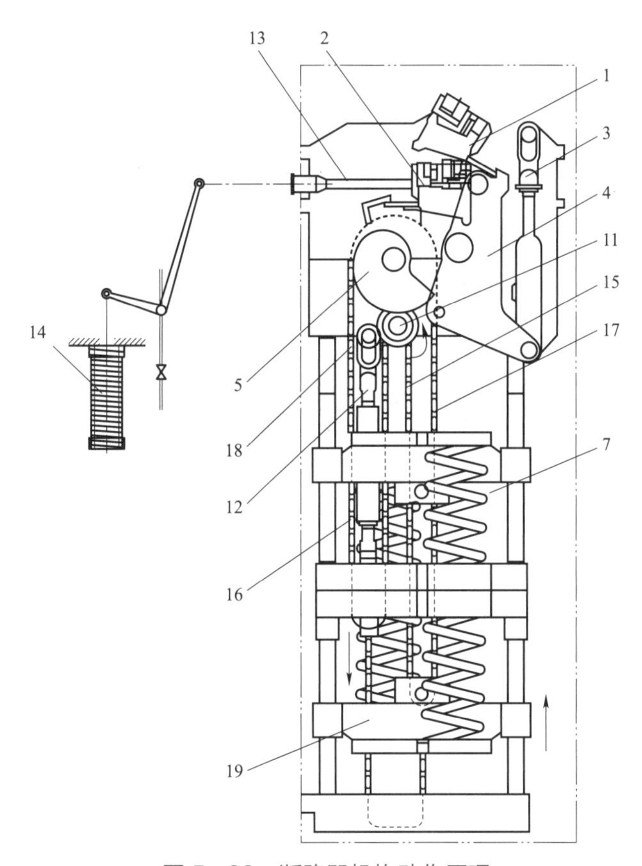

图 5－69 断路器机构动作原理

1—分闸掣子；2—合闸掣子；3—分闸缓冲器；4—操作拐臂；5—凸轮盘；7—合闸弹簧；11—驱动链轮；12—合闸缓冲器；13—拉杆；14—分闸弹簧；15～18—链条段；19—弹簧托架

（2）分闸掣子总成脱扣原理。分闸掣子总成动作原理如图 5－70 所示，初始状态为断路器处于合闸位置，分闸弹簧的压力压在主承重钢轴上。脱扣过程如下：当线圈得电时，铁芯向右侧运动，敲击弯钩的下部向右侧运动，则弯钩的上部向左运动，顶部扣件的左侧失去支撑向下运动，则顶部扣件的右端向上抬起，小钢轴失去顶部扣件的压力，被大扣件挤压向上运动，当小钢轴向上运动至顶部时，不再对大扣件进行阻挡，则大扣件向左运动，主承重钢轴向左运动，掣子完成打开动作。

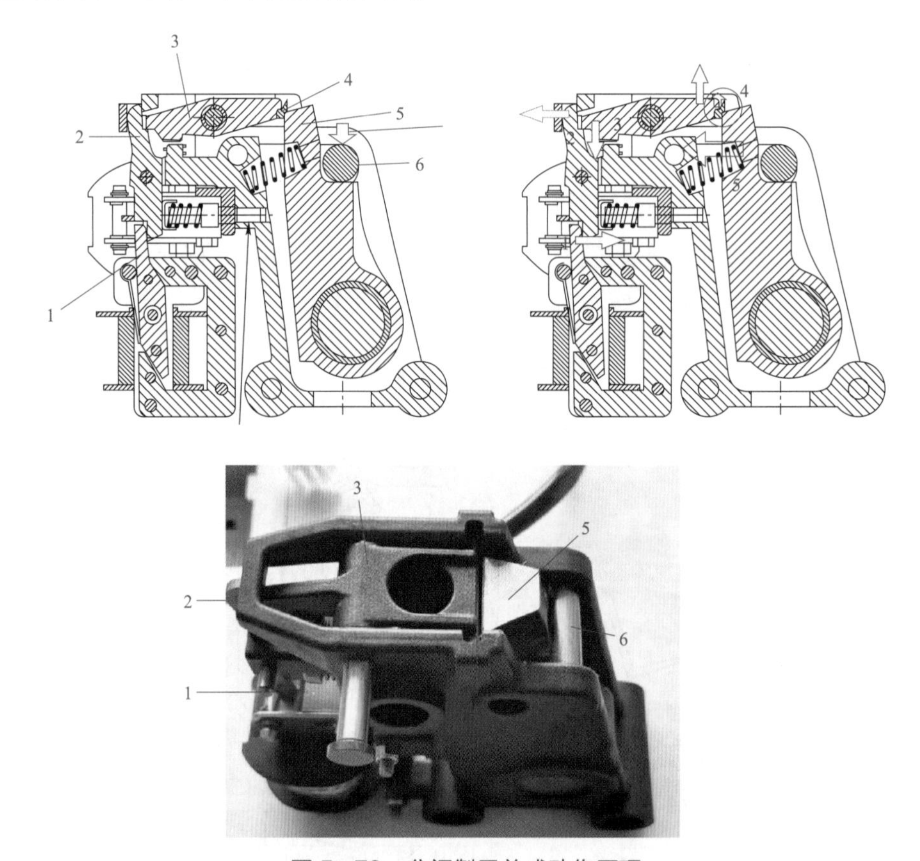

图 5-70　分闸掣子总成动作原理

1—铁芯；2—弯钩；3—顶部扣件；4—小钢轴；5—大扣件；6—主承重钢轴

（3）原因分析。现场手动将弯钩向外拉，使顶部扣件完全脱离弯钩的阻挡，脱扣器仍未动作，判断分闸掣子总成铁芯至弯钩传动无异常，推断部件顶部扣件与大扣件之间传动存在卡涩，对顶部扣件进行多次轻微敲击后，大扣件成功向左运动，断路器分闸，初步判断顶部扣件与大扣件之间小钢轴存在异常。正常情况下，小钢轴两端必须水平向上运动，来推挤顶部扣件运动，一旦小钢轴运动过程中稍有倾斜，则存在偶发机构卡涩的现象。

对 5613 断路器进行检查，发现分闸挚子总成与分闸机构的固定部位存在配合公差（见图 5-71），导致掣子框架在安装完成后有轻微变形，从而小钢轴两端的运动导向槽不对称，小钢轴两端不能水平一致上移。

对故障掣子拆下后检查，发现顶部扣件有轻微磨损，两边的边角处磨损较严重，在小钢轴上移过程中，可能导致部件顶部扣件对小钢轴两端的限位不平行，更换新掣子。新旧掣子对比如图 5-72 所示。

图 5－71　分闸掣子总成与分闸机构固定部位存在配合公差

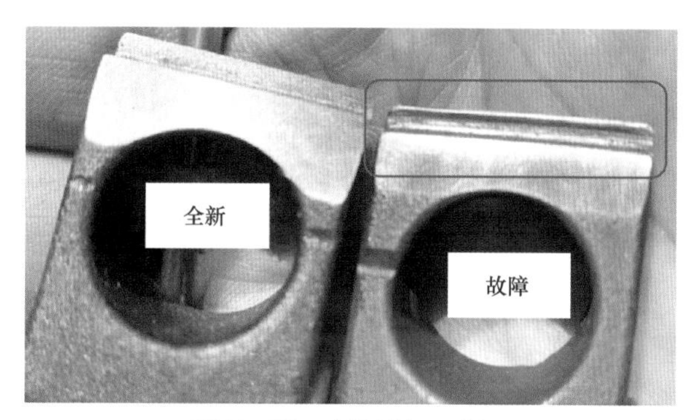

图 5－72　新旧掣子对比

5.7　FK3 型机械弹簧操动机构故障

近年来换流站断路器 FK3 型机械弹簧操动机构缺陷异常共计 3 起，其中机构固定螺栓松脱 1 起，部件卡涩 1 起，滚轮卡涩 1 起。

5.7.1　某站“2015.8.30”3631 断路器 B 相合闸异常

1. 概述

（1）故障概述。2015 年 8 月 30 日，某换流站在进行直流升功率操作过程中，3631 交流滤波器在投入过程中零序电流保护动作跳闸，3631 交流滤波器未正常投入。

（2）设备概况。3631 断路器为 GL316X 型六氟化硫瓷柱式断路器，出厂编号为 10316001011。额定电压 363kV，额定电流 4000A，于 2010 年 5 月 1 日出厂，2010 年 11 月 28 日投运，操动机构为 FK3－5 型弹簧操动机构。

2. 设备检查情况

（1）现场检查情况。现场检查 3631 断路器 A、B、C 三相在分，断路器 B 相连接操动机构的固定螺栓脱落，操动机构与本体连接在轴套处松脱，3631 断路器 B 相机构箱现状如图 5－73 所示。现场查看断路器三相累计分合次数为 A 相 1577 次、B 相 1572 次、C 相 1572 次。

(a) 3631 B相断路器机构箱（故障相）

(b) 3631 B相断路器机构箱局部

图 5－73　3631 断路器 B 相机构箱现状

初步检查发现，该断路器B相机构箱已倾斜，机构与本体连接轴套松脱，轴套内键槽有损伤，拐臂从轴销孔处断裂，分闸链条脱落，拐臂及轴销孔断裂处如图5-74所示。

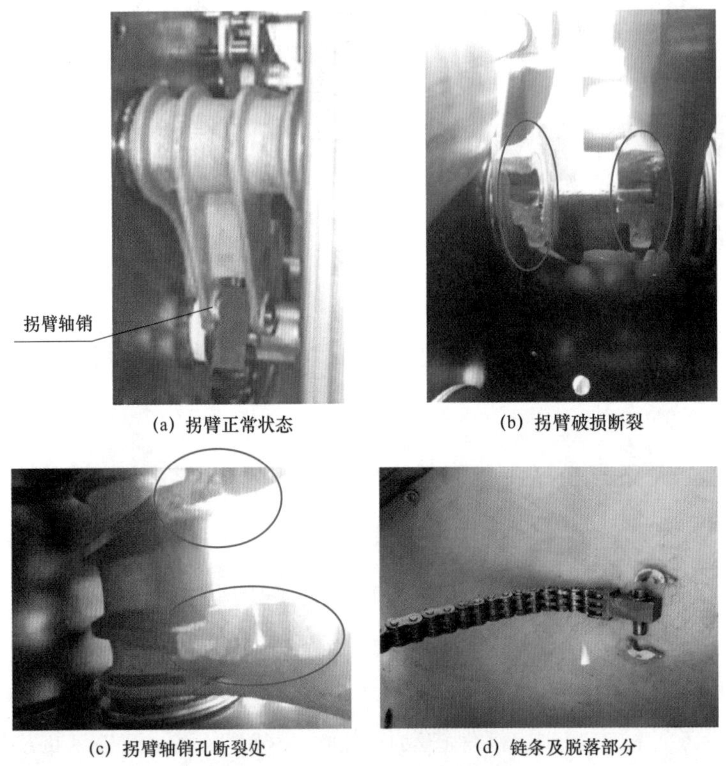

(a) 拐臂正常状态　(b) 拐臂破损断裂

(c) 拐臂轴销孔断裂处　(d) 链条及脱落部分

图5-74　拐臂及轴销孔断裂处

（2）保护装置动作情况。330kV 2号继电器室内AFP 31保护屏A/B报“零序电流Ⅱ段保护动作”，红色跳闸灯亮，大组滤波器保护屏A/B报“小组1失灵跟跳”，保护动作正确。

3631 SC并联电容器合闸后A、C相合闸成功，B相合闸不成功，导致电流为0，此时出现了零序电流。3631断路器故障录波波形（出现零序电流）如图5-75所示。

零序电流大于动作定值后延时6s后零序Ⅱ段保护动作出口跳闸，跳开3631断路器A、B、C相，3631断路器故障录波波形（保护动作出口跳闸）如图5-76所示。

3. 故障原因分析

在某换流站直流升功率投入3631SC并联电容器过程中，由于3631断路器B相操动机构与本体连接轴套松脱，造成合闸过程中B相拒合，导致B相合闸不成功。

5.7.2　某站“2016.7.26”3612断路器A相合闸异常

1. 概述

（1）故障概述。2016年7月26日，某换流站直流系统功率由2800MW升至3700MW，在功率上升过程中，按投退顺序投入3612 SC并联电容器，后台主B/从A系统在22时

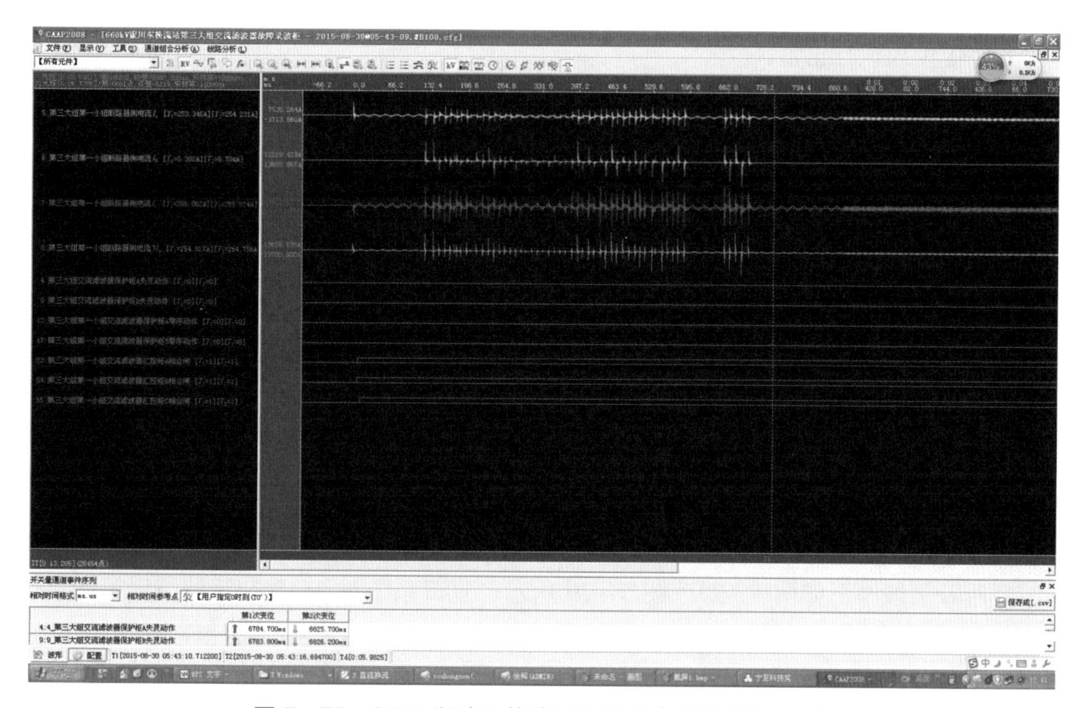

图 5-75　3631 断路器故障录波波形（出现零序电流）

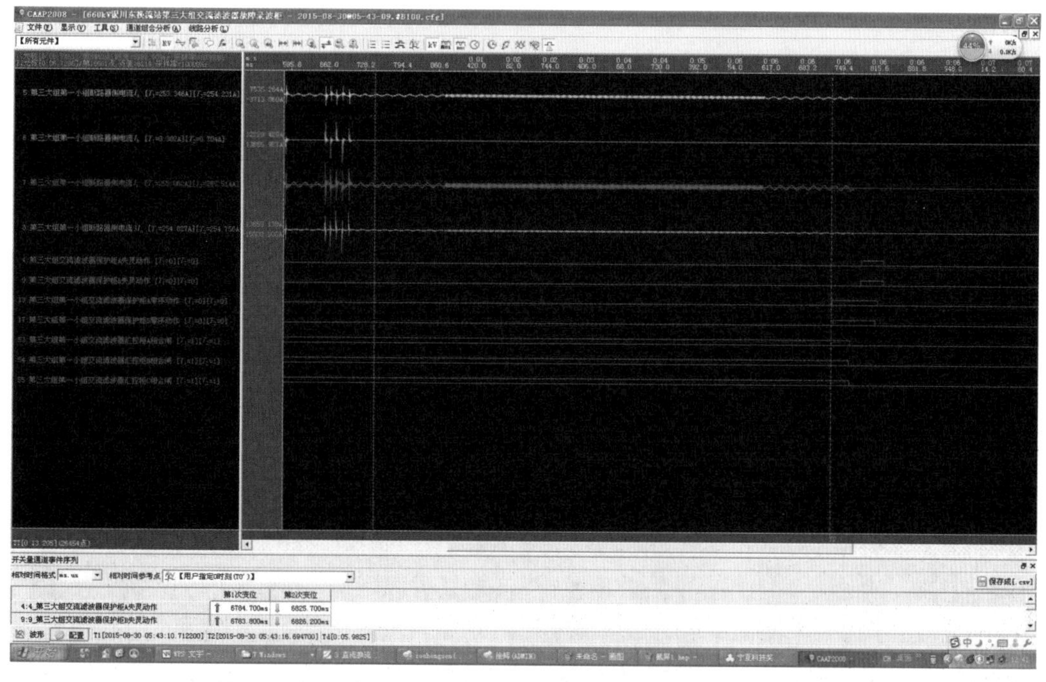

图 5-76　3631 断路器故障录波波形（保护动作出口跳闸）

46 分 35 秒先后报“3612 断路器 B 相合位产生”“3612 断路器 C 相合位产生”“3612 断路器分位消失”“3612 断路器三相不一致产生”“3612 断路器 B 相合位消失”“3612 断路器 B 相分位产生”“3612 断路器 C 相合位消失”“3612 断路器 C 相分位产生”。3622 SC 并联电容器替代投入运行正常。

（2）故障前运行工况。直流系统运行方式：某换流站直流系统双极大地回线方式2800MW运行正常。

2. 设备检查情况

（1）3612断路器现场检查情况。3612断路器发生异常后，运维人员现场检查AFP12保护屏A/B报“保护启动”信号，初步判断为零序保护启动信号，因断路器本体三相不一致保护动作，未出口。现场检查3612断路器A相分合指示在“分”位置，B、C相在分，断路器合分的传动轴螺栓位置与正常相对比无明显差异。检查机构内部未发现明显异常。

3612断路器转检修后，现场对A相二次回路进行详细检查，检查发现3612断路器A相二次回路无异常，断路器合闸命令可正常下发，信号可正常传送至A相合闸线圈两侧。进一步测量A相合闸线圈电阻为无穷大。

（2）故障录波分析。故障发生时分别于22时45分、22时54分、23时1分启动故障录波，故障录波波形如图5－77～图5－79所示。直流系统对3612交流滤波器第一次投入不成功后，又试投了两次。对比三次故障录波波形发现其录制波形相似，即说明3612断路器未成功合上原因一致，下面对故障录波波形进行分析。

22时45分，由于系统无功调整，直流系统下发3612断路器合闸命令后，3612断路器本体侧及接地侧B、C相出现电流，A相无电流，并且产生零序电流，经过14ms，开关量录波显示B、C相合闸位置出现，A相无合闸位置，经过2860ms，B、C相合闸位置消失，上述电流相继消失。

根据故障录波波形分析，3612断路器合闸命令发出后，3612断路器B、C相成功合闸，A相未合闸，经过2860ms，三相不一致保护动作，3612断路器B、C相跳开。

3. 故障原因分析

经现场检查判断为3612断路器A相机构内部机构卡涩，合闸线圈无法驱动断路器合闸，导致线圈烧毁。

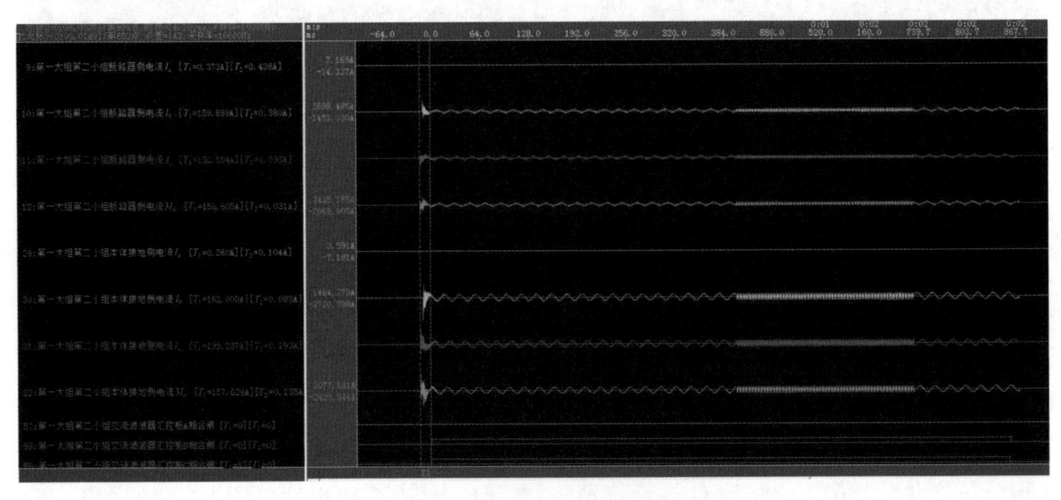

图5－77　22时45分35秒故障录波

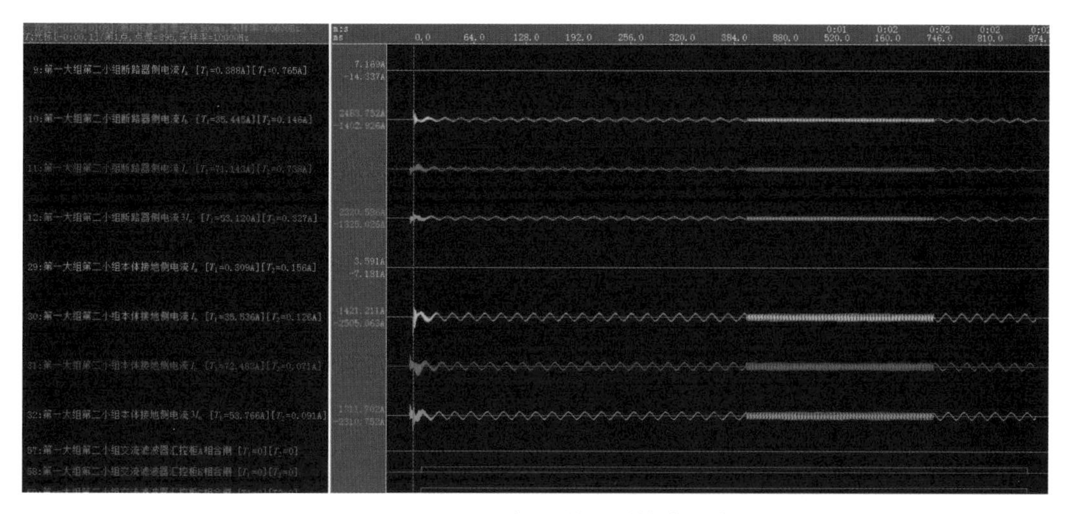

图 5-78 22 时 54 分 8 秒故障录波

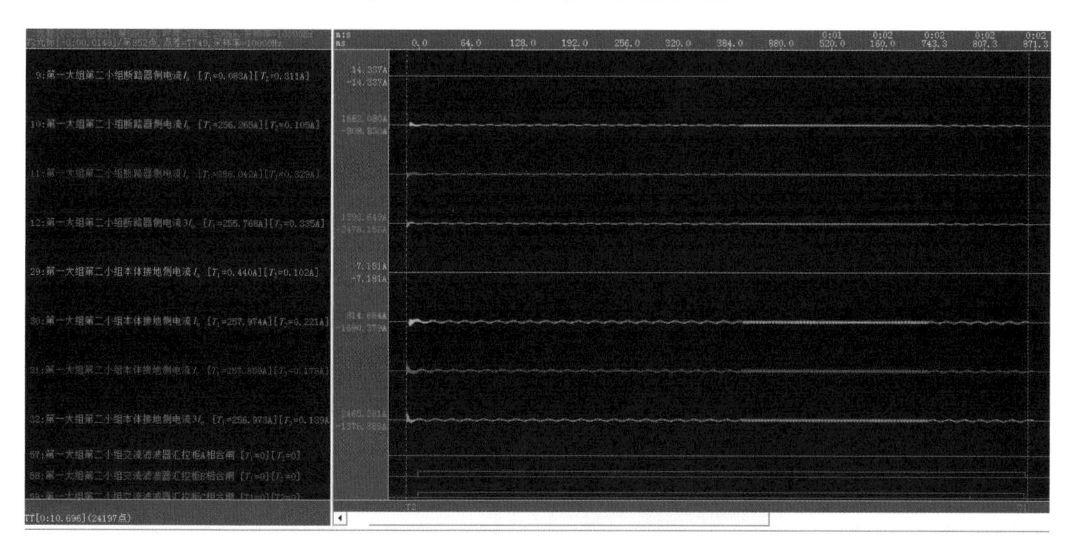

图 5-79 23 时 1 分 17 秒故障录波

5.8 提 升 措 施

1. 液压操动机构缺陷

（1）运维措施。

1）定期对液压机构航空液压油进行过滤更换，避免油中杂质对密封面造成影响。

2）现场对液压机构进行检修时，应注意做好防尘措施，严格按照工艺要求开展检修工作。

3）结合停电检修开展对液压机构的外观检查，检查辅助断路器连杆是否松动变形，机构是否存在液压油外渗，放油阀是否松动，电机齿轮是否破损等。

4）年检时加强对断路器机械特性数据的比对分析，如出现分合闸时间、速度及行程曲线等异常，及时对机构进行检查处理。

5）年检时加强对电机储能及控制回路电缆等检查测试。

6）冬季低温时，加强对机构加热器的检查维护。

（2）选型措施。

1）用于高寒地区的换流站液压机构应配置加热器，防止低温环境下，密封圈脆化导致渗油。

2）极端气候地区户外断路器液压机构的密封圈建议选择耐高低温材质，如耐高低温丁腈橡胶、氟硅橡胶等。

3）液压机构液压油建议选用性能较为优良的10号航空液压油。

4）用于严寒地区的断路器液压机构电机齿轮建议选用金属材质齿轮。

5）极端气候地区换流站户外断路器液压机构优先选用液压弹簧操动机构，防止液压氮气机构气体压力随温度频繁变化。

6）液压机构装配完在出厂前建议先进行不少于200次的磨合滤油操作。

2. 机械弹簧操动机构缺陷

（1）运维措施。

1）根据厂家维护要求，定期对断路器机械弹簧操动机构进行大修维保，重点对弹簧、掣子、缓冲器等关键部件进行检查更换，必要时可进行探伤检查。

2）定期开展断路器分合闸线圈电流波形、动作电压、储能电机直阻、分合闸速度、行程曲线等测试项目，加强横纵向比对，评估机构状态。

3）积极开展机械弹簧操动机构分合闸振动声纹、图像识别等新技术研究应用。

（2）选型措施。

1）机械弹簧操动机构的组部件应选取行业内业绩优秀的供货方采购，如变更供货方，应重新对部件材质质量进行评估。

2）厂家应对机械弹簧操动机构各部件受力情况进行试验评估，对受力较大部件应选用性能较高的材质。

3）用于极端气候地区的机械弹簧操动机构，厂内应进行模拟极端气候条件下的机械操作试验，评估机构极端环境耐受性能。

6　交流滤波器断路器其他组部件故障

据统计，近年来发生换流站交流滤波器断路器二次回路、继电器等严重及以上缺陷共计10起，主要包括继电器节点卡涩、接头松动，二次回路电缆绝缘异常、接头松动，以及TA二次绕组破损等。

6.1　某站“2019.7.19”7621断路器A相TA异常

6.1.1　概述

1. 故障概述

2019年7月19日，某换流站7621（SC）小组交流滤波器在自动投入过程中，第二大组交流滤波器保护A套SC比率差动、SC零序差动保护动作出口，7621断路器三相跳闸，第二大组交流滤波器保护B套SC（7621）间隔保护未启动。无功控制自动投入7631小组交流滤波器，未对直流输送功率造成影响。

2. 故障前运行工况

直流系统运行方式为双极四阀组80%降压运行，直流输送功率6400MW，无功控制方式为自动控制。750kV交流滤波器13组在运行状态，3组在热备用状态，其中7621在热备用状态。

6.1.2　设备检查情况

1. 一次设备检查情况

7621小组交流滤波器转检修后，现场对7621小组滤波器电容器塔、电流互感器、断路器、电抗器及避雷器等一次设备进行常规预试检查，未发现异常。

2. 二次设备检查情况

现场对保护装置进行检查，第二大组交流滤波器A套保护装置（PSC－976）报“SC比率差动保护动作”“SC零序差动保护动作”“跳SC交流滤波器断路器”，SC小组跳闸红色灯亮，操作箱内三相跳闸红灯亮。第二大组交流滤波器B套保护装置SC（7621）间隔保护未启动，只有母线差动保护启动。对两套装置的二次电压、电流回路检查，均正常。对电流互感器进行伏安特性测试，结果正常。

3. 录波分析

第二大组交流滤波器 A 套保护跳闸后，对比 A、B 套保护装置录波及故障录波器录波波形（见图 6－1、图 6－2），A 套保护装置 A 相首端电流与尾端电流相比幅值偏小且相位发生偏移，经计算，7621 交流滤波器 A 相差动电流达到 $0.98I_e$，达到 A 相差动保护动作条件（差动电流定值 $0.38I_e$），保护出口跳闸；A 套保护装置 B、C 相首尾端电流幅值相同、相位相反。

B 套保护装置及故障录波器 7621 交流滤波器三相首端电流与尾端电流大小相同、极性相反，差动电流基本为零，保护未启动。A、B 套保护装置 A 相尾端电流幅值相位基本一致。

综合上述分析，判断 7621 交流滤波器 A 套保护首端 A 相电流出现传变异常导致保护动作。

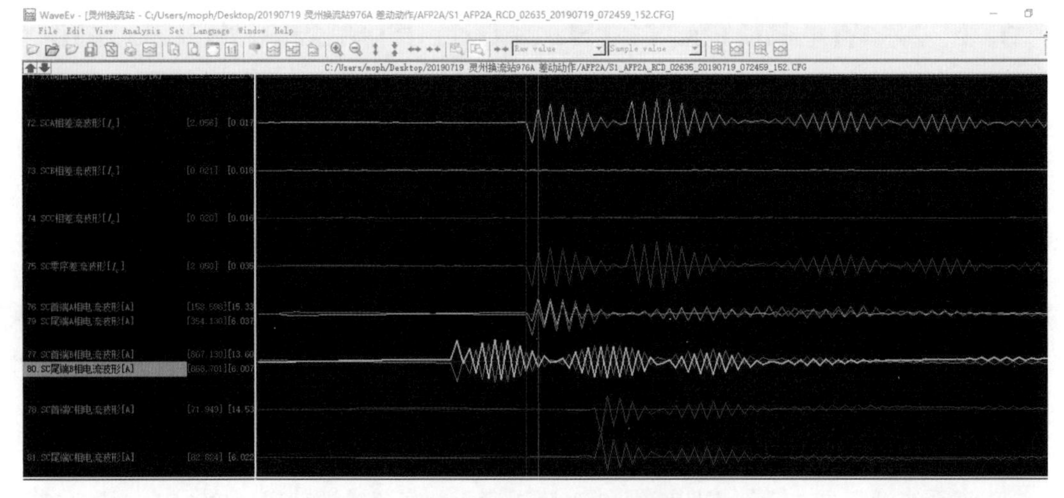

图 6－1　PCS－976 A 套保护装置录波波形

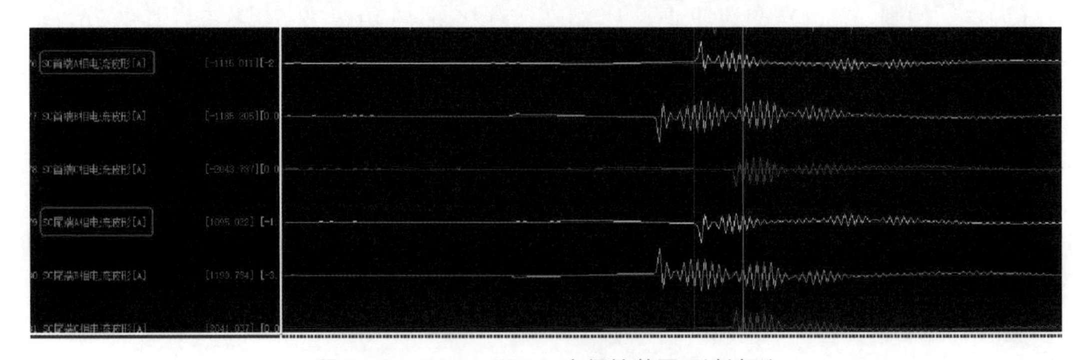

图 6－2　PCS－976 B 套保护装置录波波形

4. 后续处理情况

（1）初步处理情况。7 月 19 日，退出第二大组交流滤波器 A 套保护后，对 7621 间隔进行基波电流、低频谐波电流二次通流试验，测试结果均正常。因现场不具备模拟滤波器实际合闸时高频电流的条件，现场无法验证合并单元采样插件在高频电流干扰下传变特性，现场对合并单元采样插件进行更换。对合闸时保护装置录波波形（见图6-3）进行分析，主要情况如下：

1）经检查7621滤波器三相首端与尾端电流相位相反，A相电流相位未发生偏移。

2）第二大组交流滤波器A套保护在7621间隔A相合闸后，出现较大差动电流（约50A），持续时间约1ms（两次），B、C相及B套保护三相差动电流小于10A。

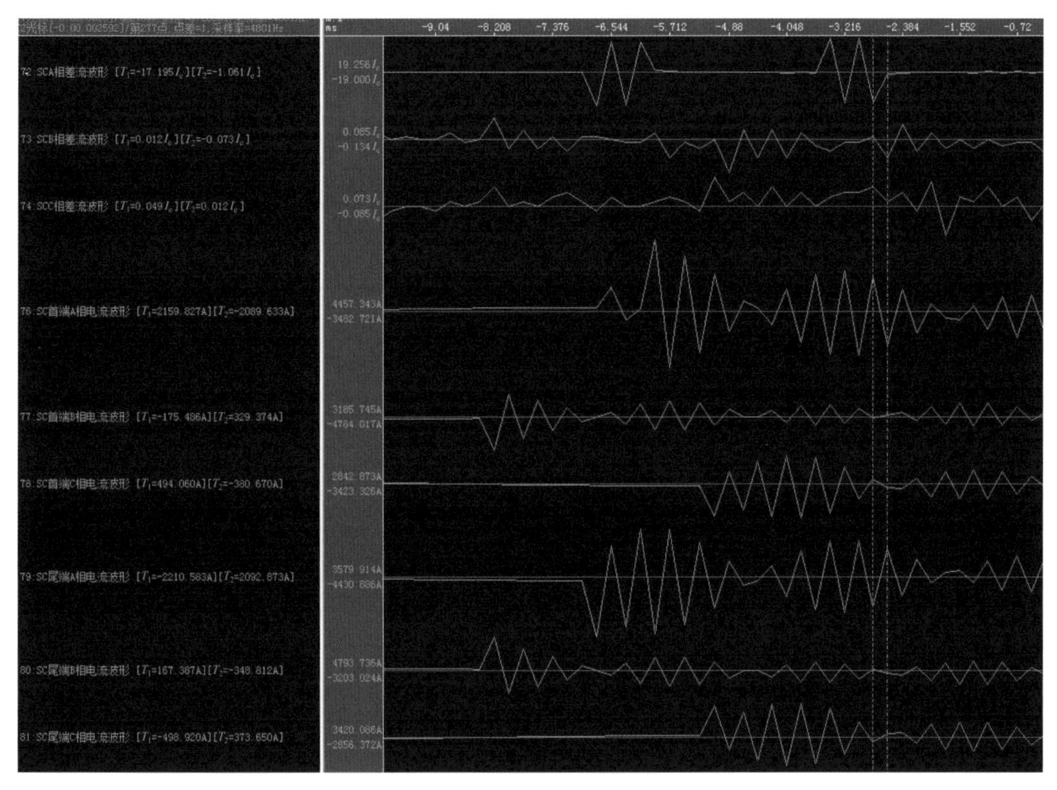

图6-3 7621滤波器送电合闸波形

针对7621间隔合闸后交流滤波器A套保护A相出现较大差动电流的现象，判断该套保护的电流互感器二次绕组、二次电流回路、合并单元仍可能存在问题，需进一步试验验证。

（2）申请停电后处理情况。

1）调换7621 TA二次绕组。将7621 SC小组滤波器首端保护A套保护用电流绕组与故障录波器用电流绕组进行调换，7621首端TA第一绕组由保护用改为故障录波器用，TA变比由1250/1调整为2500/1，与故障录波器定值保持一致；第三绕组由故障录波器用改为保护用，TA变比由2500/1调整为1250/1，与保护定值单保持一致。更换绕组后，对7621首端TA进行一次通流试验，验证保护A套和故障录波器电流回路、TA变比正确。

2）挂接外置故障录波器。绕组调换后，在第二大组交流滤波器A、B套保护屏7621

电流间隔处挂接外置故障录波器，监测两套保护用首尾端电流波形。在 7621 断路器汇控柜及端子箱挂接外置故障录波器，监测 7621 SC 保护 A、B 套及故障录波器首、尾端电流波形。

3）投切试验。准备工作结束后，对 7621 交流滤波器进行第一次投切试验，7621 断路器合闸后，查看第二大组交流滤波器保护 A、B 套及故障录波器录波（见图 6-4～图 6-6）。

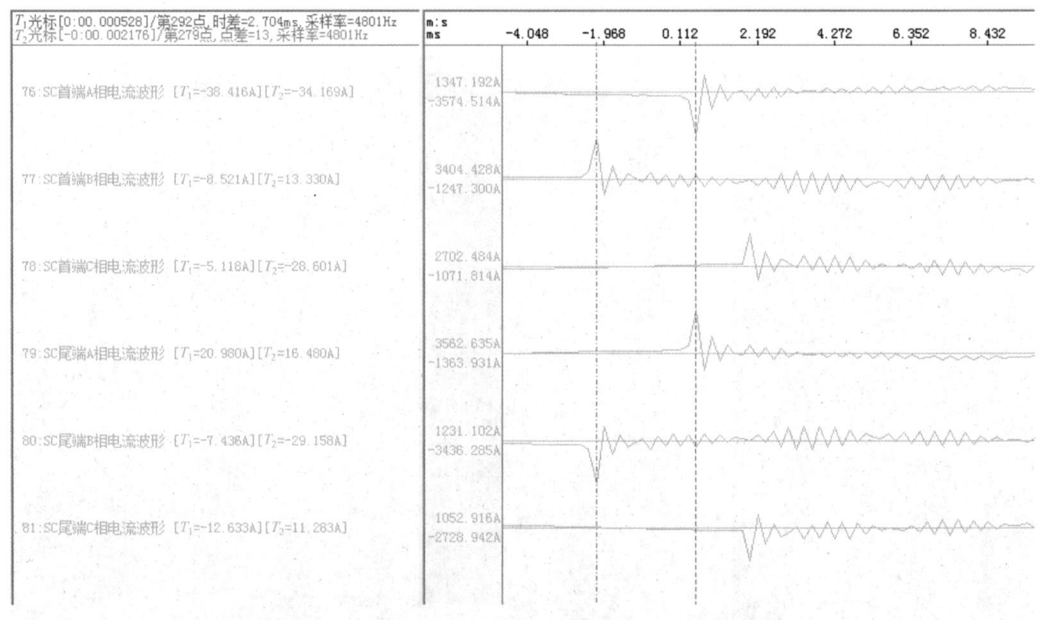

图 6-4　倒换绕组后投切试验 A 套保护装置波形

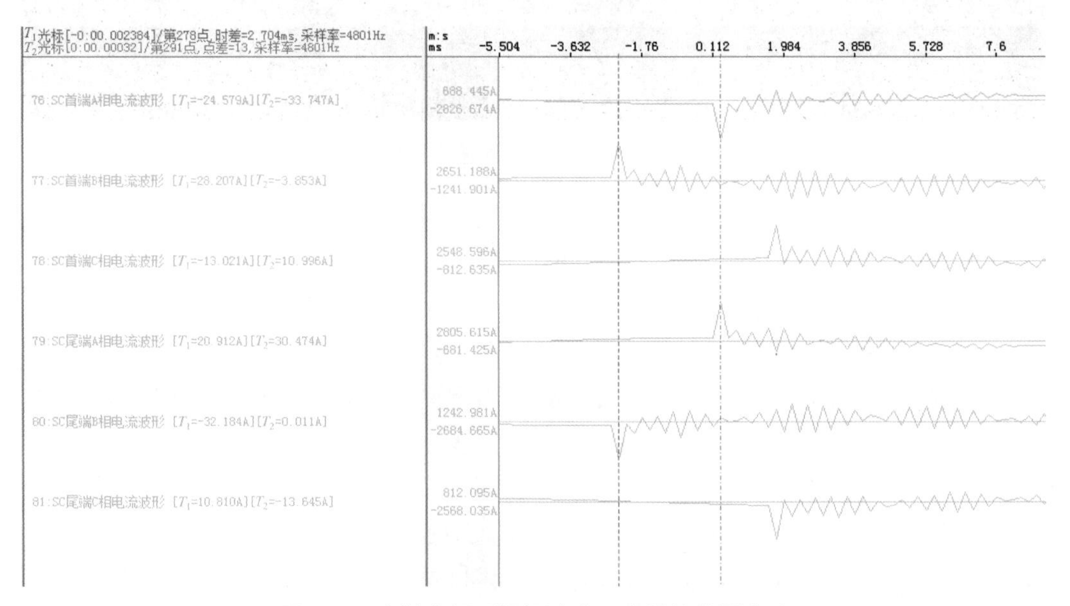

图 6-5　倒换绕组后投切试验 B 套保护装置波形

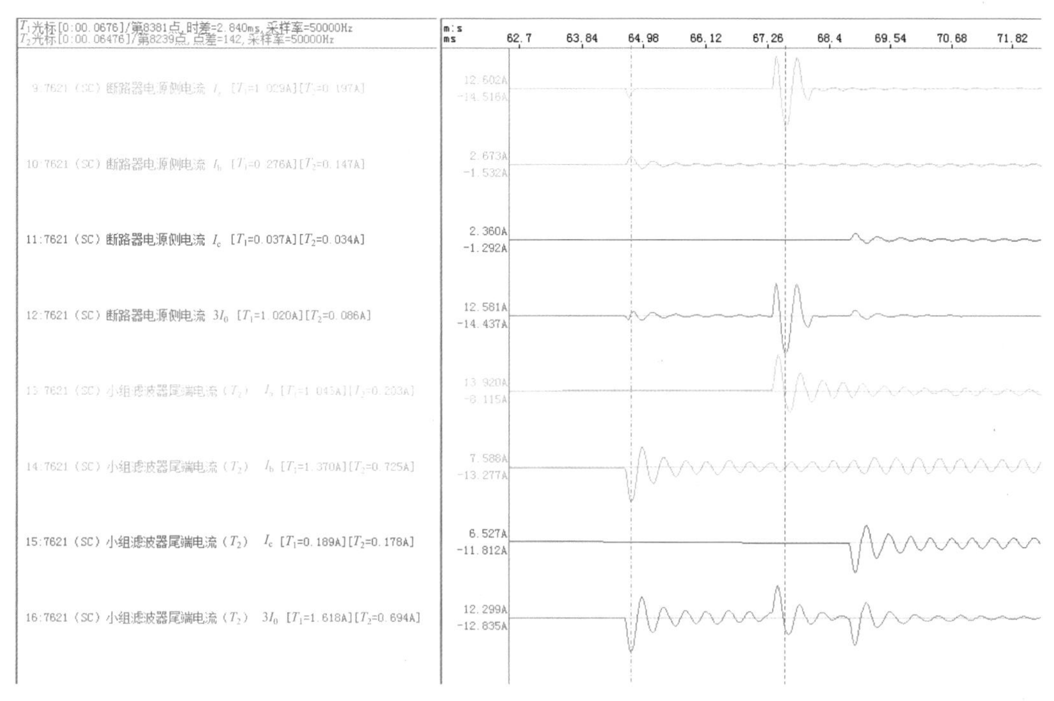

图 6-6 倒换绕组后故障录波波形

从图 6-4、图 6-5 可以看出，保护 A、B 套首尾端三相电流幅值相等、相位相反，装置无差动电流。

从图 6-6 可以看出，故障录波器 7621 首端 A 相电流在合闸后 1ms 时间内幅值、相位均出现传变异常（右侧竖线处），而 B、C 相电流均正常（左侧竖线处为 B 相对比情况）。

7621 断路器合闸后，对 7621 断路器汇控柜及第二大组交流滤波器 A、B 套保护屏处挂接的外置故障录波器录波波形进行检查与分析，挂接于户外 7621 断路器汇控柜处的外置故障录波由于电磁环境的影响，录波波形畸变严重，无法用来比对分析；挂接于第二大组交流滤波器 A、B 套保护屏处的外置式故障录波波形与保护、录波装置波形基本一致。

4）数据分析。在 7621 保护 A 套、故障录波电流二次回路及合并单元未变动的情况下，调换 7621 首端 TA 绕组前后试验结果刚好相反。调换绕组前，保护 A 套首端电流（7621 第一绕组）A 相采样异常，导致 SC 间隔比率差动、零序差动保护动作出口，保护 B 套及故障录波（7621 第三绕组）首端三相电流采样均正常。调换绕组后，A 套保护首端三相电流（7621 第三绕组）采样恢复正常，装置无差动电流，故障录波（7621 第一绕组）在合闸初始时刻（约 1ms）A 相采样异常。

因此，可判断保护 A 套电流二次回路及合并单元均正常，7621 首端 A 相 TA 第一绕组在滤波器投入时短时传变异常是导致 7 月 19 日 7 时 24 分 59 秒 7621 比率差动、零序差动保护动作，断路器三相跳闸的原因所在。

6.1.3 故障原因分析

2019年综检期间，对首端TA的TA1线圈进行更换，更换的线圈如图6－7所示，在更换过程中发现S3CT1－K3线圈引出线外皮存在破损现象（见图6－8），导致电流传变异常，引发保护动作。

图6－7 更换的线圈

图6－8 线圈引出线破损情况

6.2 某站“2018.9.8”5644断路器C相均压电容介质损耗超标

6.2.1 概述

2018年9月8日，某换流站5644断路器C相均压电容介质损耗超标，该台断路器均压电容运行1年左右。

6.2.2 设备检查情况

对均压电容返厂检测，检测结果如下：

（1）打开T1、T2侧盖板，灭弧室内部零部件及罐体内表面清洁，无肉眼可见异物。

（2）T1侧电容编号为154408Q4019（见图6－9），T2侧电容编号为153910Q3002。

（3）T2侧均压电容容量及介质损耗实测值为1495pF、0.145%（10kV），结果合格。

（4）T1侧均压电容容量及介质损耗实测值为1513pF、3.519%（10kV），结果超标（见图6－10）。

（5）按照客户要求，为模拟现场检测，将两只均压电容串联后进行检测，检测结果分别为736.3pF、2.212%（10kV，T2侧电容接高压侧），734.7pF、2.160%（10kV，T1侧电容接高压侧）。

图 6-9 T1 侧均压电容

图 6-10 T1 侧均压电容检测结果

6.2.3 故障原因分析

根据现场检测情况及厂内检测结果，可以确定 T1 侧编号为 154408Q4019 的均压电容本身质量存在问题，介质损耗（10kV）超标。

6.3 提 升 措 施

1. 运维措施

（1）断路器出厂试验、交接试验及例行试验中，应进行中间继电器、时间继电器、电压继电器动作特性校验。

（2）换流站年检时，应加强对断路器均压环等部位的检查，如出现较深裂纹、焊缝，应及时进行更换。

（3）交流滤波器断路器停电检修时，并联电容、合闸电阻等部件应同步进行检测。

2. 选型措施

（1）强风沙尘地区换流站断路器应选取密封性较高的机构箱，防止沙尘进入继电器，导致继电器卡涩。

（2）断路器机构继电器等二次元件应取得“3C”认证或通过与“3C”认证同等的性能试验。

（3）强风沙尘地区断路器均压环应考虑较高的抗撕裂性能，并进行试验验证。

（4）断路器跳闸继电器及非电量保护出口继电器功率不小于 5W，防止因动作功率不足造成误动。

第二部分
交流 GIS 故障

7　交流 GIS 内部异物放电故障

7.1　某站“2022.1.17”GIS 5011 断路器 B 相Ⅰ母侧 TA 气室内部放电故障

7.1.1　概述

1. 故障概述

2022 年 1 月 17 日 10 时 48 分 47 秒，某换流站 500kV 1 号母线跳闸，双套母线差动保护动作；5012 中间断路器单相重合成功，5011 边断路器因母线差动同时动作未重合，故障测距 0.003km。直流系统无功率损失。故障发生时现场无工作，天气晴。

2. 设备概况

该站 GIS 型号为 ZF15－550，生产日期为 2017 年 3 月，采用电磁式电流互感器，保护变比为 4000/1。

7.1.2　设备检查情况

1. 保护动作情况

线路故障录波波形、母线故障录波波形如图 7－1、图 7－2 所示，检查故障录波波形，故障发生时刻电流激增。线路保护差动电流达到 42160A，定值为 640A，母线保护差动电流达到 41800A，定值为 3000A，线路保护和母线保护均超过定值，母线保护动作跳开 1 号母线侧所有断路器三相，5011 断路器三相跳开并闭锁重合闸，同时线路保护动作单跳 5011 断路器 B 相与 5012 断路器 B 相，5012 断路器重合闸动作 B 相重合成功，双套母线保护正确动作，双套线路保护正确动作。

5011 断路器两侧 TA 的绕组配置为 1 号母线双套母线保护取用 5011 断路器线路侧 TA 绕组电流，双套线路保护取用 5011 断路器 1 号母线侧 TA 绕组电流，母线保护及线路保护测点如图 7－3 所示。

由于线路保护 B 相和 1 号母线的母线差动保护同时动作，可以判定故障区在两套保护重叠区内，因 5012 断路器 B 相重合成功，进一步判断故障区域为 5011 断路器气室或 1 号母线侧 TA 气室，保护判断故障范围对应气室如图 7－4 所示。

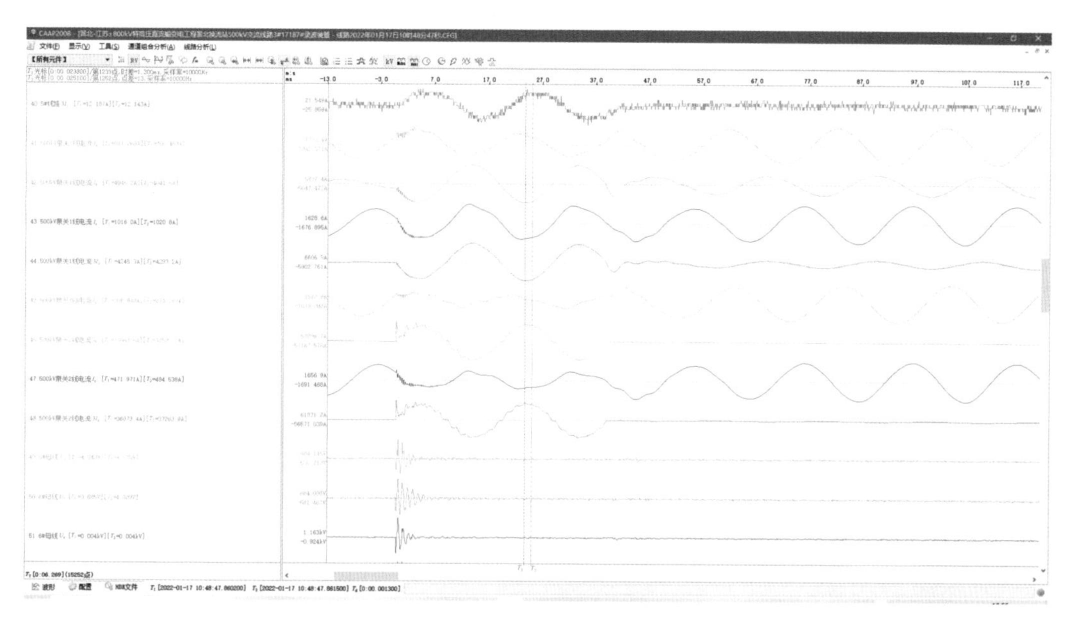

图 7－1　线路故障录波波形

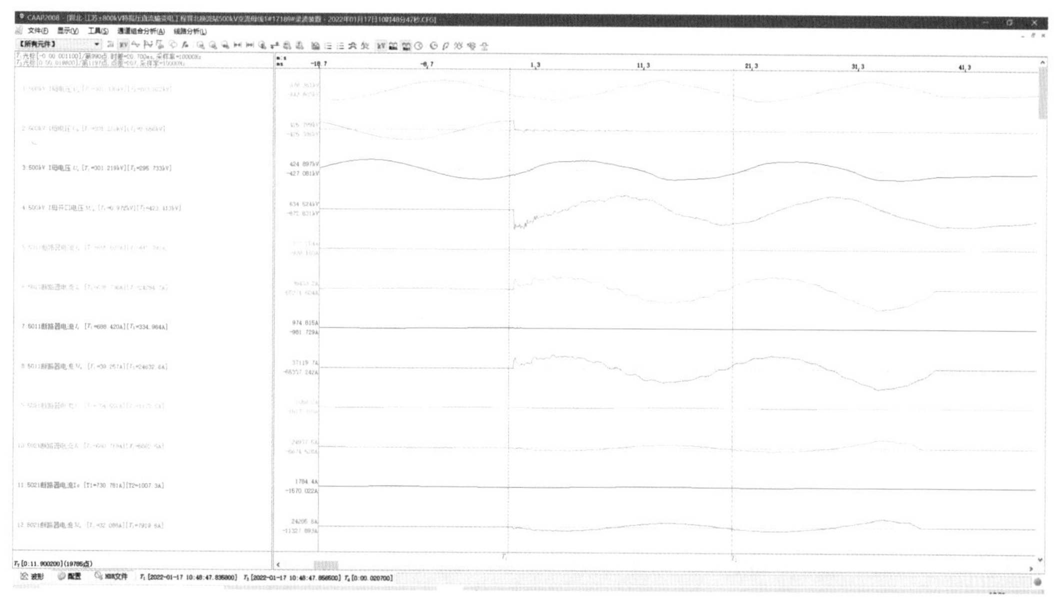

图 7－2　母线故障录波波形

2. 现场检查情况

检查 500kV 1 号母线、500kV 变电站站内部分及 5011、5012 断路器间隔一次设备，外观未见异常。5011 断路器外观如图 7－5 所示。

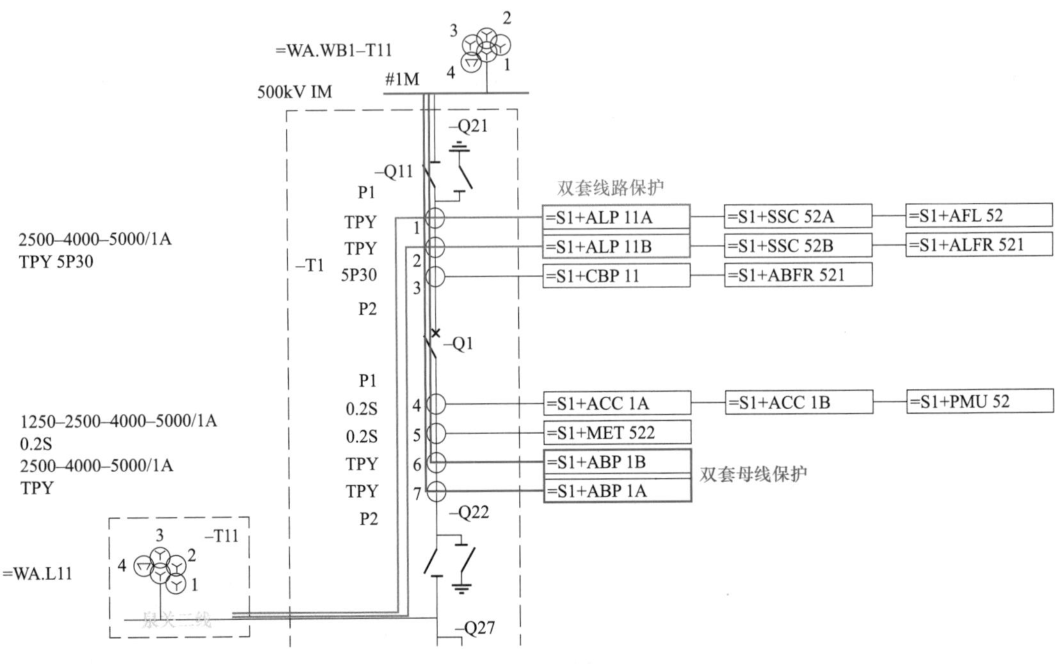

图 7–3　母线保护及线路保护测点

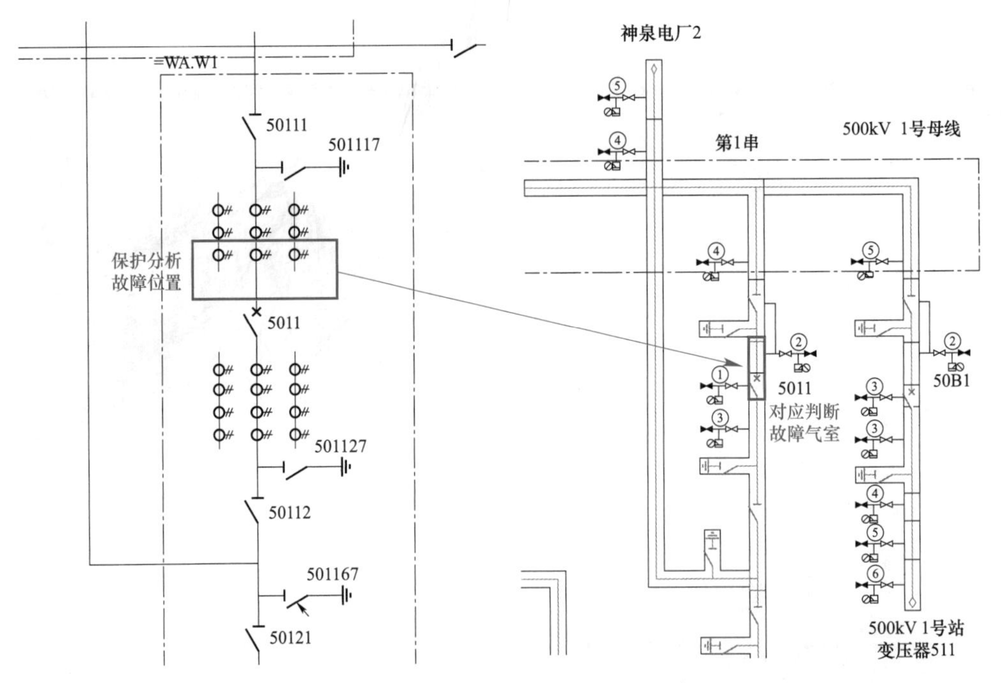

图 7–4　保护判断故障范围对应气室

各气室及联管示意图如图 7–6 所示，5011 断路器间隔 1 号气室为 5011 断路器气室；2 号气室为 5011 断路器 1 号母线侧 TA 及隔离开关气室，TA 气室与隔离开关气室均为独立气室，但二者通过联通管联通，共用一只 SF_6 压力表计；3 号气室为 5011 断路器线路侧 TA 与 50112 隔离开关气室。

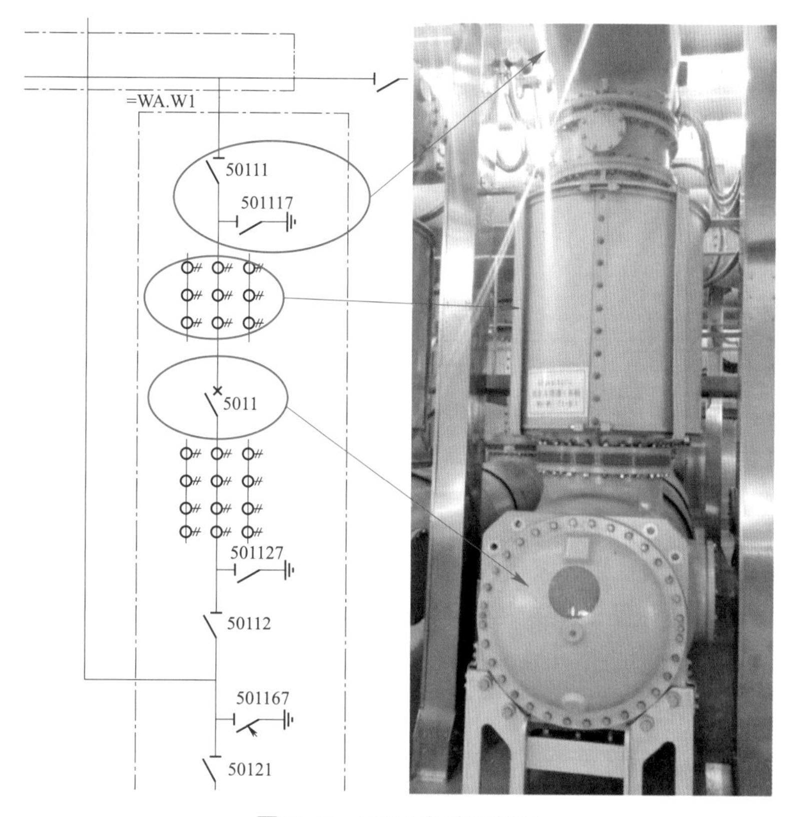

图 7-5 5011 断路器外观

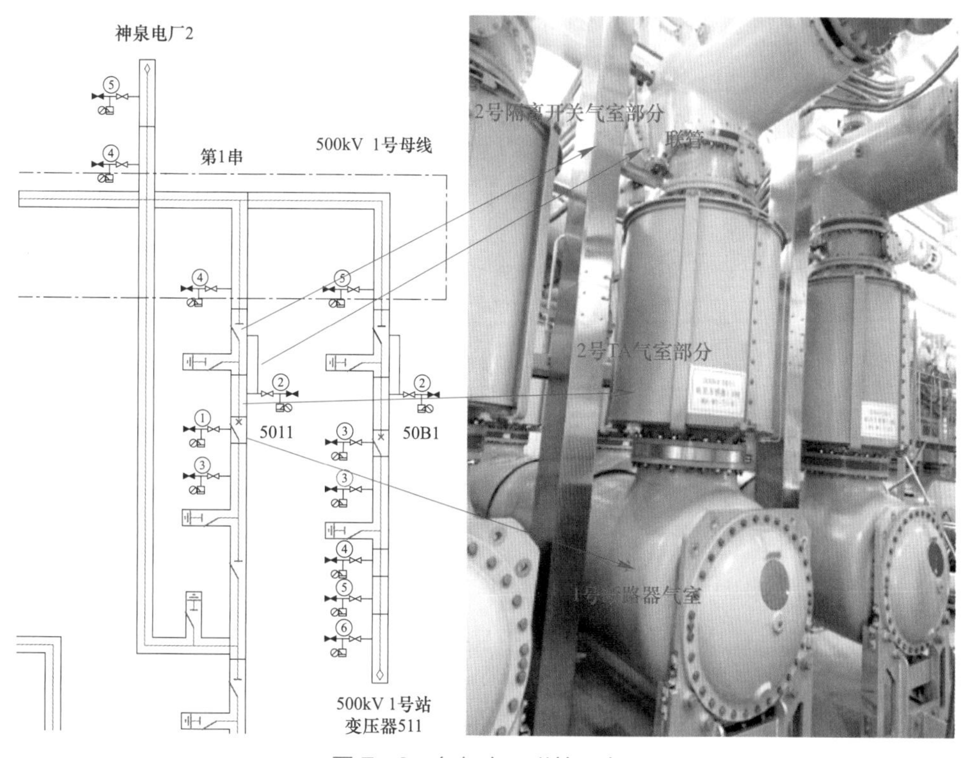

图 7-6 各气室及联管示意图

故障发生后现场立即开展 500kV 5011 断路器间隔 B 相各气室 SF_6 分解物检测，发现 1、3 号气室无异常，2 号气室分解物中 SO_2 明显超标，故障气室 SF_6 分解物浓度见表 7－1。分别关闭 2 号气室处 TA 气室和隔离开关气室阀门，对 TA 气室和隔离开关气室的 SF_6 分解物各自进行单独检测，检测结果显示两部分气室 SO_2 均超标，但 TA 气室明显高于隔离开关气室，结合保护动作情况，判断为 TA 气室分解物扩散至隔离开关气室。

表 7－1　　　　故障气室 SF_6 分解物浓度

联管封闭 1 号气室分开测量	分解物 SO_2 浓度（μL/L）
TA 所在气室	499.98
隔离开关所在气室	124.71

TA 气室、断路器气室在线监测压力曲线分别如图 7－7、图 7－8 所示。查看 5011 母线侧 TA 气室和断路器气室 SF_6 压力在线监测历史曲线发现，故障前 TA 气室压力稳定在 0.5MPa，断路器气室压力稳定在 0.6MPa，无气压下降情况；故障后气室压力有突变情况，TA 气室压力升高，断路器气室压力降低，最终两个气室压力一致。判断为二者之间的盆式绝缘子在故障时发生贯穿性裂纹。

根据上述检测结果，结合保护动作情况分析，1 月 17 日，现场基本确定故障原因为 5011 断路器 1 号母线侧 TA B 相气室内部放电。

3. 开盖检查

（1）TA 气室上部盆式绝缘子检查。1 月 18 日，完成气室气体回收后拆卸，拆解方式示意图如图 7－9 所示。吊起隔离开关气室对 TA 气室上部盆式绝缘子进行检查（见图 7－10），盆式绝缘子结构完整，表面光滑无裂纹，无放电痕迹。

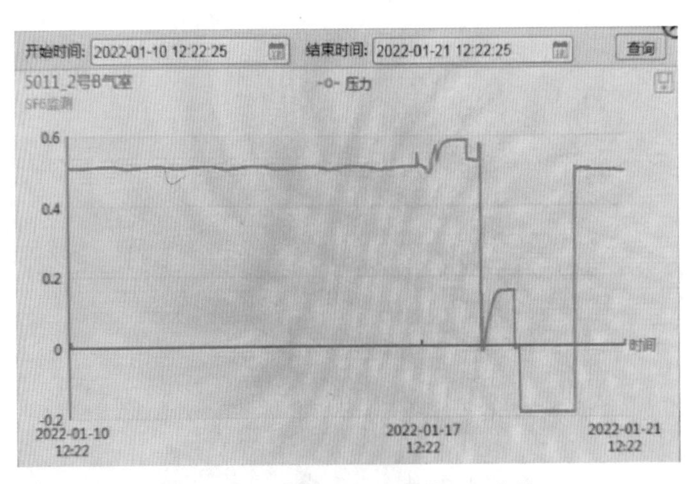

图 7－7　TA 气室在线监测压力曲线

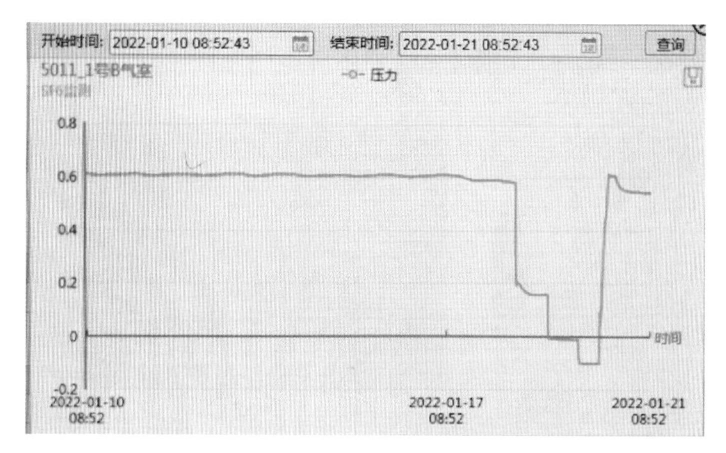

图 7-8　断路器气室在线监测压力曲线

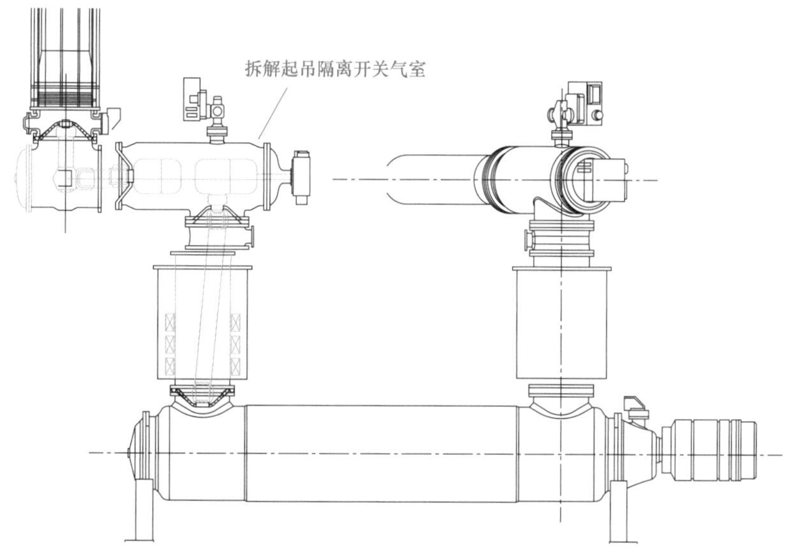

图 7-9　拆解方式示意图

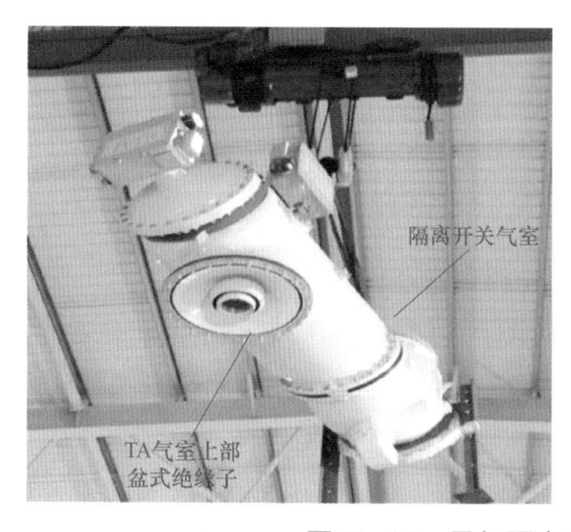

图 7-10　吊起隔离开关气室检查 TA 上部盆式绝缘子

（2）TA 气室内部部件检查。对 TA 气室结构内部各部件进行检查。TA 气室结构、TA 气室打开后内部情况如图 7－11、图 7－12 所示。

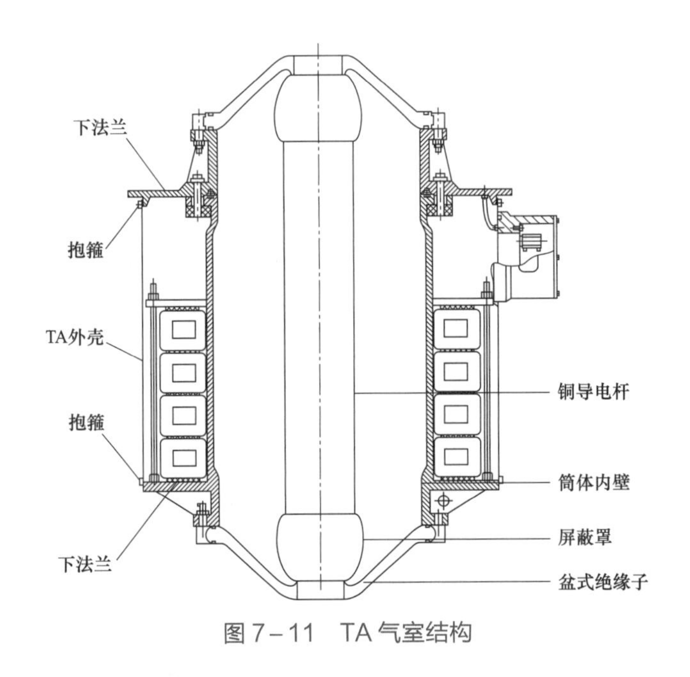

图 7－11　TA 气室结构

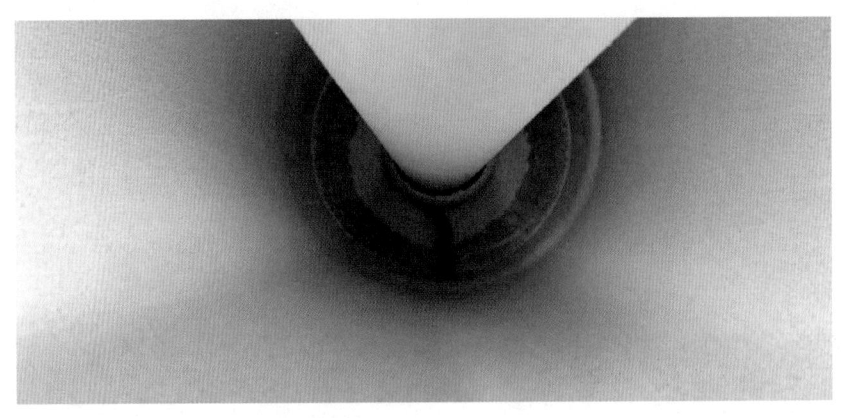

图 7－12　TA 气室打开后内部情况

（3）拆解筒体内部检查。拆掉 TA 筒体发现，导电杆、屏蔽罩和底部盆式绝缘子内聚集了大量故障电弧分解物。TA 气室底部情况如图 7－13 所示。

1）盆式绝缘子检查。TA 气室底部盆式绝缘子如图 7－14 所示，对盆式绝缘子进行检查发现，1 号位置盆式绝缘子表面有一条明显的放电通道延伸至 TA 气室外壳，长约 26cm；2 号位置有一较长明显裂纹；3 号位置裂纹长约 3cm。

取下屏蔽罩和导电触指检查发现，导电底座表面发黑。去掉屏蔽罩和触指的底部盆式绝缘子如图 7－15 所示。

(a) 导电杆

(b) 屏蔽罩

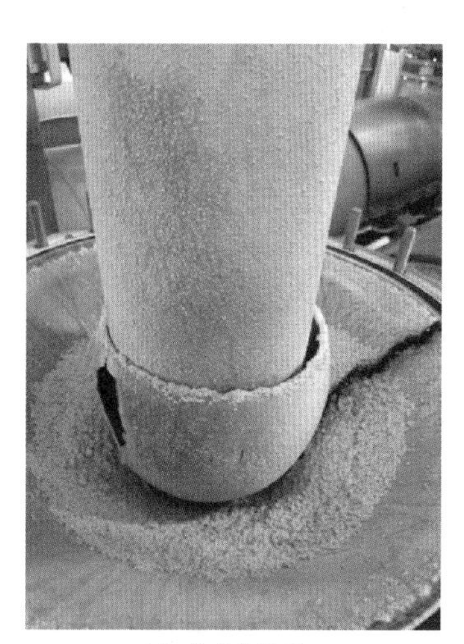

(c) 盆式绝缘子

图 7－13　TA 气室底部情况

图 7－14　TA 气室底部盆式绝缘子

图 7－15　去掉屏蔽罩和触指的底部盆式绝缘子

盆式绝缘子局部情况如图 7－16 所示，盆式绝缘子表面放电通道起点为导电底座根部，即图 7－16（a）中 1 位置，裂纹延伸方向为 7－16（b）紫线轨迹。

现场使用绝缘电阻表对盆式绝缘子故障面进行绝缘测试，盆式绝缘子故障面各部位绝缘电阻测试如图 7－17 所示。根据绝缘测试结果可知，放电通道周围约 75° 蓝线扇形区域内绝缘显著下降，绝缘电阻最低处为 83.2MΩ，其余区域绝缘电阻无穷大。

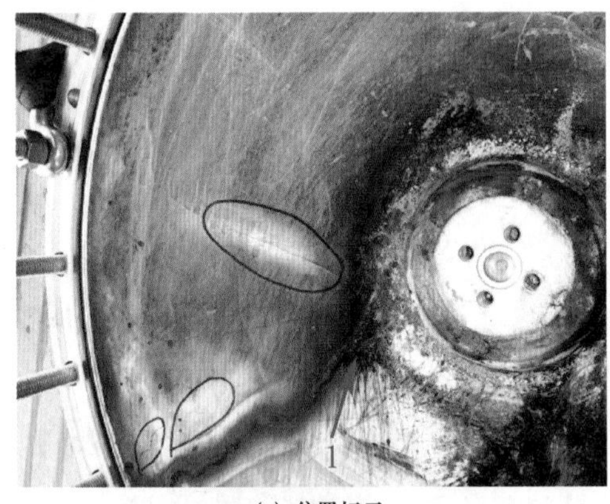

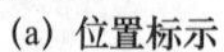
(a) 位置标示

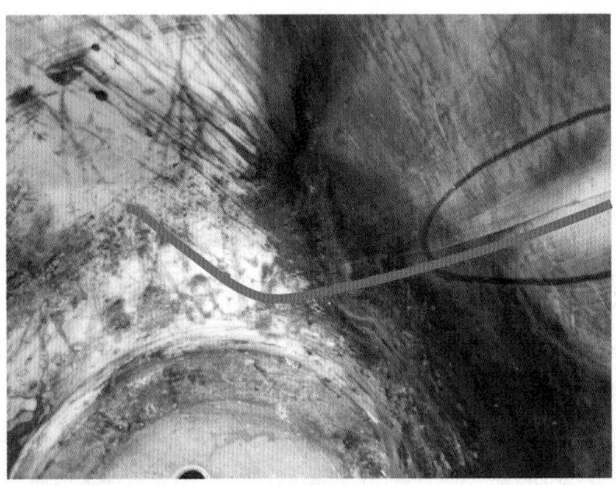
(b) 局部放大

图 7－16　盆式绝缘子局部情况

(a) 绝缘电阻测试

(b) 绝缘电阻下降区域

图 7－17　盆式绝缘子故障面各部位绝缘电阻测试

图 7－18　故障盆式绝缘子背面情况

检查放电盆式绝缘子背侧，故障盆式绝缘子背面情况如图 7－18 所示。根据检查结果发现，图 7－14 中 2 位置在盆式绝缘子背面也存在裂纹，即图 7－18 中序号 1 所示，裂纹已双面贯穿盆式绝缘子。

2）屏蔽罩检查。触头屏蔽罩上有一处因放电烧蚀形成的孔洞，纵向达 10cm，横向达 6cm，孔洞与盆式绝缘子表面放电通道呈 160°，屏蔽罩孔洞如图 7－19 所示。

屏蔽罩内部、导电底座如图 7－20、图 7－21 所示，图中红圈位置为盆式绝缘子表面放电通道

（图 7－14 中 1 位置）根部最近的螺栓发黑。

3）筒体检查。TA 气室内壁底部有两处明显烧蚀发黑，TA 气室内壁底部如图 7－22 所示，1 位置与盆式绝缘子表面放电通道相对（见图 7－23），2 位置与屏蔽罩烧蚀孔相对（见图 7－24）。1 位置烧蚀最大深度为 4mm，2 位置烧蚀最大深度为 7mm。

4）导电杆检查。导电杆拆下后，上部完好，底部发黑，屏蔽罩孔洞上部有多处凹痕，最深约 3mm；导电杆插在屏蔽罩内部分，与屏蔽罩孔洞对应的位置有大面积凹痕，深度约 4mm。导电杆情况如图 7－25 所示。

(a) 屏蔽罩空洞

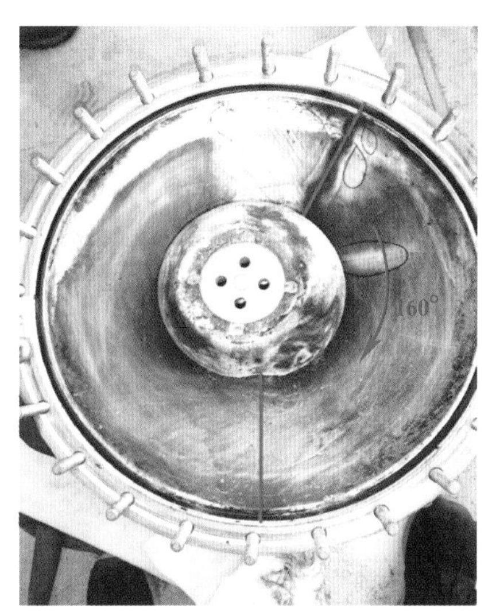

(b) 盆式绝缘子表面放电通道

图 7－19 屏蔽罩检查情况

图 7－20 屏蔽罩内部

图 7－21 导电底座

图 7－22　TA 气室内壁底部

图 7－23　盆式绝缘子放电通道相对桶壁情况

图 7－24　屏蔽罩孔洞相对桶壁情况

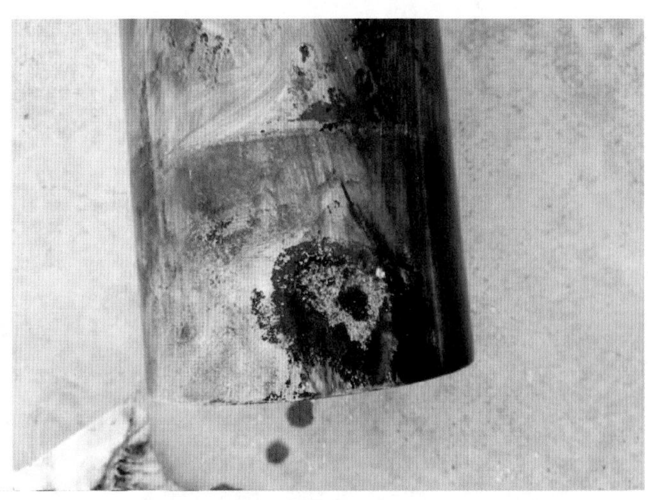

(a) 导电杆烧蚀痕迹

图 7－25　现场检查情况（一）

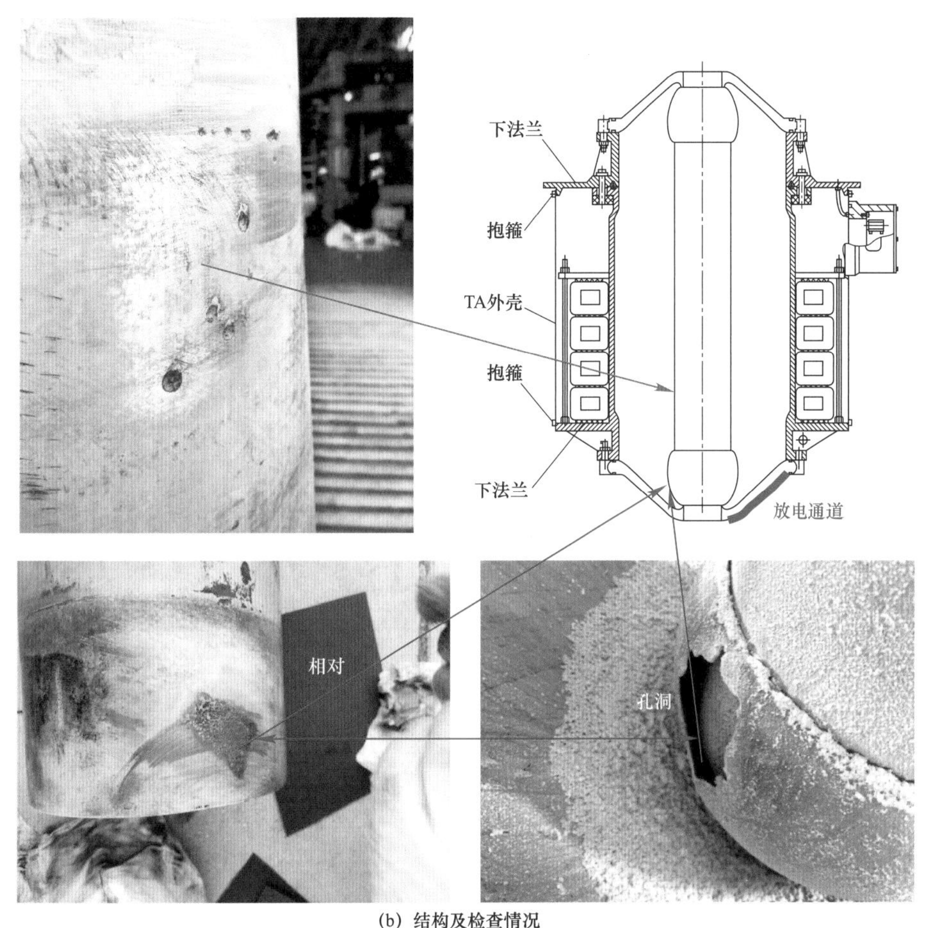

(b) 结构及检查情况

图 7-25 现场检查情况（二）

对 TA 气室现场拆解后确认，此次故障位置为 5011 断路器母线侧 TA 气室底部盆式绝缘子，与解体前分析一致。

7.1.3 故障原因分析

故障过程分析如图 7-26 所示。结合解体检查情况、故障录波初步分析，故障原因为设备基建阶段现场安装过程中，安装工艺控制不严，安装检查清理不彻底，导致气室内部隐蔽部位有残存的粉尘，受到设备分合闸操作振动、电动力、电场力等作用，粉尘在 TA 下方的盆式绝缘子表面聚集、排列，造成盆式绝缘子沿面电场畸变恶化，进而在设备运行过程中发生盆式绝缘子沿面放电故障，形成图 7-26 中 1 位置的放电通道。放电故障烧蚀内壁造成的金属颗粒在强大的弧吹作用下反弹至对面，在 160° 方向（见图 7-19）屏蔽罩和筒壁之间形成第二条空间放电通道（因正面有导杆阻挡，所以不会在 180° 方向形成放电通道），如图 7-26 中 2 位置所示，将屏蔽罩烧穿，二次放电引起的金属颗粒反弹至导电杆上形成麻点状凹痕（见图 7-25 导电杆）。

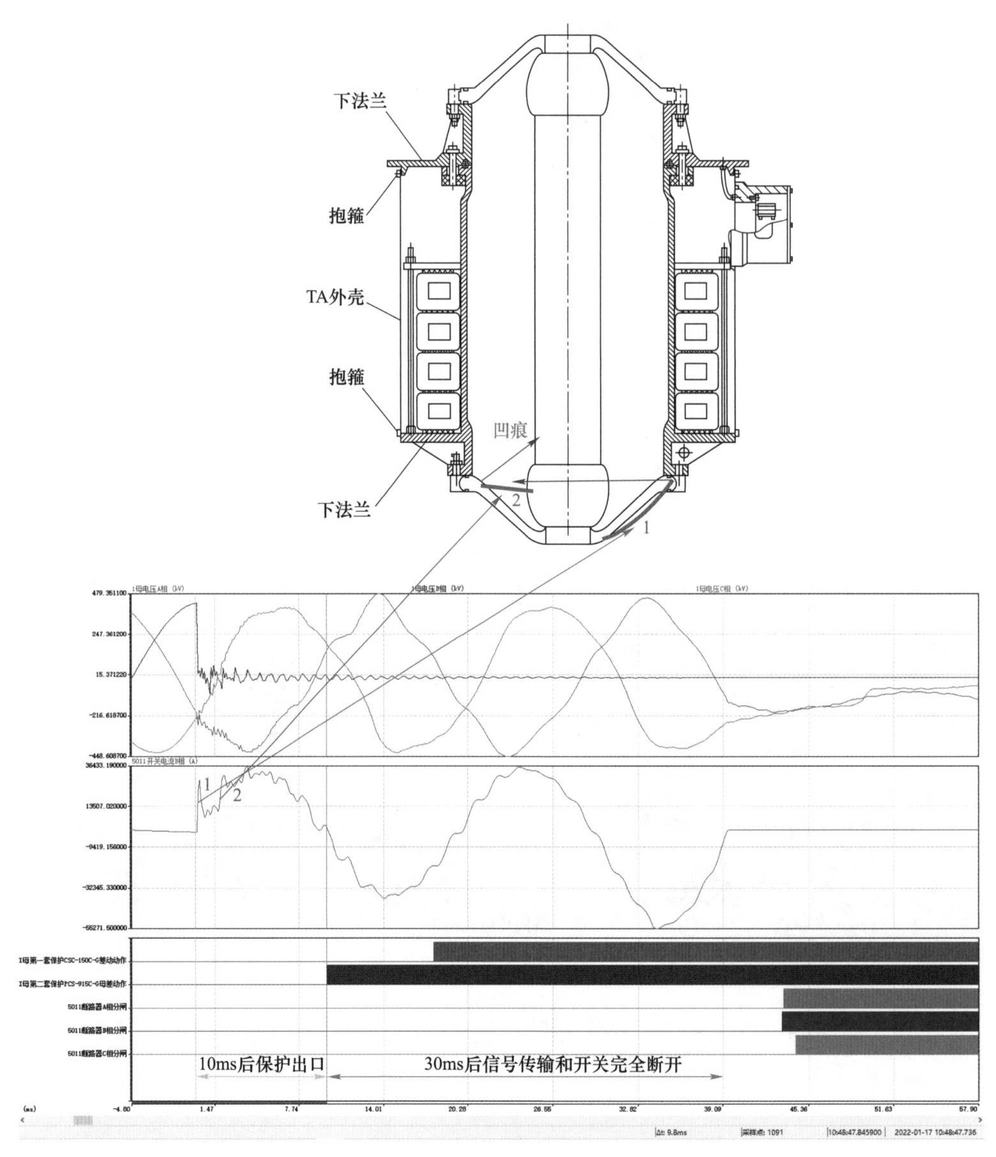

图 7-26　故障过程分析

7.2　某站“2019.10.20”GIS 7573 断路器 B 相气室内部放电故障

7.2.1　概述

1. 故障概述

2019 年 10 月 20 日 20 时 1 分 13 秒，某换流站进行某线送电操作，合上 7573 断路器

8s 后，750kV Ⅱ母线两套差动保护动作，该线两套线路保护动作，7513、7523、7543、7573、7583、7593、75B3、75C3 断路器跳闸，无负荷损失。当天天气晴，环境温度 3℃，微风。系统运行方式：① 直流系统：直流系统年度检修，第三、四大组交流滤波器检修，第一、二大组交流滤波器热备用；② 750kV 系统：750kV 1、2 号主变压器运行，750kV Ⅰ、Ⅱ母运行，母线高压电抗器 75C4DK 运行，75C3DK 检修；③ 330kV 系统：正常方式运行。换流站主接线如图 7－27 所示。

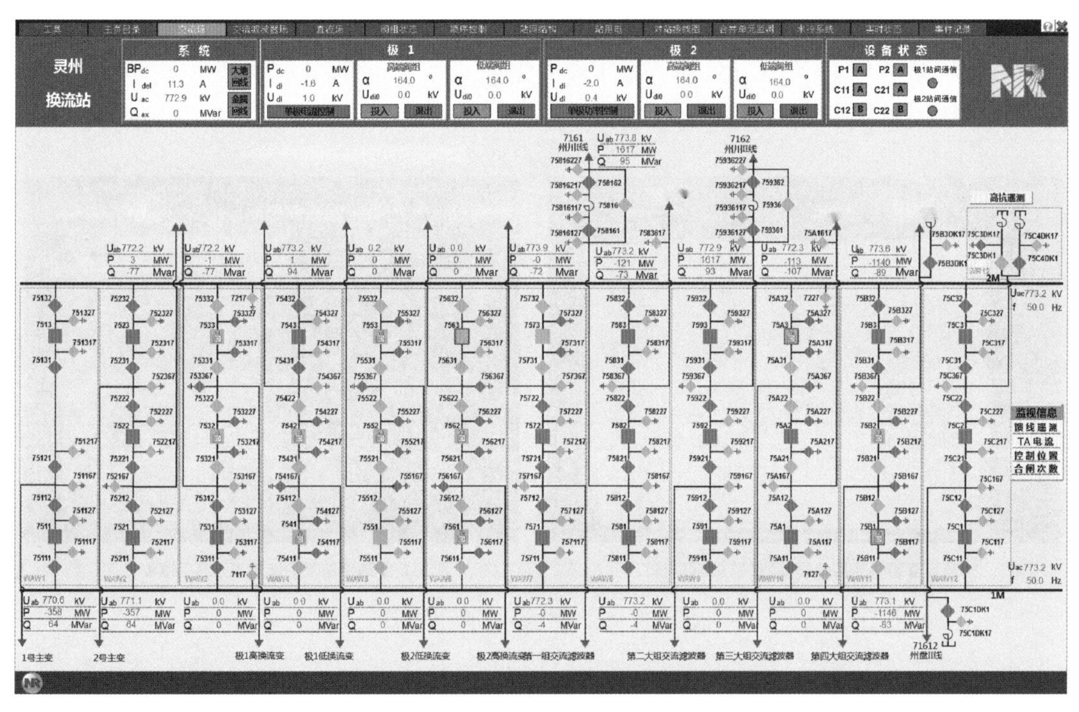

图 7－27 换流站主接线

2. 设备概况

该站 GIS 型号为 ZF27－800（L），额定电压 800kV，额定电流 6300A，额定短路开断电流 63kA，2015 年 5 月出厂，2016 年 4 月 3 日投运，自投运以来未发生故障。

7.2.2 设备检查情况

1. 现场检查情况

（1）一次设备检查情况。现场检查该线避雷器、电压互感器外观无异常，避雷器未动作，7573 断路器外观无异常，气室压力正常，外部及接地引下线部位无明显放电点。

对 7573 断路器 B 相进行 SF_6 气体成分分析，SO_2、HF 含量异常超标，A、C 相结果正常，7573 断路器 B 相 SF_6 气体成分测试结果见表 7－2。

表 7-2　　7573 断路器 B 相 SF_6 气体成分测试结果

成分	SO_2	H_2S	CO	HF
检测值（μL/L）	301	0.7	13.4	20
注意值（μL/L）	1	1	—	—
试验仪器型号：JH6000D-4				

（2）二次设备检查情况。750kV Ⅱ母线差动保护动作，装置 PCS-915C-G 报“差动保护启动、B 相变化量差动保护跳Ⅱ母、稳态量差动跳Ⅱ母”，显示最大差动电流为 12.55A；装置 WMH-801C-G 报“B 相差动保护动作”，母线 B 相差动电流为 12.581A。Ⅱ母差动保护装置如图 7-28 所示。

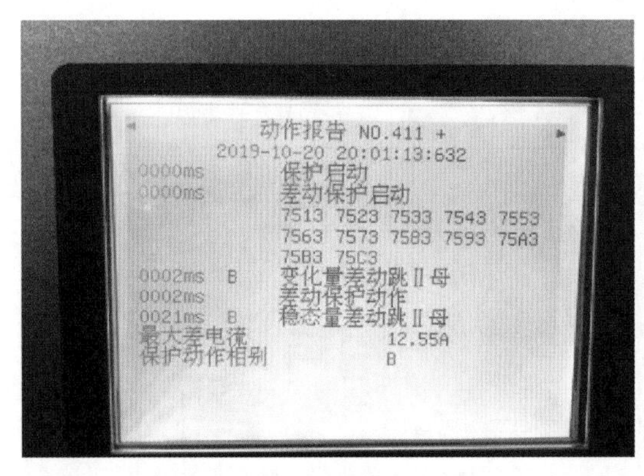

(a) Ⅱ母差动保护装置 PCS-915C-G

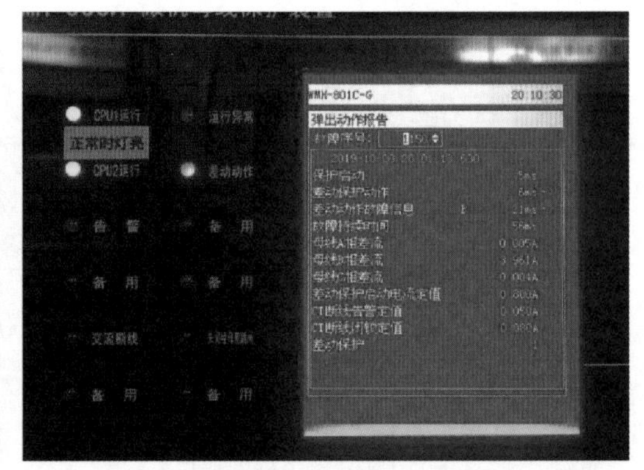

(b) Ⅱ母差动保护装置 WMH-801C-G

图 7-28　Ⅱ母差动保护装置

750kV 线路两套线路保护动作，装置 PCS-931-G 报“B 相纵联差动保护动作、接地距离Ⅰ段动作”，最大差动电流 12.59A；装置 NSR-303A-G 报“B 相纵联差动保护动作、接地距离Ⅰ段动作”，最大差动电流 12.58A。750kV 线路保护装置如图 7-29 所示。

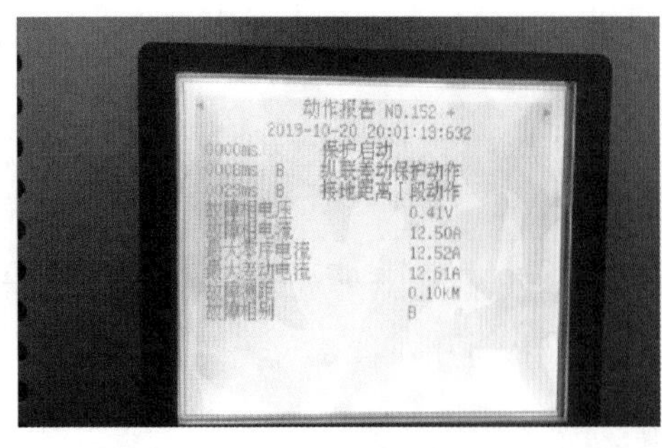

(a) 750kV 线路保护装置 PCS-931-G

(b) 750kV 线路保护装置 NSR-303A-G

图 7-29　750kV 线路保护装置

7573 断路器处于该线线路保护及 750kV Ⅱ母母线差动保护的公共区域，保护正确动作。750kV 线路 TA 配置如图 7－30 所示。

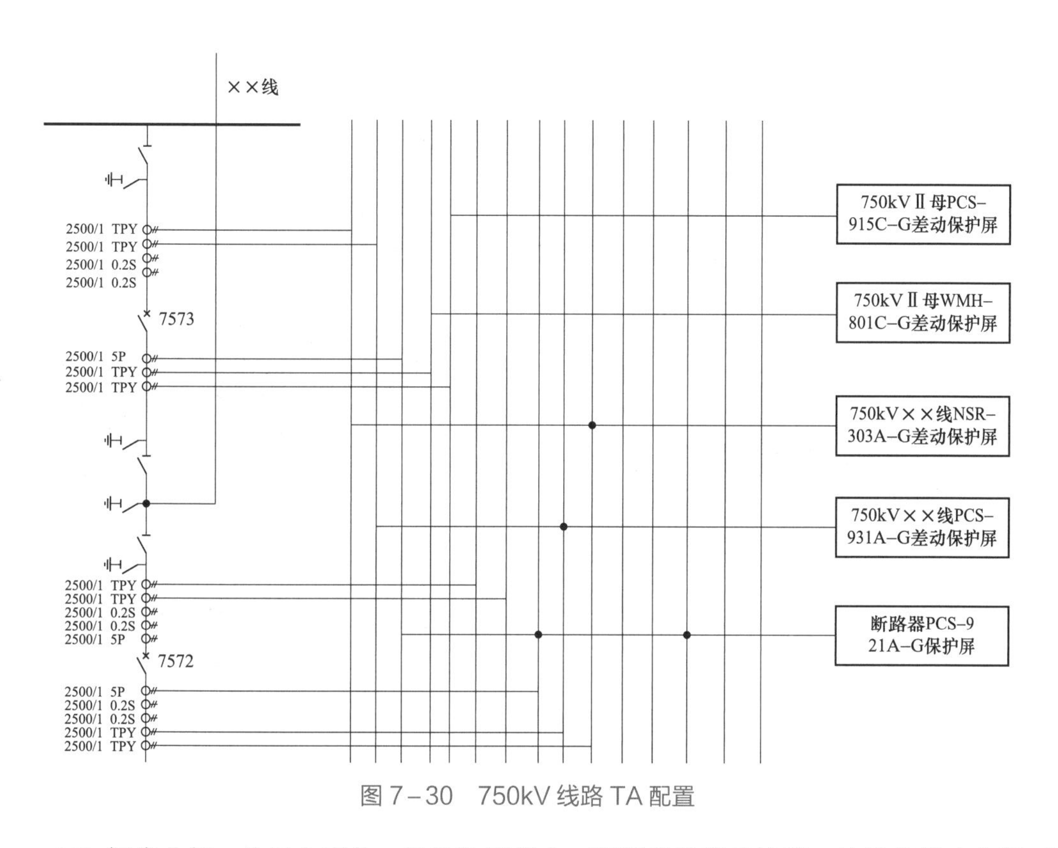

图 7－30　750kV 线路 TA 配置

（3）初步分析。从后台事件、保护装置报文、面板及故障录波等二次设备综合分析可以判断，两套母线差动保护、该线线路保护正确动作。

对 7573 断路器 B 相本体气室 SF_6气体分解物数据进行综合分析，SO_2、HF 含量异常超标，初步判断为 7573 断路器 B 相本体内部故障，绝缘击穿，对地放电。

2. 返厂解体检查

10 月 30 日，开展 7573 断路器 B 相解体工作。

（1）拆除断路器盖板。拆除上盖板及两侧盆式绝缘子盖板均未发现异常，拆除下盖板时发现合闸电阻碎片，断路器合闸电阻支撑杆变色。拆除断路器盖板检查情况如图 7－31 所示。

（2）回路电阻测试。回路电阻测试结果为 37μΩ，结果合格。回路电阻测试结果如图 7－32 所示。

（3）拆除绝缘拉杆。检查发现绝缘拉杆表面附着白色粉末。拆除绝缘拉杆检查结果如图 7－33 所示。

(a) 断路器盆式绝缘子

(b) 断路器下盖板合闸电阻碎片

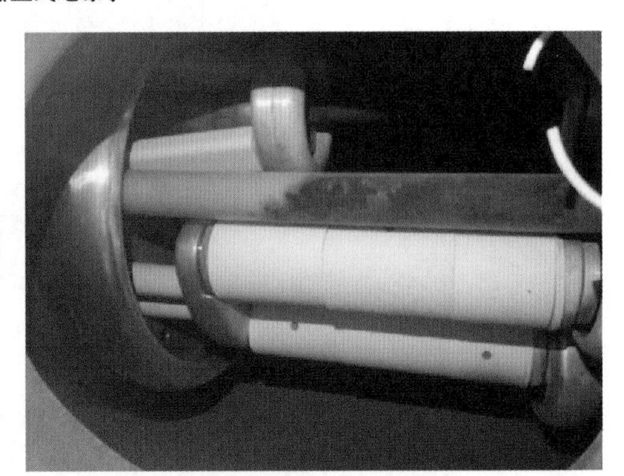

(c) 断路器合闸电阻支撑杆变色

图 7－31　拆除断路器盖板检查情况

(a) 断路器合闸电阻测试

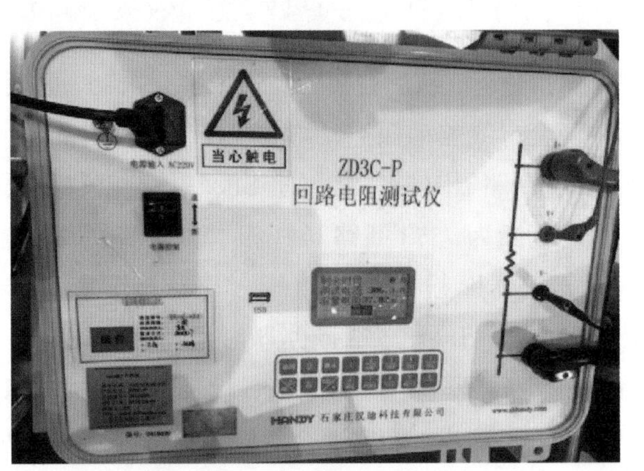

(b) 合闸电阻测试结果合格

图 7－32　回路电阻测试结果

（4）拆除盆式绝缘子。检查发现断路器非机构侧盆式绝缘子有合闸电阻碎片，机构侧盆式绝缘子有白色粉末，合闸电阻屏蔽罩放电痕迹明显。拆除盆式绝缘子检查情况如图 7－34 所示。

图 7－33 拆除绝缘拉杆检查结果

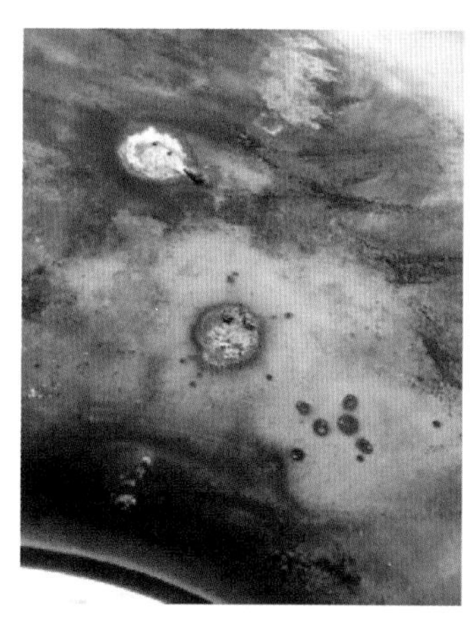

(a) 断路器合闸电阻屏蔽罩放电点

(b) 非机构侧盆式绝缘子有合闸电阻碎片

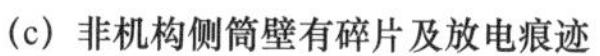

(c) 非机构侧筒壁有碎片及放电痕迹

(d) 断路器机构侧筒壁有白色粉末

图 7－34 拆除盆式绝缘子检查情况

（5）拆除灭弧室。检查发现断路器筒体内壁有碎片及放电痕迹，断路器筒壁放电痕迹如图 7－35 所示。

图 7－35　断路器筒壁放电痕迹

（6）拆除合闸电阻片。检查合闸电阻弹簧片有明显放电痕迹。拆除合闸电阻片检查情况如图 7－36 所示。

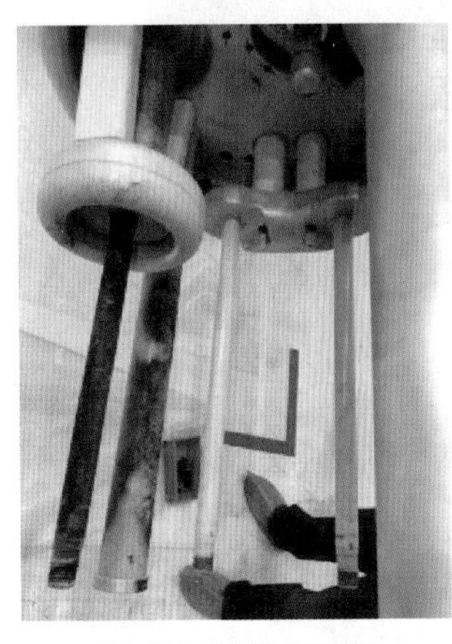

(a) 断路器合闸电阻拆除

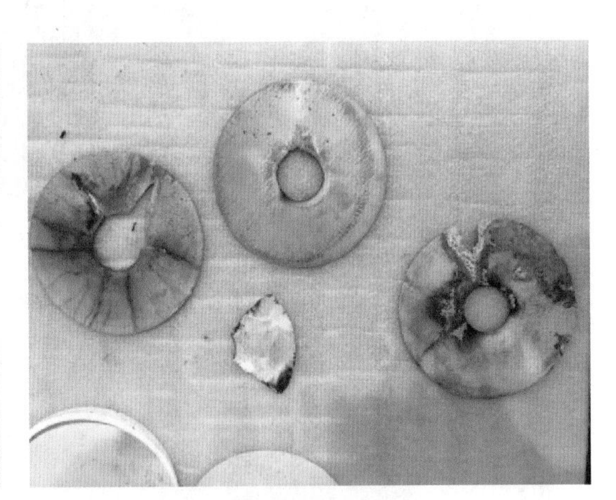

(b) 断路器合闸电阻碟簧片

图 7－36　拆除合闸电阻片检查情况

（7）灭弧室解体。检查动触头有烧蚀现象，绝缘支撑及电容器管未见异常。灭弧室解体检查情况如图 7－37 所示。

7.2.3　故障原因分析

通过对 7573 断路器 B 相解体情况、录波波形及现场分解产物测试进行综合分析，判断断路器在合闸操作后罐体内存在异物是此次故障的直接原因。

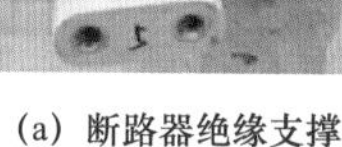

(a) 断路器绝缘支撑

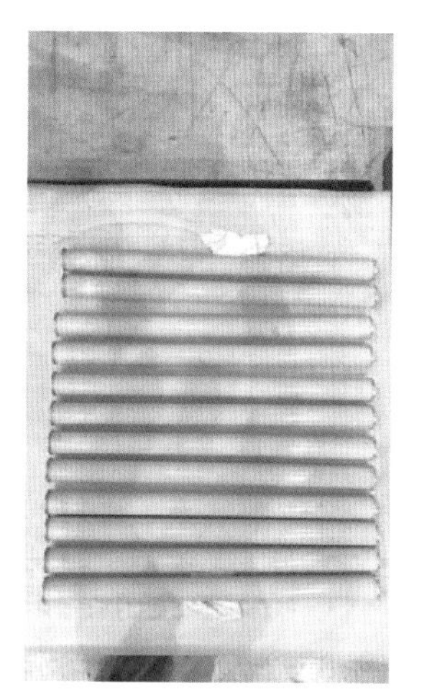

(b) 断路器电容器管

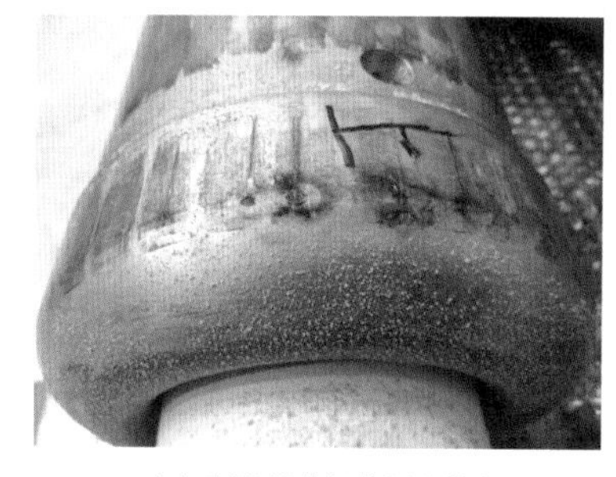

(c) 断路器非机构侧动触头

(d) 断路器机构侧动触头

图 7－37　灭弧室解体检查情况

在断路器合闸状态运行过程中，异物导致电场畸变，造成电阻柱连接屏蔽罩（58Ω电阻柱与 75Ω电阻柱连接）对罐体底部闪络短路，闪络导致 58Ω电阻柱流过较大故障电流，短时间内故障电流引起电阻片温度急剧升高炸裂，炸裂的碎片引发复杂的放电过程，电阻两侧屏蔽、盆式绝缘子屏蔽等部位多处电弧烧蚀。

1. 合闸电阻动作过程分析

断路器合闸电阻整体布局如图 7－38 所示。从断路器返厂解体情况可以看出，非机构侧合闸电阻在罐体内部发生炸裂，具体部位如图 7－38 中红圈部位所示。由于合闸电阻仅在合闸过程中投入 8～11ms，合闸电阻发生炸裂主要原因为电阻本身通过电流引起超出热容量限值。

首先对合闸电阻动作过程进行分析，断路器合闸电阻接线如图 7－39 所示，电阻断口相对于主断口先合先分。断路器合闸时，电阻动触头与主动触头同步运动，电阻触头开距小于主触头开距，合闸时电阻触头先接通（预投入时间 8～11ms），合闸后电阻被主触头短接。断路器分闸时，电阻动触头与主动触头同步分离，但电阻静触头在弹簧力作用下，低速复位，电阻触头先分断，将开断电流转移到主触头，电弧被限制在主触头及灭弧室内。断路器分合闸开断电流变化如图 7－40 所示。

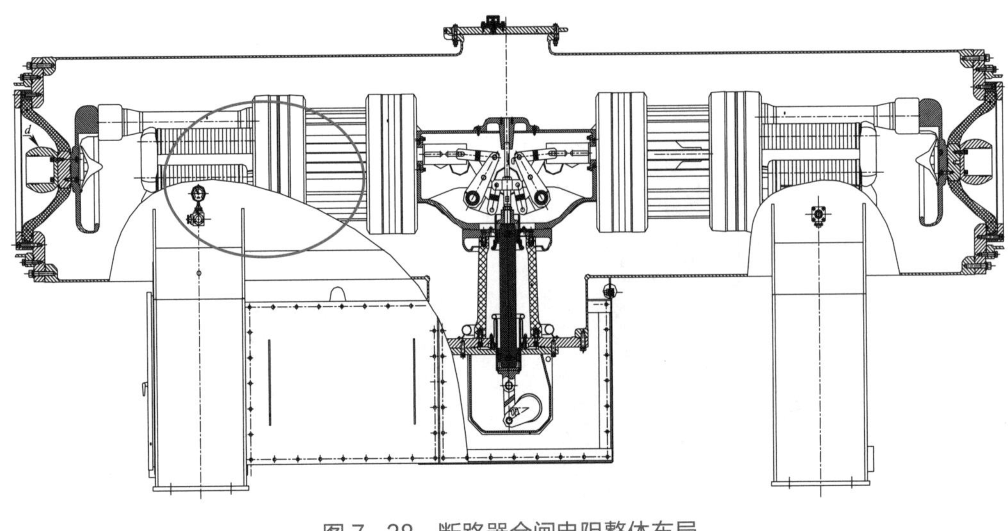

图 7-38　断路器合闸电阻整体布局

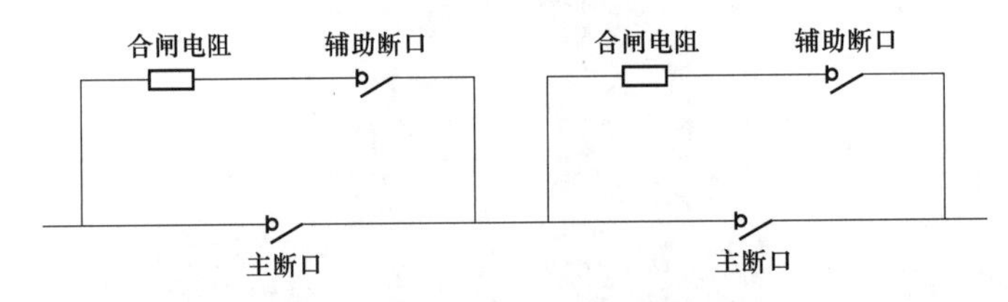

图 7-39　断路器合闸电阻接线

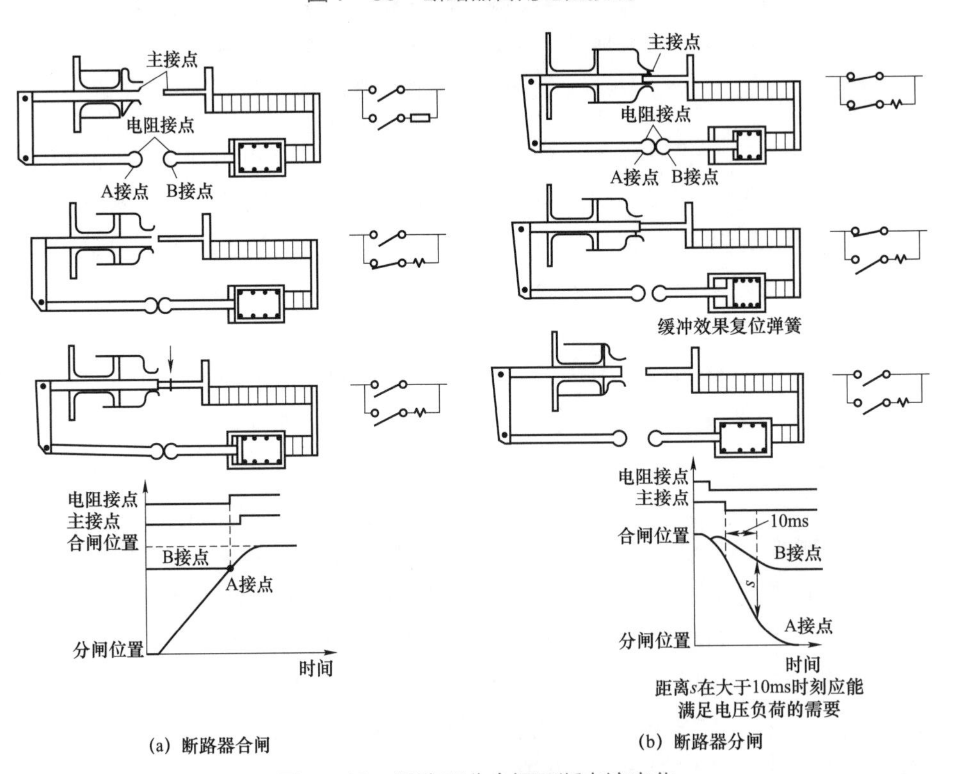

图 7-40　断路器分合闸开断电流变化

2. 合闸电阻炸裂原因分析

（1）断路器合闸时刻录波波形如图 7－41 所示，根据 7573 断路器 A、B、C 三相合闸时刻录波波形可以看出，断路器三相分位变位显示均正常，并且断路器合闸为线路空载状态，三相峰值电流均为 79A，推断断路器在投切过程中合闸状态正常，主触头及合闸电阻状态正常。

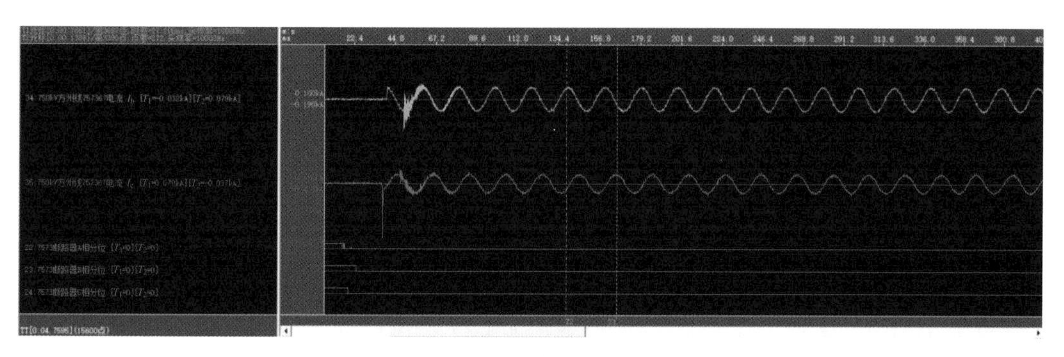

图 7－41　断路器合闸时刻录波波形

（2）断路器 B 相合闸 8s 后发生短路故障，根据故障录波波形可以看出，故障电流持续时间约为两个周波即 40ms。从解体情况可以看出，7573 断路器 B 相非机构侧合闸电阻 58Ω电阻柱炸裂，罐体底部（垂直位置正对 58Ω电阻柱连接屏蔽罩部位）存在明显电弧烧蚀点，分析由于罐体内部异物导致电场畸变，造成电阻柱连接屏蔽罩对地短路，断路器故障路径如图 7－42 所示。屏蔽罩对地闪络后，17 片电阻柱（58Ω）流过较大故障电流（图 7－42 中红实线），在短时间内故障电流通过电阻柱超出电阻片温升限值造成电阻片炸裂。

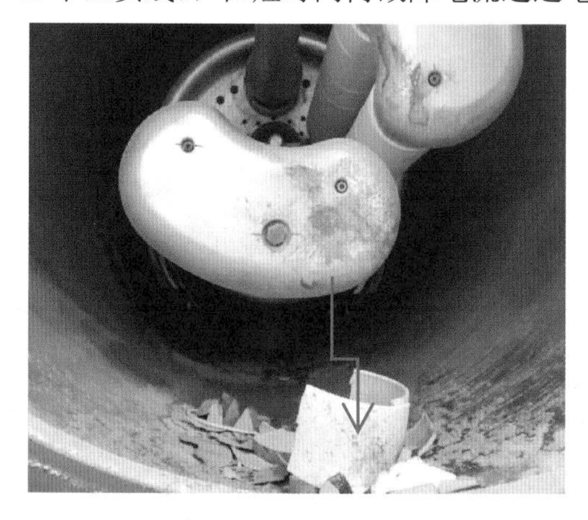

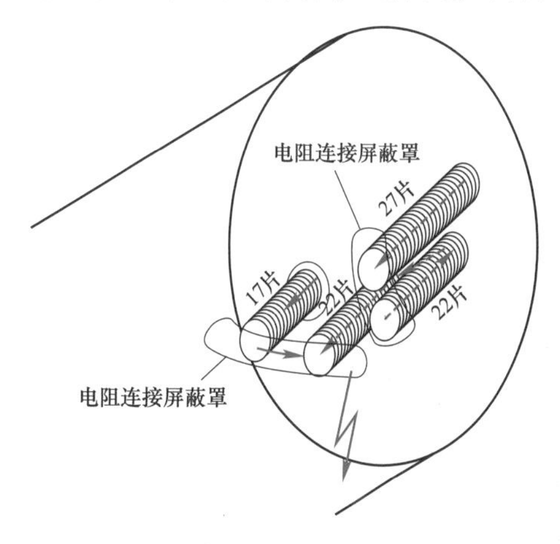

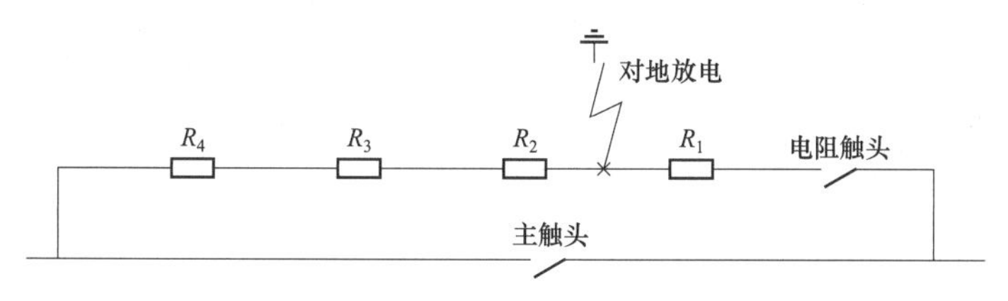

图 7－42　断路器故障路径

（3）断路器每相阻值 $R=600\Omega$，电阻片尺寸为$\phi 151\times 38.5\times 25.4$，电阻片温升允许值为 230K，此次放电路径由其中一串电阻端部金属屏蔽对壳体放电，其中 $R_1=58\Omega$，$R_2=R_3=75\Omega$，$R_4=92\Omega$，$R_2+R_3+R_4=242\Omega$，计算电阻片承受故障电流引起温升限值。电阻片温升计算如下：

$$\Delta T_1=\frac{W_1}{cV_1} \tag{7-1}$$

式中　c ——电阻比热容，$C=2.0\text{J/}(℃\cdot\text{cm}^3)$；

V_1 ——单侧电阻片的总体积，cm^3。

R_1 电阻片数为 17 片，计算电阻超出温升限值的时间，令 R_1 温升 ΔT_1 为

$$\Delta T_1=\frac{W_1}{cV_1}=\frac{W_1}{2\times 425.07\times 17}=230\ (\text{K}) \tag{7-2}$$

根据 ΔT_1 可得出 R_1 的注入总能量W_1，$W_1=3.32\times 10^6\text{J}$。$W_1$ 计算公式如下：

$$W_1=[(R_2+R_3+R_4)/(R_1+R_2+R_3+R_4)]\times W_0 \tag{7-3}$$

根据式（7-3）可得合闸电阻注入总能量W_0，$W_0=4.12\times 10^6\text{J}$。

断路器故障时刻录波波形如图 7-43 所示，短时间内故障电流可近似按线性计算，假设电阻片在承受短路电流 t_1 时刻发生炸裂，1.666ms 电流为 9.475kA，则斜率 $k=9.475/1.666=5.69$。按式（7-4）计算电阻片达温升限值为 230K 的时刻 t_1。

$$\int_0^{t_1} I^2 R\text{d}t=\int_0^{t_1} k^2 t^2 R\text{d}t=\frac{1}{3}k^2 R\int_0^{t_1}\text{d}t^3=W_0 \tag{7-4}$$

式(7-4)中相对于短路点则单侧总电阻 $R=46.8\Omega$，由式(7-4)可以计算得出 $t_1=2\text{ms}$，图 7-43 中电流及电压波形存在明显拐点时刻为 1.666ms，与电阻片温升计算限值较为接近，可见根据计算电阻片在短路故障电流发生 2ms 内即发生炸裂。

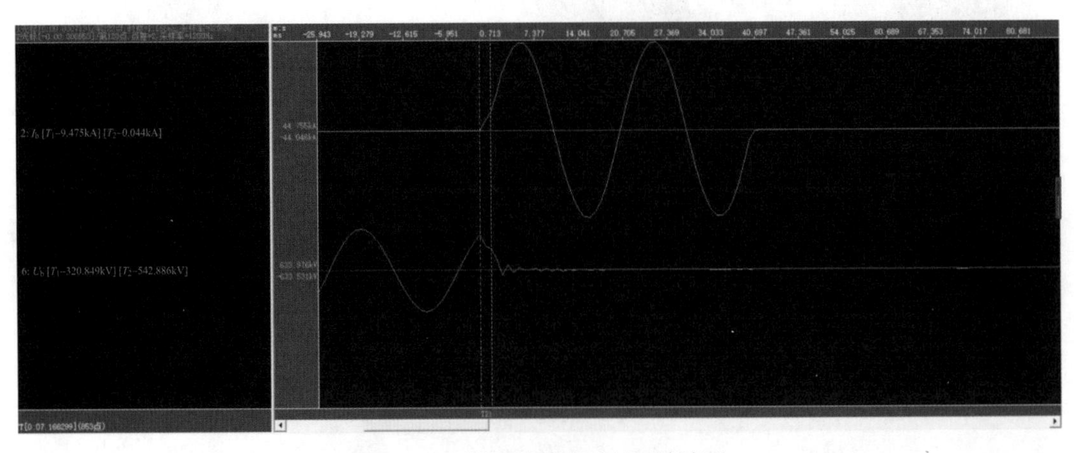

图 7-43　断路器故障时刻录波波形

3. 异物引起闪络原因分析

7573 断路器故障为断路器合闸 8s 后发生，异物可能在断路器运动过程产生，在电场力作用下发生跳动造成电场畸变，可跳动颗粒包括线形、片状及粉末等不同形状。此次故障近似按照线性计算微粒的运动行为，屏蔽罩部位简化为同轴圆柱结构模拟 GIS 结构，线性异物在罐体内部等效图如图 7－44 所示。

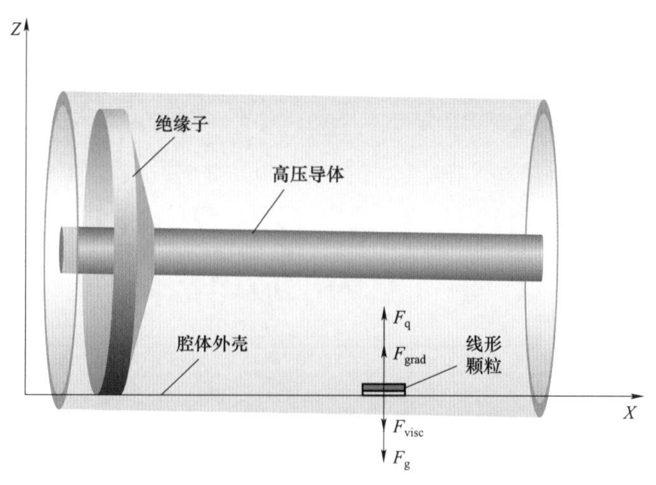

图 7－44　线性异物在罐体内部等效图

当线形颗粒所受的库仑力和电场梯度力大于颗粒的重力时，颗粒满足跳动起始条件，此时颗粒开始站立并在腔体外壳上跳动，满足：

$$F_{grad}+F_q \geqslant F_g \tag{7-5}$$

当颗粒在腔体内跳动时，会严重影响电场畸变，仿真以平板电极简化进行，异物简化仿真模型如图 7－45 所示。落在罐体外壳的自由金属微粒在没有起跳的情况下金属微粒并未带电，但其对周围空间的电场已可造成一定程度的畸变，如果金属微粒的顶端曲率足够大，则在一定的电压下也能导致电晕放电，按此时设置情况，电场最大值为 69.4kV/cm，微粒在地电极上的电场分布如图 7－46 所示。微粒距下极板 1mm 时电场分布如图 7－47 所示，电场畸变的程度很大，微粒上端的场强最大值达到 78.7kV/cm，微粒在处于与极板非常接近的位置时将对间隙击穿电压的影响最为严重。由以上分析可见，断路器内部产生的异物在屏蔽罩对地之间间隙随着异物运动，极大影响了电场分布，造成屏蔽罩罐体外壳闪络。

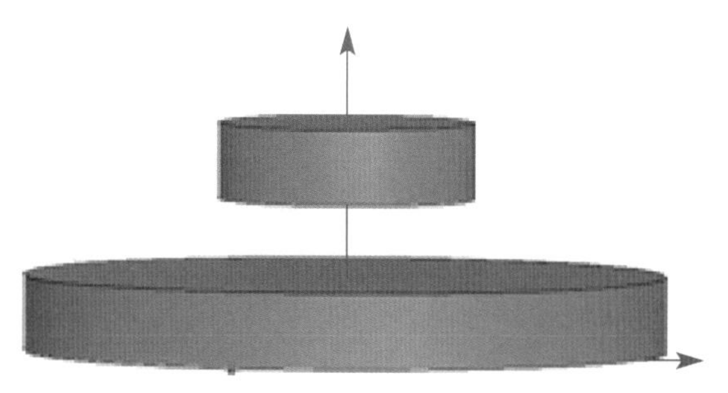

图 7－45　异物简化仿真模型
（上下极板平均电场强度 15kV/cm）

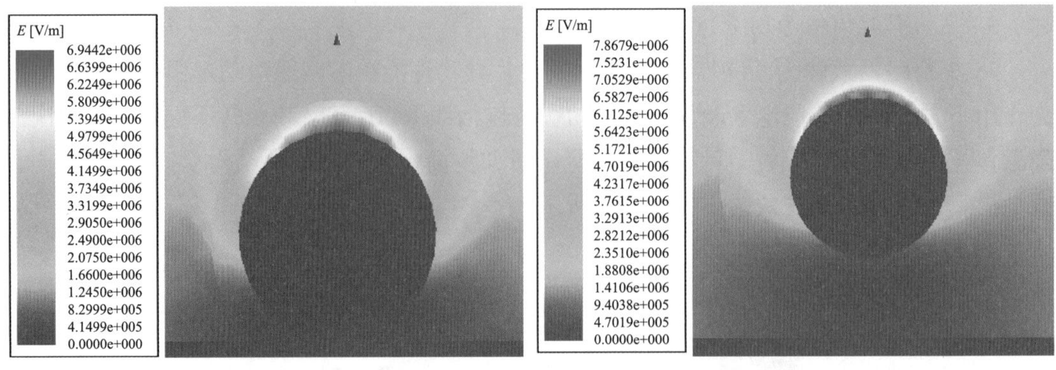

图 7－46　微粒在地电极上的电场分布　　图 7－47　微粒距下极板 1mm 电场分布

7.3　某站“2020.1.3”GIS 75611 隔离断路器 C 相气室内部放电故障

7.3.1　概述

1. 故障概述

2020 年 1 月 3 日 15 时 48 分，某换流站 750kV Ⅰ母 PCS－915、CSC－150 保护装置差动动作，7512、7521、7531、7541、7551、7561、7571、7581、75A1 断路器保护动作，故障电流 26.5kA。

2. 设备概况

该站 800kV GIS 型号为 ZF27－800，生产日期为 2018 年 9 月 15 日。

7.3.2　设备检查情况

1. 现场检查情况

经气体成分分析，发现 75611 C 相隔离开关 F18 间隔气室中的 SO_2 含量 157.9μL/L、H_2S 含量 2.3μL/L，CO 含量 5μL/L，初步判断 75611 隔离开关气室内部存在放电现象，故障位置如图 7－48～图 7－50 所示，母线差动保护装置动作报告如图 7－51 所示。

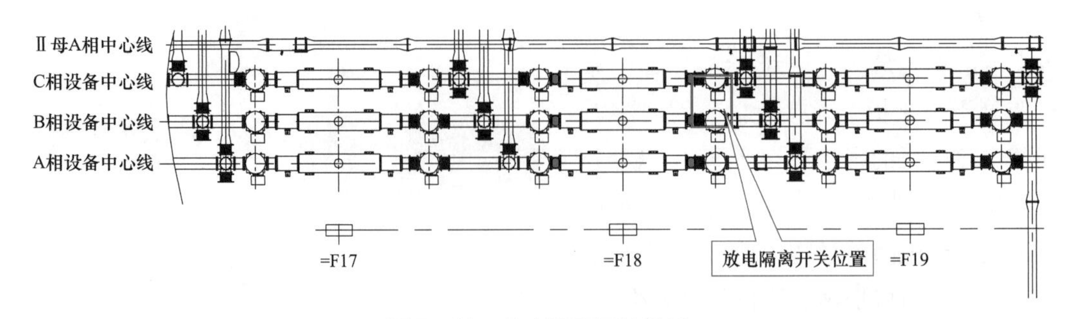

图 7－48　放电隔离开关位置

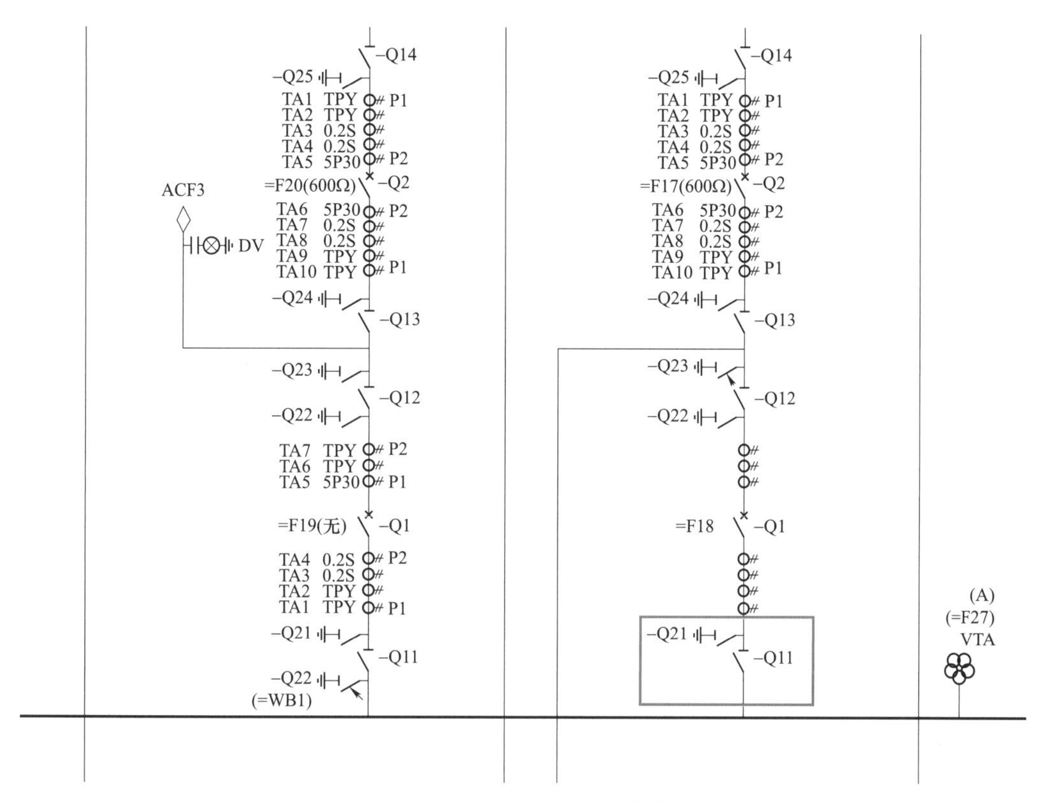

图 7-49 放电隔离开关主接线位置

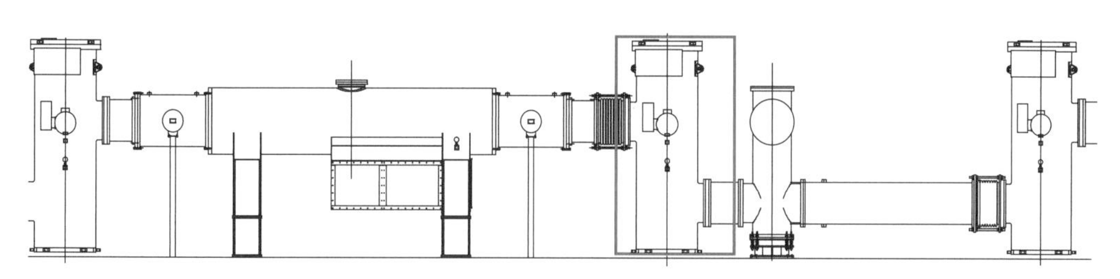

图 7-50 故障隔离开关位置

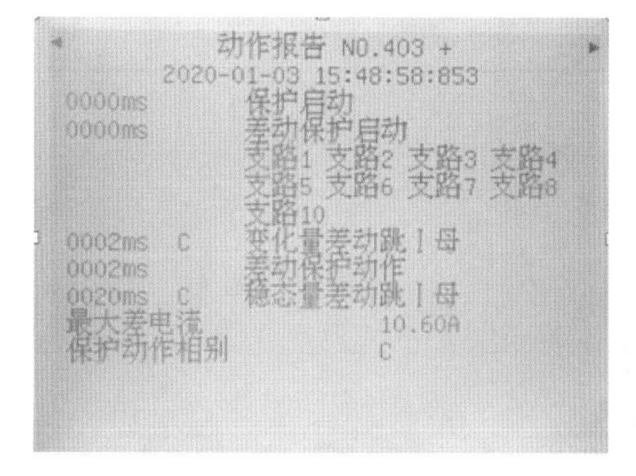

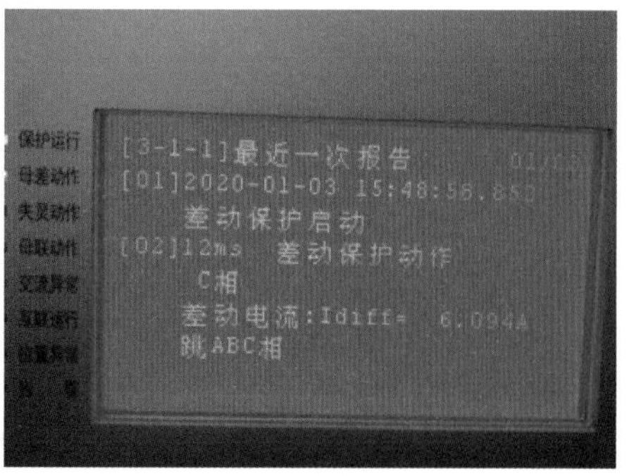

图 7-51 母线差动保护装置动作报告

2. 返厂解体检查

1 月 10 日，对故障隔离开关进行返厂解体检查，解体发现隔离开关动端绝缘支撑筒被熏黑，无放电路径，绝缘支撑筒下屏蔽和上屏蔽板有严重的烧蚀痕迹，对应绝缘支撑筒下屏蔽烧蚀位置的筒壁上有烧蚀熔痕，未发现异物残留及其他异常。分析放电路径为：首先绝缘支撑筒下屏蔽对上屏蔽板放电，然后绝缘支撑筒下屏蔽对筒体放电。放电路径如图 7－52 所示。

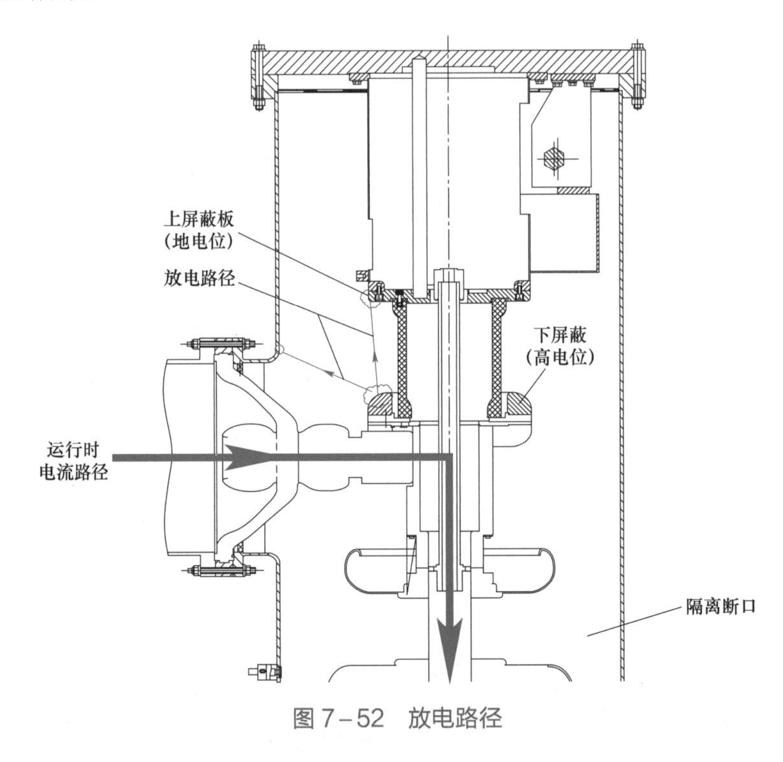

图 7－52　放电路径

（1）隔离开关上拔口盆式绝缘子（见图 7－53）及电连接上有分解物覆盖，其余无异常。

图 7－53　上拔口盆式绝缘子

（2）动端绝缘支撑筒圆周 60° 范围内有黑色覆盖层，表面无闪络路径，清洁后检查无闪络痕迹。绝缘支撑筒下屏蔽罩在圆周 60° 范围内烧蚀严重，下屏蔽板对应的位置烧蚀严重。上绝缘支撑筒及屏蔽罩如图 7－54 所示。

(a) 清洁前的上绝缘支撑筒及屏蔽罩

(b) 清洁后的上绝缘支撑筒及屏蔽罩

图 7－54　上绝缘支撑筒及屏蔽罩

（3）筒体内壁上有烧熔的痕迹，位置为绝缘支撑筒下屏蔽罩烧蚀位置对应的位置。筒体内壁上的烧熔痕迹如图 7－55 所示。

（4）隔离开关静端位置未发现异常。隔离开关静端位置如图 7－56 所示。

（5）其他位置未发现异常，未发现异物残留。

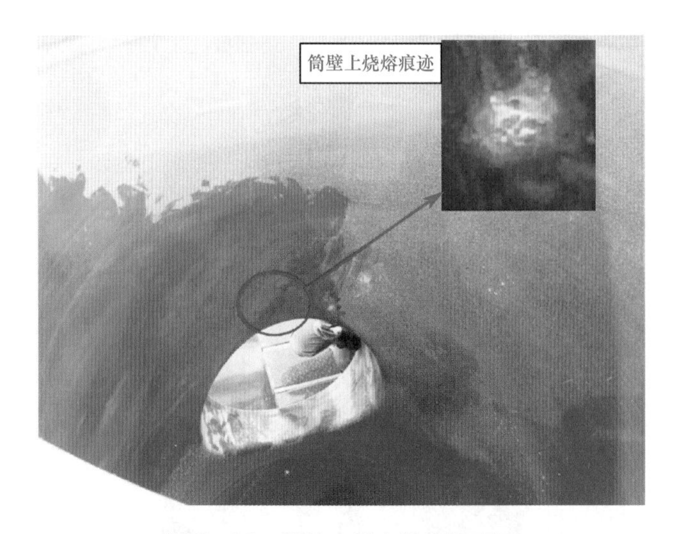

图 7－55　筒体内壁上的烧熔痕迹

图 7－56　隔离开关静端位置

7.3.3 故障原因分析

通过现场检查，发现隔离开关上绝缘筒高电位屏蔽环与地电位屏蔽罩间的绝缘筒存在大面积放电痕迹，绝缘筒两侧两个屏蔽烧蚀严重，对应的外壳内壁有放电烧灼痕迹，电弧烧灼的周边器件表面附着大量的白色粉末，其他部位未见异常。

分析认为绝缘筒高电位灼伤面积窄，低电位宽，放电通道应从高电位屏蔽到低电位屏蔽。低电位屏蔽放电痕迹远离绝缘筒沿面，推断是两个屏蔽间先发生放电，电弧熏黑绝缘件沿面，轻擦绝缘筒表面后无爬电痕迹，也验证了放电主通道未发生在绝缘筒表面。因此，认为此次故障为异物引起气隙放电，属于小概率个案事件。

异物来源分析：异物可能藏匿在隐蔽缝隙处，在隔离开关现场长期带电运行后，异物在电场电磁振动等作用下移出，坠落过程中畸变电场导致放电。

7.4 某站“2020.5.9”GIS 5221 断路器 C 相线路侧 TA 气室内部放电故障

7.4.1 概述

1. 故障概述

2020 年 5 月 9 日，某换流站 500kV Ⅰ母及某二线检修完成。5 月 10 日 2 时 19 分，按调度令将 500kV Ⅰ母转充电状态正常；4 时 6 分，按调度令将某二线转热备用正常；4 时 52 分，由某变电站对某二线进行充电；4 时 52 分 17 秒 592 毫秒，某二线 1、2 号保护相继动作，选相 C 相，1、2 号保护电流差动均动作；4 时 52 分 17 秒 597 毫秒，500kV Ⅰ母 1、2 号母线差动保护相继动作，故障相 C 相，跳开 5141、5122、5151、5251 断路器。

2. 故障前运行情况

（1）交流系统：① 500kV 1、2 号母线运行；② 500kV 61、63、64 号母线运行，62 号母线检修，全站小组交流滤波器检修。

（2）站用电系统：511B 检修，512B 及 303B 运行。

（3）直流系统：直流双极直流系统检修状态。

3. 设备概况

该站 500kV GIS 型号为 ZF15－550，采用 3/2 接线方式，第二串 5121 断路器为备用间隔，第三串为不完整串。500kV Ⅰ母共接有 9 个断路器，分别为 5111、5122、5141、5151、5211、5221、5231、5241、5251 断路器。

7.4.2 设备检查情况

1. 现场检查情况

（1）保护动作情况。检查故障录波波形，在故障前，某站某二线两套线路保护均无电流，故障时刻，线路 A、B 相相电压为 325～365kV，C 相相电压 0kV，差动电流 2.76A（二次值，变比 5000），故障相判断为 C 相。对侧某变电站某二线两套线路 C 相电流、差动电流均为 3.5A（二次值，变比 4000），距离加速、零序加速、电流差动保护动作，发联跳信号至某站线路保护。

与此同时，因某站 5222 断路器在检修状态，操作电源断开，5222 断路器分闸位置继电器动合触点丢失，某二线线路保护切换把手切至正常状态，线路保护判断 5222 断路器在合闸位置。故障发生时，保护判某侧为弱电源侧，低压差动电流保护启动元件动作，当收到变电站联跳信号后，线路保护动作。某二线 1、2 号保护波形如图 7-57、图 7-58 所示。

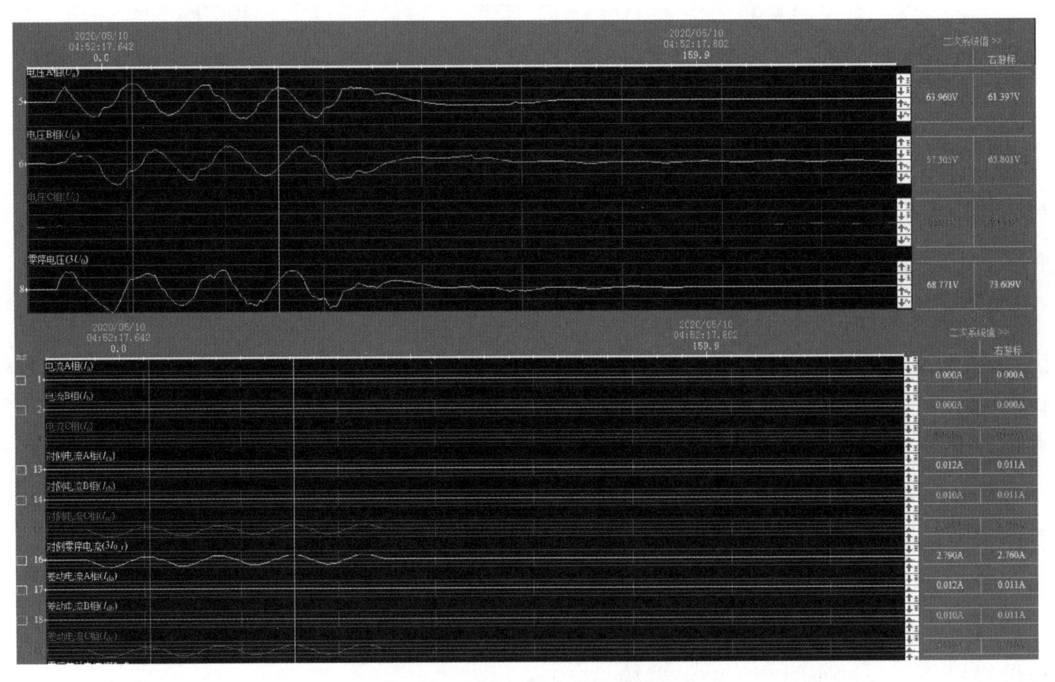

图 7-57　某二线 1 号保护波形

500kV 1 号母线两套母线差动保护动作，差动电流 2.98A，达到保护动作值，保护动作正确，IC06 支路（某二线 5221 断路器 TA）电流最大为 2.71A。500kV 1 号母线 1、2 号保护波形如图 7-59、图 7-60 所示。

因某二线及 1 号母线的母线差动保护同时动作，可以确认故障发生在以上保护的重叠区域，即 5221 断路器及其 TA。同时两套线路保护 C 相无电流，表明故障点位于 5221 断路器及其靠线路侧 TA 部位。虽然故障时刻断路器并未合闸，但在线路对侧充电后形成短路。因本侧低电压启动，差动电流满足，差动动作跳闸跳开线路，但因某本侧断路器皆在分位，后因故障未切除且在母线保护范围，因此母线差动动作跳开 1 母切除故障。5221 间隔保护配置如图 7－61 所示。

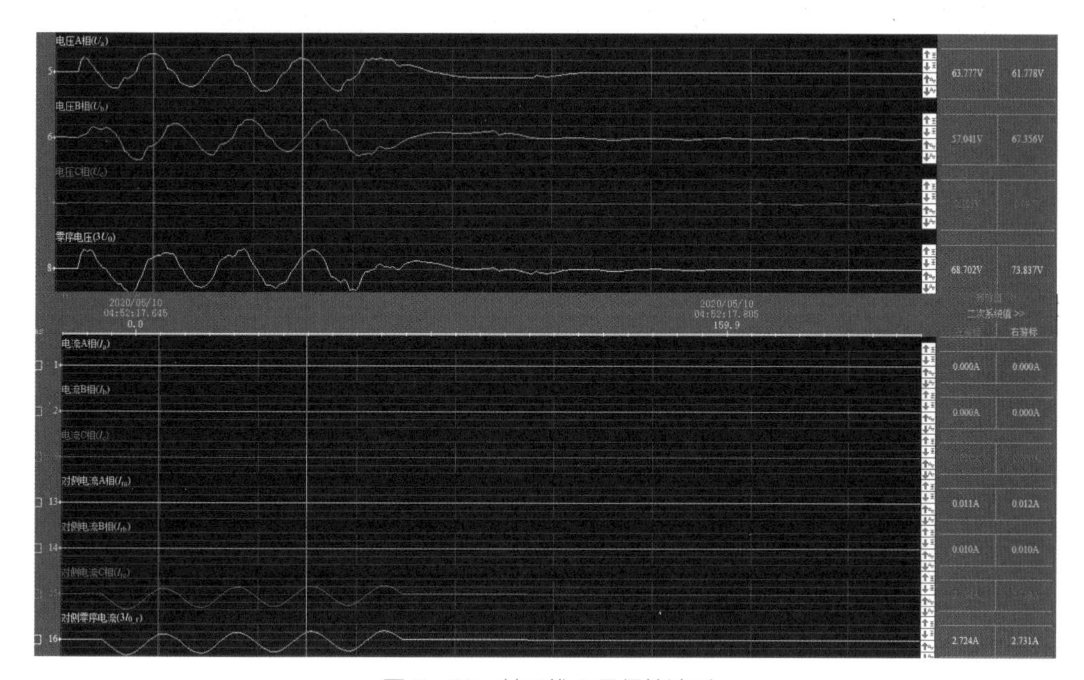

图 7－58　某二线 2 号保护波形

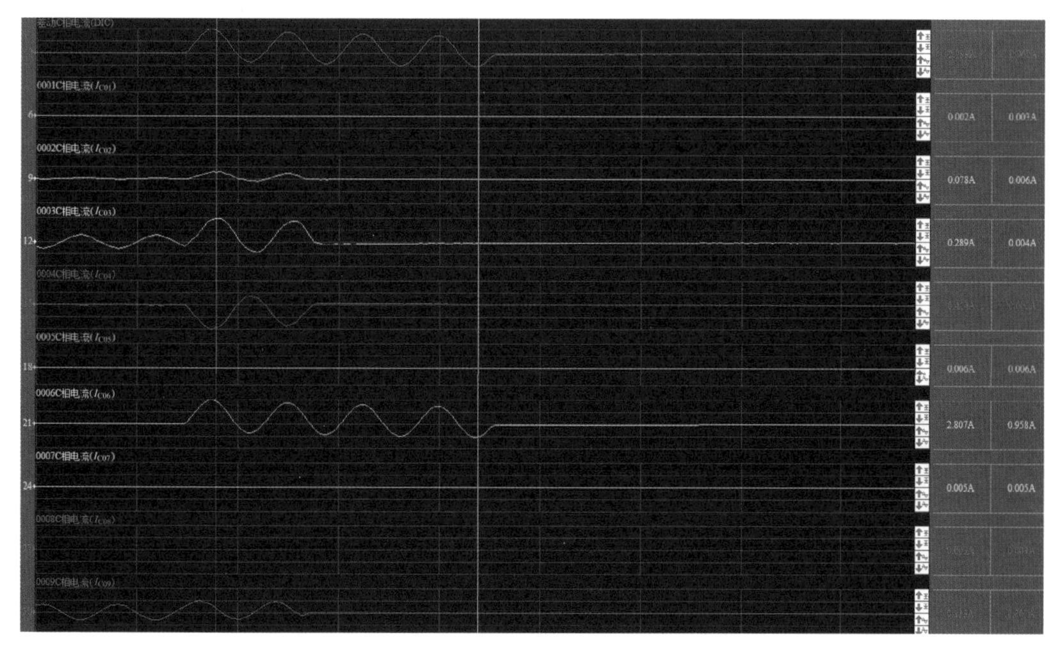

图 7－59　500kV 1 号母线 1 号保护波形

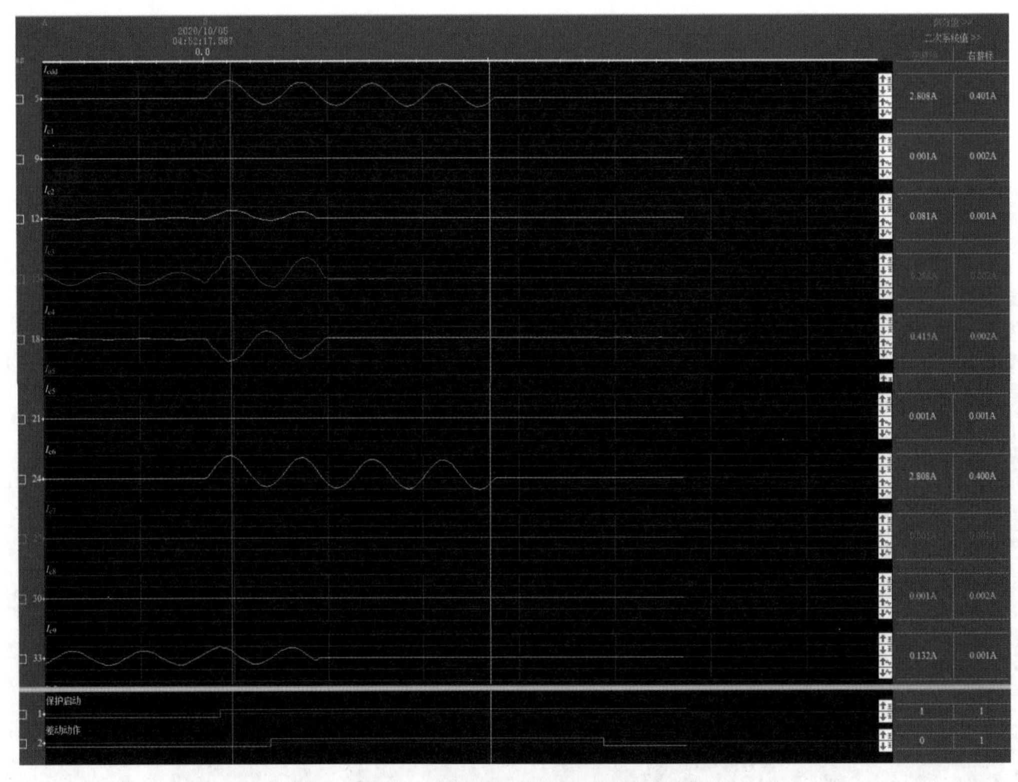

图 7-60　500kV 1 号母线 2 号保护波形

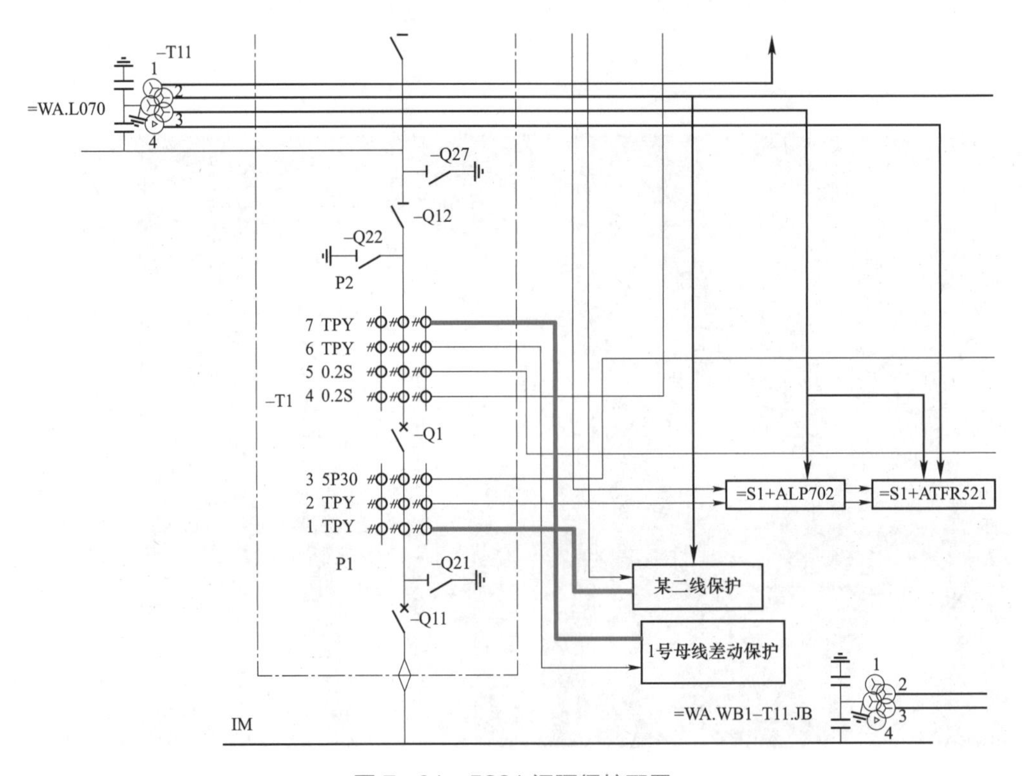

图 7-61　5221 间隔保护配置

（2）一次设备检查情况。现场对故障区域设备分解物进行检查，该间隔气室压力均正常，5221 断路器 C 相靠线路侧 TA 气室分解物超标，与故障定位分析吻合，其余部位未发现异常情况。5221 断路器 C 相靠线路侧 TA 气室示意图、5221 断路器 C 相靠线路侧 TA 气室气体分解物检测结果如图 7－62、图 7－63 所示。

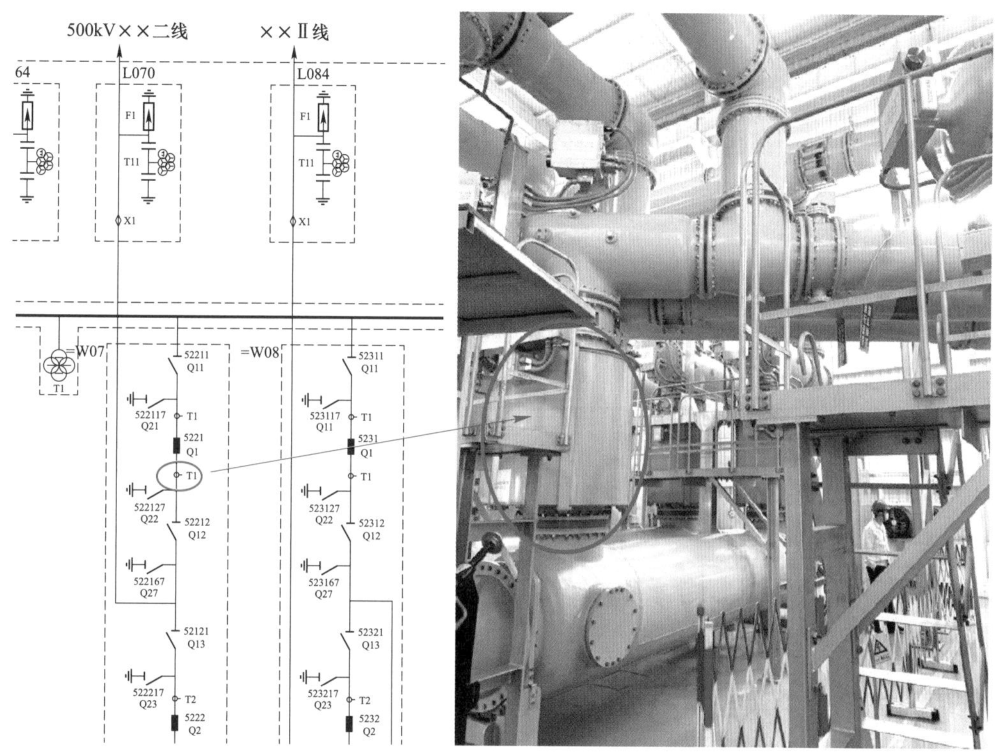

图 7－62　5221 断路器 C 相靠线路侧 TA 气室示意图

2. 解体检查

5 月 11 日，完成气室回气打开故障 TA 气室后发现，TA 靠断路器侧盆式绝缘子存在放电痕迹。均压罩放电痕迹如图 7－64 所示。

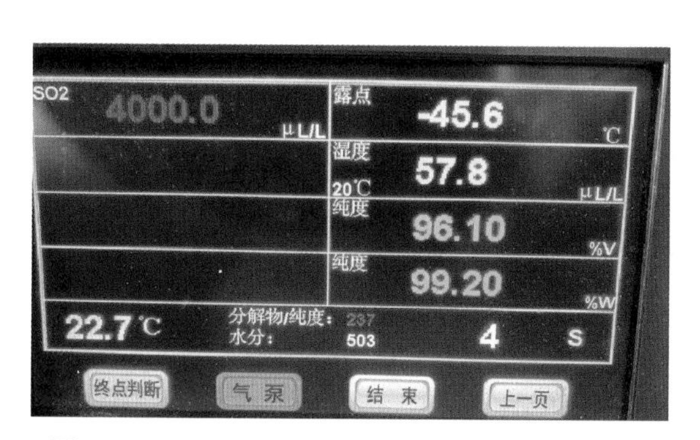

图 7－63　5221 断路器 C 相靠线路侧 TA 气室气体分解物检测结果

图 7－64　均压罩放电痕迹

分析放电痕迹可知，主要放电点如下：

（1）盆式绝缘子表面存在沿面放电痕迹，从绝缘盆表面延伸至 TA 气室外壳。盆式绝缘子放电痕迹如图 7－65 所示。

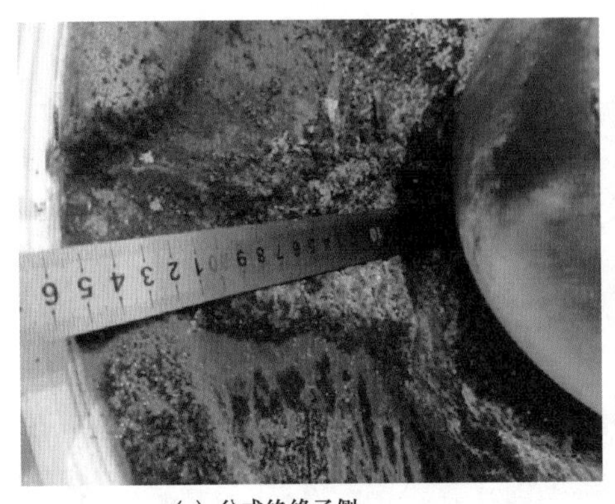

(a) 盆式绝缘子侧

(b) TA 外壳侧

图 7－65　盆式绝缘子放电痕迹

（2）在触头均压罩处存在两处击穿位置，相对应 TA 气室外壳也存在放电痕迹，与其相连的导体表面发黑。触头均压罩等位置放电痕迹如图 7－66 所示。

(a) 盆式绝缘子侧击穿位置 1

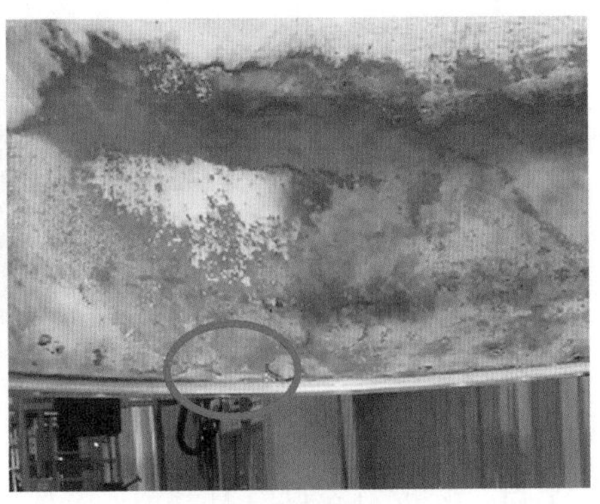

(b) TA 外壳侧位置 1

(c) 盆式绝缘子侧击穿位置 2

(d) TA 外壳侧位置 2

图 7－66　触头均压罩等位置放电痕迹（一）

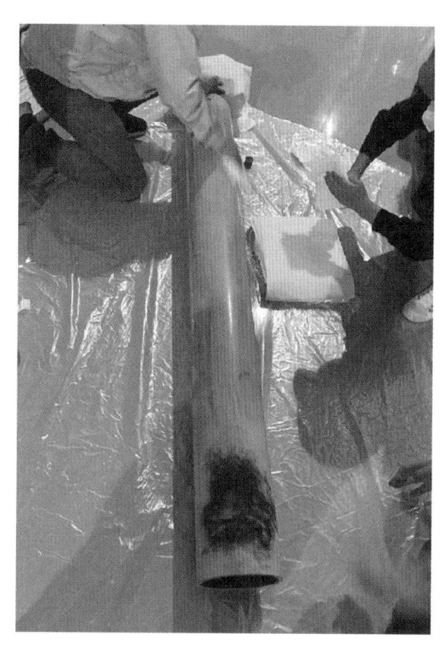

(e) 导电杆表面发黑

图 7-66 触头均压罩等位置放电痕迹（二）

7.4.3 故障原因分析

分析故障原因为气室内的杂质在 TA 气室内聚集在盆式绝缘子底部行程沿面放电，气室内 SF_6 介电强度剧烈变化造成触头屏蔽环被击穿。

7.5 提 升 措 施

1. 运维措施

（1）断路器出厂前应严格按反措要求开展机械操作磨合。

（2）断路器厂内及现场安装过程中，应严格把控气室内部清理、润滑脂涂覆等工艺，制定标准化安装流程，留存安装记录。

（3）建议加大对投运前 2 年 GIS 带电检测频次，及早发现设备由于安装工艺不当等产生的早期内部放电问题。

（4）按周期开展 GIS 超声波局部放电、特高频局部放电、SF_6 气体分解产物等带电检测项目。

（5）开展特高频局部放电等在线监测技术应用，及早发现设备潜伏性缺陷。

2. 选型措施

（1）组合电器盆式绝缘子应尽量避免水平布置，尤其要避免凹面朝上，或断路器、隔离开关/接地开关等具有插接式运动磨损部件的气室下部，避免触头动作产生的金属屑造成运行中的GIS放电。

（2）组合电器采取快速暂态过电压（VFTO）抑制措施，防止隔离开关操作导致气室内部击穿。

（3）组合电器TA建议考虑外置式结构，提升运行稳定性。

（4）组合电器建议加装特高频内置传感器，或盆式绝缘子处预留测试浇注口，便于开展气室内部局部放电检测。

8 交流GIS内部组部件故障

8.1 某站“2022.5.8”GIS 50212隔离开关A相气室盆式绝缘子放电

8.1.1 概述

1. 故障概述

2022年5月8日0时9分25秒，某换流站监控后台报62号母线双套母线差动保护动作，第二大组交流滤波器出线跳闸，跳开500kV 5021、5022断路器。极Ⅰ低端阀组、极Ⅱ低端阀组各发生1次换相失败。故障前直流双极四阀组全压方式运行，输送功率2047MW，62号母线所接小组滤波器均处于热备用状态，故障未造成直流功率损失，现场天气晴。

2. 设备概况

该站500kV GIS型号为IFT，2020年8月生产制造，2021年6月投入运行。

8.1.2 设备检查情况

1. 现场检查情况

5021、5022断路器处于分闸位置，GIS室SF_6气体浓度检测装置报SF_6气体浓度异常，50212隔离开关A相气室SF_6压力计显示压力为0.4MPa（告警值0.55MPa），一体化在线监测系统显示压力为0.48MPa（告警值0.55MPa），62号母线出线A相1号气室SF_6压力计显示压力为0.35MPa（告警值0.4MPa），一体化在线监测系统显示对应压力为0.384MPa（告警值0.4MPa）。

现场检查发现50212隔离开关A相气室与62号母线出线1号气室之间的隔离盆式绝缘子有较明显的放电痕迹。50212隔离开关A相气室、6号母线出线A相1号气室SF_6压力持续快速下降，于5月8日下降为0。主接线图、现场实物如图8-1、图8-2所示。

交流滤波器场一次设备检查情况：62号母线出线、5621交流滤波器、5622交流滤波器、5623并联电容器间隔一次设备无异常。

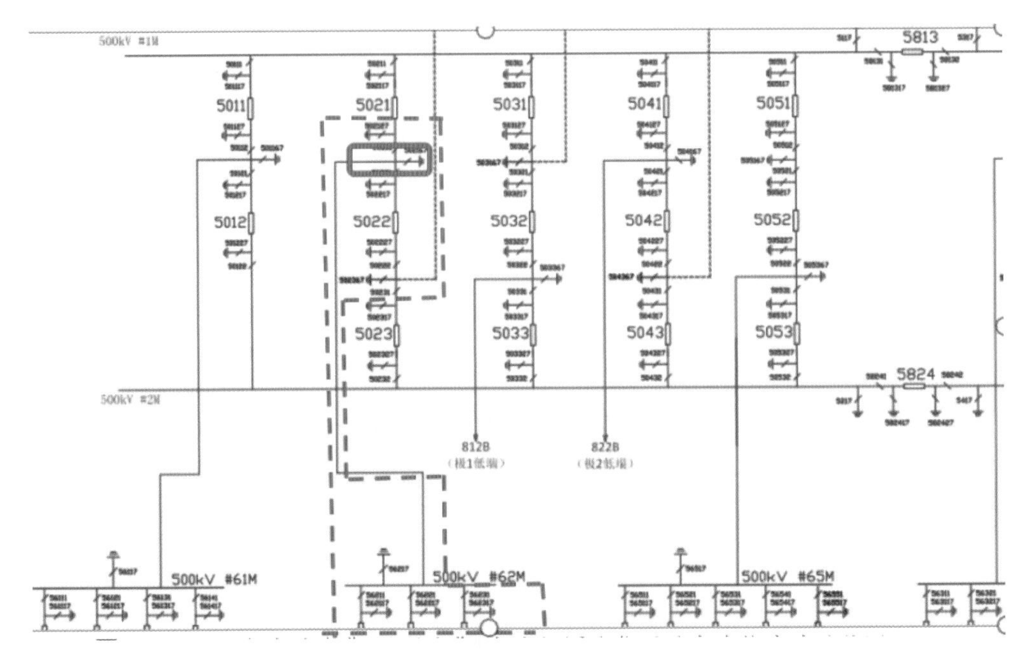

图 8－1　主接线图

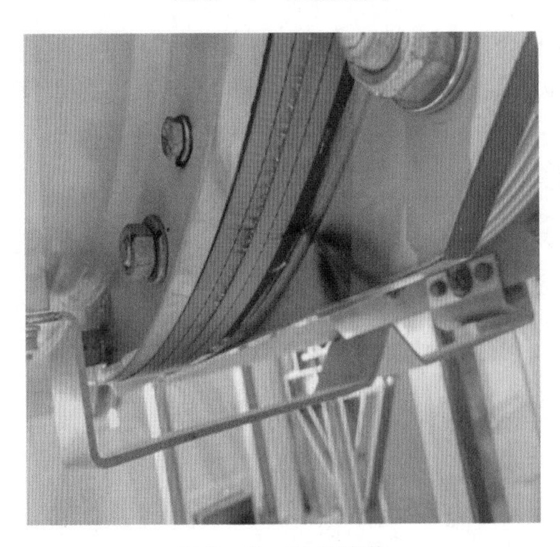

图 8－2　现场实物

二次设备检查情况：62 号母线出线保护 A、B 套差动保护正确动作，母线差动保护 A 相故障，跳开 5021、5022 断路器，二次设备无异常。

2. 现场开盖检查情况

现场打开 50212 隔离开关 A 相手孔盖和 A 相 62 号母线 1 号连接管手孔盖，检查发现竖置式盆式绝缘子在 62 号母线 1 号连接管侧下半部分有明显的放电痕迹，中间有一条崩裂的缝隙，连接管的伸缩节内部下表面有熏黑痕迹，连接管内有崩裂的盆式绝缘子碎片，导体上和壳体内壁上分布白色粉末；隔离开关内也有盆式绝缘子崩裂的碎片，水平布置盆式绝缘子良好，未发现放电点；62 号母线 1 号气室内也未发现有放电点。现场开盖检查情况如图 8－3 所示。

(a) 连接管侧现象

(b) 连接管内碎片及分解粉末

(c) 隔离开关内情况（局部）

(d) 隔离开关内情况

(e) 伸缩节情况

(f) 盆式绝缘子凹侧情况

(g) 盆式绝缘子凹侧情况（局部放大）

(h) 盆式绝缘子凸侧情况

图 8-3　现场开盖检查情况

3. 返厂解体检查

对返厂的62号母线相关管型母线进行分解确认，相关尺寸符合要求，未发现导体、触头异常受力情况。返厂解体检查情况如图8－4所示。

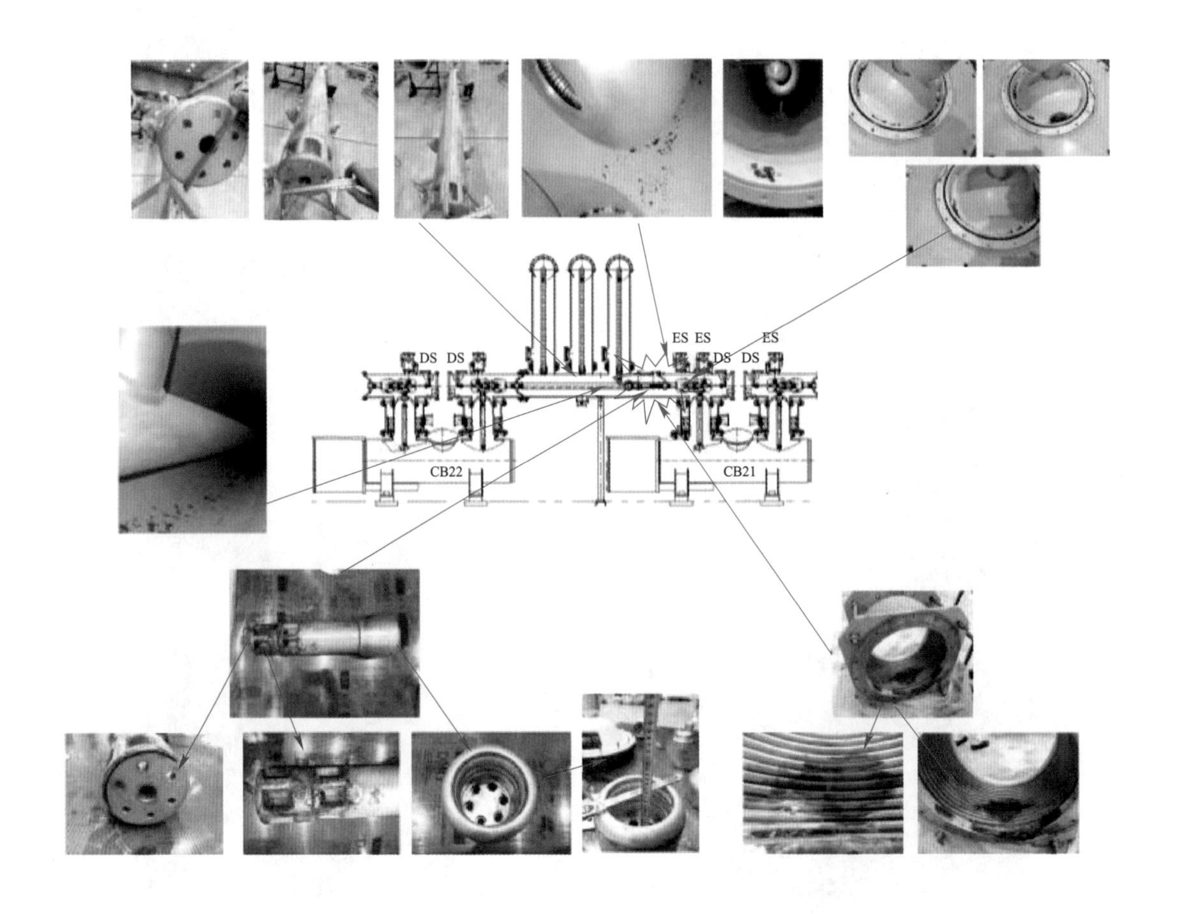

图8－4　返厂解体检查情况

8.1.3　故障原因分析

盆式绝缘子发生炸裂放电的原因为绝缘子内部可能有细微裂纹缺陷或绝缘件内部制造过程中存在缺陷，可能是在某个环节中盆式绝缘子受力引起内部微小裂纹缺陷，长期带电运行后，受温度变化等因素影响，裂纹向盆式绝缘子中心延伸、扩大，裂纹部位发生电场畸变，故障电流29kA，能量较大，造成盆式绝缘子烧蚀贯通，从而导致放电，盆式绝缘子沿面电场分布如图8－5所示。这种放电通道可排除表面脏污、异物等原因引起。

盆式绝缘子内部裂纹可能是在装箱、拆箱、装配或整体转运过程中产生的，由于操作不当造成盆式绝缘子受外力产生微小裂纹，经运行一段时间后裂纹扩大造成放电。

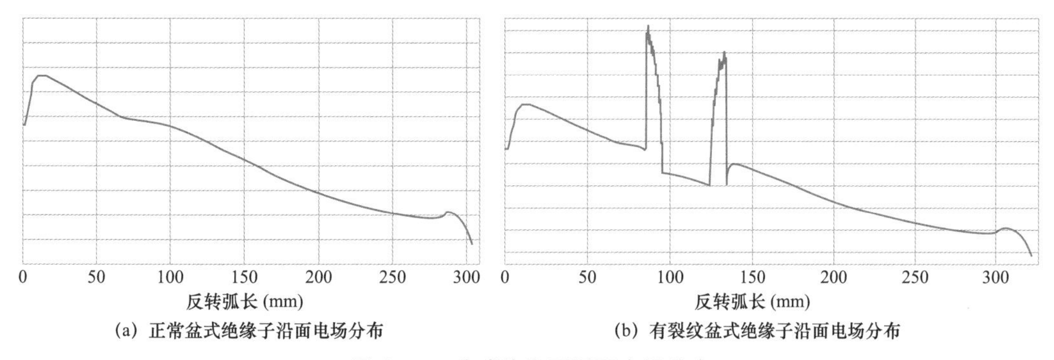

图 8-5 盆式绝缘子沿面电场分布

8.2 某站"2021.7.27""2022.7.15"GIS 1号主变压器分支母线 B 相气室内部放电故障

8.2.1 概述

1. 故障概述

2021 年 7 月 27 日，1 号主变压器间隔 B 相分支母线 2 气室发生单相接地故障，最大故障电流 22.6kA，导致 1 号主变压器三侧断路器跳闸，故障持续时间约为 54ms。当日天气晴朗，气温约为 19.7℃。

2022 年 7 月 15 日，1 号主变压器间隔 B 相分支母线 4 气室发生单相接地故障，最大故障电流 16kA，导致 1 号主变压器三侧断路器跳闸，故障持续时间为 49.4ms。当日天气阴转小雨，故障时气温约为 16℃。

两次故障前电网电压、电流等参数均无异常，站内直流设备区设备、750kV 设备、330kV 设备和 66kV 设备均正常运行，站内无操作。经核查确认保护装置均正确动作。

2. 设备概况

某换流站 330kV GIS 1 号主变压器分支母线为甲厂家生产的 ZF15－363 型断路器，2012 年 11 月生产，2013 年 6 月投运；其余均为乙厂家生产的 ZF9－363 型断路器，2011 年 4 月生产，2011 年 9 月投运。330kV GIS 主母线额定电流为 6000A，分支母线额定电流为 4000A、短时耐受电流为 50kA。

8.2.2 设备检查情况

1. 2021 年故障设备检查情况

（1）现场检查。现场检查发现 B14 安装波纹管正下方被烧穿形成长宽约 10cm×4cm 的孔洞，波纹管底部导流排被部分熔断，故障位置外观如图 8－6 所示。波纹管东侧为导通式盆式绝缘子（以下简称"盆子"），盆子凹侧表面有大量故障分解物喷溅痕迹，且约 7 点钟方向有一条黄色凸起痕迹；导体与盆子对接处屏蔽罩底部被完全烧穿；导体可见部分共被烧出四处孔洞，其中正下方位于屏蔽罩外沿处的位置被烧出一长宽约 4.7cm×3.7cm 的不规则孔洞，该孔洞面积最大且位置与波纹管烧穿位置基本一致，判断为主故障点。故障细节如图 8－7 所示。

图 8－6　故障位置外观

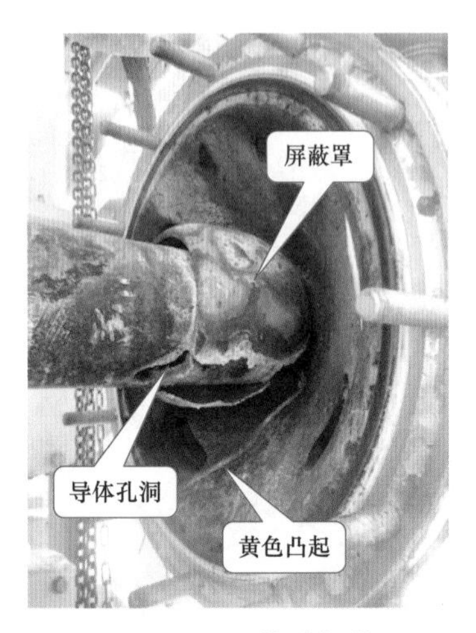

图 8－7　故障细节

（2）解体检查。故障后触头和导体熔炼成一体，使用电火花切割机对其进行切割分离，切割分离检查情况如图 8－8 所示。观察图 8－8 发现，导体与触头间接触面分界较为清晰，接触面存在铝球状熔融物，端部基本完全接触，导体和触头内表面均存在大量炭黑色分解附着物，最大孔洞轴向位置位于三圈压紧弹簧处，且最大孔洞在接触面的烧蚀面积大于导体外部，呈现明显的由接触面向两侧烧熔扩散的痕迹。未被烧熔的弹簧槽及其内部弹簧清晰可见，未见明显的弹簧形变或被脱出弹簧槽的情况。

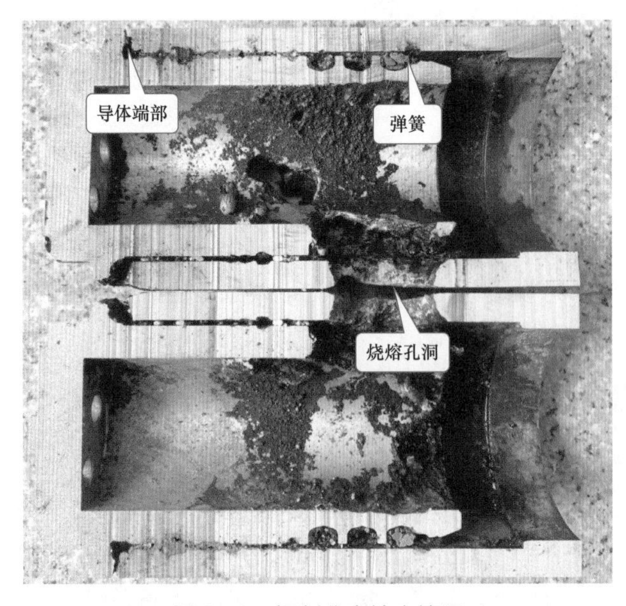

图 8－8　切割分离检查情况

2. 2022 年故障设备检查情况

（1）现场检查。现场检查发现 4 气室气体组分超标，各特征气体含量为 SO_2 为 24.3μL/L、H_2S 为 3.6μL/L、CO 为 46.2μL/L，其余气室组分无异常，判断该气室内部发生放电，并且根据 CO 含量推测放电涉及固体绝缘。故障位置如图 8－9 所示。

图 8－9　故障位置

将该气室按照自西向东方向从第一节筒体进行解体检查，发现故障点位于第 4 节筒体东侧盆子凸侧（盆子西侧为凸侧，东侧为凹侧，下同）触头处。触头座正下方、插入触头座部分导体正下方和屏蔽罩正下方各贯穿烧熔出一个长宽约为 5cm×3cm 的孔洞；三圈弹簧触指正下方部分已被完全烧熔、其余部位已烧黑、断裂；盆子、屏蔽罩及邻近故障点的导体、筒体内表面有大量分解产物喷溅痕迹，盆子表面 9 点钟方向有一道凸起痕迹，从中心导电位置贯穿至法兰；筒体内底部有少量凝固的铝液；盆子密封圈未见受损，盆子金属法兰和筒体内壁未见明显电弧烧蚀痕迹。具体情况如图 8－10～图 8－15 所示。

通过现场检查发现，此次故障现象与 2021 年故障现象高度相似，即触头和导体间过热导致局部热熔。

图 8－10　触头南侧

图 8－11　触头北侧

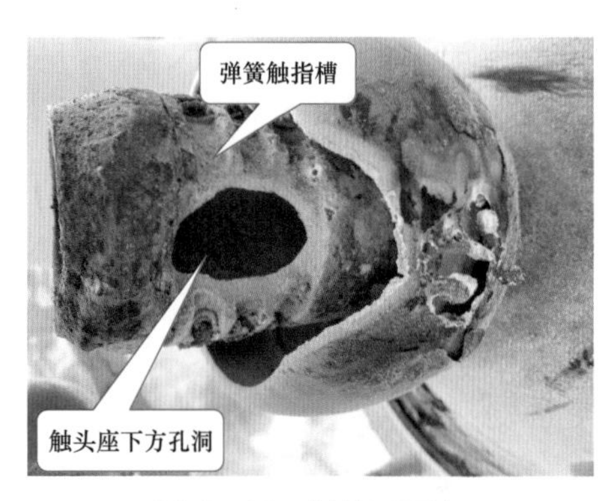

图 8－12　触头正下方

图 8－13　弹簧触指

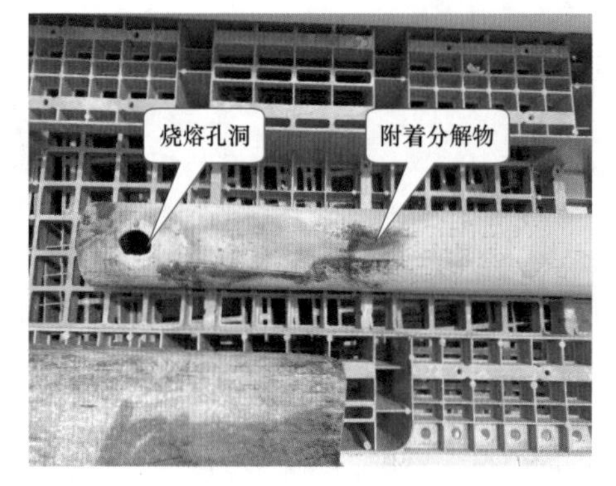

图 8－14　故障处导体

图 8－15　故障处筒体内壁

（2）非故障触头检查。触头座、导体和屏蔽罩材质均为 6 系铝合金，弹簧材质为钴青铜（铜钴二铍，CuCo2Be），弹簧表面、弹簧槽表面和触头座与盆子对接端部均镀银，经现场检测镀银层成分及厚度均满足要求，正常弹簧触头如图 8－16 所示。对 A、B 相非故障部位触头解体检查时发现，弹簧触指镀银层表面和触头弹簧槽镀银层表面基本呈红褐色，经百洁布打磨后恢复亮银色，如图 8－17 所示，少部分呈正常亮银色，两处弹簧呈现暗灰色，如图 8－18 所示；大量非故障触头弹簧存在正下方弹簧圈发蓝的情况，如图 8－19 所示；非故障导体内壁与弹簧接触的位置存在发黑现象，如图 8－20 所示。

图 8－16　正常弹簧触头

图 8－17　A 相 4 气室触头

图 8－18　B 相 2 气室触头

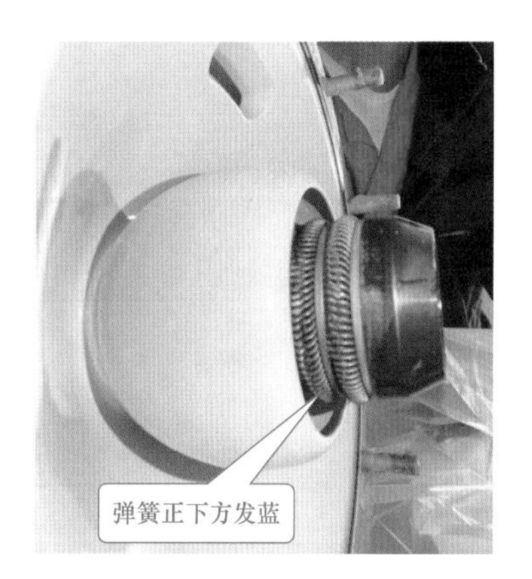

图 8－19　下方弹簧圈发蓝

发蓝弹簧为金属材料经高温灼烧后形成的颜色，表明弹簧下半圈曾长期经历高温；弹簧暗灰色为 2021 年该位置抢修时，弹簧和触头表面打磨处理后回装，在运行过程中逐渐呈现暗灰色。

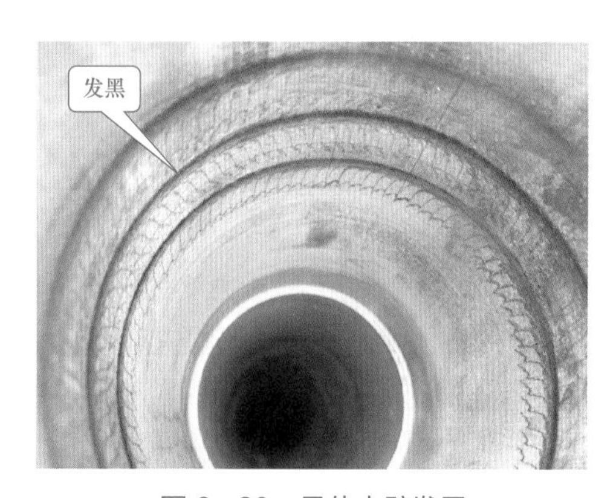

图 8－20　导体内壁发黑

（3）弹簧材质检测。截取非故障位置弹簧簧丝进行扫描电镜电子能谱分析，簧丝断面放大形貌、簧丝成分检测结果如图 8－21、图 8－22 所示。弹簧簧丝材质为 CuCo2Be，由于 Be 元素为超轻元素，其特征 X 射线能量较低，因此在电子能谱分析中无法检测到此类元素，其余两种元素均符合要求。

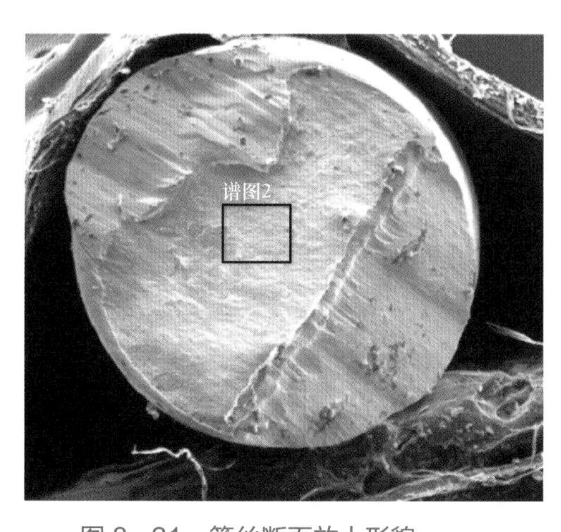

图 8－21　簧丝断面放大形貌

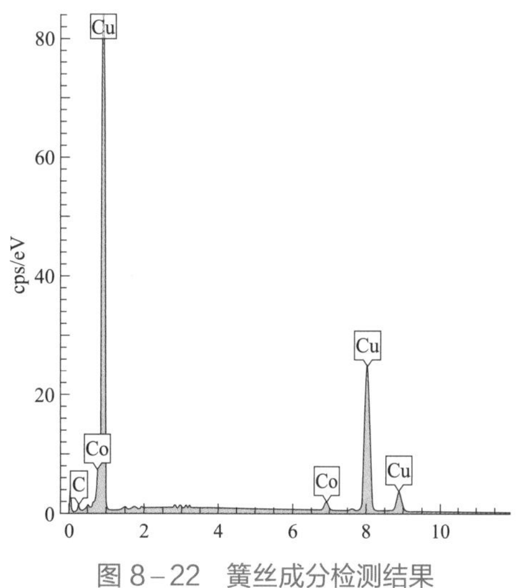

图 8－22　簧丝成分检测结果

对非故障位置弹簧簧丝表面的红褐色物质进行电子能谱分析，簧丝表面放大形貌、红褐色物质成分检测结果如图 8－23、图 8－24 所示。

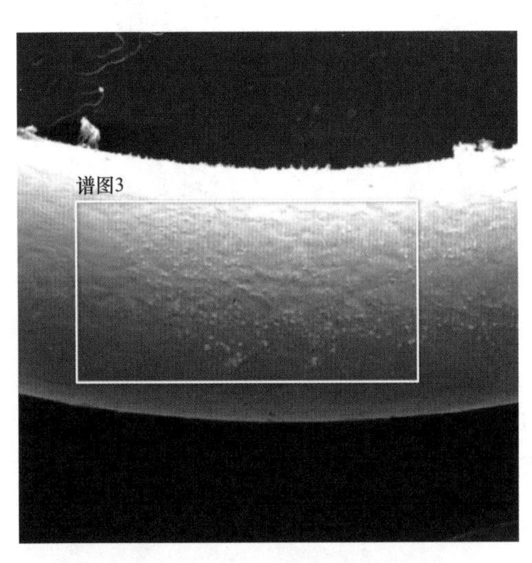

图 8-23　簧丝表面放大形貌

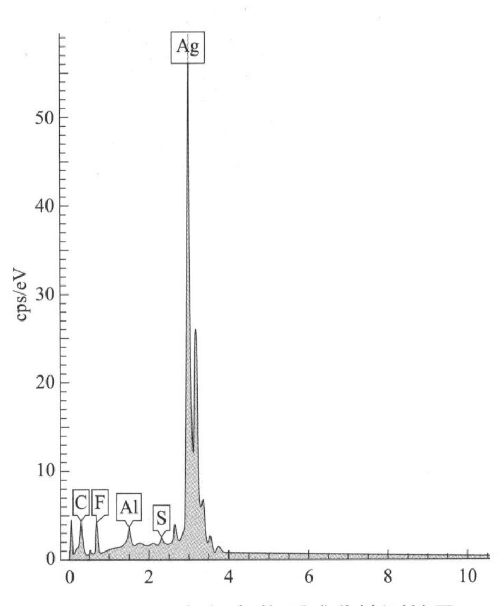

图 8-24　红褐色物质成分检测结果

经检测，红褐色物质主要为 Ag 元素，同时含有少量的 S、F、Al 元素，表明该物质为 Ag 和 F、S 两种元素在高温等特定条件下生成的 AgF 和 Ag_2S。综合上述非故障触头检查检测结果发现，该分支母线触头位置普遍存在发热现象，弹簧下半圈尤为严重。

（4）非故障弹簧尺寸测量。使用游标卡尺对 B 相非故障位置弹簧尺寸进行检查发现，部分弹簧尺寸不均匀，测量其厚度发现，有过热发蓝痕迹的正下方弹簧圈厚度为 10.60mm，正上方弹簧圈厚度为 10.30mm，弹簧尺寸测量结果如图 8-25 所示。

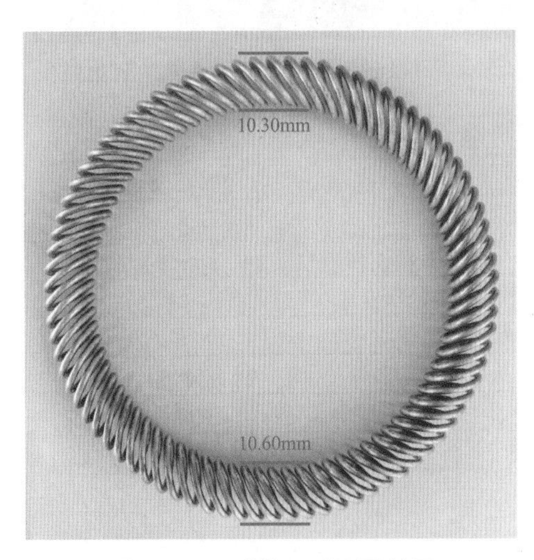

图 8-25　弹簧尺寸测量结果

测量结果表明，部分弹簧已发生塑性形变，其被导体内壁压缩的上半部分厚度比下半部分薄，发生塑性形变的原因为弹簧持久稳定性不足，在长期导体重力作用下逐渐蠕变。

（5）弹簧规格检查。现场对故障气室、非故障气室和备品备件检查时发现，同一结构分支母线所使用弹簧规格存在差异如下：① 原安装弹簧总圈数为 82 圈，某处触头三条弹簧总圈数均为 81 圈，备品备件弹簧总圈数为 81 圈，设计图纸总圈数为 81 圈；② 原安装弹簧簧丝直径为 1.40mm，原安装的一处（见图 8-18）触头三条弹簧簧丝直径为 1.28mm。

上述检查结果表明，该分支母线在基建阶段安装的弹簧规格与设计图纸不一致，厂家对关键组部件的质量把控不严。

（6）导体长度检查。通过对乙厂家与甲厂家分支母线内部导体长度的测量对比发现，乙厂家主母线和分支母线导体长度基本约为 5m，甲厂家 1 号主变压器分支母线导体有 4.5、6.5m 和 7.6m 等多种长度，最大长度差达到 68.9%。

由于结构及材质确定后，触头自身承重能力也被确定，因此两个触头中间承担的导体长度及对应质量应为一确定范围，导体长度差不应过大。

（7）负荷电流查询。为了解 1 号主变压器分支母线负荷电流信息，对站内 2020 年 7 月 26 日～2022 年 7 月 27 日两年遥测历史数据进行了查询，1 号主变压器分支近两年负荷电流曲线如图 8－26 所示。分析图 8－26 发现，该分支负荷电流呈现以下特点：① 冬季电流幅值较夏季小；② 近两年电流整体在一固定区间内波动，无明显上升或者下降趋势；③ 近两年最大电流出现在2021年8月6日，最大幅值为2139.56A，占额定电流幅值的53.4%。

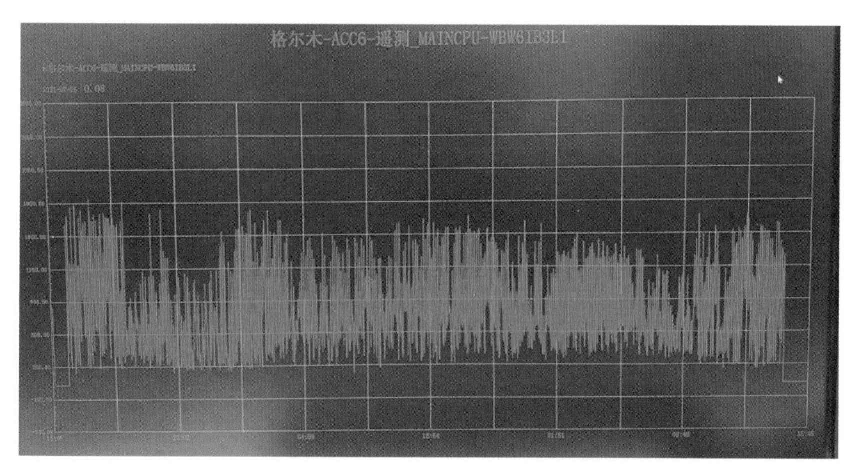

图 8－26　1 号主变压器分支近两年负荷电流曲线

（8）手孔盖设计和吸附剂安装情况。故障气室总长度为 81.5m，仅设计有东、西两个手孔，给现场故障位置快速查找和检修工作带来极大不便。全气室仅安装 1 组吸附剂，根据 GB/T 34320—2017《六氟化硫电气设备用分子筛吸附剂使用规范》规定，SF_6 电气设备其他气室吸附剂用量原则上不低于气室内所充入 SF_6 气体质量的 2%，故障气室内额定压力下气体总质量约为 300kg，吸附剂最小需求量为 6kg，实际配置吸附剂量明显低于需求量。

8.2.3　故障原因分析

1. 触头设计路线

（1）第一种设计路线。

1）设计结构。站内由乙厂家生产的 ZF9－363 型 GIS 分支母线采用第一种设计路线，即触头座为半实心结构、表面有两圈弹簧、端部有塑料导向套，乙厂家触头座如图 8－27 所示。触头座外径为 98mm、导向套外径为 99mm、导体内径为 100mm、弹簧安装在弹簧槽后自由状态下的外径为 102mm。

(a) 乙厂家触头座结构

(b) 乙厂家触头座内部半实心

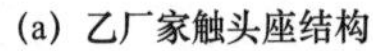

图 8-27　乙厂家触头座

2）运行工况。当导体插入后，假设触头座、弹簧和导体严格保持同心，即不考虑导体重力，则弹簧单边压缩量为 1.0mm，触头不考虑导体重力状态示意图如图 8-28 所示。考虑导体水平布置时的重力，导体内壁会将正上方弹簧圈继续下压，直至弹到导向套上沿，此时正上方弹簧圈继续压缩 0.5mm，而正下方弹簧圈释放 0.5mm，触头正常运行状态示意图如图 8-29 所示。最终导体内壁弹在导向套上沿，正上方弹簧圈压缩量为 1.5mm（最大允许压缩量为 2.0mm）、正下方弹簧圈压缩量为 0.5mm（最小要求压缩量为 0.5mm），其余部位压缩量为 0.5～1.5mm，弹簧周向压缩量及其对应的接触电阻相对均匀。

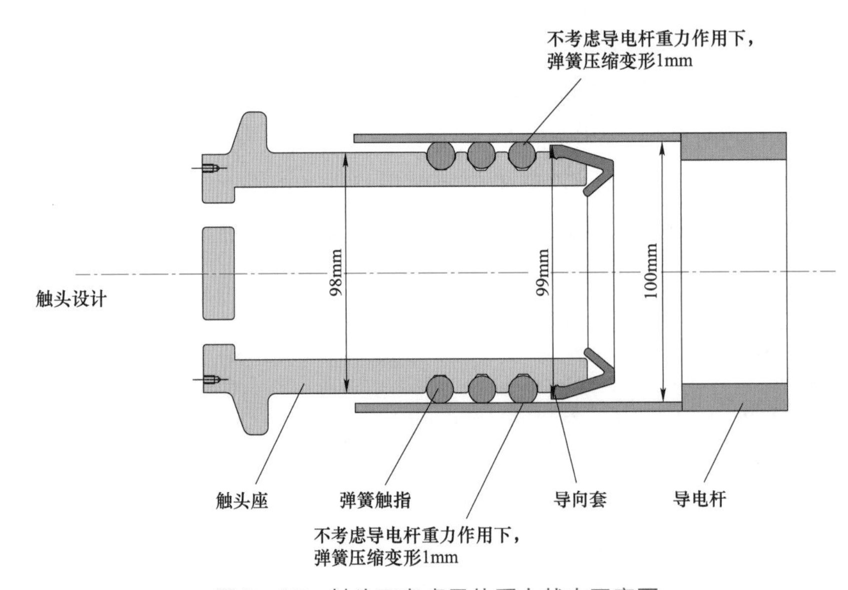

图 8-28　触头不考虑导体重力状态示意图

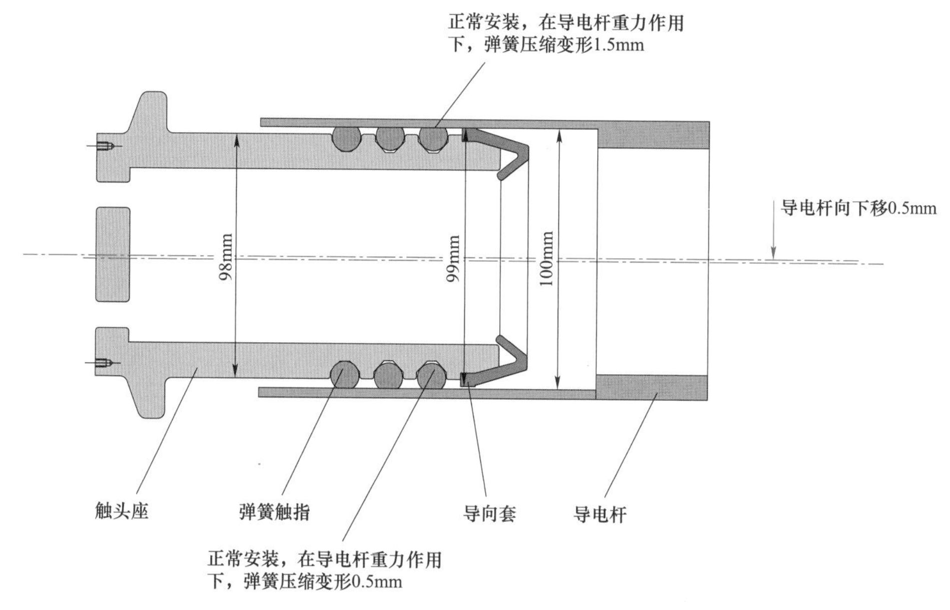

图 8-29 触头正常运行状态示意图

3）通流能力。触头通流能力计算主要包括触头座通流、导体通流和弹簧触指通流三个部分。

a. 触头座通流能力。触头座为半实心铸铝材质，可根据式（8-1）进行计算：

$$I_r = [j_r] S / k \tag{8-1}$$

式中：I_r 为额定通流电流，A；j_r 为导电材料通流密度，A/mm^2；S 为通流截面积，mm^2；k 为设计裕度，k 取 1.1。

铝合金导体通流密度应考虑集肤效应，根据导体散热条件，通流密度通常取 1.1～1.3A/mm^2，本文取下限 1.1A/mm^2；通流截面积 S 通过设计图纸计算得出。通过计算得出额定通流电流为 5715.4A，满足要求。

b. 导体通流能力。导体为空心铸铝材质，也可根据式（8-1）进行计算，经计算导体通流截面积后得到额定通流电流为 4415.6A，满足要求。

c. 弹簧触指通流能力，弹簧触指额定通流能力可通过式（8-2）进行计算：

$$I_r = 2mn_r S_0 [j_r] / k_{17} \tag{8-2}$$

式中：I_r 为额定通流电流，A；m 为单个触头弹簧总条数；n_r 为单条弹簧额定圈数；S_0 为弹簧簧丝截面积，mm^2；j_r 为额定通流密度，A/mm^2；k_{17} 为设计裕度。

第一种设计路线弹簧条数为 2，额定圈数为 96 圈，根据簧丝直径 1.5mm 求得相应截面积，钴青铜通流密度取 6.5A/mm^2，设计裕度取 1.1，代入式（8-2）得出额定通流电流为 4009.8A，满足要求。

其余参数不变，将 j_r 替换为短时耐受电流通流密度 j_k，取值为 115A/mm^2，代入式（8-2）得到短时耐受电流通流为 70.9kA，满足要求。

4）结构特点。此种设计路线的优点是导体重力由两侧触头上的导向套承担，弹簧最大和最小压缩量在规定范围内，触头接触电阻分布相对均匀，对弹簧持久稳定性要求较低。

（2）第二种设计路线。

1）设计结构。站内由甲厂家生产的 ZF15－363 型 1 号主变压器分支母线采用第二种设计路线，即触头座为空心结构、表面有三圈弹簧、端部有塑料导向套，甲厂家触头座如图 8－30 所示。触头座外径为 92mm、导向套外径为 94mm、导体内径为 96mm、弹簧安装在弹簧槽后自由状态下的外径为 98mm。

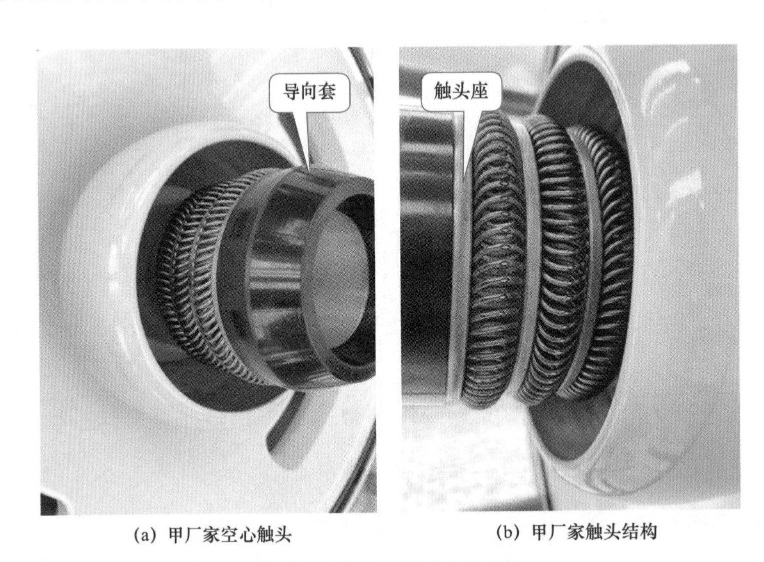

(a) 甲厂家空心触头　　(b) 甲厂家触头结构

图 8－30　甲厂家触头座

2）运行工况。当导体插入后，假设触头座、弹簧和导体严格保持同心，即触头不考虑重力，则弹簧单边压缩量为 1.0mm，触头不考虑重力状态示意图如图 8－31 所示；考虑导体水平布置时的重力，导体内壁会将正上方弹簧圈继续下压，与第一种路线不同的是，此时要求正上方弹簧圈在继续被压缩 0.3～0.5mm 后利用自身弹力支撑导体，避免导体直接弹到导向套上沿（导向套仅起到导体插入安装时的引导作用），此时正下方弹簧圈释放 0.3～0.5mm，触头正常运行状态示意图如图 8－32 所示。最终导体内壁不直接弹在导向套上沿，正上方弹簧圈压缩量为 1.3～1.5mm（最大允许压缩量为 2.0mm）、正下方弹簧圈压缩量为 0.5～0.7mm（最小要求压缩量为 0.5mm），其余部位压缩量为 0.5～1.5mm，弹簧周向压缩量及其对应的接触电阻相对均匀。

3）通流能力。

a. 触头座通流能力。触头座为空心铸铝材质，可根据式（8－1）进行计算，经计算导体通流截面积后得到额定通流电流为 3428.9A，不满足要求。

b. 导体通流能力。导体为空心铸铝材质，也可根据式（8－1）进行计算，经计算导体通流截面积后得到额定通流电流为 4069.4A，满足要求。

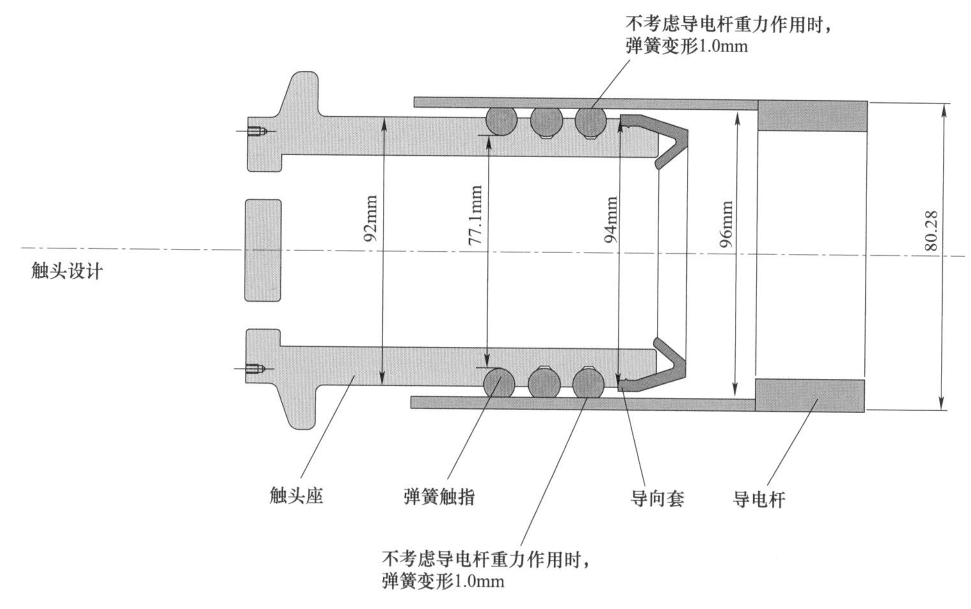

图 8-31　触头不考虑重力状态示意图

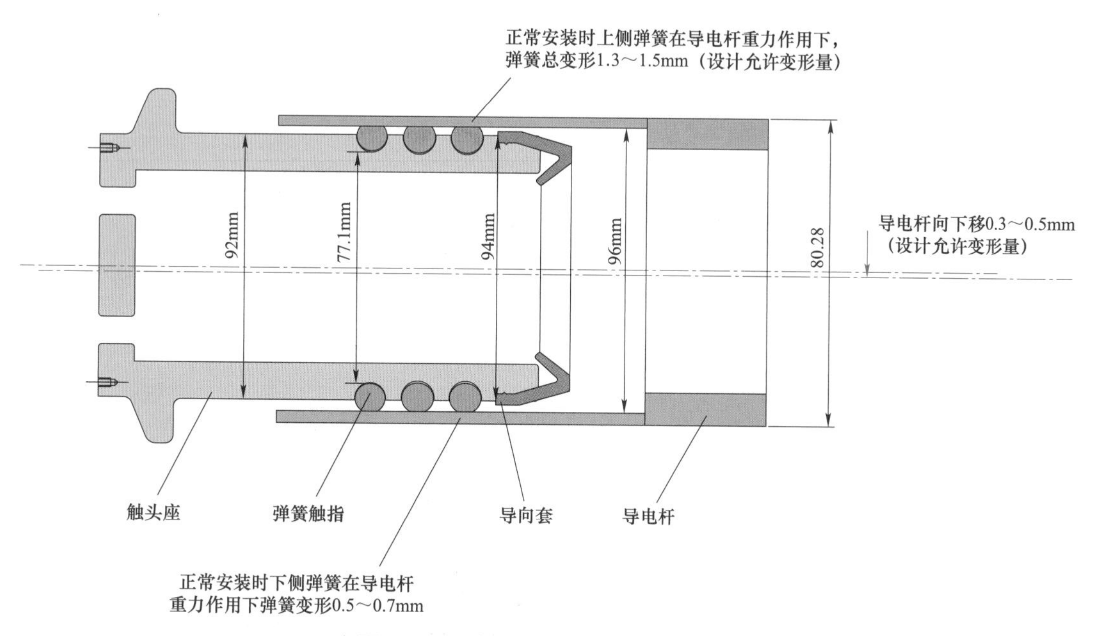

图 8-32　触头正常运行状态示意图

c. 弹簧触指通流能力。弹簧触指额定通流能力可通过式（8-2）进行计算。第二种设计路线弹簧条数为 3，额定圈数为 82 圈，簧丝直径 1.4mm 求得相应截面积，额定通流密度取 6.5A/mm^2、短时通流密度取 115A/mm^2，设计裕度取 1.1，代入式（8-2）得到额定通流电流为 4473.1A、短时耐受电流通流为 79.1kA，均满足要求。

d. 结构特点。此种设计路线的缺点是对弹簧部件抗持久稳定性要求高，弹簧是整个接触系统的核心部件，其被压缩后必须能够利用弹力支撑导体重力，并且要求运行多年持久不变形，其自身特性直接决定接触质量的高低，也进一步决定接触电阻的分布特点。

（3）小结。通过两种触头设计路线比对发现，乙厂家所采用的第一种设计路线对弹簧性能要求较低，运行可靠性相对较高；甲厂家所采用的第二种设计路线对弹簧性能要求较高，运行可靠性相对较低。

鉴于第二种设计路线对弹簧性能的要求较高，两次故障现象又高度相似，均为触头座、弹簧和导体接触部位正下方烧熔，非故障部位弹簧下半圈也存在过热发蓝痕迹，并且该分支为十年前断路器，因此推断弹簧下方发热与因弹簧下方和导体内壁接触不良导致的接触电阻大有关，据此开展相关验证分析工作。

2. 验证分析

（1）X 射线检测。2022 年故障发生后，为掌握站内其他设备运行情况、实际检测弹簧服役现状及导体、弹簧和触头间间隙配合情况，对 1、2 号主变压器分支母线触头接触情况进行了 X 射线检测。1 号主变压器分支母线共检测触头 412 处，发现问题 5 处，其中缺少一条弹簧并且其余两条弹簧热熔 1 处、弹簧变形 1 处、缺少一条弹簧 1 处、弹簧断裂 2 处；2 号主变压器分支母线共检测触头 190 处，未发现明显异常。

在检测过程中发现，1 号主变压器分支母线 B 相第 27 号盆子凸侧等多处触头位置导体内壁已弹在导向套上沿，弹簧上方压缩量大呈椭圆形、下方压缩量小呈圆形，触头与导体内壁间的间隙上方小、下方大，B 相第 27 号盆子凸侧触头接触情况射线影像如图 8－33 所示。

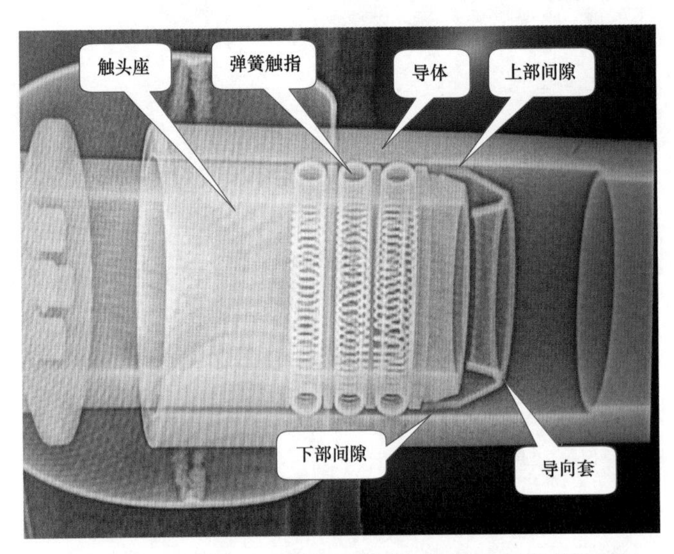

图 8－33　B 相第 27 号盆子凸侧触头接触情况射线影像

（2）解体检查。在 X 射线检测过程中发现，1 号主变压器分支母线 A 相第 78 号盆子凸侧触头最内侧缺少一根弹簧，在运的两根弹簧已发生烧熔断裂，导体内壁已完全弹在导向套上沿，A 相第 78 号盆子凸侧触头接触情况射线影像如图 8－34 所示。

在对该触头进行解体检查时发现，解体检查情况与射线检测结果一致，同时发现弹簧正上方被导体压扁至弹簧槽内，触头解体检查情况如图 8－35 所示。

图 8－34　A 相第 78 号盆子凸侧触头接触情况射线影像

(a) 6 点钟视角

(b) 9 点钟视角

图 8－35　触头解体检查情况

（3）间隙配合计算。根据上述检测和检查情况发现，1 号主变压器分支母线部分弹簧弹力已不足以支撑导体重力，导体内壁已弹在导向套上沿，此时正上方弹簧圈压缩量超过设计值 1.3～1.5mm，达到允许压缩量的上限值 2.0mm，可能出现永久性塑性形变，而此时正下方弹簧圈压缩量为 0mm。触头非正常运行状态示意图如图 8－36 所示。

3. 原因分析

（1）造成 1 号主变压器分支母线 B 相两次故障原因：弹簧本身持久稳定性不足，加之运行期间高温应力松弛和蠕变，使其弹性逐渐下降，弹力不足以支撑导体重力，导致导体内壁与导向套上沿接触，弹簧正上方压缩量超过设计值、正下方压缩量不足，弹簧下方接触电阻过大、局部温升过高，在长期运行累积作用下金属材料熔化，金属液滴在滴落过程中造成气室内部击穿放电。

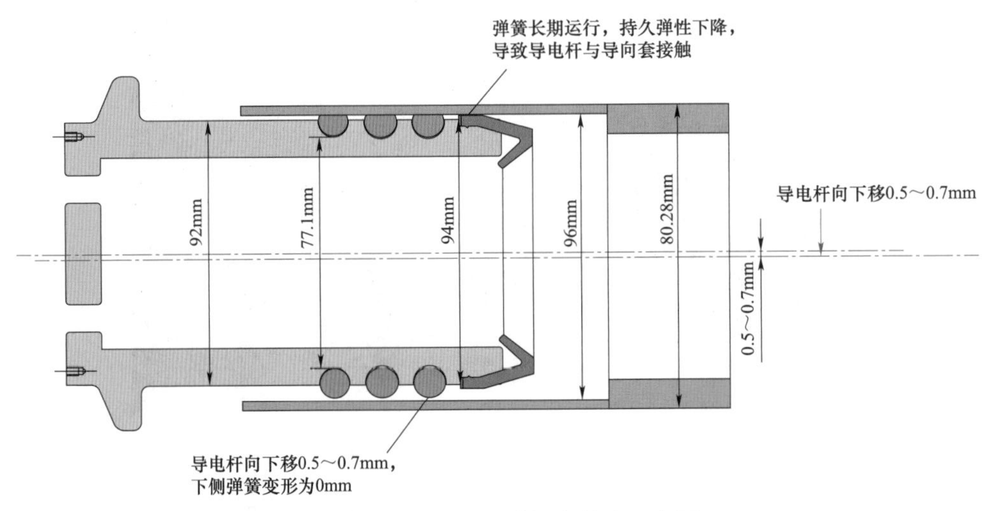

图 8－36　触头非正常运行状态示意图

（2）X 射线检测排查 1 号主变压器分支母线触头共计 412 处，发现问题 5 处，其中缺少 1 条弹簧且其余两条弹簧热熔 1 处、弹簧变形 1 处、缺少 1 条弹簧且其余 2 条弹簧外观完好 1 处、弹簧断裂 2 处，表明 1 号主变压器分支母线弹簧质量不合格，厂家对现场安装工艺把控不严。

综上所述，1 号主变压器分支母线弹簧存在质量不合格的问题。

8.3　某站“2019.8.29”GIS 7031 断路器 B 相气室内部放电故障

8.3.1　概述

1. 故障概述

2019 年 8 月 29 日，某换流站进行“整流侧站内接地，单极故障试验”。17 分 24 秒，置位极 1 PPR A/B 套模拟极母线差动保护动作，跳开 7013、7031 断路器，极 1 保护 Z 闭锁；17 分 27 秒，极 2 站接地过电流保护动作，跳开 7043、7051 断路器，极 2 保护 Y 闭锁，上述试验均正常。17 分 29 秒 499 毫秒，极 1 低端换流变压器引线差分差、大差比例差动保护启动；17 分 29 秒 510 毫秒，引线差分差、大差差动速断动作；17 分 29 秒 530 毫秒，Ⅲ母母线差动动作跳开 7011、7021、7041、7061、7071、7081、7091、7101、7111 断路器，Ⅲ母失电。

2. 设备概况

该站 800kV GIS 型号为 ZF15－800，生产日期为 2017 年 9 月，断路器配用液压操动机构，为双断口结构，每个断口设置并联电容器。断路器内部结构如图 8－37 所示。

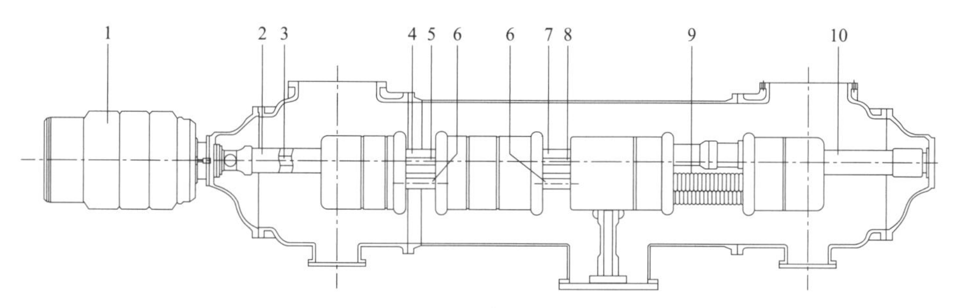

图 8－37　断路器内部结构

1—液压操动机构；2—机构侧支撑绝缘筒；3—主绝缘拉杆；4—第一级灭弧室；5—第一级灭弧室辅助绝缘拉杆；6—并联电容器；7—第二级灭弧室；8—第二级灭弧室辅助绝缘拉杆；9—合闸电阻；10—非机构侧支撑绝缘筒

8.3.2　设备检查情况

1. 现场检查情况

现场检查发现一体化后台显示，故障时刻 7031－01B 气室 SF_6 压力出现异常升高现象，7031－01B 气室 SF_6 压力如图 8－38 所示，最高气室压力接近 0.62MPa，较正常运行时压力上升了约 40kPa。对 7031 气室进行气体含量检测，发现 7031－01B 气室 H_2S、SO_2 等气体含量超标，分解物测试结果如图 8－39 所示。

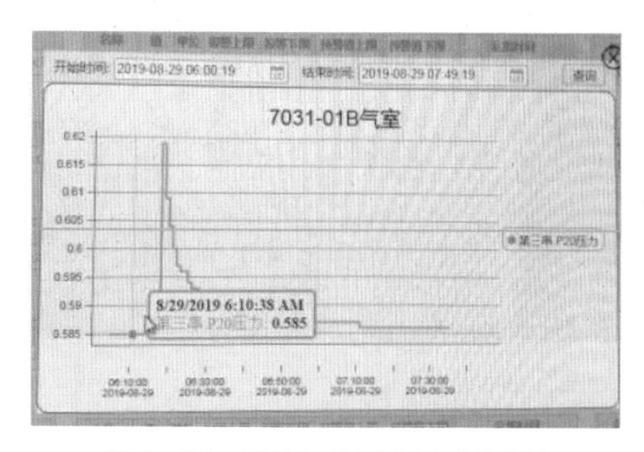

图 8－38　7031－01B 气室 SF_6 压力

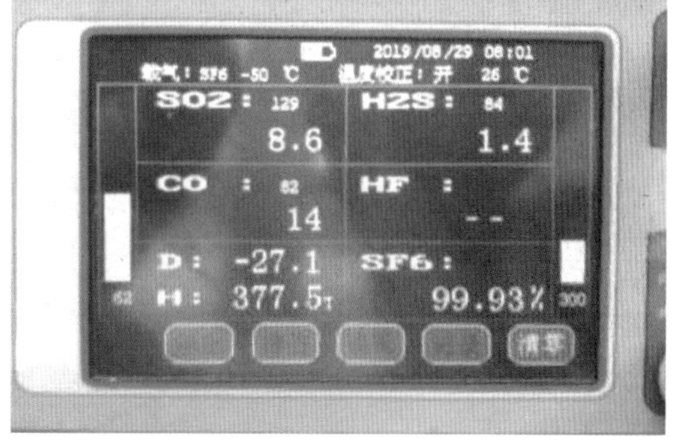

图 8－39　分解物测试结果

调取故障录波波形，保护电压电流波形和大差、引线差差动电流波形如图 8－40、图 8－41 所示。7031 断路器跳开约 5s 后异常现象出现，换流变压器网侧 B 相电压突降，网侧断路器 1 分支 B 相电流峰值达到 64000A，异常电流出现约 13ms 后引线差动保护动作，动作时刻引线差动保护 B 相差动电流约 18318A，约 15ms 换流变压器大差差动速断动作，约 26ms 换流变压器大差比率差动、大差工频变化量差动动作。

综合判断，7031 断路器 B 相发生内部放电故障。

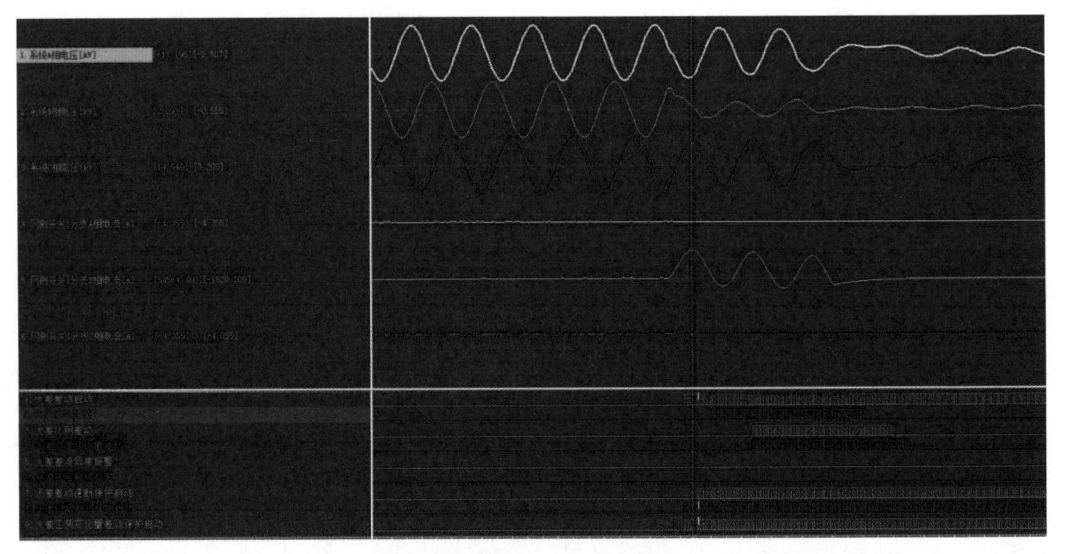

图 8－40　保护电压电流波形

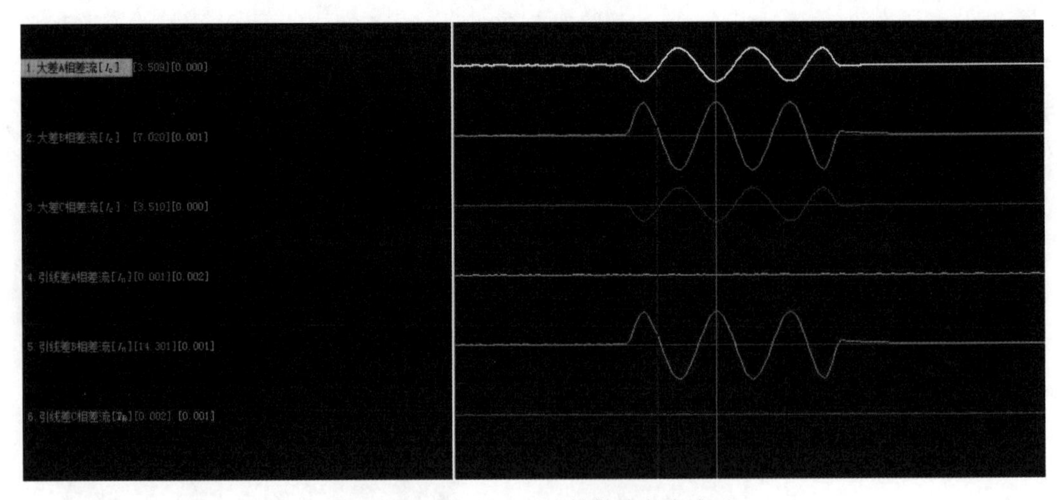

图 8－41　大差、引线差差动电流波形

2. 返厂解体检查

2019 年 9 月 11 日，7031B 故障断路器从现场返回厂内进行解体检查。解体检查发现机构侧第一级灭弧室两支并联的辅助拉杆其中一支金属接头拉脱，金属接头端部与拉杆端部有撞击痕迹，辅助拉杆连接螺杆严重变形，另一支完好。同时发现机构侧第一级灭弧室屏蔽罩有电弧局部烧熔，对应的壳体部位也有灼烧点，同时断口间电容及支撑绝缘筒也有电弧熏黑痕迹，第一级灭弧室喷口损坏、导气管端部变形，其余部位元件未见异常。解体检查结果如图 8－42 所示。

(a) 断路器断口电容和屏蔽罩

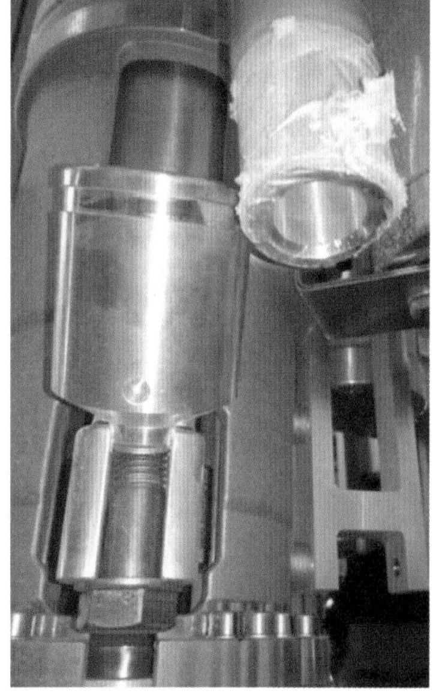

(b) 辅助拉杆金属接头拉脱

图 8-42 解体检查结果（一）

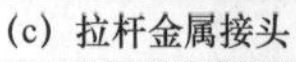

(c) 拉杆金属接头

(d) 拉杆编号 AX17－04165

(e) 拉杆端部（有撞击痕迹）

(f) 灭弧室喷口变形

(g) 导气管变形

图 8－42　解体检查结果（二）

8.3.3　故障原因及整改措施

分析此次故障原因为断路器机构侧第一级灭弧室两支并联的辅助拉杆有一支金属接头拉脱，之后分合闸操作过程中金属接头端部与拉杆端部撞击，辅助拉杆连接螺杆严重变形，撞击产生的碎屑在气流及重力作用下落入罐内下方，造成电场畸变引发放电，同时放电电弧漂移导致包括电容器、灭弧室绝缘筒等在内的部件局部熏黑。

由于灭弧室一侧的拉杆损坏脱开，使得灭弧室运动部件在分合闸操作时行进方向偏心，进而造成第一级灭弧室喷口损坏，导致导气管端部变形。拉杆金属接头脱落的原因为拉杆自身存在质量问题。

8.4　提 升 措 施

1. 运维措施

（1）年检期间，加强对组合电器通流回路电阻等测试数据比对分析，如出现回阻异常增大，可通过 X 射线检测进行进一步确认。

（2）组合电器及周边设备检修施工时，应加强现场管控，避免造成设备损伤或设备异常受力。

（3）设备大负荷期间，加强红外精确测温，及早发现设备内部导体接头发热问题。

2. 选型措施

（1）组合电器组部件选型时，应考虑成熟的产品，避免由于组部件质量问题造成设备异常。

（2）组合电器设计时，应充分考虑气体绝缘金属封闭（GIL）管母长度，避免由于管母过长，重力过大导致弹簧处置变形。

第三部分

直流断路器故障

9　直流转换开关传动机构故障

9.1　某站“2019.9.19”0030金属回线转换开关断口炸裂故障

9.1.1　概述

2019年9月19日4时8分，某换流站事件记录列表发出0030金属回线转换开关SF_6低气压报警，SF_6低气压闭锁告警。现场检查发现，0030金属回线转换开关开断装置远离机构侧灭弧室断口绝缘子炸裂，动触头系统仍与支柱连接，静触头系统掉落与接线挂于平台上，电抗器根部断裂落在平台上，多个电容器单元接线端子断裂；靠近机构侧灭弧室套管外伞多处损伤，部分伞裙脱落。

9.1.2　设备检查情况

1. 开断装置传动部分检查

开断装置传动部分主要包括拐臂、水平双拉杆和灭弧室绝缘拉杆等部件，灭弧室绝缘拉杆通过直动密封杆与外面传动连接，水平双拉杆通过接头连接，因此主要检查拐臂、水平双拉杆和直动密封杆的情况，传动部分检查情况如图9-1所示。

(a) 远离机构侧传动部分

(b) 上水平连杆接头

尺寸增加8mm

(c) 下水平连杆接头

图9-1　传动部分检查情况

经过检查发现，靠近机构侧断口传动拐臂及直动密封杆外漏尺寸正常，没有明显变化痕迹，远离机构侧断口（事故断口）直动密封杆外漏尺寸明显异常，外漏尺寸 36mm，设计值 24.5mm；直动密封杆尺寸增加 8mm，上水平连杆接头尺寸正常，标记清晰，没有松动痕迹，下水平连杆接头尺寸明显异常，两紧固螺母间距明显变大，右侧螺母松动，两紧固螺母端面距离和标记尺寸比较，下水平连杆尺寸比原始尺寸增加了 8mm。

2. 开断装置灭弧室部分检查

检查 0030 金属回线转换开关开断装置灭弧室情况发现，远离机构侧断口炸裂，灭弧室动侧系统仍连接在支柱上端，烧蚀非常严重，压气缸已经与动触头脱离，喷口脱落，喷口烧蚀严重只剩一半，螺纹部分消失，喷口喉径明显增大，由于没有解体，动弧触头具体情况不清楚。靠近机构侧断口灭弧室套管损伤，多处伞裙脱落，两支柱没有损伤。灭弧室部分检查情况如图 9－2 所示。

(a) 开断装置灭弧室

(b) 动触头系统

(c) 靠近机构侧灭弧室

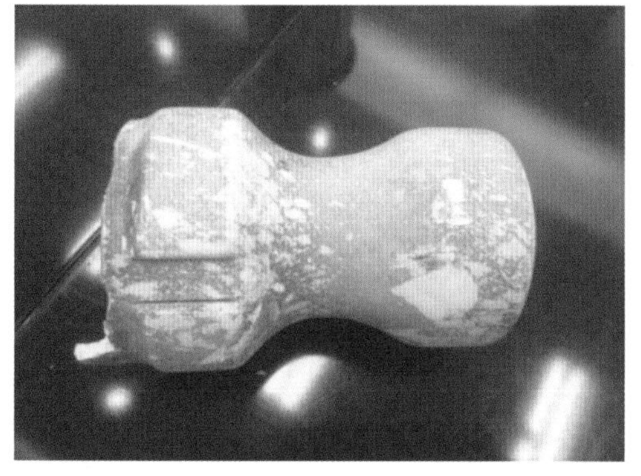

(d) 喷口

(e) 喷口喉径

图 9－2 灭弧室部分检查情况

静主触头系统和套管法兰连接在一起，与接线悬挂于平台边上，静主触头现场没有发现，静弧触头近一半已烧蚀，剩余部分仍连接在触头座上，触头座也严重烧蚀。静主触头系统检查情况如图 9－3 所示。

图 9－3　静主触头系统检查情况

9.1.3　故障原因分析

经过对事故现场主要部位的检查，结合事故前后运行方式情况，初步判 0030 金属回线转换开关开断装置灭弧室发生炸裂的原因为：系统由双极运行转换成极Ⅰ大地回线方式运行，0030 金属回线转换开关进行合闸时，灭弧室未合闸到位，弧触头接触，主触头未接触或虚接，导致回路电阻增大，在负载电流长期作用下，灭弧室断口处发热熔化甚至产生电弧，灭弧室气压不断升高，最终使灭弧室发生炸裂。

转换开关开断装置灭弧室合闸位置示意图如图 9－4 所示，红色为灭弧室运动部件。

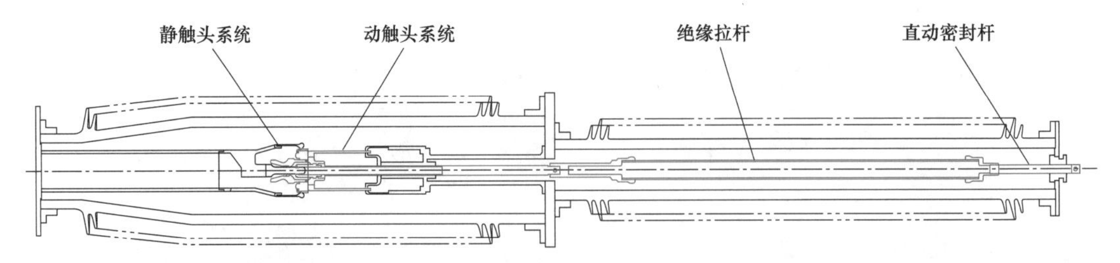

图 9－4　转换开关开断装置灭弧室合闸位置示意图

从图 9－4 可以看出，灭弧室内部为直线运动，当灭弧室内部接触行程发生变化时，支柱底部直动密封杆的尺寸也会相应发生变化。从现场 0030 金属回线转换开关开断装置两断口直动密封杆的外漏尺寸看，靠近机构侧外漏 22mm，远离机构侧外漏 36mm，靠近机构侧断口与机构连接为不可调连接，因此可以确认尺寸 22mm 为出厂时的原始尺寸，机构侧灭弧室接触行程符合 38±2mm 设计要求。

经过检查 0030 金属回线开关出厂检查记录发现，事故断口出厂时接触行程为 37mm，符合出厂技术规范，但因直动密封杆原始尺寸是个过程尺寸，原始外漏尺寸不做记录，无法直接判断事故断口灭弧室接触行程变化了多少，只能从传动环节变化的尺寸推算。

对传动系统进行了模拟，开断装置传动系统简图如图 9－5 所示。

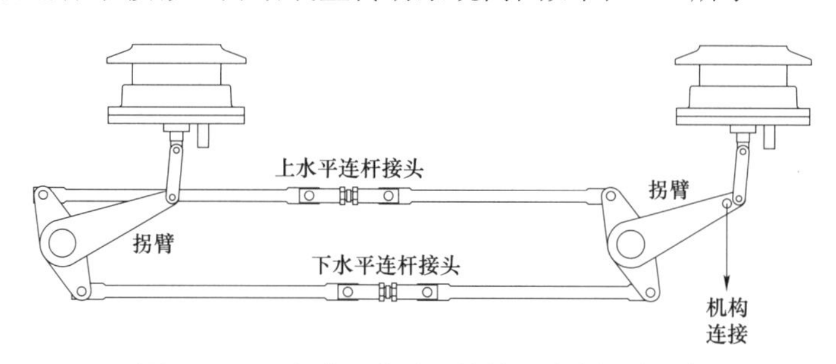

图 9－5　开断装置传动系统简图（合闸位置）

传动系统主要由拐臂、上下水平连杆组成，通过连扳与直动密封杆连接，带动灭弧室进行分合闸运动。通过 0030 金属回线转换开关传动系统现场检查发现，下水平连杆接头两备紧螺母间距尺寸比标记尺寸增加 8mm，通过拐臂转换后直动密封杆会下移，拐臂设计时水平运动与竖直运动的传动比为 1:2，计算出灭弧室接触行程比出厂时减少 16mm（2×8），事故断口实际接触行程变为 21mm（37－16）。

对灭弧室正常接触和接触行程为 21mm 时灭弧室的接触情况分别进行模拟，灭弧室正常接触行程为 38mm，接触行程为 38mm 的触头接触情况如图 9－6 所示。

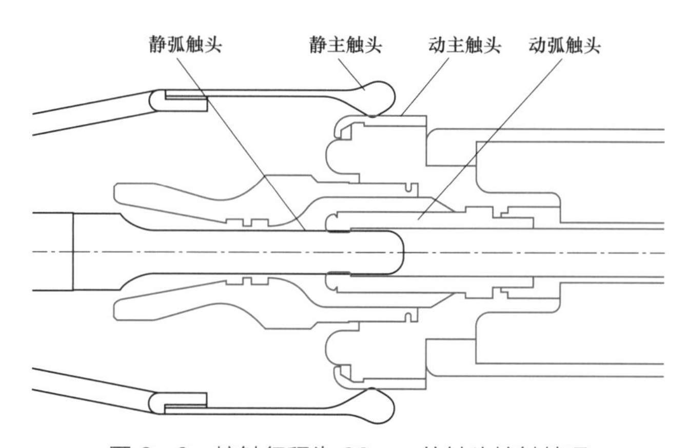

图 9－6　接触行程为 38mm 的触头接触情况

接触行程以弧触头接触为基准进行设计，从图 9－6 可以看出，当弧触头接触行程为 38mm 时，主触头接触可靠，接触行程约为 16mm。

接触行程为 21mm 的触头接触情况如图 9－7 所示，由图 9－7 可以看出，当弧触头接触行程为 21mm 时，主触头由于端部圆角的影响，处于刚接触临界点。在实际情况中加上机械操作冲击及传动零部件间隙的影响，在此位置附近主触头接触点还会产生微量的磨损和位移，主触头实际接触位置会有微小变化，但可以确定处在该位置的灭弧室实际没有合闸到位。

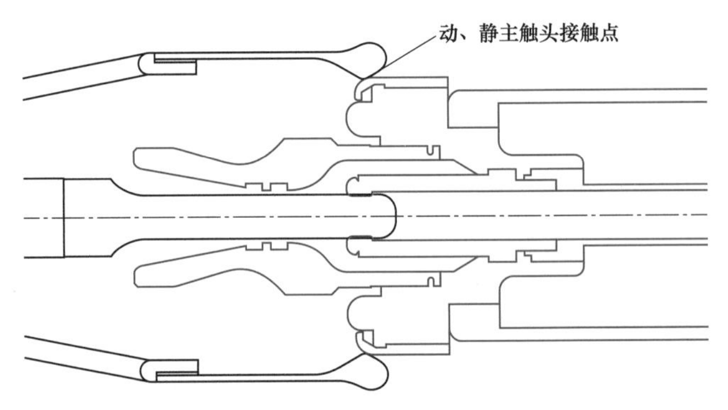

图 9-7 接触行程为 21mm 的触头接触情况

从以上模拟和现场检查情况可以看出，在金属回线转换开关合闸灭弧室触头接触行程正常时，主触头接通，回路电阻小于 45μΩ，可以长时承受正常运行电流；在灭弧室触头接触行程减小 16mm 时，主触头处于接触与不接触的临界点，电流会从弧触头流过，而弧触头设计为增加耐烧蚀性能，材质均为铜钨合金，只有弧触头接触时回路电阻会达到 120μΩ以上，而且通流截面积非常小，在负载电流长期作用下，弧触头发热熔化后产生电弧，使灭弧室气压不断升高，最终使灭弧室发生炸裂，从事故金属回线转换开关灭弧室喷口的烧蚀部位也能确定炸裂时灭弧室实际的接触情况。因此，0030 金属回线转换开关开断装置灭弧室接触尺寸变化是此次事故的直接原因。

9.2 提升措施

1. 运维措施

（1）直流断路器操动机构每次检修后，应加强断路器灭弧室接触行程复查、机械特性行程曲线测试。

（2）直流金属回线转换开关每次投切后，应加强红外测温，避免由于断路器合闸不到位等问题造成设备故障。

2. 选型措施

直流金属回线转换开关等敞开式断路器宜选用复合硅橡胶外套，避免爆炸伤人。

10 直流旁路开关组部件故障

10.1 某站“2019.3.15”8021 断路器气室压力低

10.1.1 概述

2019 年某换流站年度检修，检查断路器气室 SF_6 在线监测系统数据发现，2018 年 10 月 1 日—2019 年 3 月 15 日，8021 断路器气室压力从 0.5828MPa（相对压力）降至 0.5424MPa（相对压力）。

10.1.2 设备检查情况

对断路器气室各连接部位进行了包扎检漏工作，通过 SF_6 定量漏气检测仪器发现，在绝缘支柱机构连接法兰处有明显漏点。对 8021 断路器绝缘支柱备品进行了更换，支柱更换后，将断路器气室压力补充至 0.72MPa，并再次进行包扎检漏，未发现漏气点。8021 断路器现场检漏位置如图 10－1 所示。

图 10－1　8021 断路器现场检漏位置

更换下的断路器绝缘支柱返厂进行解体检查维修，断路器外观未见异常。8021 断路器返厂后外观检查如图 10－2 所示。

进一步解体发现，断路器机构支柱与支撑绝缘子密封处的密封圈有损坏部位，支撑绝缘子法兰处密封圈损坏部位如图 10－3 所示。

对应法兰密封圈槽内存在腐蚀点，挤压密封圈导致漏气。断路器绝缘支柱漏气点如图 10－4 所示。

图 10－2　8021 断路器返厂后外观检查

图 10－3　支撑绝缘子法兰处密封圈损坏部位

(a) 密封圈槽内腐蚀点

(b) 局部放大

图 10－4　断路器绝缘支柱漏气点

10.1.3　故障原因分析

支撑绝缘子法兰密封平面的腐蚀点是导致断路器漏气的根本原因，此腐蚀点刚好处于硅胶密封圈边缘，其对密封圈的挤压加速了密封圈的老化和损坏，最终导致漏气。

10.2　提　升　措　施

同第 4 章相关提升措施建议。

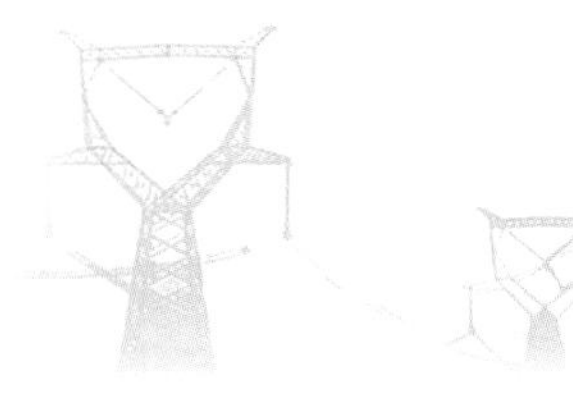

11 柔直断路器供能变压器故障

11.1 某站“2020.1.18”0522D 直流断路器电子变压器故障

11.1.1 概述

1. 故障概述

2020 年 1 月 18 日开始，某换流站调试期间 0522D 直流断路器多个断口的分/合闸线圈驱动电压先后发生异常，对应分合闸线圈电容供能的电子变压器均发生烧毁故障。5 月集中消缺期间，对所有分合闸线圈电容供能电子变压器进行了全部更换。6 月 9 日出现电子变压器烧毁，7 月 6、27、30 日再次发生电子变压器烧毁。故障情况如图 11－1 所示。

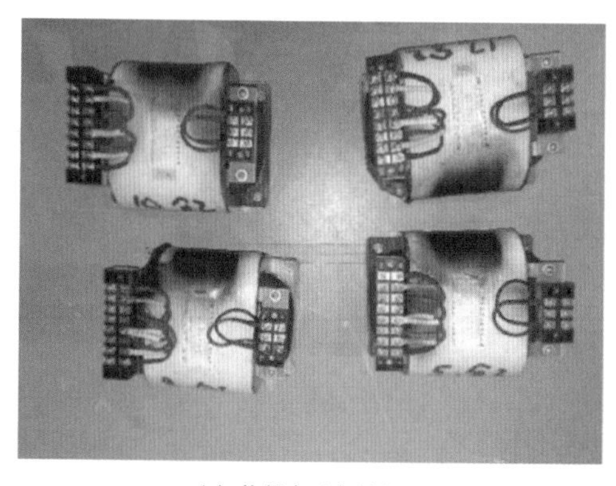

(a) 烧毁电子变压器

(b) 烧毁细节放大

图 11－1 故障情况

2. 设备概况

±500kV 0522D 高压直流断路器设备型号为 ZZN01－535/C3000－25，额定电流为 3000A，最大开断直流电流为 25kA。2021 年 6 月正式投运。

11.1.2 设备检查情况

1. 现场检查及试验情况

检查发现现场发生异常返回的变压器内部烧毁严重。从解体情况看，故障发生的原因应为二次侧线包发生了匝间短路从而引起线圈内部过热烧毁，并导致一次侧电流过大引起空气断路器跳闸。现场检查情况如图 11－2 所示。

(a) 故障变压器二次侧线包

(b) 故障变压器二次侧层间绝缘处理

(c) 故障变压器一次侧线包

(d) 故障变压器一次侧层间绝缘处理

图 11－2 现场检查情况

2. 设备解体检查情况

通过对异常变压器的解体分析，以及厂内对变压器二次侧直接短路和部分短路试验复现，确定异常由变压器二次侧线圈短路引起。二次侧线圈端部匝间短路如图 11－3 所示。

图 11－3 二次侧线圈端部匝间短路

11.1.3 故障原因分析

通过厂内耐久性试验及对耐久性试验中出现异常的变压器解体分析确定，变压器二次侧短路由变压器层间端线圈错层，引起线圈局部放电，长期局部放电引起漆包线绝缘恶化，逐步发展至层间短路、二次侧整体短路。

二次侧线包采用自动绕线机，端圈绝缘在绕线前就全部完成，导致层绝缘只能与线包同宽而无法延伸到端圈内部与骨架同宽。二次侧线包线径为 0.19mm，线径较细，线匝绕到端部时易使线匝嵌入端圈与线包的缝隙中，导致线匝端部错层。在对正常变压器的拆解过程中发现有部分线匝的下降层数达到了 4～5 层。电子变压器内部结构如图 11－4 所示。

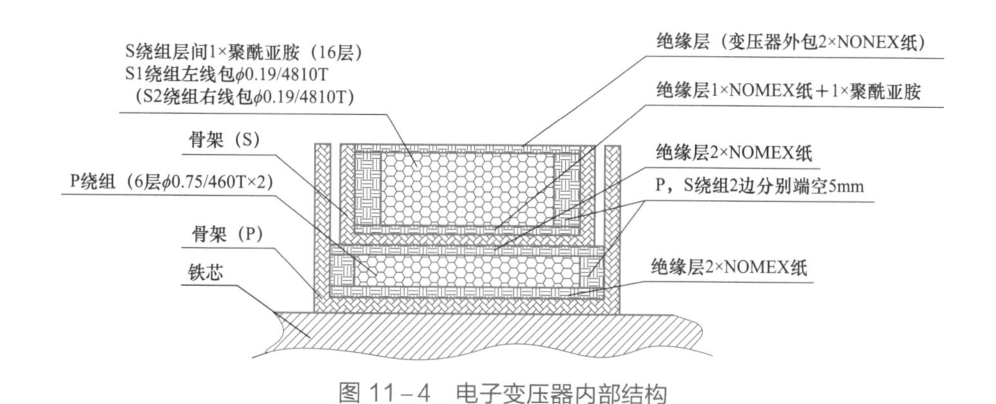

图 11－4 电子变压器内部结构

11.2 整改措施

1. 端部绝缘结构优化

二次侧层绝缘由原先的与线包同宽调整为与骨架同宽，具体实现方式为端圈材料改为厚度为0.09mm的聚酰亚胺胶带(两层厚度基本与线匝同高)，每层线包先在两边绕包5mm宽的胶带2层后绕线，绕线完成后外包一层与整个骨架齐宽的聚酰亚胺薄膜后继续绕下一层线层。同时线圈在端部绕制时，上一层线圈相对下一层线圈缩减2～3圈。

2. 严格把关出厂检验要求

按照7月17日专家评审会要求，对变压器的空载电流、空载损耗、直阻进行测量并严格控制，控制变压器局部放电水平，对变压器进行严格的筛选。对每台变压器进行1.5倍电压（100Hz），持续48h的空载感应耐压后，复测其空载电流、空载损耗及直阻，合格后再安排出厂。

12　柔直断路器其他组部件故障

12.1　某站“2022.4.22”0512D直流断路器转移支路电力电子开关的2号IGBT中控板卡电源故障

12.1.1　概述

1. 故障概述

2022年4月22日，某换流站后台报0512D直流断路器第三层前级转移支路电力电子开关的2号IGBT中控板卡电源故障。

2. 设备概况

±500kV 0512D高压直流断路器设备型号为PCS－8300，额定电流为3000A，最大开断电流为25kA，2021年6月正式投运。

12.1.2　设备检查情况

由于现场直流断路器带电运行无法进行检修排查，从板卡供电回路各环节进行原因初步分析。IGBT驱动供电回路原理如图12－1所示。

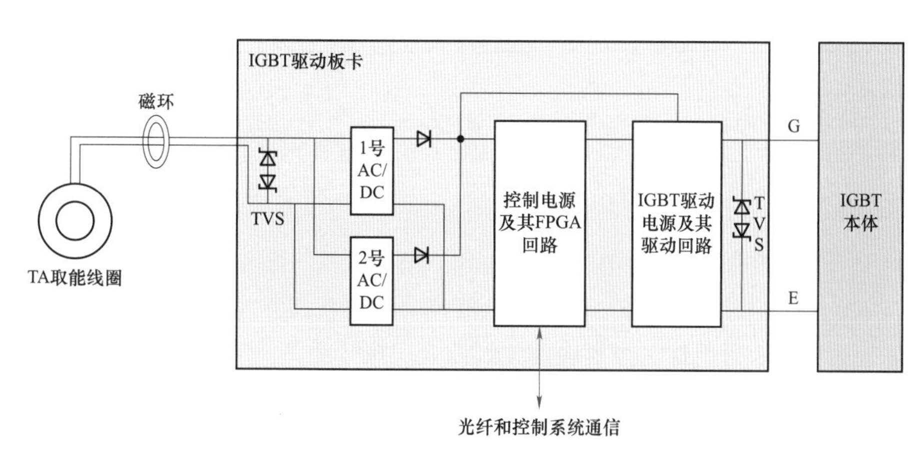

图12－1　IGBT驱动回路原理

此次故障正极直流断路器第6级转移支路子单元的2号IGBT故障，仅报出“板卡电源故障”，和控制系统通信正常。因此，初步分析原因为IGBT驱动电源及其驱动回路发生故障或IGBT本体门极短路，需检修后做进一步原因定位。

（1）故障原因分析。年检现场更换该IGBT驱动板后故障恢复，更换下的驱动板返厂分析。对异常板卡在厂内用热成像仪扫描测试，发现Q2器件（MOS管）故障、发热异常，分析为在生产制造过程中，MOS管因静电放电（ESD）导致损坏，属于个例。板卡电源故障的IGBT是位于单级转移支路子单元中，属于轻微故障。异常板卡热成像图如图12-2所示。

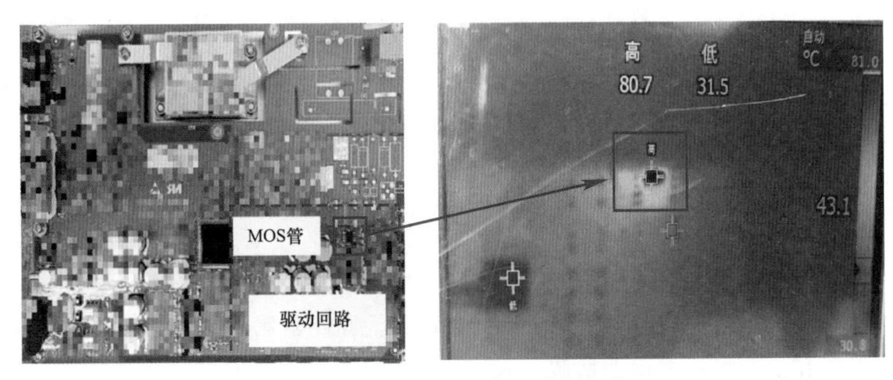

图12-2　异常板卡热成像图

（2）整改措施。

1）年检期间更换板卡故障板卡，更换中注意做好板卡的防静电措施。

2）厂家在板卡设备生产、运输、安装过程中，加强静电防护措施，提升板卡的防静电能力。

12.2　某站“2022.4.12”0521D直流断路器主支路模块故障

12.2.1　概述

1. 故障概述

2022年4月12日，0521D直流断路器处于运行模式，合闸状态。负极主支路1号组件1号（SM1-1）模块先故障，而后断路器控制保护系统下发3号并联组旁路指令，2号组件1号模块和3号组件1号模块接收到指令后执行旁路。查看后台模块状态字，对应状态信息如下：① SM1-1报出“严重故障”“轻微故障”“电源故障”“回检通道全故障”“T1驱动故障”“T2驱动故障”“T3驱动故障”“T4驱动故障”“电源1告警”“电源2告警”“主回检通道故障”；② SM2-1报出“严重故障”“轻微故障”“辅助1触发通道故障”；③ SM3－1 报出“严重故障”“轻微故障”“辅助 2 触发通道故障”。

2. 设备概况

±500kV 0521D 断路器设备型号为 DCCB－535/3150－25－3，额定电流为 3000A，最大开断电流为 25kA，2021 年 6 月正式投运。

12.2.2 设备检查情况

现场检查并进行试验，分析设备故障原因。负极断路器 SM1－1 故障录波波形如图 12－3 所示，设备故障时刻及故障类型分析见表 12－1。

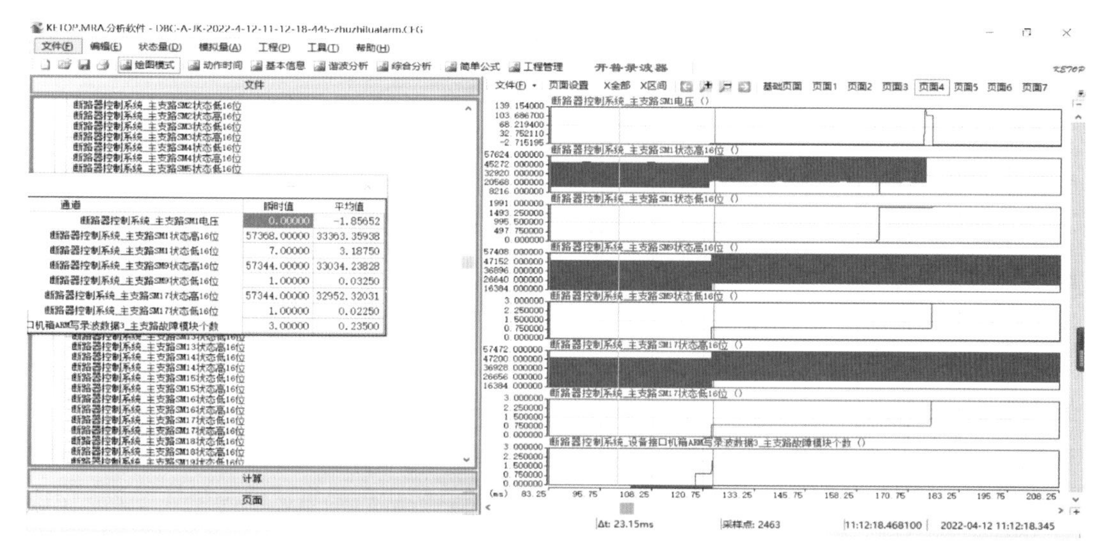

图 12－3 负极断路器 SM1－1 故障录波波形

表 12－1 设备故障时刻及故障类型分析

时刻	故障类型
2022 年 4 月 12 日 11 时 12 分 18 秒 444 毫秒 950 微秒（定义为 0 时刻）	负极主支路 SM1 出现电源 2 告警，轻微故障，IGBT 导通状态有效
8ms 时刻	负极主支路 SM1 上报电源 1 告警，电源 2 告警，轻微故障，IGBT 导通状态有效
19ms 时刻	负极主支路 SM1 出现电源故障，严重故障，电源 1 故障，电源 2 故障，轻微故障，IGBT 导通状态有效，主支路故障模块个数由 0 变为 1
21.8ms 时刻	负极主支路 SM1 出现电源故障，严重故障，电源 1 故障，电源 2 故障，轻微故障，旁路开关闭合，主支路故障模块个数为 1
23.15ms 时刻	负极主支路 SM1 出现电源故障，严重故障，电源 1 故障，电源 2 故障，轻微故障，旁路开关闭合；负极主支路 SM9 出现严重故障，旁路开关闭合；负极主支路 SM17 出现严重故障，旁路开关闭合；主支路故障模块个数由 1 变为 3
63.15ms 时刻	负极主支路 SM1 出现电源故障，严重故障，电源 1 故障，电源 2 故障，轻微故障，旁路开关闭合，T1 驱动故障；负极主支路 SM9 出现严重故障，旁路开关闭合；负极主支路 SM17 出现严重故障，旁路开关闭合；主支路故障模块个数为 3

续表

时刻	故障类型
74.95ms 时刻	负极主支路 SM1 出现电源故障，严重故障，电源 1 故障，电源 2 故障，轻微故障，旁路开关闭合，T1 驱动故障，T2 驱动故障，T3 驱动故障，T4 驱动故障，主回检通道故障；负极主支路 SM9 出现严重故障，旁路开关闭合；负极主支路 SM17 出现严重故障，旁路开关闭合；主支路故障模块个数为 3
76.35ms 时刻	负极主支路 SM1 出现电源故障，严重故障，电源 1 故障，电源 2 故障，轻微故障，旁路开关闭合，T1 驱动故障，T2 驱动故障，T3 驱动故障，T4 驱动故障，主回检通道故障，回检通道全故障；负极主支路 SM9 出现严重故障，旁路开关闭合，辅助 1 触发通道故障，轻微故障；负极主支路 SM17 出现严重故障，旁路开关闭合，辅助 1 触发通道故障，轻微故障；主支路故障模块个数为 3

12.2.3 故障原因分析及整改措施

1. 故障原因分析

年度检修期间，对负极断路器供能上电，观察该模块正常上电，通信正常；更换取能电源模块后，对转移支路模块进行上电测试，测试合格。

将电源模块返厂，外观检查发现，2019053076 电源板卡 TVS－1 和 TVS－2 有发热痕迹，颜色发黑的 TVS 如图 12－4 所示。初步推断为瞬态二极管（TVS）动作导致钳位电压变低，电源无法正常工作，引发 SM1－1 模块失电，进而触发旁路开关闭合。

TVS1 和 TVS2 型号为 P6KE150CA，钳位电压额定值为 150V，最大浪涌电流为 3A，最大钳位电压为 207V，两只 TVS 串联后加上串联电阻 R01（47Ω），最终的钳位电压是 315V，钳位电压低于 200V，电源不能正常工作。S1 和 S2 为取能端，当 TA 上取得的电压达到限定值时，晶闸管 M3 动作，泄放多余的能量，防止后级电压过高损坏电源，电源钳位值为 300V。

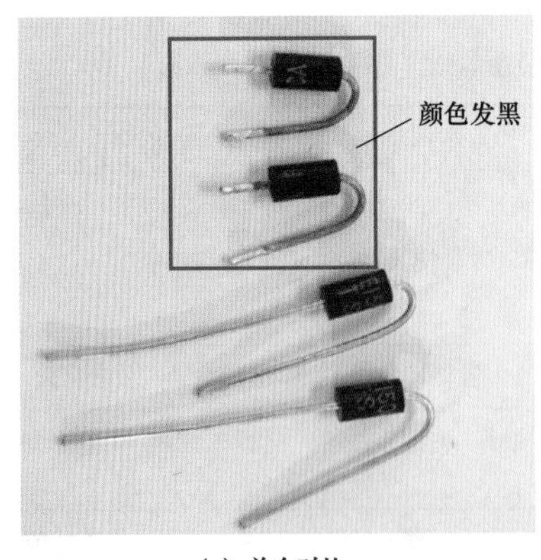

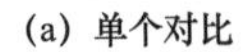
(a) 单个对比

(b) 电源板卡

图 12－4 颜色发黑的 TVS

根据上述测试及排查结果发现，主支路 SM1－1 模块两取能电源模块测试正常，暂无复现故障。2019053076 电源模块内部 TVS1－1 和 TVS1－2 有发热痕迹，初步推断为 TVS 管动作导致钳位电压变低，电源无法正常工作，引发 SM1－1 模块失电，进而触发旁路开关闭合。

2. 整改措施

（1）年度检修期间更换故障板卡，站内应储备充足板卡备件。

（2）根据 TVS 故障问题，排查器件选型情况，更换性能较优的 TVS。

（3）增加控制板卡上的 TVS 散热措施，降低 TVS 发热情况。

13 柔直断路器机械断口故障

13.1 某站“2020.6.13”0512D直流断路器快速机械开关位置采集异常故障

13.1.1 概述

1. 故障概述

2020年6月13日，某换流站0512D正极直流断路器进行联调试验时，出现直流断路器合闸失败，断路器启动分闸自保护异常。

2. 设备概况

±500kV 0512D高压直流断路器设备型号为ZZN01－535/C3000－25，额定电流为3000A，最大开断直流电流为25kA，2021年6月正式投运。

13.1.2 设备检查情况

查询断口位置信息记录，发现断口3合闸位置信号未上送。对快速机械开关进行外观检查，发现合闸状态下遮光板有倾斜，能够遮挡住合位光纤信号，两侧缓冲器高度分别为47、49mm。断口3外观检查情况如图13－1所示。

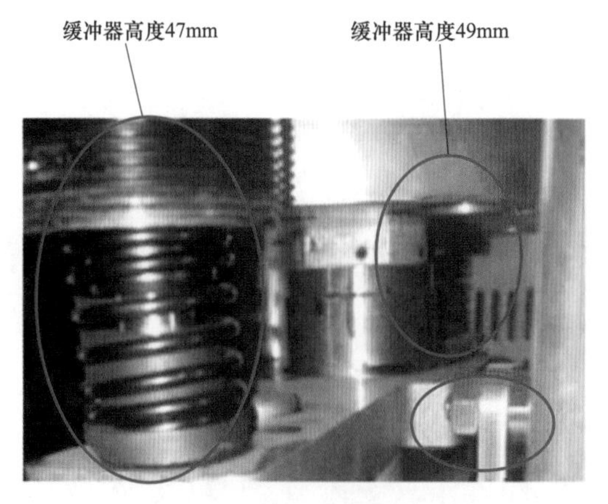

图13－1　断口3外观检查情况

13.1.3 故障原因分析

安装高度为 47mm 的缓冲器比安装高度为 49mm 的缓冲器对遮光板的推力大，造成遮光板产生倾斜，合位光纤信号并未完全遮挡，造成信号变位不稳定，从而可能造成装置采集的合位信号不变位，引起自保护跳闸。快速机械开关解体检查结果如图 13－2 所示。

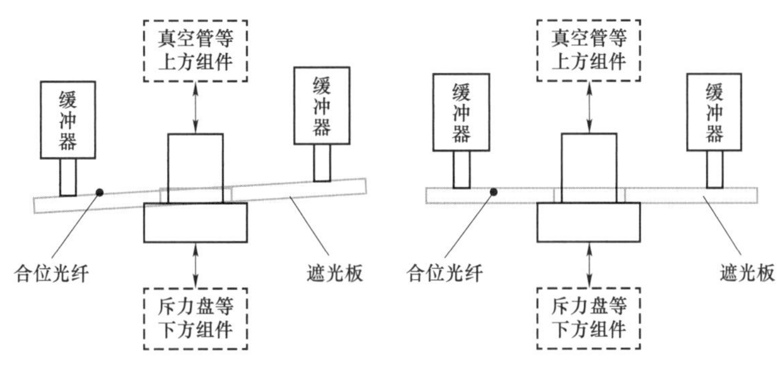

图 13－2 快速机械开关解体检查结果

13.2 整 改 措 施

（1）调节断口 3 两侧合闸缓冲器至 47mm，保证遮光板两侧受力均匀，合位时遮光板可以完全遮挡合位光纤传感器，保证合位信号变位可靠。

（2）厂家应加强厂内安装制造工艺，优化分合闸位置判定装置的设计，避免出现易变动的遮光板设计。

14　柔直断路器控制保护设备故障

14.1　某站“2022.7.1”0521D直流断路器控制保护逻辑错误

14.1.1　概述

1. 故障概述

2022年7月1日，某换流站下发0521D负极断路器慢分指令，直流断路器上报机械开关分闸失败，进而导致整机分闸失败。

2. 设备概况

±500kV 0521D 高压直流断路器设备型号为 DCCB－535/3150－25－3，额定电流为3000A，最大开断直流电流为25kA，2021年6月正式投运。

14.1.2　设备检查情况

控制系统B接收慢分闸指令有效后，依据分闸控制时序，正确下发了机械开关分闸指令（快分指令）。控制系统A接收慢分闸指令有效后，因控制系统A对应子模块接口单元存在内部通信故障，A系统存在紧急故障（DCBC_0K 无效），未下发机械开关分闸指令至机械开关控制器。断路器控制保护系统架构如图14－1所示。

断路器机械开关指令通道连接示意图如图14－2所示，机械开关指令下发和执行逻辑如下：

（1）断路器控制系统指令下发逻辑：当系统自检正常时，备用系统跟随值班系统进行指令下发；若自检异常，则指令不出口。

（2）快速机械开关控制器指令执行逻辑：机械开关控制器不区分值班信号，R1和R2接收通道均正常时，仅执行R1通道接收到的指令；R1接收通道故障时，执行R2通道接收的指令。

14.1.3　故障原因分析及整改措施

1. 故障原因分析

分闸失败原因为断路器控制B系统值班、控制A系统DCBC_OK无效时，控制B系统下发指令后，机械开关控制器因存在通道指令优先级逻辑，未执行断路器控制B系统指令，导致机械开关分闸失败，进而导致断路器分闸失败。

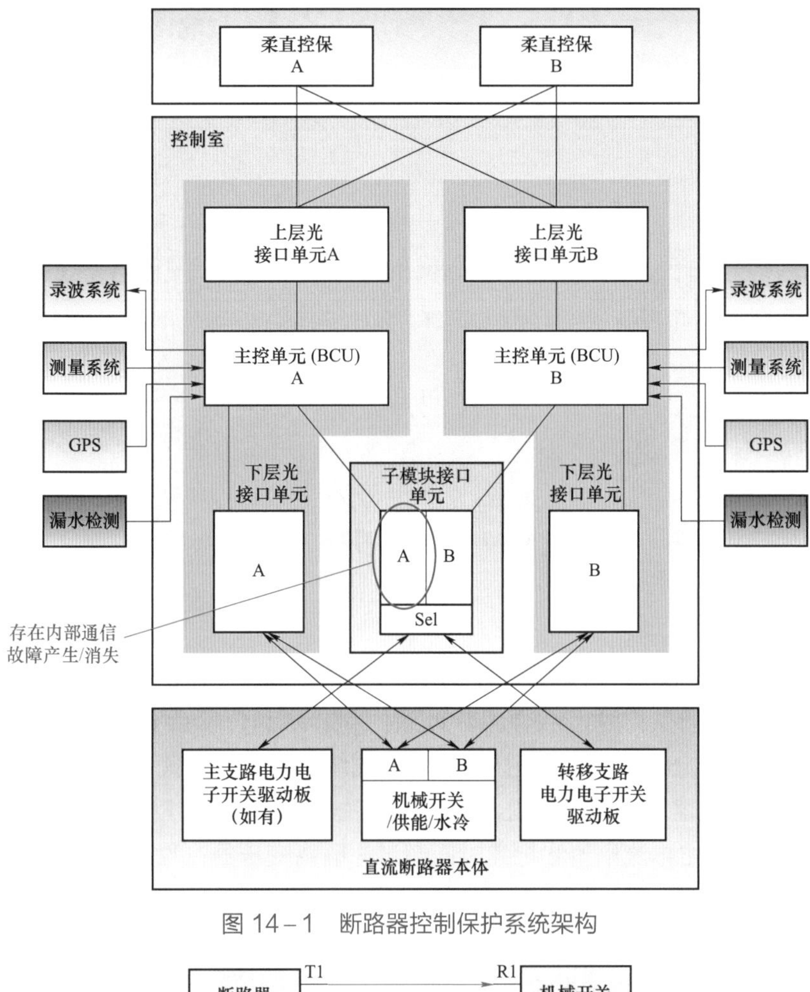

图 14-1 断路器控制保护系统架构

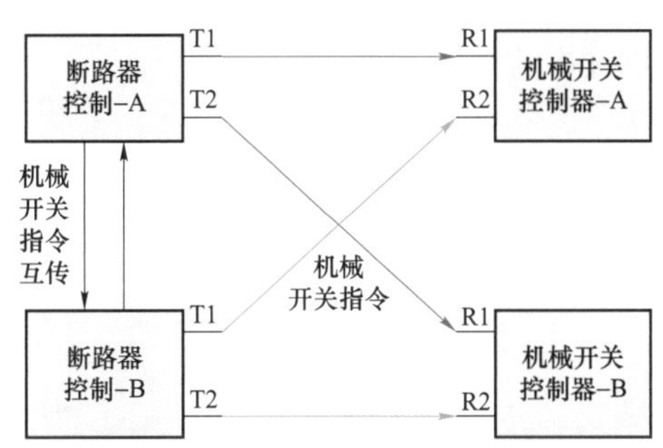

图 14-2 断路器机械开关指令通道连接示意图

2. 整改措施

(1) 年度检修期间对直流断路器的逻辑隐患进行分析完善，完成软件修改流程并进行现场整改。将断路器控制系统值班状态下发至机械开关控制器，机械开关控制器依据接收值班状态完成指令选取。

(2) 建议直流断路器厂家在设计阶段对类似通信逻辑设计严加考虑，仔细验证。

14.2 某站“2020.5.13”0512D 直流断路器合闸失败

14.2.1 概述

1. 故障概述

2020年5月13日，启动试验器件过程中，某换流站在合闸直流断路器线路侧0512D－2隔离开关时，直流断路器供能开关柜二段保护动作跳闸，当时二段保护定值为180A，持续时间0.2s，后调整二段保护定值为300A，动作时间为50ms。5月14日，重新进行该项试验时供能开关柜二段过电流保护动作仍然跳闸。

2. 设备概况

±500kV 0521D 高压直流断路器设备型号为 DCCB－535/3000－25，额定电流为3000A，最大开断直流电流为25kA，2021年6月正式投运。

14.2.2 设备检查情况

供能开关柜系统架构如图14－3所示。在直流断路器线路侧0512D－2隔离开关耐受500kV 电压进行合闸操作时，从合闸临近到位到合闸到位前会有拉弧，此时相当于将500kV 操作电压加到500kV 隔离变压器的二次侧绕组，500kV 隔离变压器一次侧绕组接地，500kV 隔离变压器内部原二次侧之间形成一种类似脉冲电容反复充放电的现象，会产生脉冲冲击电流，冲击电流幅值和持续时间超过与隔离变压器二次侧绕组直接连接的供能开关柜二段保护定值，从而引起过电流保护跳闸。同时，经过检查，开关柜内部二次接线发现供能开关柜内隔离变压器输出侧N线（图14－3中N2端）未接地，导致输出L线上的浪涌电流较大引起过二段过电流保护动作跳闸。

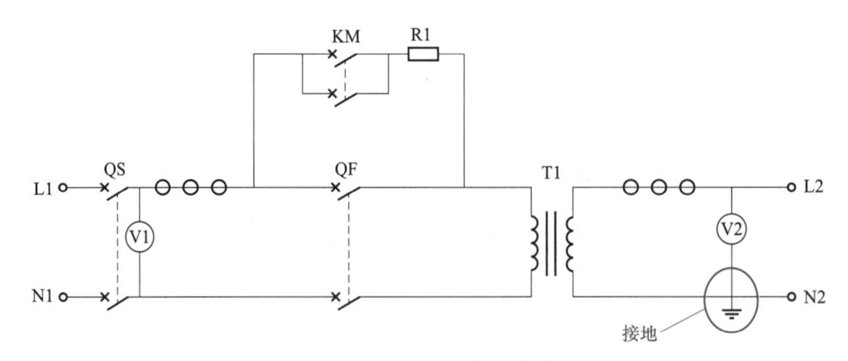

图14－3 供能开关柜系统架构

14.2.3　故障原因分析及整改措施

1. 故障原因分析

将供能开关柜输出 N 端接地，供能开关柜内整改情况如图 14－4 所示。

图 14－4　供能开关柜内整改情况

接地后对负极直流断路器进行相同工况下的合闸试验，开关柜控制单元二段保护未动作跳闸，直流断路器合闸成功。

试验过程中通过外部示波器捕捉到接地后试验过程中隔离开关合闸瞬间捕捉到正半周峰值约 400A、负半周峰值约 600A 的浪涌涌流，涌流持续时间为 20ms。试验期间捕捉到的浪涌波形如图 14－5 所示。

根据设备耐受能力最终将控制器保护参数设置如下：① 速断保护 900A 持续时间 2ms；② 二段过电流保护 300A 持续时间 100ms；③ 过负荷 170A 持续时间 3s。

经过上述修改后，开关柜在断路器分闸合闸过程中未出现跳闸的现象，可以正常运行。

2. 整改措施

（1）根据分析，将供能开关柜输出 N 端接地，实现对浪涌电流的钳制，避免对控制器保护造成误动影响。

（2）直流断路器主供能变压器的电压钳制与隔离问题较为复杂，需设计厂家在研发阶段加以考虑。

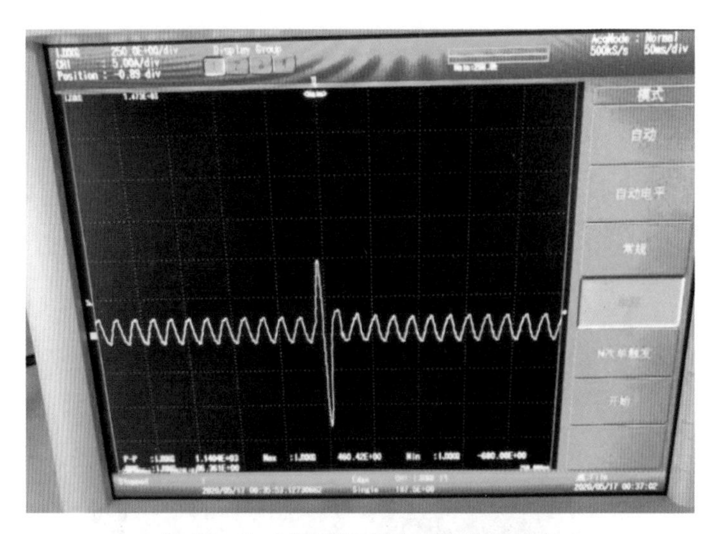

图 14－5　试验期间捕捉到的浪涌波形